U0898133

工程建设加固技术丛书

FRP加固混凝土结构技术及应用

王文炜　编著
赵国藩　主审

中国建筑工业出版社

图书在版编目（CIP）数据

FRP加固混凝土结构技术及应用/王文炜编著．—北京：中国建筑工业出版社，2007
（工程建设加固技术丛书）
ISBN 978-7-112-09554-4

Ⅰ．F… Ⅱ．王… Ⅲ．纤维增强复合材料—应用—混凝土结构—加固 Ⅳ．TU37

中国版本图书馆CIP数据核字（2007）第130241号

本书依据《混凝土结构加固设计规范》（GB50367—2006）、《碳纤维片材加固修复混凝土结构技术规程》（CECS146:2003）编写。在总结国内外学者研究纤维复合材料（FRP）加固混凝土结构成果基础上，介绍了FRP、混凝土和钢筋三种不同性能的材料构成的组合结构，并提出了相应的计算理论和设计方法。全书共分十章，分别介绍FRP加固技术及力学性能、加固钢筋混凝土梁正、斜截面承载力设计计算方法、FRP圆柱、方柱的强度计算及FRP筋增强混凝土结构、组合结构、新结构形式及设计计算。书中论述详细，内容丰富。

本书供混凝土结构设计、施工、研究人员使用，也可作为土建道桥专业师生参考用书。

责任编辑：郭　栋
责任设计：张政纲
责任校对：汤小平

工程建设加固技术丛书
FRP加固混凝土结构技术及应用
王文炜　编著
赵国藩　主审
*
中国建筑工业出版社出版、发行（北京西郊百万庄）
各地新华书店、建筑书店经销
北京建筑工业印刷厂印刷
*
开本：787×1092毫米　1/16　印张：15½　字数：373千字
2007年11月第一版　2007年11月第一次印刷
印数：1—3,000册　定价：28.00元
ISBN 978-7-112-09554-4
（16218）

序

近十余年，FRP 加固混凝土结构技术在我国得到迅速发展。FRP 加固混凝土结构技术有别于传统的混凝土结构加固技术，它具有强度高、质量轻、耐久性好、易于施工等优点，这种非传统的加固技术为建筑结构和桥梁结构的加固维修提供了广阔空间。

FRP 加固混凝土结构及 FRP 在土木工程中的应用在美国、日本、英国、澳大利亚、加拿大等发达国家经历了四十多年的发展，现已日趋成熟。研究者对这种新的加固技术开展了多方位、深层次的研究，建造了多座具有典型意义的 FRP 组合结构或 FRP 新结构桥梁，在设计和施工方面积累了丰富的经验。

我国 FRP 加固混凝土结构技术在发展之初，设计施工几乎都是国外的。虽然近十几年来，随着国内 FRP 厂商的涌现，设计施工队伍不断壮大，高校科研院所参与研究逐渐增多，但是对 FRP 材料特性的认识、结构体系与受力特征的理解、构造处理，特别是计算理论和设计方法的系统总结提炼仍十分迫切，有待进一步提高。

迄今为止，能较为全面系统地分析研究这些问题的书籍还为数不多，更缺少偏重于实际问题、对计算理论的叙述更为简明易懂的著作。如果能系统深入地写作一本关于 FRP 加固混凝土结构技术及应用的专著，使广大设计和施工人员能够了解 FRP 加固混凝土的施工技术、加固方法、计算理论与设计方法，推动这项新兴的加固技术在我国的发展，毫无疑问，是具有开拓创新意义的。

王文炜博士多年来从事 FRP 加固混凝土结构与 FRP-钢-混凝土组合结构的计算理论与设计方法的研究，做了大量的科研项目和工程项目。在总结研究成果的基础上吸收国内外优秀研究成果，注重理论与实际相结合，查阅大量文献，付出巨大努力与辛劳，历时三年，完成了这本关于 FRP 加固混凝土结构技术及其应用的专著。

本书首先阐述了 FRP 加固技术及 FRP 的力学性能，包括外贴 FRP 加固技术、FRP 嵌入式加固技术、机械锚固 FRP 条带加固技术、FRP 种类、FRP 的力学性能等，使读者不仅对外贴 FRP 加固技术有较为全面的理解，而且对 FRP 在土木工程中其他方面的应用有了初步了解。然后，着重介绍了 FRP 加固钢筋混凝土梁正截面承载力、斜截面承载力的设计计算方法与构造要求，FRP 包裹混凝土圆柱、方柱的强度计算及本构关系，加固钢筋混凝土轴心受压、偏心受压构件承载力计算以及加固钢筋混凝土柱抗震性能，FRP 与钢筋混凝土梁之间的界面粘结性能，加固梁的延性和变形性能。最后，为了扩展读者的知识面，着重介绍了 FRP 筋增强混凝土结构、FRP 组合结构、FRP 新结构的结构形式、设计计算方法和桥梁加固应用实例。为了工程应用和设计，在第 3、4、5 章中列出计算方法的同时，给出了计算示例。

这本著作着重于 FRP 加固混凝土技术的系统性、完整性和实用性，清晰地阐明了 FRP 加固混凝土结构的原理、方法和步骤，既有详细的理论方法介绍，又有丰富的计算示例和工程实例，是一部典型的理论联系实际的书籍，具有较高的学术水平和重要的工程应用参考价值。它的出版问世，相信对我国的FRP加固混凝土结构技术发展和推广应用起到显著作用。

中国工程院院士
博 士 生 导 师
大连理工大学教授
赵国藩

前　言

外贴纤维复合材料（Fiber Reinforced Polymer，FRP）加固法，简称 FRP 加固法，是近年来新兴起的混凝土工程加固技术。纤维复合材料是把高性能纤维织物，如玻璃纤维、碳纤维、芳纶纤维铺贴在环氧树脂等基材上，经胶合凝固后形成的一种复合材料。FRP 具有强度高、质量轻、耐久性好、易于施工等优点。因此，比起传统的加固方法，如增大截面法、粘贴钢板法、喷射混凝土法、体外预应力加固技术等，在施工方法、构造处理、缩短施工周期等方面具有明显的优势，从而使这项加固技术无论是研究工作还是工程中的实际应用都有了长足的进展，受到国内外学者广泛的重视，成为目前业界同仁研究的热点。

FRP 加固技术具有广阔的应用前景。有关资料统计表明，美国、日本、西欧等发达国家已在桥梁改造和加固工程投资与新建桥梁投资上基本持平，各为 50% 左右。美国 1981 年统计资料显示，全国有 40% 以上的桥梁有不同程度的损坏，需要进行维修加固。日本、英国、德国、印度等国对本国桥梁进行统计分析，发现有大部分桥梁承载力过低，行车道过窄，桥下净空不够或有不同程度的损伤，这些都需要进行维修加固以满足桥梁结构的正常使用。

随着我国国民经济的迅猛发展，城市规模的扩大，为交通、建筑等行业带来了飞速的发展。目前，我国交通业正处于新建与维修改造并重时期，一方面新的桥梁结构在不断建设，另一方面过去建造的低标准桥梁经过数十年的使用后已不能满足社会的需求，需要进行维修、加固和现代化改造，这在很大程度上促进了对在用桥梁结构进行正确鉴定、有效加固技术方面的课题研究。

在 FRP 加固技术迅速推广的同时，广大的生产企业、工程应用单位、科研院校的人员不仅需要掌握 FRP 加固施工技术和加固方法，而且想更多地了解 FRP 加固混凝土构件的计算理论与设计方法，以便更好地将这项新兴的加固技术应用在混凝土结构中。然而，迄今为止，能较为全面系统地分析研究这些问题的书籍还为数不多，更缺少简易、实用的计算方法。

本书是在分析总结国内外学者研究成果的基础上，深入研究了 FRP、混凝土与钢筋三种具有不同性能的材料构成的组合结构，并提出了相应的计算理论与设计方法。作者通过本书的写作，希望能够比较准确地解决实际应用中的问题，为读者提供一个方便、易行的适用方法。

全书共分为 10 章。主要写作思路是首先介绍国内外研究状况，继而阐述计算理论、设计方法，最后给出计算示例，以方便读者应用。书的开头两章介绍了 FRP 加固技术及 FRP 的力学性能。第 3 章、第 4 章详细地给出了 FRP 加固钢筋混凝土梁正截面承载力、斜截面承载力的设计计算方法与构造要求。第 5 章叙述钢筋混凝土柱的加固，主要内容包括 FRP 包裹混凝土圆柱、方柱的强度计算、本构关系，加固钢筋混凝土柱轴心受压构件、偏心受压构件承载力计算以及加固钢筋混凝土柱抗震性能。为了方便读者应用，在第 3、4、

5 章中列出计算方法的同时，给出了“计算示例”。第 6 章和第 7 章分别介绍了 FRP 与钢筋混凝土梁之间的界面粘结性能以及加固梁的延性和变形性能，给出了相应的计算方法。第 8、9、10 章着重介绍了 FRP 筋增强混凝土结构、FRP 组合结构、FRP 新结构的结构形式、设计计算方法和桥梁加固应用实例。

本书总结了作者近几年关于 FRP 加固混凝土结构的最新研究成果。在此基础上，也汇集并简要介绍了国内外诸多学者研究与应用 FRP 的成果。本书编写完毕后，我的授业恩师中国工程院院士、大连理工大学教授赵国藩先生对全书进行了审阅并为本书作了序言。此外，本书在编写过程中，得到了东南大学桥梁工程研究所的老教授们的悉心指导，在此特向他们谨致谢意！他们的严谨治学精神和认真负责的工作态度始终是作者工作学习的榜样。

本书可作为桥梁工程、结构工程专业研究生课程的专用教材，也可作为有关本科生的教学参考书。对于从事桥梁结构、混凝土结构加固技术的有关技术人员也有一定的借鉴和参考价值。

限于作者水平，书中难免存在一些缺陷甚至错误，敬请专家和读者批评指正。

目　录

第1章 绪　　论

建筑结构在长期的自然环境和使用环境的双重作用下，其功能将逐渐减弱，这是一个不可逆转的客观规律。如果能够科学地评估这种损伤的程度和规律，及时采取有效处理措施，可以延缓建筑结构的损伤进程，达到延长建筑结构使用寿命的目的。因此，建筑结构的加固技术已逐渐成为工程界关注的热点问题。

随着我国国民经济的迅猛发展，交通业有了飞速发展。目前，我国交通业正处于新建与维修改造并重时期。在此期间，一方面新的桥梁结构在不断建设。另一方面过去建造的低标准桥梁经过数十年的使用已不能满足社会的需求，需要进行维修、加固和改造，从而使交通业过渡到新建与维修改造并重的发展时期，这在很大程度上推动了对在用桥梁结构进行正确鉴定、有效加固技术方面的课题研究。

地震具有巨大的破坏力，是迄今人类尚难以抗御的自然灾害，地震能在瞬间使大量的建筑物破坏或倒塌，并引发各种次生灾害，造成人员伤亡，给人们带来灾难和恐慌，特别是大地震发生在人口密集、生命线工程日益复杂的现代化大都市，当未作抗震设防或设防薄弱时，其灾难性后果不堪设想。中国位于世界两大地震带——环太平洋地震带与欧亚地震带之间，地震活动频度高、强度大、震源浅、分布广，是一个震灾严重的国家。如果事先未能做好防震抗震工作，或掉以轻心，一旦地震发生，其后果难以设想。在不断总结我国建筑、桥梁结构抗震防震工作基础上，提高新建结构的抗震能力，研究震损结构的修复和加固技术，以便及时有效地恢复震损结构的正常使用功能，满足结构的安全性、可靠性和耐久性要求，是十分必要的。

出现问题的建筑结构和桥梁结构，实际情况并不允许将其全部推倒重建，而只要采取适当的技术措施，对其进行补强与加固处理，使其仍能满足安全性、适用性和耐久性的要求，继续为社会服务。总之，在现代社会中对建筑结构和桥梁结构的补强加固技术进行开发和研究是非常必要的，具有重要的社会效益和巨大的经济效益。

1.1　混凝土结构补强加固技术简介

工程上常用的混凝土结构补强加固方法主要有[1~4]：

(1) 加大截面加固法。加大截面加固法是通过增加原构件的受力钢筋，同时在外侧重新浇筑混凝土以增加构件的截面尺寸，来达到提高承载力的目的。如在原有的钢筋混凝土主梁的周边，浇筑一层钢筋混凝土围套，通过采取一些有效的技术措施保证新旧钢筋混凝土形成整体，这样就可以提高梁的承载能力和刚度。

加大截面加固法是一种传统的加固法，也是一种非常有效的加固方法。该方法可以用来提高构件的抗弯、抗压、抗剪、抗拉等能力，同时也可以用来修复已经损伤的混凝土截面，增加其耐久性，可以广泛地用于各种构件的加固。这种加固方法对原有构件的截面尺寸有一定程度的增加，使原有的使用空间变小。另外，由于一般采用传统的施工方法，尤其是对钢筋混凝土结构的加固，施工周期长，对周围环境有较严重的影响。

（2）外包钢加固法。外包钢加固法是用乳胶水泥、环氧树脂灌浆或焊接等方法对混凝土构件外包型钢进行加固。该方法主要是通过约束原构件来提高其承载能力和变形能力，如在桥梁墩柱上围覆钢套箍进行加固。

外包钢加固法可以大幅度地提高构件的抗压和抗弯性能，由于采用型钢材料，施工期相对较短，占用空间也不大，比较广泛地应用于不允许增大截面尺寸，而又需要较大幅度提高承载力的轴心受压构件和小偏心受压构件。外包钢加固也可以用于受弯构件或大偏心受压构件的加固，但宜采用湿外包钢加固。

（3）预应力加固法。预应力加固方法是通过预应力钢筋对构件施加预应力，以承担梁、板承受的部分荷载，从而提高构件的承载力。

预应力拉杆加固广泛适用于梁桥或板桥中的受弯构件和受拉构件加固，在提高承载力的同时，对提高截面的刚度、减少原有构件的裂缝宽度和挠度、提高加固后构件截面的抗裂能力是非常有效的。预应力撑杆加固可以应用于轴心或小偏心受压构件的加固。预应力加固法占用空间小、施工周期短，但其施工技术要求较高、预应力拉杆或压杆与被加固构件的连接（锚固）处理较复杂、难度较大，另外，还存在施工时的侧向稳定问题等。

（4）粘钢加固法。粘钢加固是在梁板桥的主梁表面上用特制的建筑结构胶粘结钢板，从而提高结构承载力和变形能力的一种加固方法。该法始于 20 世纪 60 年代，具有施工方便、周期短、占用空间不大、对环境影响较小，以及加固后不影响结构的外观等优点，因此，是一种适用范围较为广泛的加固方法。1981 年，随着国产 JGN 型建筑结构胶的问世，对我国粘钢加固技术的发展起到了极大的推动作用，十余年来，粘钢技术发展迅速，广泛应用于很多地区的工程结构加固改造中。

（5）喷射混凝土技术。喷射混凝土技术是借助喷射机械，利用压缩空气或其他动力，将配合好的混凝土拌合料，通过管道输送并以高速喷射到受喷面上，凝结硬化成混凝土的一种加固技术。喷射混凝土具有较高的力学性能和良好的耐久性，特别是与混凝土、砖石、钢材具有很高的粘结强度，可以在结合面上传递拉应力和剪应力。

（6）增设构件加固法。增设构件加固法是在原有的构件之间增加新的构件，如在原有主梁之间增设新纵梁，新梁与旧梁相连接共同受力，减少原主梁的受荷面积，减少荷载效应，达到结构加固的目的。该方法实施时不破坏原有结构，施工易于操作，但是必须注意做好新增主梁与旧梁之间的横向连接，使新增主梁与旧梁之间牢固连接，保证主梁之间的横向连接刚度，有利于荷载的横向分布。

（7）增设支点加固法。增设支点加固法是在梁、板等构件下增设支点，改变桥梁结构受力体系，达到提高桥梁承载力的目的。如在简支梁下增设支架或桥墩；把简支梁之间通过纵向连接，由简支梁变连续梁；在梁下增设钢桁架等加劲梁或叠合梁，减小梁的内应力，达到提高桥梁承载力目的。

对于上述加固方法，国内外的很多科研机构都进行了大量的研究工作，并且大都已经用于实际工程中，这在很多文献中都有记载。然而，这些加固方法都存在一定的缺陷，除带有共性的化学腐蚀问题外，像粘钢加固法，还会增加构件自重、节点不易处理、施工难度大等。为此，FRP外贴补强加固这种新兴的、技术含量高的加固技术逐渐成为研究热点。

1.2 FRP外贴补强加固技术

1.2.1 FRP外贴补强加固技术的特点

从20世纪90年代起，纤维复合材料在土木工程中的应用一直是国内外研究的热点。纤维复合材料（Fiber Reinforced Plastics或Fiber Reinforced Polymer，FRP）是把高性能纤维，如玻璃纤维、碳纤维、芳纶纤维等经过编织与环氧树脂等基材胶合凝固或经过高温固化而形成的一种新型复合材料。纤维是由单丝构成的，单丝的方向是单一的，也可以是多方向的，它决定复合材料的结构特性。树脂则是作为粘结介质，传递分布纤维间的应力，保证其形成整体，均匀受力。

FRP具有质量轻、便于施工、比钢筋混凝土结构更耐用、耐腐蚀、高强度质量密度比（是钢筋的10~15倍）、耐疲劳（是钢筋的3倍）、电磁中性、低导热系数等优点。FRP从材料构成上主要有碳纤维复合材料（Carbon Fiber Reinforced Polymer，CFRP）、玻璃纤维复合材料（Glass Fiber Reinforced Polymer，GFRP）、芳纶纤维材料（Aramid Fiber Reinforced Polymer，AFRP）。

与传统的混凝土结构加固修补方法及粘钢板、喷射混凝土等加固技术相比，FRP外贴加固修补混凝土结构具有明显的技术优势，主要表现在[5~13]：

（1）高强高效。由于FRP优异的物理力学性能，在加固修补混凝土结构中可以充分利用其高强度、高弹性模量的特点来提高结构构件的承载力和延性，改善其受力性能，达到高强高效的目的。

（2）施工便捷，工效高，不需要大型施工机具，施工占用场地少。成品的FRP加固材料是一种织物，其幅宽为20、30、50、100cm，长度为50~100m，卷成卷，现场使用时可以根据需要用剪刀或刀片将其任意剪裁，不像钢板那样需要专门的切割工具。根据有关资料统计，同为粘贴加固法，粘贴FRP是粘贴钢板施工工效的4~8倍。

（3）具有极佳的耐腐蚀性能及耐久性能。试验表明，粘贴CFRP加固修补混凝土结构有良好的耐腐蚀及耐久性，可以抗拒桥梁结构经常遇到的各种酸、碱、盐的腐蚀。使用该种方法对结构进行处理后，不仅不需要如粘钢板法所需要的定期防锈维护，而且其本身更可以起到对内部混凝土结构的保护作用。

（4）适用面广。粘贴FRP加固修补混凝土结构，可以广泛应用于各种结构类型（如建筑物、构筑物、桥梁、隧道、涵洞、烟囱等）、各种结构形状（如矩形、圆形、曲面结构等）、各种结构部位（如梁、板、柱、节点、拱、壳、墩等，如图1.2.1）的加固修补，而且不改变结构形状及不影响结构的外观，这是目前任何一种结构加固方法所不可比拟的。尤其对一些大型土木工程等，采用旧有的加固手段几乎无法实施，而采用该项加固技术都能很顺利地解决。

（5）施工质量易保证。由于FRP织物是柔性的，即使被加固的结构表面不是非常平整也基本可以达到100%的有效粘贴率。如果粘贴后局部有气泡，也很容易处理，只要将树脂注入气泡处将空气赶走就可以了。粘贴钢板则很难达到100%的有效粘贴面，相应的验收标准只要求达到70%就可以了。

（6）基本不增加原结构自重及原构件尺寸。如 CFRP 粘贴后每平方米重量不到1.0kg（包括树脂重量），粘贴一层厚度不到1mm。

（7）耐疲劳性能好。桥梁结构经常承受往复荷载、移动荷载的作用，对这类结构加固后要考虑结构的抗疲劳性能。试验研究表明，CFRP 加固混凝土梁经过一定次数的疲劳循环荷载，其强度及延性指标并没有显著降低，而普通混凝土试件经过同样的疲劳循环荷载后，其强度和延性指标都会有不同程度的降低。

(a) (b) (c) (d) (e) (f)

图 1.2.1　FRP 加固各种混凝土构件

（a）加固梁；（b）加固板；（c）加固柱；（d）墩柱的抗剪加固；（e）混凝土储罐加固；（f）梁柱节点加固

1.2.2　FRP 外贴补强加固技术的施工方法

FRP 外贴补强加固技术的施工方法可以分为4种：干铺体系、湿铺体系、预浸渍体系及预处理体系[14~18]。

干铺体系（Dry Lay-Up Systems）是将单向或多向纤维布在施工现场直接粘贴到涂好胶体的混凝土构件表面的一种施工方法。湿铺体系（Wet Lay-Up Systems）是将单向或多向纤维布在施工现场浸渍胶体后粘贴到被加固构件表面的一种施工方法。干铺体系与湿铺体系的区别在于粘贴纤维布之前是否浸渍树脂，如果粘贴纤维布之前没有浸渍树脂，就是干铺体系；如果粘贴纤维布之前已经浸渍过树脂，就是湿铺体系。

干铺体系、湿铺体系施工比较灵活，可以适应各种结构体系。干铺体系、湿铺体系的施工质量影响加固后构件的性能，因此施工时要确保纤维布平整、树脂浸渍饱满及环境通风。图 1.2.2 为干铺体系、图 1.2.3 为湿铺体系的施工顺序。

(a) (b) (c) (d) (e)

图 1.2.2 干铺体系

(a) 裁剪纤维布；(b) 涂抹胶体；(c) 粘贴纤维布；(d) 表面补胶体；(e) 表面防护

预浸渍体系（Prepreg Systems）是单向或多向纤维布在工厂预先浸渍树脂后，粘贴到被加固构件表面的一种施工方法。由于纤维布事先浸渍树脂，因此预浸渍体系比湿铺体系的质量更容易得到保证。预浸渍体系在施工现场也可采用一定的加热措施保证树脂的粘结效果。

预处理体系（Precured Systems）是粘贴纤维板或纤维壳常用的一种施工方法（图 1.2.4）。纤维板或纤维壳是在工厂里将纤维与树脂按照一定的比例事先处理过的 FRP 产品。纤维板或纤维壳相对于纤维布来说是一种刚性材料，因此在粘贴纤维板或纤维壳之前，被加固构件的表面需要处理的更加平整。粘贴后，要使用滚子将多余的胶体及气泡排出。相对于前几种体系，预处理体系不适用于不规则构件的加固。

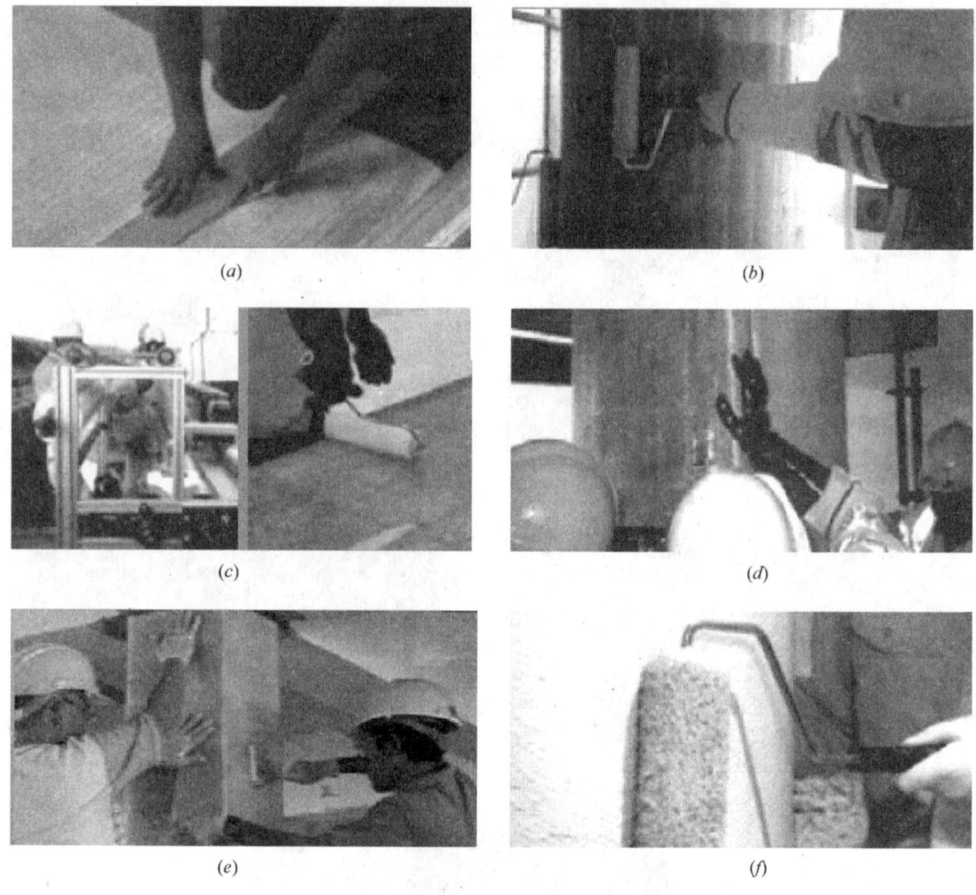

(*a*) (*b*)

(*c*) (*d*)

(*e*) (*f*)

图 1.2.3　湿铺体系

（*a*）裁剪纤维布；（*b*）修补基层；（*c*）浸渍树脂；（*d*）粘贴纤维布；（*e*）刮压纤维布；（*f*）表面补胶

(*a*) (*b*)

图 1.2.4　预处理体系

（*a*）粘贴 FRP 板；（*b*）粘贴 FRP 壳

除了上述的几种施工方法外，美国 XXsys Technologies 公司还针对桥梁墩柱发明了粗纤维缠绕施工方法，如图 1.2.5 所示。

加固所用的主要机械设备是 XXsys Technologies 公司设计制造的 Robo - Wrapper 缠绕机。缠绕机不仅能上下移动，同时也可以绕着墩柱旋转，将事先浸渍过树脂的连续粗纤维按照一个方向缠绕在墩柱的表面，形成厚度均匀纤维壳，缠绕机的运转完全是由程序控制，以保证纤维缠绕的精确性。

图 1.2.5 Xxsys - Robo - Wrapper 体系

1.3 其他 FRP 加固技术简介

1.3.1 NSMR 加固技术

近表面嵌入式加固技术（Near - Surface - Mounted Reinforcement，NSMR）是近年来开发的一种新的 FRP 加固技术[19]。NSMR 是将 FRP 筋、FRP 板条使用环氧树脂嵌入混凝土保护层中加固混凝土构件，如图 1.3.1 所示。NSMR 法的施工工艺是将混凝土保护层切出沿梁纵向的凹槽，然后将环氧树脂注入槽中，再将 FRP 筋或 FRP 板条嵌入槽中，最后灌入树脂填平凹槽，如图 1.3.2、图 1.3.3 所示。

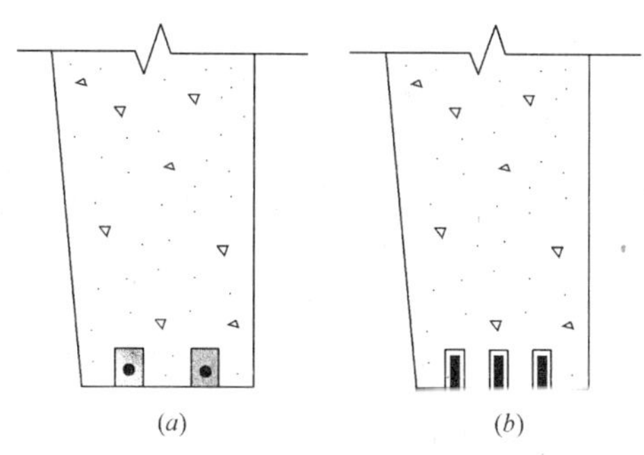

图 1.3.1 NSMR 加固技术
(a) FRP 筋；(b) FRP 板条

NSMR 加固技术相对于外贴 FRP 加固技术的优点有：

(1) 与混凝土的粘结得到了加强，使 FRP 筋或 FRP 板条的传力更为有效；

(2) 可以适应于混凝土构件表面不规则的情况。外贴 FRP 要求混凝土构件表面规则，打磨露出粗骨料，以保证 FRP 与混凝土构件的粘结；

(3) FRP 筋或 FRP 板条能得到有效的保护，改善了耐久性能。

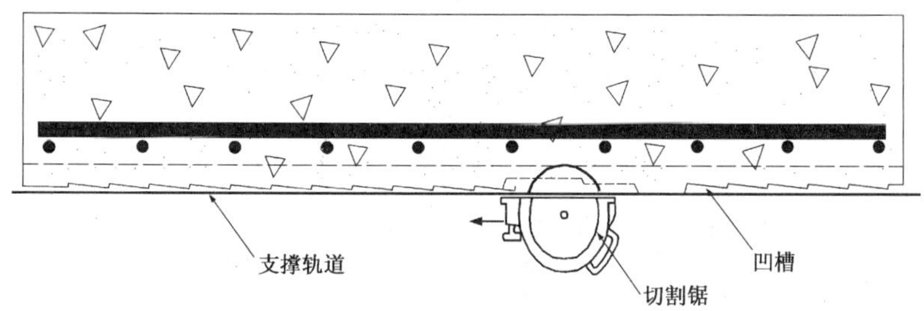

图 1.3.2 切割凹槽

将增强筋嵌入到混凝土保护层中加固并不是一个很新的想法。早在 1940 年，瑞典北部一座桥的桥面板负弯矩区就嵌入钢筋后灌注水泥浆进行加固。在正式加固前，进行了 4 块混凝土板的加固试验，试验结果表明嵌入式加固法是一种可行的加固技术。

1996 年，Luleå 理工大学首次进行了 FRP 矩形截面筋嵌入式加固试验，随后 De Lorenzis（2000 年）、Hassan 和 Rizkalla（2001 年）进行了 CFRP 筋嵌入式加固的试验，Täljsten、Nordin（2003 年）进行了更为广泛的试验。在普通 FRP 筋嵌入式加固试验的基础上，Håkan Nordin 和 Björn Täljsten 于 2006 年进行了预应力 CFRP 筋嵌入式加固的试验研究（图 1.3.4）。

图 1.3.3　填入树脂及 FRP 筋

图 1.3.4　预应力 CFRP 筋嵌入式加固

1.3.2　MF-FRP 法

近年来，美国 Wisconsin 大学提出了一种机械紧固 FRP 条带的加固方法——MF-FRP（Mechanically-Fastened FRP）法[20,21]。MF-FRP 法与外贴 FRP 加固技术的区别在于 MF-FRP 法是通过机械锚固的方式使 FRP 条带与混凝土梁共同工作。

MF-FRP 法相对于外贴 FRP 加固技术的优点有：

（1）MF-FRP 法不需要处理混凝土表面，使得加固程序更为简单；

（2）MF-FRP 法不影响被加固构件的使用。外贴 FRP 加固技术中粘贴 FRP 后至少需要 24h 使环氧树脂粘贴干燥，加固完毕后一个星期才能投入使用；

图 1.3.5　SafStrip™FRP 板条

（3）外贴 FRP 条带时，为了避免条带端部发生剥离破坏，常在端部粘贴“U”形 FRP 箍或钢锚栓进行锚固，而 MF-FRP 法不需要在端部有特殊的锚固。

MF-FRP 法中使用的加固材料是 FRP 板条，通常宽度为 102 mm，厚度为 3.2mm，有 GFRP 和混杂 CFRP-GFRP 两种板条，图 1.3.5 为美国 Strongwell 公司生产的 SafStrip™FRP 板条。加固中所用的锚固材料是大头钉、锚栓或膨胀螺栓（图 1.3.6），打入锚固材料的机械是气枪（图 1.3.7）。使用 FRP 板条之前，在混凝土基层上每隔一段距离，预先钻好与锚固材料直径相同的浅孔，同时在 FRP 板条的相应位置上也要钻孔，目的是避免气枪打入锚固材料时，混凝土发生剥离散落。

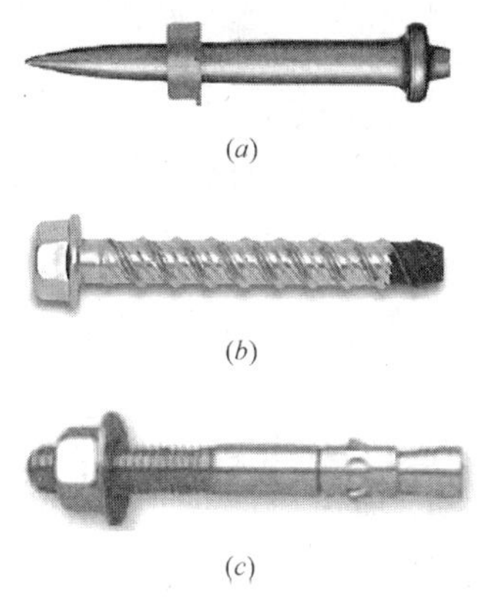

(a)

(b)

(c)

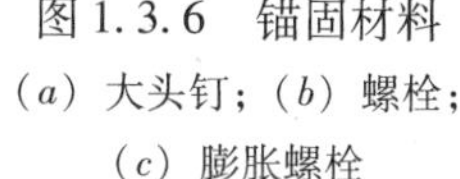

图 1.3.6　锚固材料
(a) 大头钉；(b) 螺栓；
(c) 膨胀螺栓

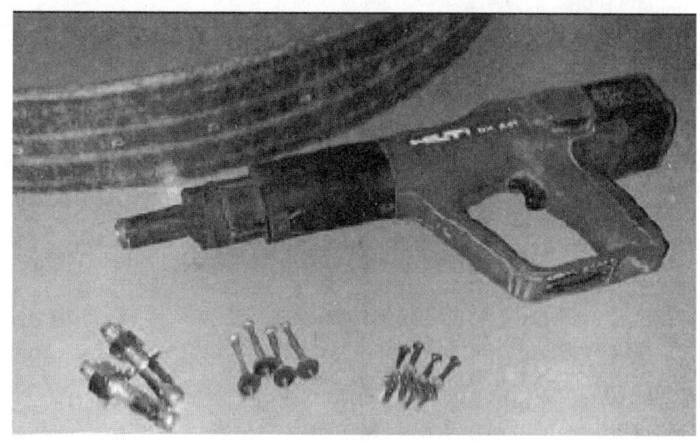

图 1.3.7　加固中使用的气枪

MF-FRP 法的施工顺序为：混凝土基层钻深为 12mm 的浅孔，同时在 FRP 板条相应的位置钻孔→FRP 板条裁剪成需要的长度→使用气枪锚固 FRP 板条→树脂填充 FRP 板条与混凝土基层之间的空隙。图 1.3.8 为 MF-FRP 法的施工情况。

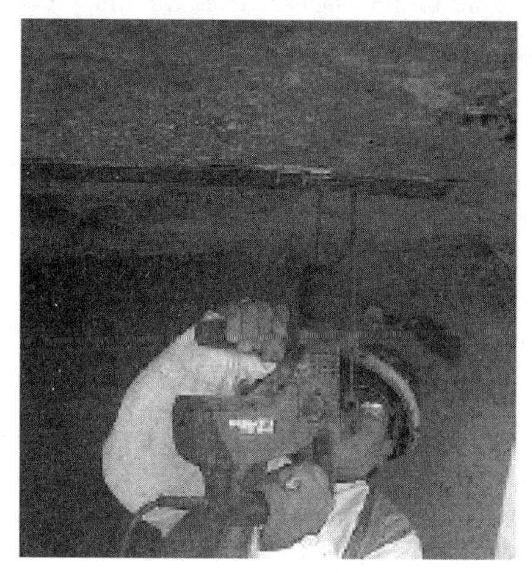

图 1.3.8　MF-FRP 法的施工情况

参 考 文 献

1. 曹双寅，邱洪兴，王恒华．结构可靠性鉴定与加固技术［M］．北京：中国水利水电出版社，2001
2. 赵彤，谢剑．碳纤维布补强加固混凝土结构新技术［M］．天津：天津大学出版社，2001
3. M. J. N. 普瑞斯特雷，F. 塞勃勒，G. M. 卡尔维．桥梁抗震设计与加固［M］．北京：人民交通出版社，1997
4. 高作平，陈明祥．混凝土结构粘贴加固技术新进展［M］．北京：中国水利水电出版社，1999

5. Hamid Saadatmanesh, and M. R. Ehsani. Fiber Composite Plates Can Strengthen Beams [J]. Concrete International, 1990, 3: 65~71

6. Vicki L. Brown, and Charles L. Bartholomew. FRP Reinforced Concrete Members [J]. ACI Materials Journal, 1993, 90 (1): 34~39

7. Hamid Saadatmanesh. Fiber Composite for New and Existing Structures [J]. ACI Structural Journal, 1994, 91 (3): 346~354

8. Charles W. Dolan. FRP Prestressing in the U. S. A. [J]. Concrete International, 1999, 10: 21~24

9. Sami Rizkalla, and Pieere Labossiere. Structural Engineering with FRP-in Canada [J]. Concrete International, 1999, 10: 25~28

10. Hiroshi Fukuyama. FRP Composites in Japan [J]. Concrete International, 1999, 10: 29~32

11. Luc R. Tarewe, and Stijn Matthys. FRP for Concrete Construction: Activities in Europe [J]. Concrete International, 1999, 10: 33~36

12. 王文炜，李果．纤维增强塑料（FRP）在混凝土结构中的研究与应用［J］．混凝土，2001，10：37~39

13. Sujeeva Setunge, Arun Kumar, Abe Nezamian et al. Review of Strengthening Techniques Using Externally Bonded Fiber Reinforced Polymer Composites [R]. 2002, 5

14. Aradhana Ojha. The Execution of Carbon Fibre Reinforced Polymer Strengthening Work [D]. Luleå University of Technology, 2001

15. Sika Services AG Corporate Construction. Structural Strengthening with SikaWrap® Fabric Systems [R]. http://www.sika-construction.com

16. Si-Hwan Park, Ian N. Robertson, and H. Ronald Riggs. A Primer for FRP Strengthening of Structurally Deficient Bridges [R]. State of Hawaii, Department of Transportation, Highways Division and U. S. Department of Transportation, Federal Highway Administration, 2002, 9

17. Sujeeva Setunge, Arun Kumar, Abe Nezamian et al. Rehabilitation or Strengthening of Bridge Structures Using Fiber Reinforced Polymer Composites [R]. 2002, 5

18. G. Selvaduray. The Use of Fiber Reinforced Polymer Composites to Retrofit Reinforced Concrete Bridge Columns [D]. 2003, 8

19. Håkan Nordin, and Björn Täljsten. Concrete Beams Strengthened with Prestressed Near Surface Mounted CFRP [J]. Journal of Composites for Construction, 2006, 10 (1): 60~68

20. Lawrence C. Bank, and Dushyant Arora. Analysis of RC Beams Strengthened with Mechanically Fastened FRP (MF-FRP) Strips [J]. Composite Structures, 2007, 79 (2): 180~191

21. John J. Myers. Repair Using Fiber Reinforced Polymer: Applications [R]. Virginia FRP Showcase, 2006, 9

第 2 章 FRP 的力学性能

FRP 是把高性能的纤维，如玻璃纤维、碳纤维、芳纶纤维等经过编织与环氧树脂等基材胶合凝固或经过高温固化而形成的一种复合材料。FRP 的基本构成材料是纤维和树脂。纤维是由纤维丝缠绕或纺织而形成的，树脂则是粘结介质，传递分布纤维间的应力，保证其形成整体并均匀受力。

2.1 纤 维

纤维是由非常细的纤维丝组成，经过处理可以形成不同结构的纤维，图 2.1.1 为不同结构的纤维。

单根纤维丝是组成纤维的基本单元，直径大约为 10μm。无捻粗纤维是多根纤维丝组成的连续纤维束。有捻纤维纱是经过纺织缠绕而成的纤维束。有捻纤维粗纱是多束有捻纤维纱或无捻粗纤维排列或缠绕而形成的。

土木工程中应用的纤维分为 3 种，即碳纤维（Carbon Fiber）、玻璃纤维（Glass Fiber）及芳纶纤维（Aramid Fiber），各种纤维的主要力学性能见表 2.1.1[1~3]。

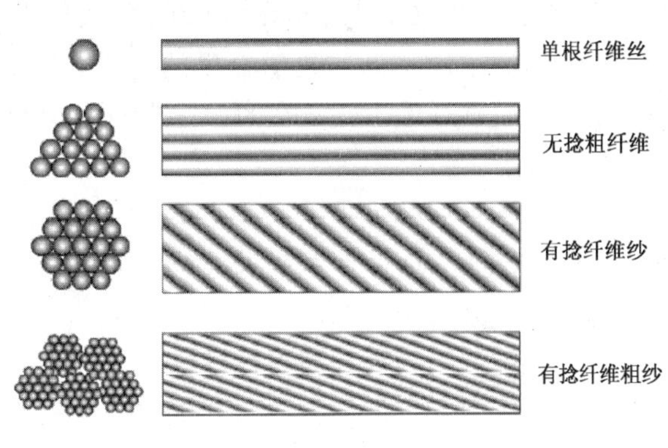

图 2.1.1 纤维的结构

纤维的主要力学性能 表 2.1.1

纤维种类 / 性能指标	碳纤维				芳纶纤维		玻璃纤维		
	PNC 基		沥青基		Kevlar 49	Technora	E-玻璃纤维	S-玻璃纤维	耐碱型 AR-纤维
	高强	高弹性模量	普通	高弹性模量					
抗拉强度（MPa）	3430	2450 ~ 3920	764 ~ 980	2940 ~ 3430	2744	3430	3400 ~ 3700	4300 ~ 4900	3000 ~ 3500
弹性模量（GPa）	196 ~ 235	343 ~ 637	37 ~ 39	127	72.5	72.5 ~ 73.5	72 ~ 77	75 ~ 88	21 ~ 74
密度（g/cm³）	1.7 ~ 1.8	1.8 ~ 2.0	1.6 ~ 1.7	1.9 ~ 2.1	1.45	1.39	3.3 ~ 4.8	2.68 ~ 2.7	2.0 ~ 4.3
直径（μm）	5 ~ 8		9 ~ 18		12		8 ~ 12		

1）玻璃纤维

玻璃纤维分为无碱玻璃纤维（E-玻璃）、中碱玻璃纤维（C-玻璃）、高碱玻璃纤维（A-玻璃）、高强度玻璃纤维（S-玻璃）及高弹性模量玻璃纤维（M-玻璃）等。E-玻璃纤维和 S-玻璃纤维是土木工程中常用的玻璃纤维。E-玻璃纤维是一种铝硼硅酸盐玻璃，纤维纺成直径为0.05～0.3mm 的单股玻璃丝，合股后可做成许多形式的增强材料。E-玻璃纤维的抗拉强度高、吸水性较好、电绝缘性能优异。S-玻璃纤维是一种特制的抗拉强度极高的硅酸铝-镁玻璃纤维，弹性模量比 E-玻璃纤维高。

玻璃纤维的主要优点是价格便宜，突出的缺点是弹性模量相对较低、不耐碱，长期受力情况下易于断裂。近来已经通过增加氧化铝的含量来生产一种耐碱型的玻璃纤维——AR 纤维。

2）碳纤维

碳纤维有聚丙烯腈（PAN）基、粘胶基及沥青（Pitch）基 3 种碳纤维，目前用的最多的是 PAN 基碳纤维。此外，按碳纤维力学性能可分为高强度和高弹性模量的碳纤维。

碳纤维丝束是由大量连续的、没有缠绕的纤维丝组成。丝束代号一般用“K”来表示，用该字母乘以 1000 即为单丝根数，如 12K 即表示该丝束有 12000 根单丝。碳纤维的规格一般为 1K～12K，近年来出现了 48K～320K 的大丝束碳纤维，弹性模量为 33～35msi。

碳纤维的结构完全不同于石墨的六面体结构。通常说的石墨纤维代表纤维含碳量在 99% 以上，而碳纤维含碳量在 80%～95%。碳纤维的缺点是各向异性，价格比较高。

3）芳纶纤维

芳纶纤维是一种人造合成有机纤维，由芬芳聚酰氨按单向排列而成。芳纶纤维有 3 种：Kevlar 纤维、Twaron 纤维、Technora 纤维，分别是由美国杜邦公司、荷兰特瓦龙公司、日本帝人公司生产的。

芳纶纤维分为高强和高弹性模量两种。芳纶纤维最突出的优点是具有较好的韧性，主要缺点是抗压强度较低，大约为其抗拉强度的 1/8。此外，芳纶纤维对紫外线和湿气比较敏感。

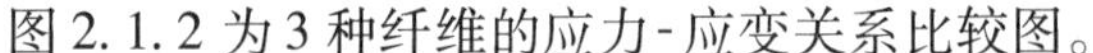

图 2.1.2 为 3 种纤维的应力-应变关系比较图。

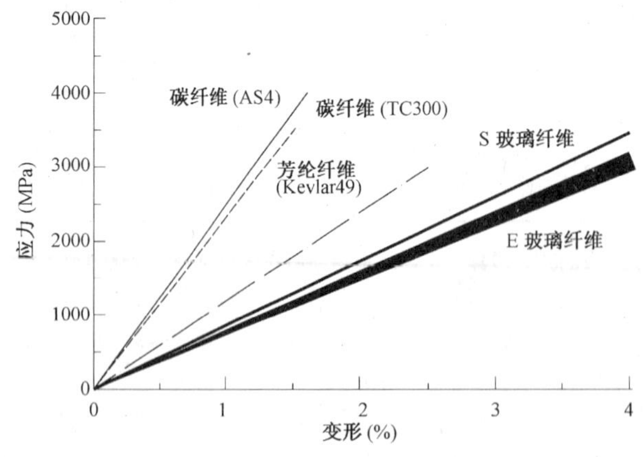

图 2.1.2　纤维的应力-应变曲线

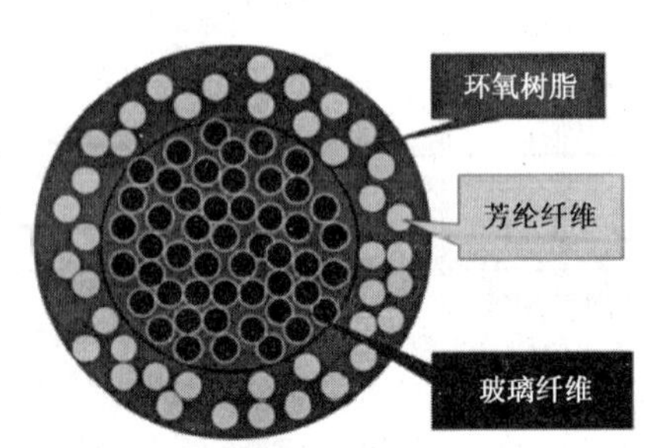

图 2.1.3　混杂纤维

近年来，将碳纤维、玻璃纤维、芳纶纤维及环氧树脂按照一定的比例制成一种新结构的纤维——混杂纤维，图 2.1.3 为 Nishimura1996 年报导的一种混杂纤维。

2.2 树　　脂

FRP 中常用的树脂是环氧树脂（Epoxy Resin，EP）、乙烯脂（Vinylesters，VE）及聚脂（Polyesters，UP），密度一般是 1.1 ~ 1.4g/cm^3。树脂的主要作用是将纤维粘结在一起填充纤维间的缝隙，传递纤维间的力，防止在压力作用下纤维屈曲，同时还可以保护纤维。

树脂的一个重要力学性能指标是树脂的延伸率。选择树脂时，树脂的延伸率要大于纤维的延伸率，这样才能保证纤维断裂前树脂不发生破坏。表 2.2.1 给出了常用树脂的力学性能指标。

树脂的主要力学特性　　　**表 2.2.1**

树 脂 名 称	抗拉强度（MPa）	弹性模量（GPa）	延伸率（%）	密度（g/cm^3）	"格拉斯"温度 T_g（℃）
UP 树脂	20 ~ 70	2 ~ 3	1 ~ 5	1.2 ~ 1.3	70 ~ 120
EP 树脂	60 ~ 80	2 ~ 4	1 ~ 8	1.2 ~ 1.3	100 ~ 270

2.3 纤维复合材料

纤维复合材料（Fiber Reinforced Plastics 或 Fiber Reinforced Polymer，FRP）是纤维丝与树脂按照一定的比例经过固化或者按照一定的方向纺织而成的复合材料。FRP 具有质量轻、便于施工、比钢筋混凝土结构更耐用、耐腐蚀、高强度质量密度比（是钢筋的 10 ~ 15 倍）、耐疲劳（是钢筋的 3 倍）、电磁中性、低导热系数等优点。纤维复合材料从材料的构成上可分为碳纤维复合材料（Carbon Fiber Reinforced Polymer，CFRP）、玻璃纤维复合材料（Glass Fiber Reinforced Polymer，GFRP）及芳纶纤维复合材料（Aramid Fiber Reinforced Polymer，AFRP）。

2.3.1 FRP 的品种

土木工程中用于加固或新建结构中的 FRP，按形式可以分为布、板材、棒材、型材及短纤维。

1）FRP 布

FRP 布（Sheet）是粗纤维按照一定的方向编织而成的纤维布（图 2.3.1），没有经过树脂浸渍的布通常称为"干布"（Dry sheet）。

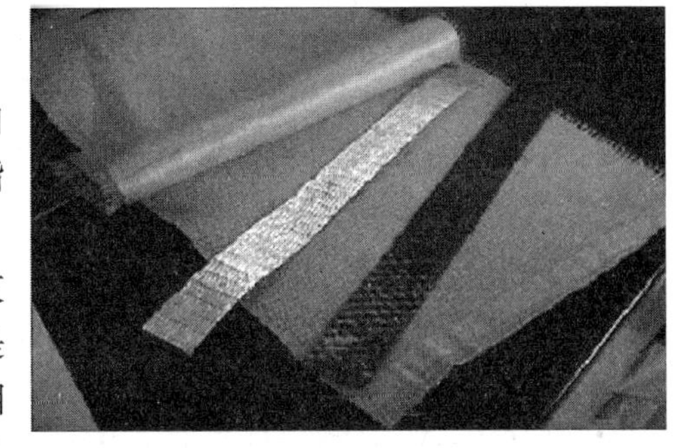

图 2.3.1　FRP 布

FRP 布根据编织方式可以分为 3 种：平纹布、斜纹布及光面布（图 2.3.2）。平纹布就是将粗纤维按照经向、纬向编织而成。平纹布相对于其他两种布刚度较大、结构稳定，缺点是树脂不易浸渍，经纬向的粗纤维弯曲较大。斜纹布和光面布相对较柔软，但是在操作过程中易受损坏。光面布经纬向的粗纤维弯曲很少，所以其平面内的刚度较大。

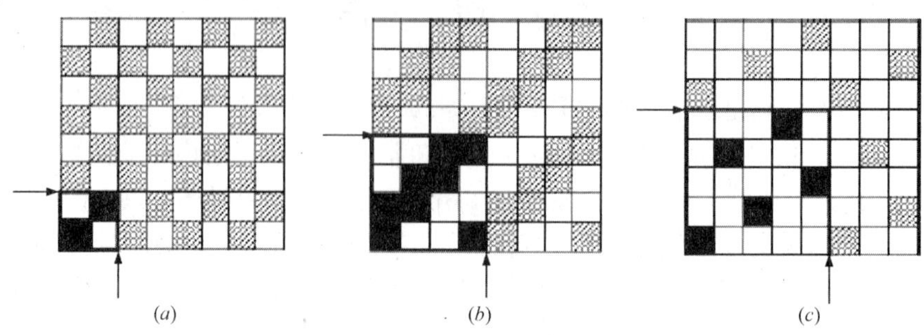

图 2.3.2　FRP 布的编织方式
（*a*）平纹；（*b*）斜纹；（*c*）光面

FRP 布根据纤维的方向性可以分为单向纤维布、双向纤维布及多向纤维布（图 2.3.3）。单向纤维布的主要受力方向是粗纤维，横向通过轻质非结构性纤维连接在一起。双向纤维布的两个方向都是受力纤维，且两个方向纤维的含量是相同的。多向纤维布在多个方向都有受力纤维。

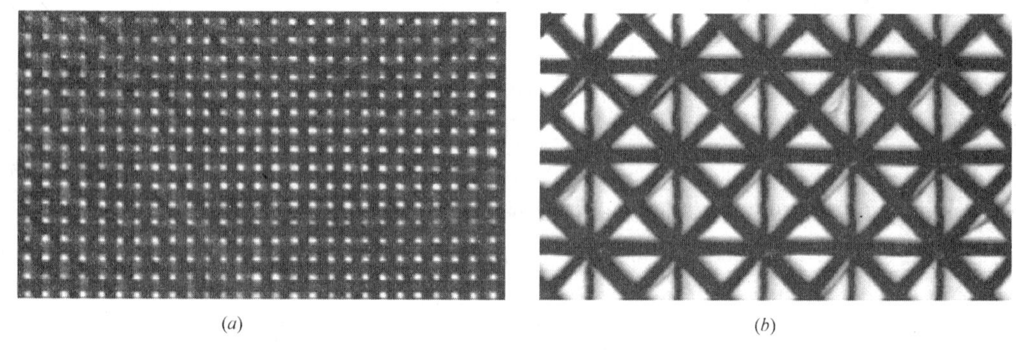

图 2.3.3　双向及多向纤维布
（*a*）双向布；（*b*）多向布

FRP 布还可以分为机织布（Woven Fabrics）和非机织布（Non-woven Fabrics），如图 2.3.4 所示。表 2.3.1 给出了美国赫氏碳纤维布的主要技术指标[4]。

赫氏碳纤维布的技术指标　　**表 2.3.1**

单位质量 (g/m^2)	型　号	编织方式	质量比 经向/纬向	经纬密度 经向/纬向	纱线材质 经向/纬向	幅宽 (cm)	厚度 (mm)
193	43192	平　纹	51/49	4.9/4.8	3K HR/3K HR	100	0.20
193	43194	2×2 斜纹	51/49	4.9/4.8	3K HR/3K HR	100	0.20

续表

单位质量 (g/m^2)	型　号	编织方式	质量比 经向/纬向	经纬密度 经向/纬向	纱线材质 经向/纬向	幅宽 (cm)	厚度 (mm)
200	43200	2×2 斜纹	50/50	5.0/5.0	3K HR/3K HR	125	0.20
200	48192	平　纹	50/50	1.2/1.2	12K HR/12K HR	127	0.20
200	48194	2×2 斜纹	50/50	1.2/1.2	12K HR/12K HR	127	0.20

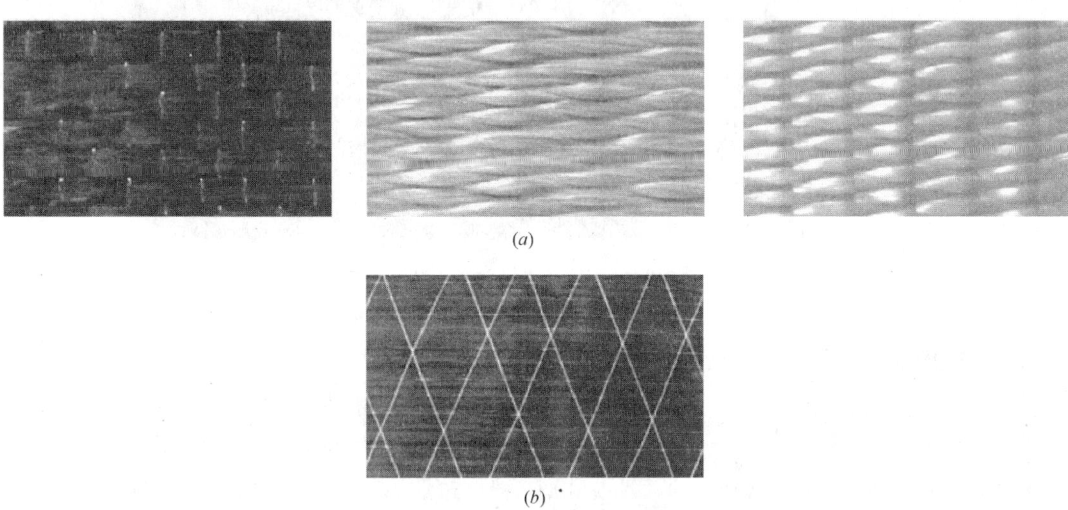

图 2.3.4　FRP 机织布和非机织布

(*a*) 机织布；(*b*) 非机织布

2) FRP 板材

FRP 板材是将树脂、纤维丝按照一定的比例通过高温固化挤压而形成的，包括 FRP 板 (Plates) 和 FRP 板条 (Strip)。宽度相对较宽的称为 FRP 板 (图 2.3.5 (*a*))，宽度相对较小的称为 FRP 板条 (图 2.3.5 (*b*))。

图 2.3.5　FRP 板材

(*a*) FRP 板；(*b*) FRP 板条

FRP板材可以应用在梁的抗弯加固及抗剪加固中，在抗剪加固中还可以使用“L”形FRP条带（图2.3.6）。

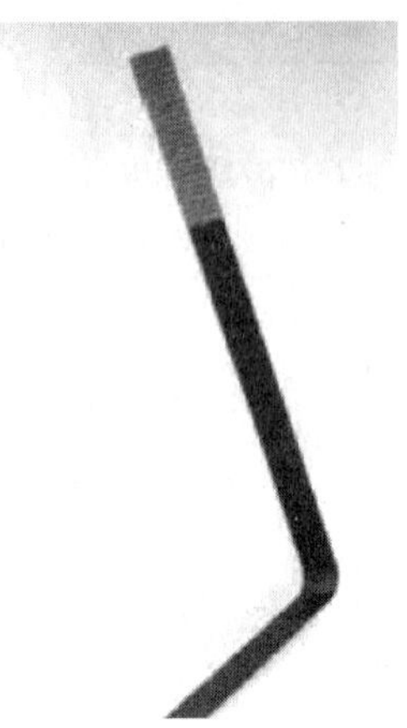

图2.3.6 “L”形FRP条带

3）FRP型材

图2.3.7 FRP型材

FRP型材是将纤维及树脂按照一定的比例采用拉挤或缠绕工艺而制成的。FRP型材按照截面形式可以分为工字形、L形、槽形、圆形及矩形（图2.3.7）。

拉挤成型工艺是将浸渍过树脂胶液的连续纤维束在牵引力的拉拔下，通过成型模具的挤压，在模具和固化炉中受热固化成型材的方法。

缠绕成型工艺是将连续纤维粗纱或布带浸渍环氧胶液后，在设定的纤维张力下，按照预定的缠绕规律连续地缠绕在芯模或内衬上，然后在室温或加热条件下固化而制成的中空回转体制品，如FRP空心管（FRP tube）、FRP壳（FRP shell）等（图2.3.8）[5]。

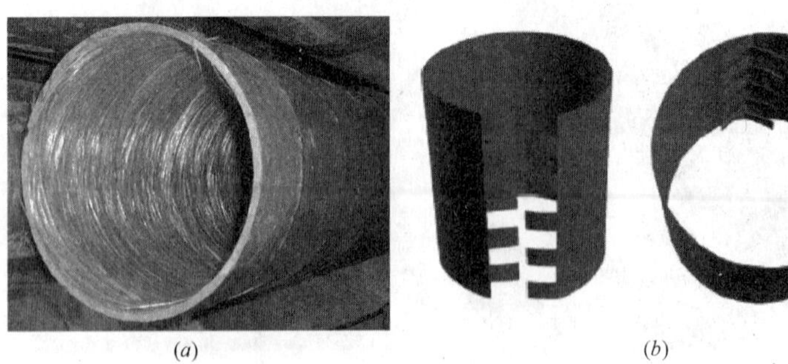

图2.3.8 FRP管及FRP壳

（*a*）FRP缠绕管；（*b*）FRP壳

缠绕成型工艺分为干法缠绕、湿法缠绕及半干法缠绕。干法缠绕是纤维浸胶后烘干先制成预浸带，缠绕时，加热软化后绕制在芯模或内衬上经固化而成。湿法缠绕是将纤维浸胶后直接缠绕到芯模或内衬上经固化而成。半干法缠绕是在室温下进行的缠绕工艺，它比湿法增加了烘干工序，比干法减少了烘干时间，降低了预浸带的烘干程度，减去了预浸带的络纱、收卷和加热软化工序。

4）FRP 棒材

FRP 棒材可以分为 FRP 筋（FRP bar）和 FRP 格栅（FRP gider）[6]。

FRP 筋按其外形可分为带肋筋、表面磨砂筋及缠绕磨砂筋 3 种类型，如图 2.3.9 所示。

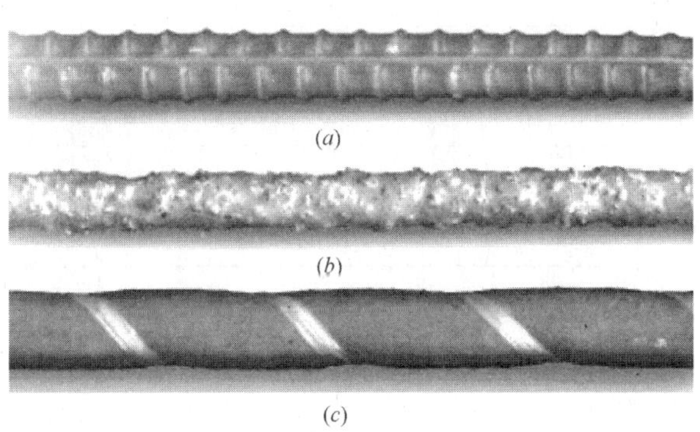

图 2.3.9　FRP 筋的表面形状
（a）带肋筋；（b）表面磨砂筋；（c）缠绕磨砂筋

美国 FRP 筋混凝土结构设计指南中将 FRP 筋按照抗拉强度和弹性模量进行分类。按照抗拉强度分类，最小的级别是 F60，相当于 FRP 筋的强度为 60000psi（414MPa），每隔 10000psi 划为一个级别，最高级别为 F300，相当于 FRP 筋的强度为 300000psi（2069MPa）。

FRP 筋按弹性模量分类的表示方法是“E×.×”。如 E5.7 表示 FRP 筋的弹性模量至少为 5700ksi（39.3GPa）。表 2.3.2 为各种 FRP 筋的最小弹性模量，规定所有 FRP 筋的断裂伸长率不应小于 0.5%。

FRP 筋的最小弹性模量　　**表 2.3.2**

FRP 筋种类	最小弹性模量	FRP 筋种类	最小弹性模量
GFRP 筋	E5.7（39.3GPa）	CFRP 筋	E16.0（110.3Pa）
AFRP 筋	E10.0（68.9GPa）		

根据 ASTM 的标准，FRP 筋的名义直径分为 12 种，见表 2.3.3。FRP 变形筋名义直径的定义是变形筋具有与光圆筋相同的面积。当 FRP 筋是中空的，名义外径确定的原则是中空型的 FRP 筋具有与光圆筋相同的面积。

ASTM 标准筋　　**表 2.3.3**

FRP 筋名称		名义直径（mm）	面积（mm^2）
英制单位	公制单位		
No. 2	No. 6	6.4	31.6
No. 3	No. 10	9.5	71
No. 4	No. 13	12.7	129
No. 5	No. 16	15.9	199
No. 6	No. 19	19.1	284
No. 7	No. 22	22.2	387

续表

FRP 筋名称		名义直径（mm）	面积（mm^2）
英制单位	公制单位		
No. 8	No. 25	25.4	510
No. 9	No. 29	28.7	645
No. 10	No. 32	32.3	819
No. 11	No. 36	35.8	1006
No. 14	No. 43	43.0	1452
No. 18	No. 57	57.3	2587

FRP 筋的命名根据制造商、纤维种类、直径、抗拉强度及弹性模量确定。如 ×××-G#4-F100-E6.0，表示制造商是"×××"，纤维种类是玻璃纤维，4 号筋，最小抗拉强度是 100ksi，最小弹性模量是 6000ksi。如果是中空型的 FRP 筋，除了上述编号外，还应指出最大的外径，如 ×××-G#4-F100-E6.0-0.63，最后的一位数表示最大外径是 0.63in。

图 2.3.10　FRP 格栅

FRP 格栅是 FRP 筋按照一定的方向组合而成的增强材料，有 3 维空间结构和 2 维平面结构两种（图 2.3.10）。FRP 格栅可用于混凝土构件中作为抗弯、抗剪的增强材料，也可用于混凝土构件的体外加固材料。

5）FRP 短纤维

FRP 短纤维是由纤维长丝短切而成，其基本性能主要取决于原料——纤维长丝的性能。较长丝而言，短纤维具有分散均匀、喂料方式多样、工艺简单的优点，所以可以应用于长丝所不能适合的领域，图 2.3.11 为 GFRP 短纤维和 CFRP 短纤维。

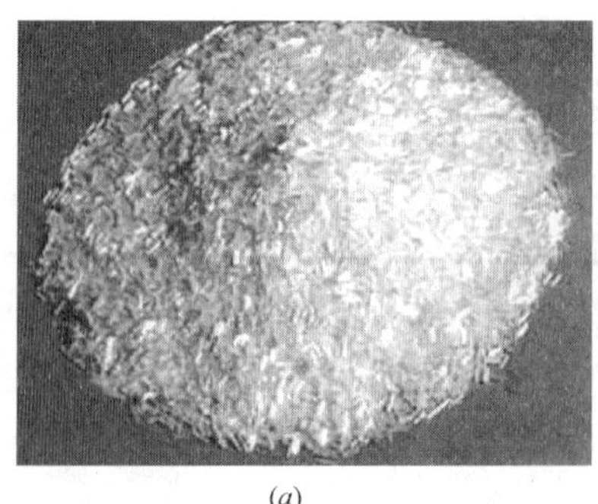

(*a*)

(*b*)

图 2.3.11　FRP 短纤维

（*a*）GFRP 短纤维；（*b*）CFRP 短纤维

将 FRP 短纤维加入混凝土或砂浆中可有效地防止由于混凝土（砂浆）固塑性收缩、干缩、温度等因素引起的微裂缝，抑制裂缝的开展，大大改善混凝土的抗裂、抗渗性能、抗冲击及抗震能力，可以广泛地应用于地下工程、工业与民用建筑工程、道路及桥梁工程中。

将长度为 2 ~ 5cm 的短纤维通过化学粘结和机械作用可以制成一种薄片材料——FRP 毡垫（图 2.3.12），毡垫通常宽 5cm ~ 2m，密度大约是 0.5kg/m^2。

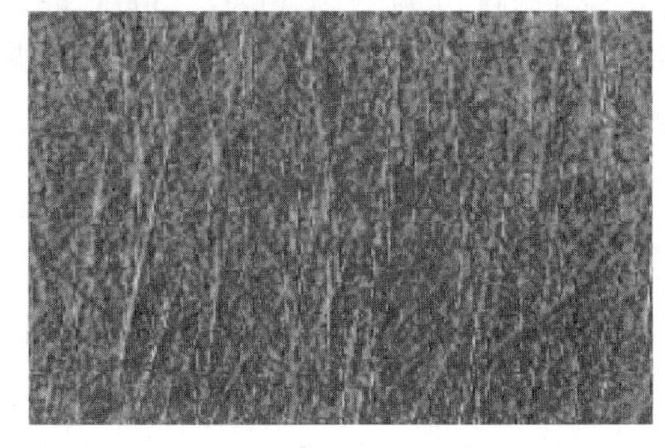

图 2.3.12　GFRP 毡垫

2.3.2　FRP 的力学性能[6,7]

1）物理性能

FRP 的密度范围是 1.25 ~ 2.1g/cm^3，是钢筋密度的 1/6 ~ 1/4（表 2.3.4），密度低可以减轻 FRP 的重量，使其易于运输，便于在施工现场安装。

FRP 的密度（g/cm^3）　　**表 2.3.4**

钢筋	GFRP	CFRP	AFRP
7.9	1.25 ~ 2.1	1.5 ~ 1.6	1.25 ~ 1.4

纤维种类、纤维含量和树脂种类是影响 FRP 线膨胀系数的主要因素。FRP 的纵向线膨胀系数与横向线膨胀系数有所不同，纵向线膨胀系数主要受 FRP 纤维性能的影响，而横向线膨胀系数主要受树脂性能的影响，表 2.3.5 给出了 FRP 的线膨胀系数。

FRP 的线膨胀系数　　**表 2.3.5**

方向	线膨胀系数（×10^{-6}/℃）			
	钢筋	GFRP	CFRP	AFRP
纵向	11.7	6 ~ 10	−4 ~ −2	−6 ~ −2
横向	11.7	21 ~ 30	23 ~ 32	60 ~ 80

关于 FRP 的耐高温性能，美国《FRP 加固混凝土结构设计指南》和《FRP 筋混凝土结构设计指南》中建议不宜将 FRP 使用在高温结构中。火灾发生时，FRP 筋埋在混凝土中，因此不能燃烧。但是在高温状态下，暴露在外面的 FRP 将软化。FRP 软化的温度称为"格拉斯转变温度 T_g"，主要取决于树脂的种类，通常是在 65 ~ 120℃。当温度超过 T_g 后，由于分子结构的改变，FRP 的弹性模量将大大降低。试验结果表明，温度在 250℃ 时，GFRP、CFRP 的强度损失超过 20%，抗剪强度和抗弯强度也将大大降低。

对于 FRP 筋混凝土结构，FRP 筋与混凝土之间的粘结是通过表面的化合物来保持的。当温度接近 T_g 时，表面化合物的力学性能将大大降低，不再传递 FRP 筋与混凝土之间的粘结力。试验结果表明，当温度为 T_g 时，拉拔粘结强度降低了 20% ~40%；温度为 200℃

时，拉拔粘结强度降低了80%～90%。Okamoto等在1993年的试验结果表明，在持载作用下，当温度分别达到200℃、300℃时，AFRP筋、CFRP筋混凝土梁发生了破坏。Sakashita等在1997年的试验结果表明，当温度为250～350℃时，FRP筋混凝土梁发生了破坏。

2）基本力学性能

FRP是一种各向异性材料，与纤维主要受力方向平行的方向（轴向）是FRP的主要方向。影响FRP力学性能的主要因素是FRP的体积率、树脂、纤维方向、尺寸效应、质量控制及制造过程等。FRP的基本力学性能指标包括抗拉强度、抗压强度及粘结性能。

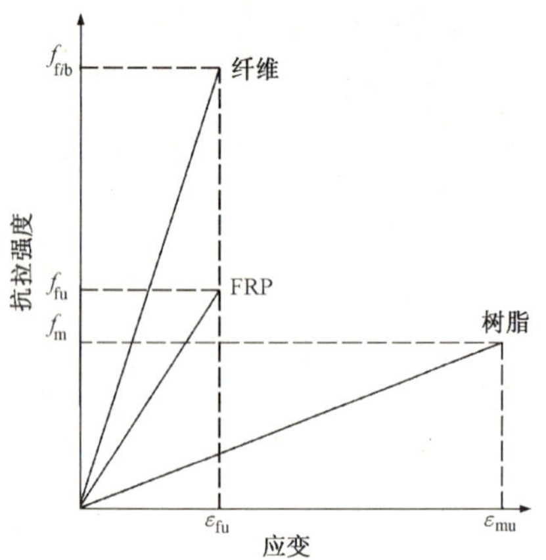

图2.3.13　FRP复合材料、纤维及树脂的应力-应变关系

（1）抗拉强度。

在FRP中，纤维承受荷载并提供材料的刚度，树脂主要起到传递纤维间力和保护纤维的作用。图2.3.13给出了纤维、树脂及FRP的应力-应变关系曲线。从图中可以看出，FRP的轴向拉伸力学性能表现为线弹性的应力-应变关系，这主要是因为组成FRP的纤维为线弹性材料。FRP的极限强度要低于纤维的极限强度。此外，FRP和纤维的极限拉应变均小于树脂的极限拉应变，这样可以避免纤维断裂之前树脂发生破坏。表2.3.6给出了FRP的力学性能指标。

FRP的主要力学性能　　**表2.3.6**

纤维种类		弹性模量（GPa）	抗拉强度（MPa）	极限拉应变（%）	密度（g/cm^3）
CFRP	普　通	220～235	2050～3790	1.2	1.5～1.6
	高 强 度	220～235	3790～4825	1.4	
	特高强度	220～235	4825～6200	1.5	
	高弹性模量	345～515	1725～3100	0.5	
	特高弹性模量	515～690	1375～2400	0.2	
GFRP	E-Glass	69～72	1860～2685	4.5	1.2～2.1
	S-Glass	86～90	3445～4135	5.4	
AFRP	普　通	69～83	3445～4135	2.5	1.2～1.5
	高 性 能	110～124	3445～4135	1.6	
钢　筋		200～210	300～400		7.9

试验结果表明，FRP的拉伸破坏模式有纤维断裂、树脂开裂、部分界面粘结破坏、纤维与树脂发生剥离（图2.3.14）。在各种应力水平下，AFRP和GFRP的破坏模式基本相同，均表现为纤维断裂，而CFRP的破坏模式表现为上述几种破坏模式。

纤维的体积率影响FRP的抗拉强度和弹性模量（图2.3.15），对于单向FRP，其抗拉强度及刚度可以参照下式计算：

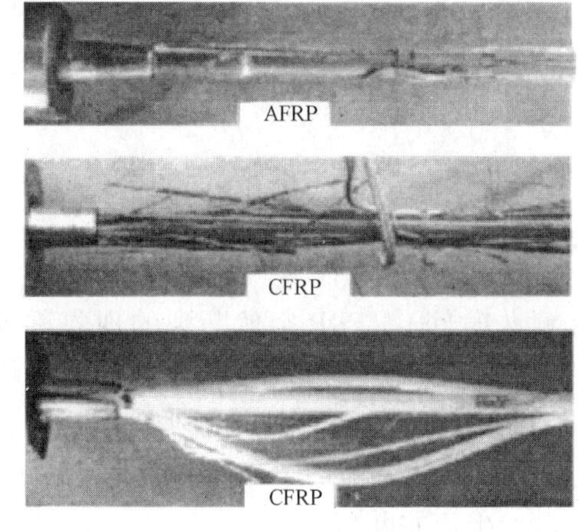

图 2.3.14　FRP 的拉伸试验

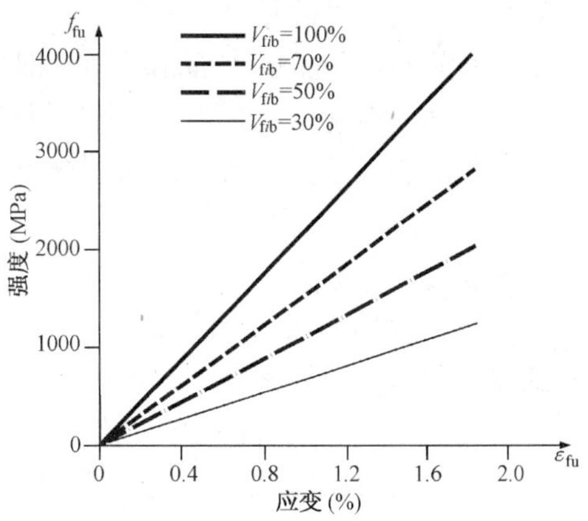

图 2.3.15　纤维体积率对 FRP 复合材料强度的影响

$$E_{f} = V_{fib}E_{fib} + (1 - V_{fib})E_{m} \tag{2.3.1}$$

$$f_{fu} \cong V_{fib}f_{fib} + (1 - V_{fib})f_{m} \tag{2.3.2}$$

式中　E_f——FRP 的弹性模量；

E_{fib}——纤维的弹性模量；

E_m——树脂的弹性模量；

f_{fu}——FRP 的抗拉强度；

f_{fib}——纤维的抗拉强度；

f_m——树脂的抗拉强度；

V_{fib}——纤维的体积率。

对于在施工现场采用干铺体系的施工方法，树脂的使用量、纤维的体积率是不确定的，按照式（2.3.1）、式（2.3.2）计算 FRP 的弹性模量和抗拉强度将造成一定的误差，最好的方法是对 FRP 进行单向拉伸试验，确定其抗拉强度平均值。

（2）抗压强度。

试验研究结果表明，FRP 的受压破坏模式有横向受拉破坏、纤维微屈曲破坏及受剪破坏，影响受压破坏模式的主要因素是纤维种类、纤维含量及树脂种类。

Mallick（1998 年）、Wu（1990 年）的试验结果表明，FRP 的抗压强度相对于其抗拉强度要低。GFRP、CFRP、AFRP 的抗压强度分别是其抗拉强度的 55%、78%、20%。通常情况下，FRP 的抗压强度随着 FRP 的抗拉强度增加而增大。

FRP 的抗压弹性模量比其抗拉弹性模量要小，原因是内部纤维的微屈曲。Mallick（1998 年）、Wu（1990 年）的试验结果表明，GFRP、CFRP、AFRP 的抗压弹性模量分别是其抗拉弹性模量的 80%、85%、100%。

（3）粘结性能。

无论将 FRP 应用在新建结构还是作为补强加固材料，FRP 与混凝土之间的粘结无疑是非常重要的一个方面，粘结性能直接影响结构的使用性能和承载能力。影响粘结性能的主要因素有 FRP 形式、材料性能、几何尺寸及 FRP 表面形状等。

FRP 筋与混凝土的粘结主要由三部分组成：

①FRP 筋与混凝土的表面粘结力，即化学粘结力；

②FRP 筋与混凝土接触面上的摩擦力；

③FRP 筋表面不平产生的机械咬合力。

3）长期性能

（1）徐变断裂。

在持续不变的荷载作用下，经历一段时间（耐久时间），FRP 突然断裂的现象称为 FRP 的徐变断裂。相对来说，钢筋不存在徐变断裂的现象，除了钢筋在较高的温度环境下，如火灾作用下。随着持续荷载作用时间的增加，FRP 的耐久时间逐渐减少。在恶劣环境下（高温、紫外线辐射、高碱、干湿循环、冻融循环等），耐久时间也相对有所减少。在 FRP 中，CFRP 不易发生徐变断裂，而 GFRP 最易发生徐变断裂。

（2）疲劳性能。

FRP 不易发生疲劳破坏，且不易受外界环境的影响，除非是纤维与树脂界面之间的粘结作用在外界环境下发生退化。已有的试验结果表明，每十年的对数时间，CFRP、GFRP、AFRP 相对于其静力强度值分别降低了 5% ~8%、10%、5% ~6%。经过 200 万次的疲劳循环后，CFRP、AFRP 的剩余强度分别为其静力强度的 50% ~70%、54% ~73%。

影响疲劳寿命的主要因素有荷载频率、平均应力、应力比和外界环境等。试验结果表明，疲劳寿命与荷载频率成反比。频率越高，纤维与纤维之间的摩擦越大，温度越高，疲劳寿命降低。例如，频率是 1Hz 的荷载，疲劳寿命是频率为 5Hz 的荷载的十倍。平均应力和应力比也会影响 FRP 的疲劳寿命。试验结果表明，平均应力较高或应力比较低将减少 FRP 的疲劳寿命。

（3）耐久性能。

耐久性能是 FRP 长期性能的一个重要方面，对 FRP 耐久性能的研究主要是通过室内加速试验来推断 FRP 的长期性能。试验结果表明（表 2.3.7），CFRP 表现出良好的耐久性能；GFRP 的耐碱性能比较差，而耐酸性能和冻融循环性能比较好；AFRP 除了疲劳性能、紫外线辐射及耐酸性能较差外，其余环境条件下的耐久性能比较好。

FRP 的耐久性能 **表 2.3.7**

FRP 种类 / 性能指标	CFRP	AFRP	GFRP
耐碱性能	95%	92%	15%
耐酸性能	100%	60% ~85%	100%
紫外线辐射	100%	45%	81%
静力疲劳	91%	46%	30%
动态疲劳	85%	70%	23%
冻融循环	100%	100%	100%
高温性能	80%	75%	80%
耐火性能	75%	65%	75%

注：表中数据为相对于其静力强度的百分比。

由于树脂的存在，FRP的耐久性能要优于纤维的耐久性能。Uomoto的试验结果表明，将碳纤维、芳纶纤维和玻璃纤维浸泡在温度为40℃的NaOH溶液中，120d后剩余强度分别为原强度的95%、92%、15%，而将FRP筋浸泡在同样的NaOH溶液中，120d后剩余强度分别为原强度的100%、98%、29%。

参考文献

1. 王文炜．纤维复合材料加固钢筋混凝土梁抗弯性能研究［D］．大连理工大学博士学位论文．2003
2. Vistasp M. Karbhari. Use of Composite Materials in Civil Infrastructure in Japan［M］．International Technology Research Institute，1998，8
3. ACI Committee 440. Guide For the Design and Construction of Externally Bonded FRP System For Strengthening Concrete Structures［S］．Detroit：American Concrete Institute，2000
4. HEXCEL碳纤维织物．http：//www. huazheng. net/product_ detail. asp？ id＝25
5. Gerard Van Erp，Craig Cattell，and Tim Heldt. Fibre Composite Structures in Australia′s Civil Engineering Market：An Anatomy of Innovation［J］．New Materials in Construction，2005，7：150～160
6. ACI Committee 440. Guide For the Design and Construction of Concrete Reinforced with FRP Bars［S］．Detroit：American Concrete Institute，2000
7. Taketo Uomoto，Hiroshi Mutsuyoshi，Futoshi Katsuki，and Sudhir Misra. Use of Fiber Reinforced Polymer Composites as Reinforcing Material for Concrete［J］．Journal of Materials in Civil Engineering，2002，14（3）：191～209

第 3 章　FRP 加固钢筋混凝土梁正截面承载力计算

本章主要符号

A_{cf}——受拉面上粘贴的碳纤维片材的截面面积

A_f——FRP 面积

$A_{f,b}$——按梁底面积计算确定的，但需改在侧面粘贴的 FRP 面积

A_{fe}——FRP 有效截面面积

A_s、A_s'——受拉钢筋、受压钢筋面积

A_{te}——有效受拉混凝土截面面积

a——受拉钢筋合力点至梁底边的距离

a'——受压钢筋合力点至混凝土受压区边缘的距离

b——梁宽度

b_{cf}——受拉面上粘贴的碳纤维片材的宽度

b_f——FRP 总宽度

b_i——T 形截面梁翼缘宽度

C_c——受压区混凝土合力

C_E——环境折减系数

h——梁高度

h_0——截面有效高度

h_f——FRP 有效高度

h_i——T 形截面梁翼缘高度

E_c——混凝土弹性模量

E_{cf}——碳纤维片材的弹性模量

E_f——FRP 弹性模量

E_s——钢筋弹性模量

f_c——混凝土轴心抗压强度设计值或轴心抗压强度

f_{co}'——混凝土圆柱体抗压强度设计值

f_f——FRP 应力

f_{fe}——FRP 有效应力

f_{fu}——FRP 极限抗拉强度

$f_{fu,s}$——FRP 极限抗拉强度设计值

f_{fu}^*——FRP 极限抗拉强度标准值

$\overline{f}_{fu}$——FRP 极限抗拉强度平均值
f_y——受拉钢筋设计强度或屈服强度
f_y'——受压钢筋设计强度或屈服强度
f_{tk}——混凝土抗拉强度标准值
I_0——未开裂截面惯性矩
I_{cr}——开裂截面惯性矩
l_i——碳纤维片材（或 FRP）从强度充分利用截面向外延伸所需的粘结长度
M——弯矩
M_d——弯矩设计值
M_i——加固前受弯构件计算截面上实际作用的初始弯矩
M_u——FRP 加固钢筋混凝土梁受弯承载力
n_{cf}——碳纤维片材的层数
t_{cf}——单层碳纤维片材的厚度
x——混凝土受压区高度
x_0——混凝土受压区实际高度
y_j——截面任意纤维处到中和轴的距离
α_E——钢筋弹性模量与混凝土弹性模量的比值，$\alpha_E=\dfrac{E_s}{E_c}$
α_f——综合考虑受弯构件裂缝截面上原作用内力臂变化、钢筋拉应变不均匀以及钢筋排列影响等的计算系数
β_1——等效矩形图形受压区高度系数
γ——等效矩形图形应力系数
γ_f'——受压翼缘增强系数
ε_0——混凝土应力峰值对应的压应变
ε_c——混凝土受压区边缘压应变
ε_{cu}——混凝土极限压应变
ε_{cf}——碳纤维片材的拉应变
$[\varepsilon_{cf}]$——碳纤维片材的允许拉应变
ε_{cfu}——碳纤维片材的极限拉应变
ε_{ci}——加固前初始弯矩 M_i 作用下受压边缘的压应变
ε_{fe}——FRP 有效拉应变
ε_{fu}——FRP 极限拉应变
$\varepsilon_{fu,s}$——FRP 极限拉应变设计值
ε_{fu}——FRP 极限拉应变平均值
ε_{fu}^*——FRP 极限拉应变标准值
ε_i——考虑二次受力影响时，加固前构件在初始弯矩作用下，截面受拉边缘混凝土的初始应变
ε_j——截面任意纤维处应变
ε_s——受拉钢筋应变

ε_{si}、σ_{si}——加固前初始弯矩 M_i 作用下受拉钢筋的拉应变、拉应力
ε_y——受拉钢筋屈服应变
η——内力臂系数
η_f——考虑改在梁侧面粘贴引起的 FRP 受拉合力及其力臂改变的修正系数
κ_m——碳纤维片材厚度折减系数
κ_{mf}——FRP 厚度折减系数
ξ——受压边缘混凝土压应变综合系数
ξ_b——构件加固前的相对界限受压区高度
ξ_{cfb}——碳纤维片材达到其允许拉应变与混凝土压坏同时发生时的相对界限受压区高度
ξ_{fb}——受弯构件加固后的相对界限受压区高度
$\varepsilon_{fu,s}$——FRP 拉应变设计值
ρ——受拉钢筋配筋率
ρ_{te}——按有效受拉混凝土截面面积计算的纵向受拉钢筋配筋率
σ_c（ε_{cj}）——混凝土应力
σ_s——受拉钢筋应力
σ_s'——受压钢筋应力
τ_{cf}——碳纤维片材与混凝土间的粘结强度设计值
τ_f——FRP 与混凝土之间的粘结强度设计值
ψ——受拉钢筋拉应变不均匀系数
ψ_1——修正系数
ψ_f——考虑 FRP 实际抗拉强度达不到设计值而引入的强度利用系数
ψ_f'——折减系数

本章首先阐述了 FRP 片材（以下简称 FRP）加固钢筋混凝土梁国内外的研究现状，接着对中国现行标准《碳纤维修复混凝土结构技术规程》（以下简称《规程》）、《混凝土结构加固规范》（以下简称《规范》）和美国《FRP 加固混凝土结构设计指南》（《GUIDE FOR THE DESIGN AND CONSTRUCTION OF EXTERNALLY BONDED FRP SYSTEMS FOR STRENGTHENING CONCRETE STRUCTURES》）（以下简称《指南》）中相关内容作简要的介绍，然后描述 FRP 加固钢筋混凝土梁的力学性能；最后，针对加固梁不同的弯曲破坏模式给出承载力计算方法。

3.1 FRP 加固钢筋混凝土梁研究现状

3.1.1 国内研究现状

国内对 FRP 加固钢筋混凝土梁的研究主要集中在两个方面：GFRP 加固钢筋混凝土梁和 CFRP 加固钢筋混凝土梁。

1）GFRP 加固钢筋混凝土梁

在 GFRP 加固钢筋混凝土梁抗弯性能的研究方面，浙江大学、清华大学、苏州科技学

院、同济大学、东南大学、汕头大学、国家工业诊断与改造加固工程技术中心、后勤工程学院、大连理工大学等国内高校、研究院所相继进行了试验研究[1~8]。

已完成的GFRP加固钢筋混凝土梁试验研究主要考虑了GFRP的粘贴长度、粘贴层数、梁端锚固形式（U形箍）、加固量、配筋率等因素对加固梁极限承载力的影响，重点研究加固梁的承载力、延性、变形、裂缝及GFRP不同的粘贴方式对加固效果的影响。试验结果表明，GFRP加固的钢筋混凝土梁受弯承载力提高较多，裂缝及变形能满足使用性能的要求，具有一定的延性。在试验研究的基础上，一些研究单位提出了GFRP加固钢筋混凝土梁受弯承载力的计算方法。

2）CFRP加固钢筋混凝土梁

（1）CFRP加固钢筋混凝土梁一次受力

CFRP是我国较早应用于研究和实际加固工程中的一种纤维复合材料，经过几年的努力工作，已形成了科研院所、高等院校、生产单位、商业公司共同开发、研究的势头，取得了大量的科研成果，已发表有关论文数百篇，完成大量的工程应用，已有数种经过检验、批量生产的专业粘贴树脂。

目前的研究主要集中在CFRP布加固混凝土构件上，对CFRP板的研究较少，对CFRP筋嵌入式加固的研究也有少数单位正在进行之中。

东南大学在CFRP加固钢筋混凝土梁的研究方面开展了较多工作，近年来又进行了在梁侧面粘贴CFRP的试验[9]。山东省建筑科学研究院、上海市建筑科学研究院、清华大学、同济大学、哈尔滨工业大学、浙江大学、武汉工业大学、武汉大学、天津大学、大连理工大学等近年来逐渐开展了CFRP加固钢筋混凝土梁试验研究[10~25]。试验总体上也是考虑配筋率、混凝土强度、加固量等变化参数来研究加固后梁的力学性能。

（2）CFRP加固钢筋混凝土梁二次受力

CFRP加固钢筋混凝土梁二次受力的研究主要集中在加固已经卸载的钢筋混凝土梁方面，对于不卸载加固的研究相对较少，其中具有代表性的有[25~29]：

①武汉大学进行的3根CFRP板加固钢筋混凝土梁二次受力性能试验研究。该试验中，将混凝土梁预先加载到对比梁极限荷载的40%粘贴CFRP板。试验结果表明，二次受力的加固梁承载力提高较多，CFRP板的应变存在滞后现象。

②清华大学根据实际工程进行了CFRP加固已经承受荷载的钢筋混凝土板、梁试验研究。该试验共制作了4块钢筋混凝土矩形板和4根钢筋混凝土矩形截面梁。试验中对钢筋混凝土板预先施加的荷载为极限荷载的28.9%和37.1%；对钢筋混凝土梁预先施加的荷载为极限荷载的26.5%和31.7%。该试验将钢筋混凝土板、梁倒置反位加载。试验结果表明，初始弯矩越大，极限承载力越小。

③湖南大学进行了15根CFRP加固已经卸载或持载的钢筋混凝土梁试验研究，均采用反位加载方式。该试验虽然获得了一些试验结果，但是由于加固梁出现了多种不同的破坏形态，造成试验结果相互间缺乏比较性。

④大连理工大学进行了CFRP加固钢筋混凝土梁二次受力试验研究，主要研究荷载历史对CFRP加固钢筋混凝土梁受弯承载力的影响。试验结果表明，初始荷载（梁底初始拉应变）对加固梁的极限荷载影响比较明显。

3）FRP加固钢筋混凝土梁疲劳试验

国内最早开展 FRP 加固钢筋混凝土梁疲劳试验研究的是焦作工学院的曾宪桃和西南交通大学的车惠民[30]，试验中采用玻璃钢板加固了 5 根钢筋混凝土梁。试验结果表明，经过玻璃钢板加固的钢筋混凝土梁疲劳性能满足要求。

在 CFRP 加固钢筋混凝土梁疲劳性能的研究方面，武汉大学开展了初步的试验研究[31]。试件底部粘贴长 900mm，宽 100mm 的 CFRP，受压区粘贴尺寸为 4mm × 70mm × 900mm 的钢板，并沿跨长布设 9 道碳纤维 U 形箍，间距为 110mm。试验梁在频率为 9.8Hz 的等幅荷载作用下，经过 200 万次低周疲劳试验后，CFRP 与混凝土梁未发生粘结破坏现象，可以满足抗疲劳性能。

总后建筑工程研究所进行了 4 根普通钢筋混凝土梁和 2 根预应力钢筋混凝土梁 CFRP 加固的疲劳试验[32]。试验研究结果表明，加固梁经过 200 万次疲劳后，承载力和刚度不会降低，不会发生剥落和脆断现象，完全满足使用要求。

3.1.2 国外研究状况

1）GFRP 加固钢筋混凝土梁

Saadatmanesh 和 Ehsani 最早进行了 GFRP 板加固的 5 根钢筋混凝土矩形截面梁和 1 根钢筋混凝土 T 形截面梁的试验研究[33]。在同一时期，Ratchie 等也开展了 GFRP 板加固钢筋混凝土梁的试验研究[34]。此后，Hollaway、Quantrill、Chajes 等分别进行了单向、双向 GFRP 加固钢筋混凝土梁的试验研究[35~37]。已完成的试验结果表明，加固梁的极限强度、刚度均有所提高。

2）CFRP 加固钢筋混凝土梁

CFRP 加固钢筋混凝土梁的试验与国内已完成的试验相类似，此处不再赘述，仅将 CFRP 加固钢筋混凝土预裂梁、持载梁的研究状况作一简要介绍。

Tom Norris 等进行了 9 根梁的静载试验[38]，9 根梁预先加荷到梁开裂，然后粘贴 CFRP，再加载直至梁破坏。试验结果表明，梁的破坏模式和 CFRP 的粘贴方向有关。当 CFRP 的粘贴方向与裂缝方向垂直时，CFRP 端部发生了剥离破坏；当 CFRP 的粘贴方向与梁裂缝方向不垂直相交时，梁的承载力和刚度都增长不大，但是延性较好。

John F. Bonacci 和 Mohamed Maalej 进行了 7 根梁的试验[39]，其中有 1 根梁通过预先施加荷载，然后粘贴 CFRP 加固。试验结果表明，荷载历史、是否保持荷载都会影响加固梁的极限荷载，相对于用 CFRP 加固完好无损梁来说，极限荷载要降低 5%。

Alfarabi Sharif 和 G. J. Al-Sulaimani 等进行了 8 根梁的试验研究[40]。8 根梁预先加荷到极限荷载的 85%，卸载后再粘贴 CFRP 板进行加固。试验梁采用了螺栓在梁端锚固、CFRP 在侧面全包锚固、“I” 形箍在梁端锚固共三种锚固方式。试验结果表明，加固梁发生了不同的破坏模式，梁的受弯承载力增加，延性和板的厚度成反比。

Marco Arduini 和 Antonio Nanni 对预裂梁作了比较全面的试验研究[41]。该试验共制作了 9 根扁梁（$h/b=2.0$）和 9 根深梁（$h/b=5.0$）。试验梁中大部分是预裂梁，只有 2 根是持载梁，试验考虑了 2 种梁底表面处理情况和 2 种 CFRP 体系。试验结果表明，经过 CFRP 加固的预裂梁性能（极限承载力、刚度）与 CFRP 加固的完好梁性能没有明显的区别。由于 2 根持载梁均发生了 CFRP 剥离破坏，因此，2 根持载梁的极限荷载相差不多。

Mohsen Shahawy 等进行了 8 根 6.1m 长的 T 形截面梁试验研究[42]。该试验将 7 根梁预先施加到对比梁屈服荷载的65%、85%、117%，保持荷载不变粘贴CFRP。试验梁采用了全部包裹和部分包裹的加固形式。试验结果表明，经过CFRP加固的钢筋混凝土T形截面梁屈服荷载、极限荷载均有所增长，预先施加荷载的水平不影响加固梁的受弯承载力。

3）CFRP加固钢筋混凝土梁疲劳试验

比较有代表性的疲劳试验是Mohsen Shahawy等1999年完成的CFRP加固T形截面梁疲劳试验[43]。试验中实施了2种疲劳试验方案：一种是未加固梁加载疲劳到一定次数，然后用CFRP加固继续加载疲劳；一种是直接用CFRP加固后加载疲劳。试验结果表明，经过CFRP加固的钢筋混凝土梁加载疲劳寿命显著提高。

3.2　FRP加固钢筋混凝土梁规范（规程）简介

3.2.1　碳纤维片材加固修复混凝土结构技术规程[44]

1）计算简图

计算FRP加固混凝土梁正截面承载力时，忽略受拉区混凝土的作用，受压区混凝土的应力图形采用等效矩形应力图形，计算简图如图3.2.1所示。

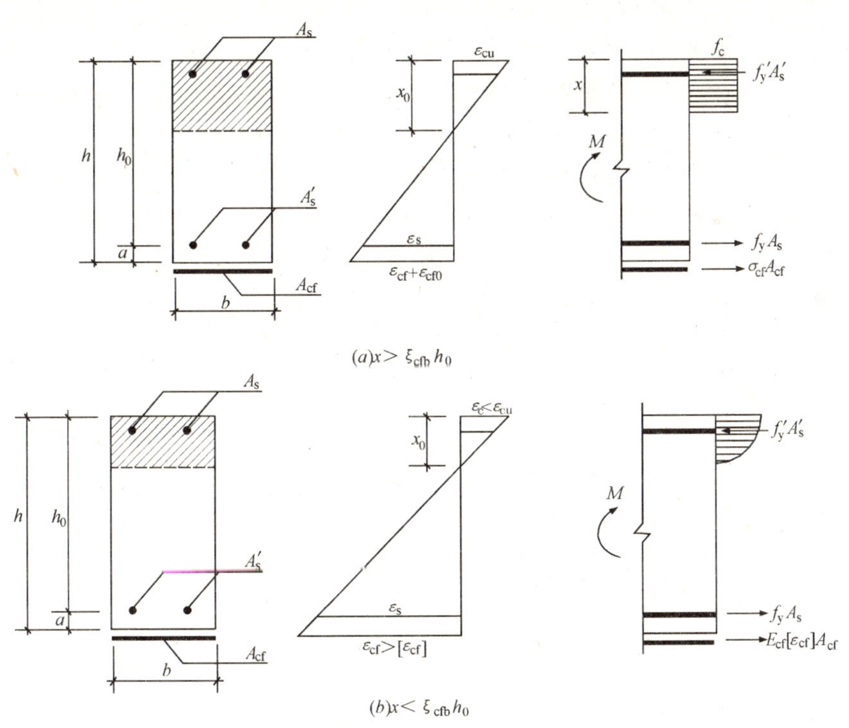

图3.2.1　《规程》中的计算简图

2）基本公式

当混凝土受压区高度x大于$\xi_{cfb}h_0$，且小于ξ_bh_0时（图3.2.1（a）），抗弯承载力按下式计算：

$$M_d \leqslant M_u = f_c bx\left(h_0 - \frac{x}{2}\right) + f_y' A_s'(h_0 - a') + E_{cf}\varepsilon_{cf}A_{cf}(h - h_0) \tag{3.2.1}$$

混凝土受压区高度 x 和受拉面上碳纤维片材的拉应变 ε_{cf} 按下列公式确定：

$$\begin{cases} x = \dfrac{0.8\varepsilon_{cu}}{\varepsilon_{cu} + \varepsilon_{cf} + \varepsilon_i}h \\ f_c bx = f_y A_s - f_y' A_s' + E_{cf}\varepsilon_{cf}A_{cf} \end{cases} \tag{3.2.2}$$

当混凝土受压区高度 x 不大于 $\xi_{cfb}h_0$ 时（图 3.2.1（b）），抗弯承载力按下式计算：

$$M_d \leqslant M_u = f_y A_s(h_0 - 0.5\xi_{cfb}h) + E_{cf}[\varepsilon_{cf}]A_{cf}h(1 - 0.5\xi_{cfb}) \tag{3.2.3}$$

当混凝土受压区高度 x 小于 $2a'$时，抗弯承载力按下式计算：

$$M_d \leqslant M_u = f_y A_s(h_0 - a') + E_{cf}[\varepsilon_{cf}]A_{cf}(h - a') \tag{3.2.4}$$

式中 M_d——弯矩设计值；

M_u——FRP 加固钢筋混凝土梁抗弯承载力；

A_s、A_s'——受拉钢筋、受压钢筋面积；

A_{cf}——受拉面上粘贴的碳纤维片材的截面面积；

f_y、f_y'——受拉钢筋和受压钢筋设计强度；

f_c——混凝土轴心抗压强度设计值；

E_{cf}——碳纤维片材的弹性模量；

x——混凝土受压区高度；

ξ_{cfb}——碳纤维片材达到其允许拉应变与混凝土压坏同时发生时的相对界限受压区高度，取$\dfrac{0.8\varepsilon_{cu}}{\varepsilon_{cu} + [\varepsilon_{cf}] + \varepsilon_i}$；

ε_{cu}——混凝土极限压应变，取 0.0033；

ε_i——考虑二次受力影响时，加固前构件在初始弯矩作用下，截面受拉边缘混凝土的初始应变，按式（3.2.5）计算；当可以不考虑二次受力时，取 0；

ε_{cfu}——碳纤维片材的极限拉应变；

$[\varepsilon_{cf}]$——碳纤维片材的允许拉应变，取 $\kappa_m\varepsilon_{cfu}$，且不应大于碳纤维片材极限拉应变的 2/3 和 0.01 两者中的较小值；

ε_{cf}——碳纤维片材的拉应变；

κ_m——碳纤维片材厚度折减系数，取 $1 - \dfrac{n_{cf}E_{cf}t_{cf}}{420000}$，其中，$t_{cf}$的单位取 mm，$E_{cf}$的单位取 MPa；

n_{cf}——碳纤维片材的层数；

t_{cf}——单层碳纤维片材的厚度；

b、h——梁宽度、高度；

h_0——截面有效高度；

a'——受压钢筋合力点至截面最近边缘的距离。

图 3.2.1 中 x_0 为混凝土实际受压区高度。

考虑二次受力影响时，加固前在初始弯矩作用下，截面受拉边缘混凝土的初始应变应按下列公式计算：

$$\varepsilon_i = \frac{h}{h_0}(\varepsilon_{ci} + \varepsilon_{si}) - \varepsilon_{ci} \tag{3.2.5}$$

$$\varepsilon_{ci} = \frac{M_i}{\xi E_c b h_0^2} \tag{3.2.6}$$

$$\varepsilon_{si} = \frac{\psi}{\eta}\frac{M_i}{E_s A_s h_0} \tag{3.2.7}$$

$$\xi = \frac{(1+3.5\gamma_f')\alpha_E\rho}{0.2(1+3.5\gamma_f')+6\alpha_E\rho} \tag{3.2.8}$$

$$\psi = 1.1 - 0.65\frac{f_{tk}}{\sigma_{si}\rho_{te}} \tag{3.2.9}$$

$$\sigma_{si} = \frac{M_i}{A_s \eta h_0} \tag{3.2.10}$$

式中 M_i——加固前受弯构件计算截面上实际作用的初始弯矩；

ε_{ci}——加固前初始弯矩 M_i 作用下受压边缘的压应变；

ε_{si}、σ_{si}——加固前初始弯矩 M_i 作用下受拉钢筋的应变、应力；

ξ——受压边缘混凝土压应变综合系数；

ψ——受拉钢筋应变不均匀系数；

η——内力臂系数，取0.87；

E_c、E_s——混凝土、钢筋弹性模量；

α_E——钢筋弹性模量与混凝土弹性模量的比值，$\alpha_E = \frac{E_s}{E_c}$；

ρ——受拉钢筋配筋率，$\rho = A_s / bh_0$；

f_{tk}——混凝土抗拉强度标准值；

ρ_{te}——按有效受拉混凝土截面面积计算的纵向受拉钢筋配筋率，$\rho_{te} = \frac{A_s}{A_{te}}$；

A_{te}——有效受拉混凝土截面面积，对受弯构件取 $0.5bh + (b_f - b)h_f$，其中 b_f、h_f 分别为受拉翼缘的宽度、高度；

γ_f'——受压翼缘增强系数，取 $\frac{(b_f' - b)h_f'}{bh_0}$，其中 b_f'、h_f' 分别为受压翼缘的宽度、高度。

3）计算原则

（1）当初始弯矩 M_i 小于未加固截面受弯承载力的20%时，可忽略二次受力的影响。

（2）受压区高度 x 不宜大于 $0.8\xi_b h_0$，其中相对界限受压区高度 ξ_b 按现行国家标准《混凝土结构设计规范》（GB 50010）的规定确定。

（3）加固后受弯承载力的提高幅度不宜超过40%。

（4）对受弯加固的构件尚应验算构件的受剪承载力，避免受剪破坏先于受弯破坏发生。

（5）加固后在荷载效应标准组合下受拉钢筋的应力不宜超过钢筋抗拉强度标准值。

4）构造要求

对梁、板正弯矩区进行受弯加固时，碳纤维片材宜延伸至支座边缘，在集中荷载作用点两侧宜设置构造的纤维片材U形箍或横向压条。

碳纤维片材的切断位置距其充分利用截面的距离不应小于按下式计算得出的粘结延伸长度 l_i，并应延伸至不需要碳纤维片材截面之外不小于 200mm（图 3.2.2）。

$$l_i = \frac{E_{cf}\varepsilon_{cf}A_{cf}}{\tau_{cf}b_{cf}} \quad (3.2.11)$$

式中 l_i——碳纤维片材从强度充分利用截面向外延伸所需的粘结长度；

ε_{cf}——充分利用截面处碳纤维片材的拉应变，按式（3.2.2）计算；

τ_{cf}——碳纤维片材与混凝土间的粘结强度设计值，取 0.5MPa；

b_{cf}——受拉面上粘贴的碳纤维片材的宽度，对板取 1000mm 板宽范围内粘贴的碳纤维片材宽度。

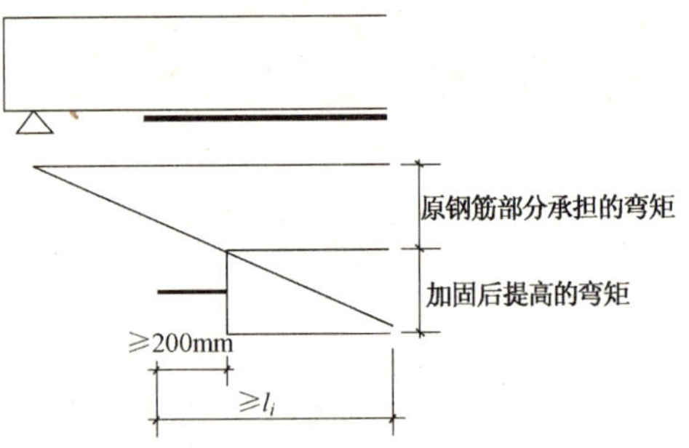

图 3.2.2　碳纤维片材的延伸长度

当碳纤维片材延伸至支座边缘仍不满足上述的规定时，应采取下列锚固措施：

（1）对于梁，在碳纤维片材延伸长度范围内应设置纤维片材 U 形箍锚固（图 3.2.3（*a*））。U 形箍宜在延伸长度范围内均匀布置，且在延伸长度端部必须设置一道。U 形箍的粘贴高度宜伸至板底面。每道 U 形箍的宽度不宜小于受弯加固碳纤维片材宽度的 1/2，U 形箍的厚度不宜小于受弯加固碳纤维布厚度的 1/2。

（2）对于板，在碳纤维片材延伸长度范围内应通长设置垂直于受力纤维方向的压条（图 3.2.3（*b*））。压条宜在延伸锚固长度范围内均匀布置，且在延伸长度端部必须设置一道。每道压条的宽度不宜小于受弯加固碳纤维片材条带宽度的 1/2，压条的厚度不宜小于受弯加固碳纤维片材厚度的 1/2。

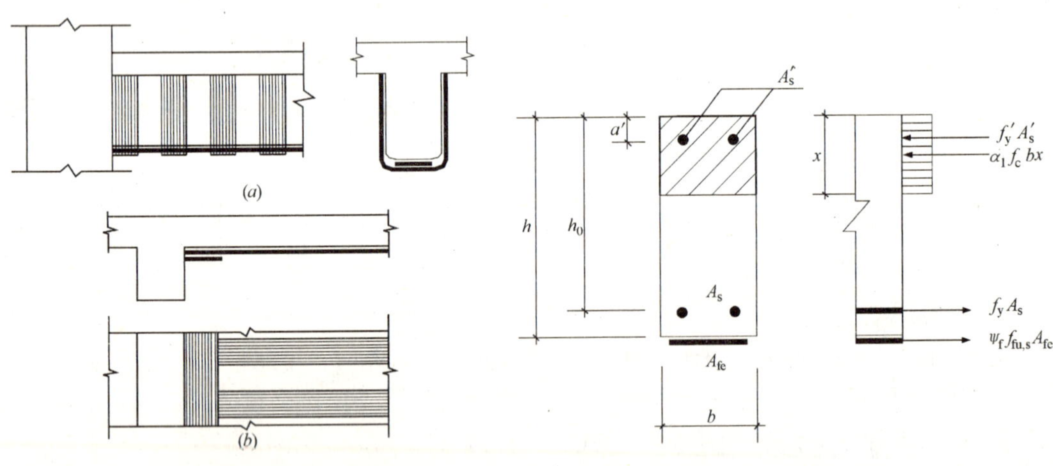

图 3.2.3　受弯加固时碳纤维片材端部附加锚固措施
（*a*）U 形箍；（*b*）碳纤维压条

图 3.2.4　《规范》中的计算简图

（3）当碳纤维片材的延伸长度小于按公式（3.2.11）计算所得长度的 1/2 时，应采取可靠的附加机械锚固措施。

（4）当采用碳纤维板时，应在其延伸长度端部采取可靠的机械锚固措施。

（5）对梁、板负弯矩区进行受弯加固时，碳纤维片材的截断位置距支座边缘的延伸长度应根据负弯矩分布按公式（3.2.11）的原则确定，且对板不小于 1/4 跨度，对梁不小于 1/3 跨度。

3.2.2　混凝土结构加固规范[45]

如图 3.2.4 所示为混凝土结构加固设计规范中给出的受弯构件计算的基本图形，基本计算公式为：

$$M_d \leqslant \alpha_1 f_c bx\left(h-\frac{x}{2}\right)+f_y' A_s'(h-a')-f_y A_s(h-h_0) \tag{3.2.12}$$

$$\alpha_1 f_c bx = f_y A_s + \psi_f f_{fu,s} A_{fe} - f_y' A_s' \tag{3.2.13}$$

$$\psi_f = \frac{(0.8\varepsilon_{cu} h/x) - \varepsilon_{cu} - \varepsilon_i}{\varepsilon_{fu,s}} \tag{3.2.14}$$

$$2a' \leqslant x \leqslant \xi_{fb} h_0 \tag{3.2.15}$$

式中　$f_{fu,s}$——FRP 抗拉强度设计值，按表 3.2.1、表 3.2.2 取用；

A_{fe}——FRP 有效截面面积；

ψ_f——考虑 FRP 实际抗拉强度达不到设计值而引入的强度利用系数，当 $\psi_f>1$ 时，取 $\psi_f=1.0$；

$\varepsilon_{fu,s}$——FRP 极限拉应变设计值，按表 3.2.1、表 3.2.2 取用；

ξ_{fb}——受弯构件加固后的相对界限受压区高度，对于重要构件，$\xi_{fb}=0.75\xi_b$；对于一般构件，$\xi_{fb}=0.85\xi_b$；

ξ_b——构件加固前的相对界限受压区高度。

碳纤维复合材设计计算指标　　**表 3.2.1**

性能项目		编织物（布）		条形板	
		高强度Ⅰ级	高强度Ⅱ级	高强度Ⅰ级	高强度Ⅱ级
抗拉强度设计值 $f_{fu,s}$（MPa）	重要构件	1600	1400	1150	1000
	一般构件	2300	2000	1600	1400
弹性模量设计值 E_f（MPa）	重要构件	2.3×10^5	2.0×10^5	1.6×10^5	1.4×10^5
	一般构件				
极限拉应变设计值 $\varepsilon_{fu,s}$	重要构件	0.007	0.007	0.007	0.007
	一般构件	0.01	0.01	0.01	0.01

玻璃纤维复合材（单向织物）设计计算指标　　**表 3.2.2**

类别＼项目	抗拉强度设计值 $f_{fu,s}$（MPa）		弹性模量 E_f（MPa）		极限拉应变设计值 $\varepsilon_{fu,s}$	
	重要结构	一般结构	重要结构	一般结构	重要结构	一般结构
S 玻璃纤维	500	700	7.0×10^4		0.007	0.01
E 玻璃纤维	350	500	5.0×10^4		0.007	0.01

联立式（3.2.12）、式（3.2.14），可求出混凝土受压区高度 x 及系数 ψ_f，然后代入式（3.2.13）即可求出所需 FRP 有效面积 A_{fe}。FRP 实际粘贴面积 A_f 按式（3.2.16）计算：

$$A_f = A_{fe}/\kappa_{mf} \tag{3.2.16}$$

式中 κ_{mf}——FRP 厚度折减系数，当采用挤压 FRP 板时，$\kappa_{mf}=1$；当采用纤维织物时，$\kappa_{mf}=1.16-\dfrac{n_f E_f t_f}{308000}\leqslant 0.9$；

E_f——FRP 弹性模量，按表 3.2.1、表 3.2.2 取用；

n_f——FRP 层数。

考虑二次受力影响，混凝土受拉边缘的初始拉应变 ε_i 按下式计算：

$$\varepsilon_i = \frac{\alpha_f M_i}{E_s A_s h_0} \tag{3.2.17}$$

式中 α_f——综合考虑受弯构件裂缝截面上原作用内力臂变化、钢筋拉应变不均匀以及钢筋排列影响等的计算系数，按表 3.2.3 取用。

计算系数 α_f 值 **表 3.2.3**

ρ_{te}	≤0.007	0.010	0.020	0.030	0.040	≥0.060
单排钢筋	0.70	0.90	1.15	1.20	1.25	1.30
双排钢筋	0.75	1.00	1.25	1.30	1.35	1.40

注：1. 表中 ρ_{te} 为混凝土有效受拉截面的纵向受拉钢筋配筋率，即 $\rho_{te}=A_s/A_{te}$，A_{te} 为有效受拉混凝土截面面积，按现行国家标准《混凝土结构设计规范》（GB 50010）的规定计算。

2. 当原构件钢筋应力 $\sigma_{s0}\leqslant 150$MPa，且 $\rho_{te}\leqslant 0.05$ 时，表中 α_f 值可乘以调整系数 0.9。

当 FRP 粘贴在梁侧面进行加固时，应在两侧距受拉边缘 1/4 梁高范围内粘贴，且应按下式计算实际需要的 FRP 面积：

$$A_{f,1} = \eta_f A_{f,b} \tag{3.2.18}$$

式中 $A_{f,b}$——按梁底面积计算确定的，但需改在侧面粘贴的 FRP 面积；

η_f——考虑改在梁侧面粘贴引起的 FRP 受拉合力及其力臂改变的修正系数，按表 3.2.4 采用，表中 h_{fs} 表示从梁受拉边缘算起的侧面粘贴高度。

修正系数 η_f 值 **表 3.2.4**

h_{fs}/h	0.05	0.10	0.15	0.20	0.25
η_f	1.09	1.19	1.30	1.43	1.59

需要截断 FRP 时，FRP 粘结延伸长度按下式计算：

$$l_i = \frac{\psi_1 f_{fu,s} A_f}{\tau_f b_f} + 200 \tag{3.2.19}$$

式中 τ_f——FRP 与混凝土之间的粘结强度设计值（MPa），$\tau_f=0.4f_t$；f_t 为混凝土抗拉强度设计值，按现行国家标准《混凝土结构设计规范》（GB 50010）规定值采用；当 τ_f 计算值低于 0.4MPa 时，取 $\tau_f=0.4$MPa；当 τ_f 计算值高于 0.7MPa 时，取$\tau_f = 0.7\text{MPa}$；

b_f——FRP总宽度，对板为1000mm板宽范围内粘贴的FRP总宽度（mm）；

ψ_1——修正系数。对于重要构件，取$\psi_1 = 1.45$；对于一般构件，取$\psi_1 = 1.0$。

《规范》对FRP的粘贴厚度作了相应的要求。对于挤压成型板，不宜超过2层；对于采用湿铺法的纤维织物，不宜超过4层，超过4层时，宜改用型材，并采取可靠的锚固措施。

3.2.3 美国加固设计指南[46]

1）基本公式

计算简图如图3.2.5所示，基本计算公式为：

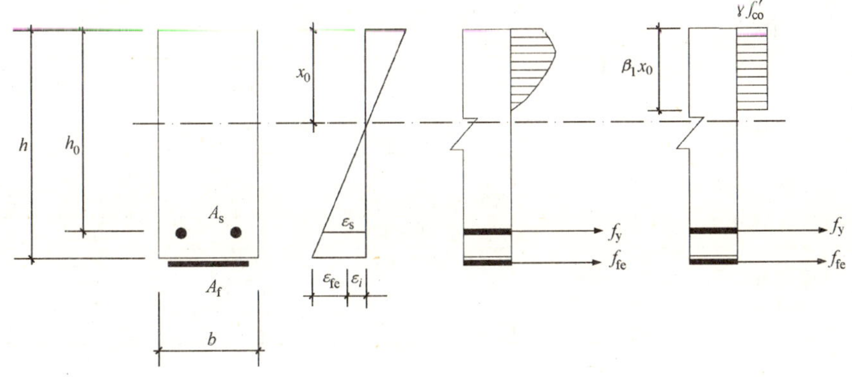

图3.2.5　《指南》中的计算简图

$$\phi M_u \geqslant M_d \tag{3.2.20}$$

$$M_u = A_s f_y \left(h_0 - \frac{\beta_1 x_0}{2} \right) + \psi'_f A_f f_{fe} \left(h - \frac{\beta_1 x_0}{2} \right) \tag{3.2.21}$$

$$\gamma f'_{co} \beta_1 b x_0 = A_s f_y + A_f f_{fe} \tag{3.2.22}$$

式中　A_f——FRP面积；

x_0——混凝土受压区实际高度；

h——梁高度；

f'_{co}——混凝土圆柱体抗压强度设计值；

f_{fe}——FRP有效应力；

f_y——受拉钢筋设计强度；

β_1——等效矩形图形受压区高度系数；

γ——等效矩形图形应力系数，$\gamma = 0.85$；

ψ'_f——折减系数，$\psi'_f = 0.85$。

式（3.2.22）中f_{fe}按下式计算：

$$f_{fe} = E_f \varepsilon_{fe} \leqslant f_{fu,s} \tag{3.2.23}$$

式中　$f_{fu,s}$——FRP抗拉强度设计值，按式（3.2.24）计算；

ε_{fe}——FRP有效拉应变，按式（3.2.26）计算。

$$f_{fu,s} = C_E f^*_{fu} \tag{3.2.24}$$

$$\varepsilon_{fu,s}=C_E\varepsilon_{fu}^{*} \tag{3.2.25}$$

$$\varepsilon_{fe}=0.003\left(\frac{h-x_0}{x_0}\right)-\varepsilon_i\leqslant\kappa_{mf}\varepsilon_{fu,s} \tag{3.2.26}$$

式中 C_E——环境折减系数，见表 3.2.5；

f_{fu}^{*}——FRP 抗拉强度标准值，按式（3.2.28）计算；

ε_i——梁底初始拉应变；

ε_{fu}^{*}——FRP 极限拉应变标准值，按式（3.2.29）计算；

$\varepsilon_{fu,s}$——FRP 极限拉应变设计值；

κ_{mf}——FRP 厚度折减系数，按式（3.2.27）计算。

环境折减系数取值 **表 3.2.5**

环 境 条 件	纤 维 种 类	环境折减系数 C_E
室 内 环 境	碳纤维/环氧树脂	0.95
	玻璃纤维/环氧树脂	0.75
	芳纶纤维/环氧树脂	0.85
室外环境（桥梁、墩柱、露天停车场，车库等）	碳纤维/环氧树脂	0.85
	玻璃纤维/环氧树脂	0.65
	芳纶纤维/环氧树脂	0.75
腐蚀环境（化工厂、废水处理厂等）	碳纤维/环氧树脂	0.85
	玻璃纤维/环氧树脂	0.50
	芳纶纤维/环氧树脂	0.70

$$\kappa_{mf}=1-\frac{n_fE_ft_f}{2400000} \tag{3.2.27}$$

FRP 的抗拉强度标准值 f_{fu}^{*}、极限拉应变标准值 ε_{fu}^{*} 根据 FRP 生产厂家提供产品的平均值减去 3 倍标准差确定，具有 99.87% 保证率，即：

$$f_{fu}^{*}=\overline{f_{fu}}-3\sigma \tag{3.2.28}$$

$$\varepsilon_{fu}^{*}=\overline{\varepsilon_{fu}}-3\sigma \tag{3.2.29}$$

式中 $\overline{f_{fu}}$——FRP 抗拉强度平均值；

$\overline{\varepsilon_{fu}}$——FRP 极限拉应变平均值；

σ——标准差。

FRP 加固的混凝土梁一个显著的特征就是延性会有所降低，为了保证加固后梁具有足够的延性，《指南》规定对 FRP 加固混凝土受弯构件进行计算时，应考虑延性折减系数 ϕ。延性折减系数 ϕ 根据受拉钢筋的应变来确定：

$$\phi=\begin{cases}0.90 & \varepsilon_s\geqslant 0.005\\ 0.70+\dfrac{0.20(\varepsilon_s-\varepsilon_y)}{0.005-\varepsilon_y} & \varepsilon_y<\varepsilon_s<0.005\\ 0.70 & \varepsilon_s\leqslant\varepsilon_y\end{cases} \tag{3.2.30}$$

式中 ε_s——受拉钢筋应变，按式（3.2.31）计算；

ε_y——受拉钢筋屈服应变。

$$\varepsilon_s=(\varepsilon_{fe}+\varepsilon_i)\left(\frac{h_0-x_0}{h-x_0}\right) \tag{3.2.31}$$

2）计算原则

（1）FRP 加固混凝土梁抗弯强度增加值宜在 5% ~40%；

（2）为了避免梁发生过大的变形，在弯矩 M 作用下受拉钢筋应力不应超过钢筋设计强度的 80%，即：

$$f_{s,s} \leqslant 0.8 f_y \tag{3.2.32}$$

$$f_{s,s} = \frac{[M + \varepsilon_i A_f E_f (h - kh_0/3)](h_0 - kh_0) E_s}{A_s E_s (h_0 - kh_0/3)(h_0 - kh_0) + A_f E_f (h - kh_0/3)(h - kh_0)} \tag{3.2.33}$$

式中，kh_0 为 FRP 加固钢筋混凝土梁开裂截面受压区高度，可按 FRP 的换算截面计算，计算方法与普通钢筋混凝土构件相类似。

（3）为避免 FRP 在疲劳荷载或持续高应力作用下发生徐变断裂，《指南》规定对 FRP 的应力应加以限制，即：

$$f_{f,s} = f_{s,s}\left(\frac{E_f}{E_s}\right)\frac{h - kh_0}{h_0 - kh_0} - \varepsilon_i E_f \tag{3.2.34}$$

$$f_{f,s} \leqslant F_{f,s} \tag{3.2.35}$$

式中，$f_{f,s}$、$F_{f,s}$ 分别为 FRP 在弯矩 M 作用下的应力值和徐变断裂应力限制值（表 3.2.6）。

FRP 徐变断裂应力限制值　　**表 3.2.6**

纤 维 种 类	GFRP	AFRP	CFRP
徐变断裂应力限值 $F_{f,s}$	$0.20f_{fu}$	$0.30f_{fu}$	$0.55f_{fu}$

（4）为避免 FRP 发生剥离破坏，FRP 的截断位置至弯矩为零的点的距离 l_i 应满足下列要求（图 3.2.6）：

①对于连续梁，单层布的截断距离 $l_i \geqslant h_0/2$ 或 6 英寸（15.24cm），多层布每层的截断距离 $l_i \geqslant 6$ 英寸（15.24cm）；

②对于简支梁，规则同样适用，但是 l_i 应为 FRP 截断点至简支梁开裂弯矩 M_{cr} 的距离。

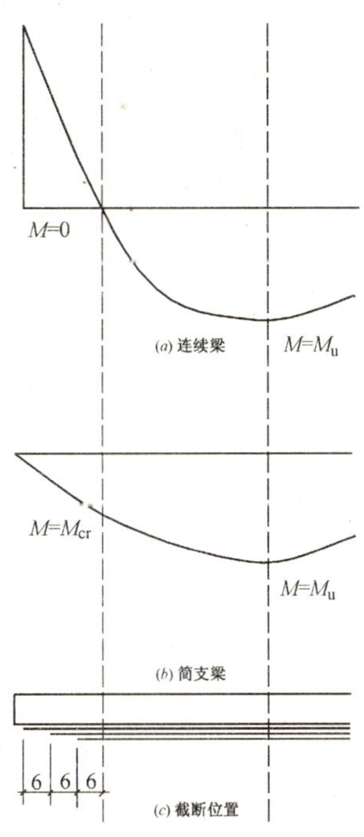

图 3.2.6　美国加固规范规定的 FRP 截断粘结长度（单位：英寸）

3.3　FRP 加固钢筋混凝土梁加固形式

采用 FRP 加固钢筋混凝土梁通常的做法是将 FRP 粘贴在梁的底面，加固的形式如图 3.3.1 所示。除了将 FRP 直接粘贴在梁底面进行抗弯加固外，还可以预先对 FRP 施加预应力后粘贴在梁上进行加固，对于这种加固方法，国内外部分学者进行了研究[12、13、47]，但是研究还仅限于室内试验，实际工程中应用也较少。

为了避免在 FRP 端部发生 FRP 剥离破坏，加固时可在 FRP 端部粘贴 FRP 条带锚固或在 FRP 上钻螺栓孔用螺栓锚固（图 3.3.2）[48]。

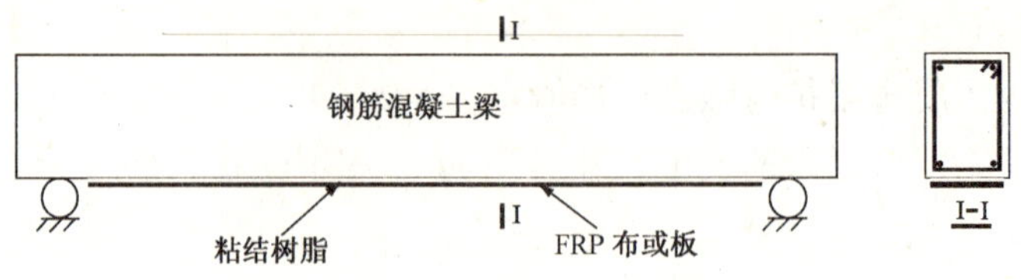

图 3.3.1　FRP 加固钢筋混凝土梁

FRP 加固钢筋混凝土梁的施工方法为[44]：

（1）加固梁表面清理。

对钢筋混凝土梁的裂缝用环氧树脂进行灌缝或封闭处理。将表面打磨平整，用酒精或丙酮去掉浮灰和污渍，直至完全露出混凝土结构新面，混凝土表面应清理干净并保持干燥。

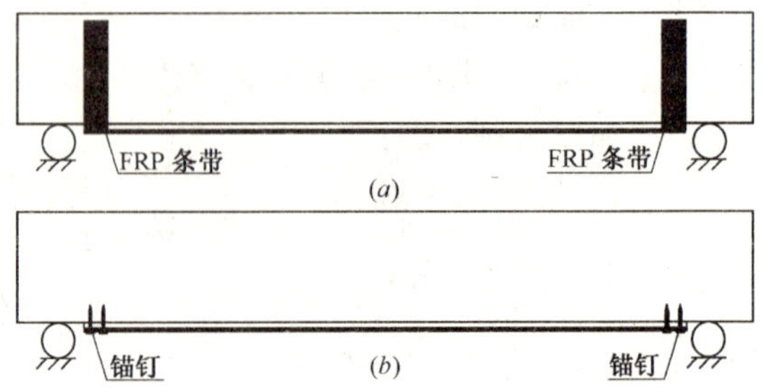

图 3.3.2　FRP 加固钢筋混凝土梁端部锚固方法
（a）端部 U 形箍锚固；（b）锚钉锚固

（2）配制并涂刷底层树脂。

按产品供应商提供的工艺规定配制底层树脂。用滚筒刷将底层树脂均匀涂抹于混凝土表面。在树脂表面指触干燥后，立即进行下一步工序施工。

（3）配制找平材料并对不平整处修复处理。

按产品供应商提供的工艺规定配制找平材料。对混凝土梁表面凹陷部位用找平材料填补平整，且不应有棱角，在找平材料表面指触干燥后立即进行下一步工序施工。

（4）配制并涂刷粘贴树脂。

按产品供应商提供的工艺规定配制粘贴树脂。

（5）粘贴 FRP。

按产品供应商提供的工艺规定配制浸渍树脂并均匀涂抹于所要粘贴的部位，用专用的滚筒顺纤维方向多次滚压，挤除气泡，使浸渍树脂充分浸透纤维布。滚压时，不得损伤纤维布。多层粘贴重复上述步骤，应在纤维布表面浸渍树脂指触干燥后立即进行下一层的粘贴，在最后一层纤维布的表面均匀涂抹浸渍树脂。

（6）表面防护。

粘贴纤维布完毕后，在 FRP 表面做一层 2cm 厚的细石混凝土保护 FRP。

以上的粘贴方法为湿贴法。除了湿贴法外，还有一种树脂灌注法。树脂灌注法 Varastehpour（1997 年）、Karbhair（1998 年）进行过研究[49,50]。

3.4　FRP 加固钢筋混凝土梁承载力分析

3.4.1　试验研究

FRP 加固钢筋混凝土梁的计算理论是建立在大量试验基础上的，因此，有必要对 FRP

加固钢筋混凝土梁受弯构件的破坏过程及应力应变变化规律有充分的了解，本小节主要阐述 FRP 加固无损伤钢筋混凝土梁受弯试验。

1）FRP 加固钢筋混凝土梁的应力——应变阶段[8]

本小节描述的试验梁为两点对称加载，使梁的中间区段处于纯弯状态，试验梁的布置如图 3.4.1 所示。在试验梁的跨中布置滑式电阻位移计，支座布置百分表测量跨中、支座位置处的变形。在纵向受拉钢筋上布置钢筋应变片测量受拉钢筋应变，在受压区混凝土顶面上，沿梁高每隔 50 ㎜布置混凝土应变片测量受压区混凝土的极限压应变和沿梁高的应变分布，在 FRP 上布置 2cm 的胶基应变片测量 FRP 应变。

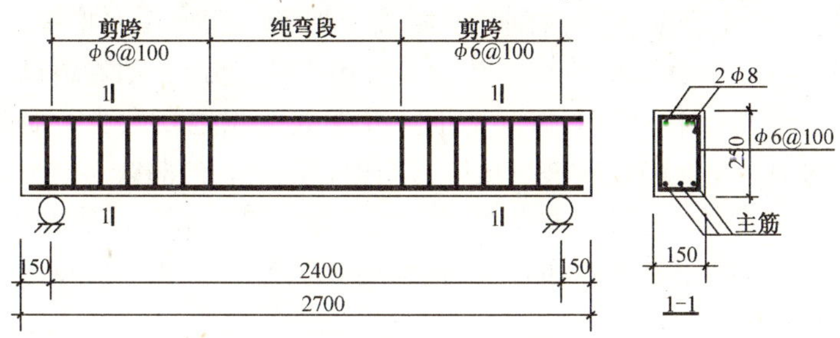

图 3.4.1　FRP 加固钢筋混凝土梁试验简图（单位：mm）

加载为分级加载，在梁开裂前和破坏前分级适当加密以确定梁的开裂荷载、屈服荷载、极限荷载。试验过程中，主要量测的内容包括荷载位移曲线、应变沿梁高度的变化、裂缝的分布和开展形态、受拉钢筋和 FRP 的应变。

由试验结果可知，在受拉区混凝土开裂之前，截面变形后仍保持平面。出现裂缝后，在一定距离内测得的平均应变值仍然保持为平截面。从图 3.4.2 中可以看出，沿截面高度测得的各纤维层的平均应变值在各级荷载作用下，基本是按直线分布的，即可以认为符合平截面假定。从图中还可以看出，随着荷载的增加，受拉区裂缝向上延伸，中和轴不断上移，受压区高度逐渐减少。

试验结果表明，FRP 加固的钢筋混凝土梁从加荷到破坏，截面上的应力和应变不断变化，整个过程可以分为三个阶段：

（1）第Ⅰ阶段——未开裂阶段。

如图 3.4.2 所示，荷载较小时，梁的截面在受弯后仍保持为平截面。截面上混凝土应变、钢筋应变、FRP 应变均为线性分布，应力应变关系为线弹性关系。

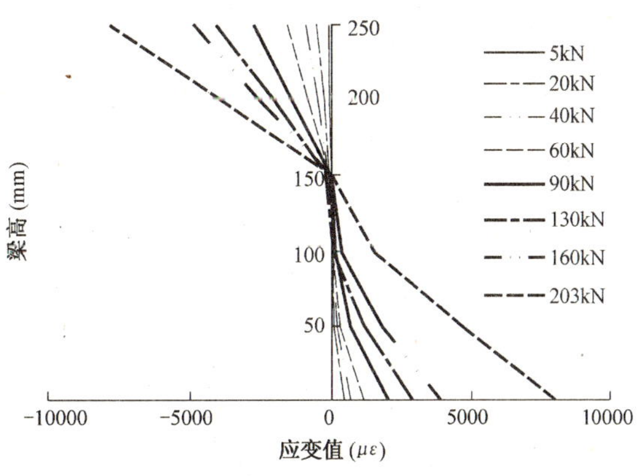

图 3.4.2　应变沿截面高度的分布

随着荷载的增加，受拉区混凝土应力逐渐增大，混凝土进入塑性阶段，应力图形表现为曲线状。当荷载继续增加，受拉区混凝土达到抗拉强度，即将发生裂缝。此时，受压区混凝土压应力远小于其抗压强度，混凝土基本处于弹性阶段，应力图形可以认为是三角形分布。

（2）第Ⅱ阶段——裂缝阶段。

当荷载继续增加，混凝土受拉边缘的拉应变超过受拉极限应变，受拉区混凝土出现裂缝，截面应力应变关系有了显著变化。随着荷载的增加，裂缝截面的混凝土逐渐退出工作，裂缝不断向上延伸，中和轴也逐渐上移，裂缝截面的拉力由受拉钢筋和 FRP 承担，钢筋和 FRP 的应力比第一阶段明显增加。随着荷载的不断增加，钢筋和 FRP 的应力不断增大，受压区混凝土向塑性变形发展，应力图形逐渐表现出非线性特性。

（3）第Ⅲ阶段——破坏阶段。

荷载继续增加，受拉钢筋应力达到屈服强度，钢筋的应力不再增加而应变逐渐增大，但是由于 FRP 的存在，裂缝截面的拉力转为主要由 FRP 承担。随着荷载的继续增加，裂缝不断开展并向上延伸。中和轴上移，受压区混凝土面积逐渐减少，混凝土的压应力增大，受压混凝土的塑性特征明显发展，压应力图形呈现显著的曲线形。

如果 FRP 加固量适当，在受压边缘纤维压应变达到极限值时，受压混凝土发生纵向的水平裂缝而被压碎，梁随之破坏。如果钢筋混凝土梁配筋率较低，在受压区混凝土压碎之前，将发生 FRP 断裂。

2）FRP 加固钢筋混凝土梁的荷载——跨中挠度曲线[8]

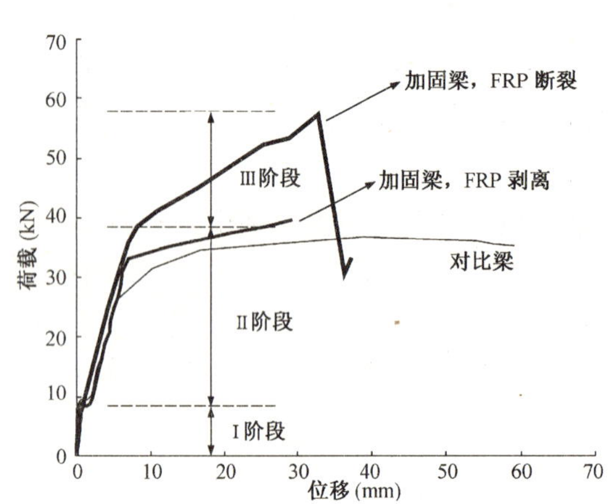

图 3.4.3 FRP 加固钢筋混凝土梁荷载－跨中挠度曲线

图 3.4.3 为 FRP 加固钢筋混凝土梁的典型荷载——跨中挠度曲线。从图中可以看出，在裂缝出现前（第Ⅰ阶段），跨中挠度随着荷载的增加大致按线性变化增长，但是在裂缝出现后（第Ⅱ阶段），由于裂缝截面受拉混凝土退出工作，截面刚度有所降低，因此，跨中挠度的增长较裂缝出现前大。当受拉钢筋屈服后，挠度曲线有一个明显的转折，挠度增加得更快，但是由于 FRP 的作用，梁还能继续承受荷载，直至受压区混凝土压碎或 FRP 断裂。与普通钢筋混凝土梁相比，在受拉钢筋屈服前，荷载挠度曲线与对比梁相差不多；在受拉钢筋屈服后，荷载挠度曲线有明显区别。

FRP 加固的钢筋混凝土梁承载力虽然有所增加，但是延性大为降低，发生 FRP 端部剥离破坏的加固梁，延性降低得更为显著。

3）FRP 加固钢筋混凝土梁的破坏模式[8]

试验结果表明，FRP 加固后的钢筋混凝土梁受弯破坏主要有 3 种模式（图 3.4.4）：①FRP 断裂；②受拉钢筋屈服后受压区混凝土压坏；③受拉钢筋未屈服受压区混凝土压坏。

FRP 断裂这种破坏模式一般发生在配筋率较低的梁中。由于混凝土梁配筋较少，FRP 将承担主要的拉力。当荷载接近极限荷载时，纤维布不断发出“劈、啪”的响声，同时弯曲裂缝开展较宽，预示梁即将破坏。保持荷载不变，纤维布不断发出“啪啪”的清脆响声，在跨中附近断裂，梁即破坏。FRP 断裂通常是在受拉钢筋屈服后发生，但是当纵向受力钢筋位置距离混凝土受拉边缘较远时，受拉钢筋也可能不会屈服。

与钢筋混凝土梁相类似，不同的加固量和配筋率将会导致受压区混凝土压碎之前，受拉钢筋屈服或者未屈服。无论是受拉钢筋屈服或者未屈服，FRP 都没有充分发挥出其强度。

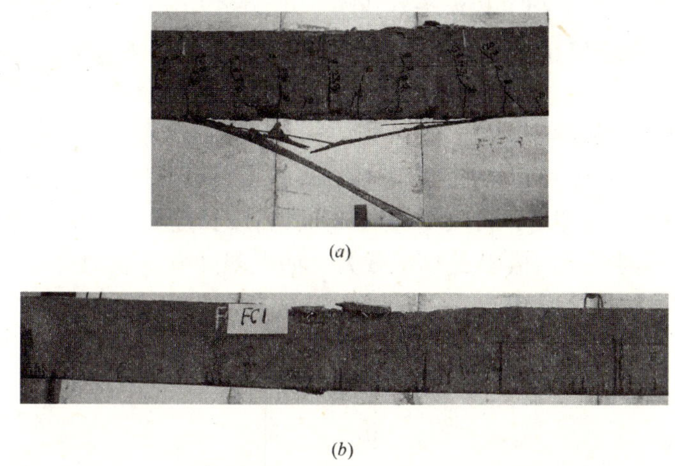

(*a*)

(*b*)

图 3.4.4　FRP 加固钢筋混凝土梁受弯构件破坏形式

（*a*）FRP 断裂；（*b*）受压区混凝土压碎

3.4.2　影响加固梁受弯承载力的因素[51]

影响 FRP 加固钢筋混凝土梁受弯承载力的因素较多，通过受弯承载力的试验研究和受弯承载力的计算分析得出，影响受弯承载力的主要因素有以下几个方面：

（1）FRP 配布率

图 3.4.5 表示 FRP 配布率对极限受弯承载力的影响。图中"×"为试验值，FRP 配布率 $\rho_f = A_f / bh_f$。从图中可以看出，随着 FRP 配布率的增加，配筋率较低的梁极限受弯承载力增加比率比配筋率高的梁极限受弯承载力增加比率大。比如，配筋率 ρ_s 为 0.0066、配布率为 0.011 的梁极限受弯承载力提高幅度是 2.9 倍；而配布率相同，配筋率 ρ_s 为 0.0226 的梁极限受弯承载力提高幅度仅为 1.27 倍。这是因为 FRP 加固配筋率低的梁更能发挥 FRP 的强度，其受弯承载力提高的幅度较高。

（2）配筋率

图 3.4.6 为配筋率对极限受弯承载力的影响。从图中可以看出，配筋率和提高比率成反比关系。因此，对于任何一种配布率来说，低配筋率的梁，受弯承载力提高较多，加固效果好。

（3）混凝土强度

图 3.4.7 为混凝土强度对极限受弯承载力的影响，图中"■"为试验值。从图中可以看出，对于低配布率的梁，混凝土强度对极限受弯承载力的影响不是很明显。对于高配布率的梁，提高比率比较明显。随着 FRP 配布率的增加，极限受弯承载力提高比率逐渐增

加，这是因为 FRP 增加了水平方向的拉力，进而增大了受弯承载力。例如，配布率为 0.0028、混凝土抗压强度为 48.9MPa 的梁，提高比率仅为 1.72 倍；而配布率为 0.011、混凝土抗压强度为 48.9MPa 的梁，提高比率为 3.06 倍。

（4）FRP 弹性模量

图 3.4.8 为 FRP 弹性模量对极限受弯承载力的影响。配筋率实线为 0.0066，虚线为 0.0226。FRP 配布率 ρ_f 从上到下依次为 0.0028、0.0056、0.011、0.0168。从图中可以看出，对于低配筋率的梁，FRP 弹性模量对极限受弯承载力的影响显著，对高配筋率的梁影响不是很明显。

对于任何一种配布率的梁，FRP 断裂破坏后（图 3.4.8 中曲线由上升阶段转化为水平阶段），极限受弯承载力基本不增加，反而稍有降低。因此，只要发生 FRP 断裂的破坏模式，无论 FRP 的弹性模量多高，极限受弯承载力都得不到提高。从图中还可以看出，只要 $E_f\rho_f$ 相等，就可以得到相同的极限受弯承载力。如极限受弯承载力提高 3.3 倍，配布率、弹性模量可以是 0.0168、22000MPa，也可以是 0.011、33600MPa。

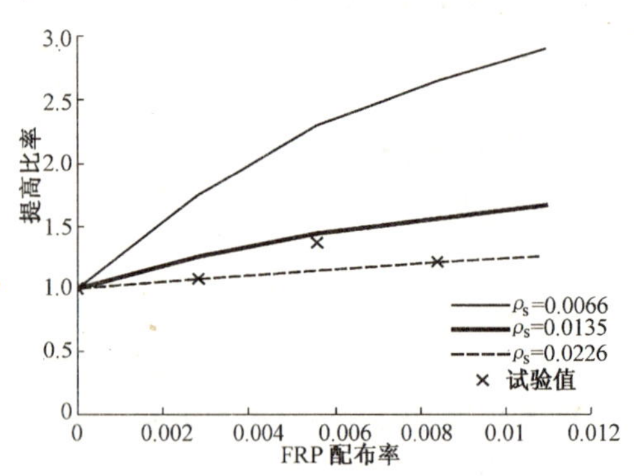

图 3.4.5 FRP 配布率对极限受弯承载力的影响

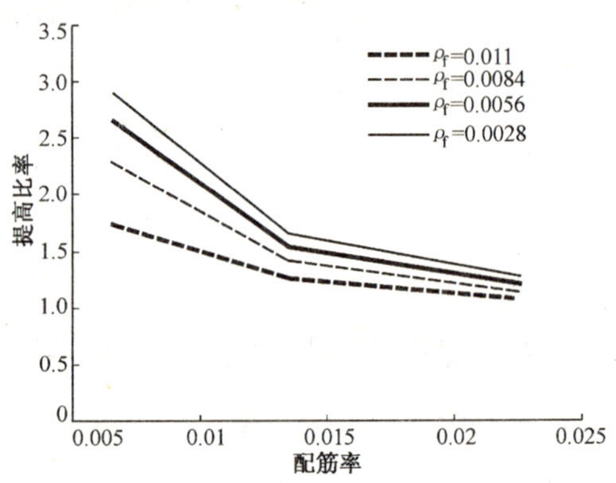

图 3.4.6 配筋率对极限受弯承载力的影响

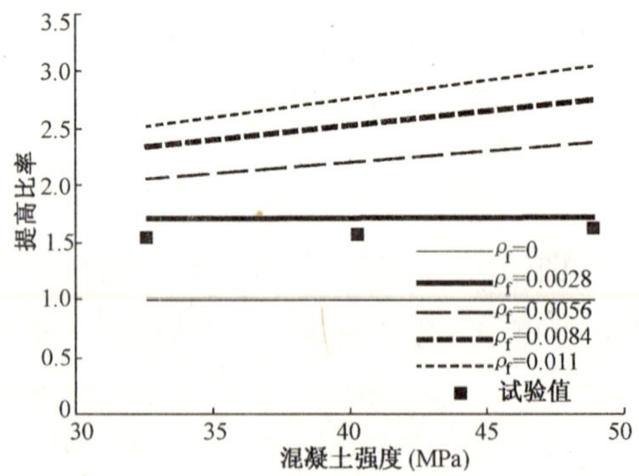

图 3.4.7 混凝土强度对极限受弯承载力的影响

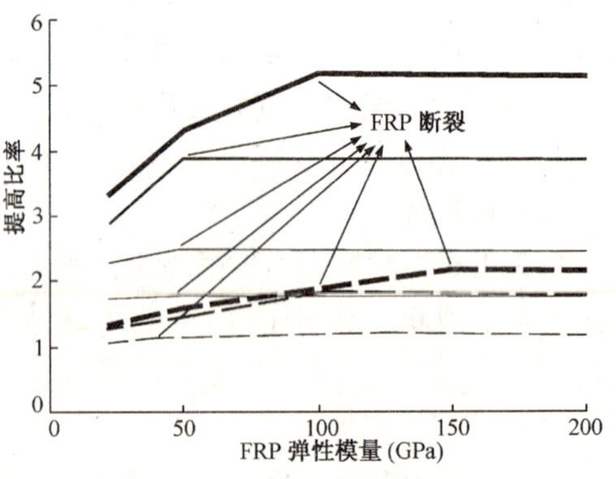

图 3.4.8 FRP 弹性模量对极限受弯承载力的影响

（5）FRP 抗拉强度

图 3.4.9 为 FRP 抗拉强度对极限受弯承载力的影响。图中实线配筋率为 0.0066、虚线配筋率为 0.011。FRP 配布率 ρ_f 从上到下依次为 0.0028、0.0056、0.011、0.0168。图中曲线的转折点是破坏模式由 FRP 断裂转变为受压区混凝土压碎。从图中可以明显地看出，低配筋率的梁，随着配布率的增加，极限受弯承载力增加明显；高配筋率的梁随着配布率的增加，极限受弯承载力增加不明显。从图中还可以看出，一旦发生受压区混凝土压碎的破坏模式，极限受弯承载力就不增加了。

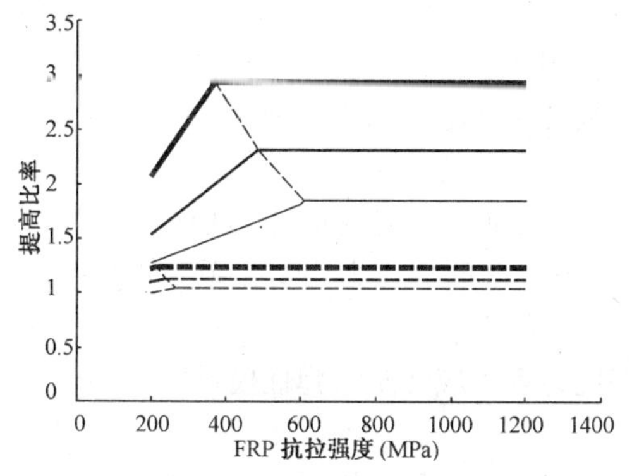

图 3.4.9　FRP 抗拉强度对极限受弯承载力的影响

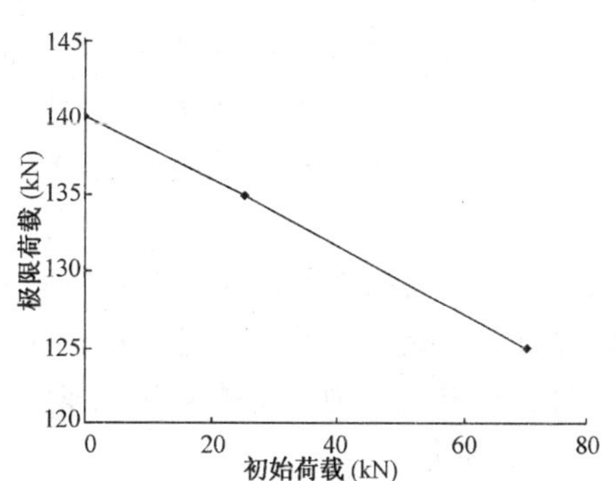

图 3.4.10　初始荷载对极限荷载的影响

高配筋率的梁，FRP 抗拉强度较低时发生了 FRP 断裂的破坏模式，这说明高配筋率的梁易发生 FRP 断裂。因此，高配筋率的梁使用高强度的 FRP 加固是不利的。

结合图 3.4.8、图 3.4.9，可以得出结论，使用高强度、高弹性模量的 FRP 加固低配筋率的梁，加固效果明显，十分有利。

（6）初始荷载的影响

对于初始荷载的影响，文献［52］进行了已承受荷载的 CFRP 加固钢筋混凝土梁试验研究，由于加固梁均发生了 CFRP 剥离破坏，因此没有给出初始荷载对加固梁极限荷载有影响的结论。文献［25］成功地进行了各种受力状况下加固梁的试验研究，加固梁除发生混凝土剪压破坏外，均发生了 CFRP 断裂。试验结果表明，对于加固前已承受荷载的梁，其极限荷载提高比率比未承受荷载的加固梁极限荷载要低。随着预先施加的荷载增加，梁跨中钢筋实测应变（可近似认为梁底初始拉应变）逐渐增加，加固梁的极限荷载逐渐降低。说明梁底初始拉应变是影响已承受荷载的加固梁极限荷载的一个重要因素，如图 3.4.10、图 3.4.11 所示。

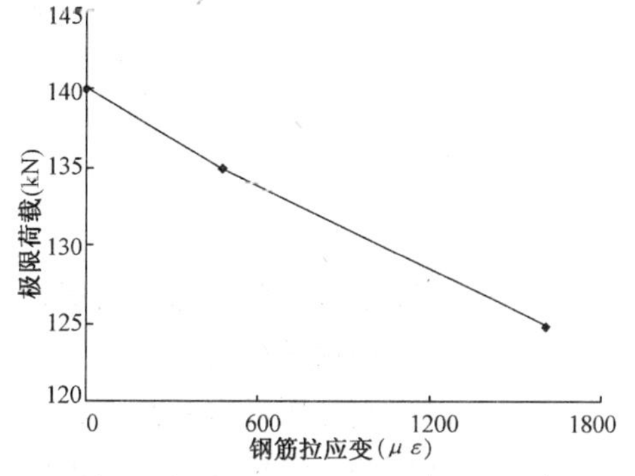

图 3.4.11　梁底初始拉应变对极限荷载的影响

3.5 FRP 加固钢筋混凝土梁正截面承载力计算方法[53]

《规程》、《规范》及《指南》中均给出了 FRP 加固钢筋混凝土梁受弯承载力计算公式，但是没有给出具体的计算方法。另一方面，加固梁的力学性能与普通钢筋混凝土梁有所区别，破坏模式也有所不同，因此，有必要给出受弯承载力的计算方法。抗弯承载力的计算方法分为数值分析方法和截面分析方法，下面分别加以说明。

1）基本假定

（1）根据试验结果，加固梁符合平截面假定。

（2）混凝土梁开裂后不考虑受拉区混凝土的作用。

（3）有明显屈服点的钢筋，应力应变关系可简化为理想的弹塑性曲线。当 $0 \leqslant \varepsilon_s \leqslant \varepsilon_y$ 时，$\sigma_s = \varepsilon_s E_s$；而当 $\varepsilon_s > \varepsilon_y$ 时，$\sigma_s = f_y$。

（4）混凝土应力应变关系采用理想化的应力应变曲线。当混凝土压应变 $\varepsilon_c \leqslant 0.002$ 时，应力应变关系为抛物线；当混凝土压应变 $\varepsilon_c > 0.002$ 时，应力应变关系为水平线。且在计算时，混凝土的极限压应变 $\varepsilon_{cu} = 0.0033$。

（5）FRP 的应力应变关系为线弹性关系，即应力等于应变乘以弹性模量。

2）数值分析

FRP 加固的矩形截面钢筋混凝土梁，截面的应变、应力分布如图 3.5.1 所示。根据应变分布的平截面假定，可得截面上任意纤维 j 处的应变 ε_j：

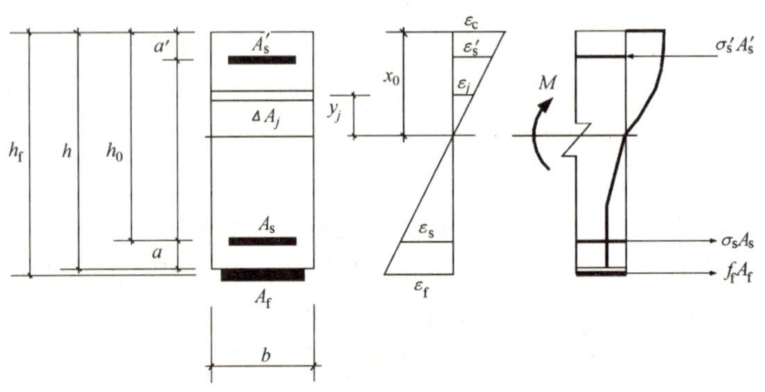

图 3.5.1 数值分析方法

$$\varepsilon_j = \frac{\varepsilon_c}{x_0} y_j \tag{3.5.1}$$

式中 ε_c——混凝土受压区边缘压应变；

ε_j——截面任意纤维处应变；

x_0——混凝土受压区实际高度；

y_j——截面任意纤维处到中和轴的距离。

按已知的材料应力应变关系可得截面任意纤维 j 处的应力 σ_{cj}（ε_{cj}）、σ_s、f_f。由截面

静力平衡可得：

$$\int_0^{x_0} \sigma_c(\varepsilon_{cj}) b dy + A_s' \sigma_s' = A_s \sigma_s + A_f f_f \tag{3.5.2}$$

式中　σ_c（ε_{cj}）——混凝土应力；

σ_s——受拉钢筋应力；

σ_s'——受压钢筋应力；

f_f——FRP应力。

对受拉钢筋合力作用点取矩得：

$$M = \int_0^{x_0} \sigma_c(\varepsilon_{cj}) b(h_0 - x_0 + y_j) dy + A_s' \sigma_s' (h_0 - a') + A_f f_f a \tag{3.5.3}$$

式中　a——受拉钢筋合力点至梁底边的距离。

式（3.5.3）可通过迭代法求解。每一级下的曲率求得后，可按共轭法求解梁的跨中挠度。

3）截面分析方法

截面分析方法就是根据加固梁受弯破坏的模式，分别建立抗弯承载力计算公式。试验研究表明，加固梁受弯破坏的模式一般有3种，即FRP断裂（第1种破坏模式）、受拉钢筋屈服受压区混凝土压碎（第2种破坏模式）、受拉钢筋未屈服受压区混凝土压碎（第3种破坏模式），以下根据3种受弯破坏模式分别建立了抗弯承载力计算公式。

（1）矩形截面

①FRP断裂（第1种破坏模式）。

FRP被拉断是由于FRP加固量过低或加固梁的配筋率较低，此种情况受压区混凝土尚未压坏，而FRP的拉应变已达到极限拉应变（图3.5.2），这样就不能采用等效矩形应力图形来计算受压区混凝土的合力。由水平方向力的平衡可得：

$$C_c = f_y A_s + f_{fu} A_f \tag{3.5.4}$$

式中　C_c——受压区混凝土合力；

f_y——受拉钢筋屈服强度；

f_{fu}——FRP极限抗拉强度。

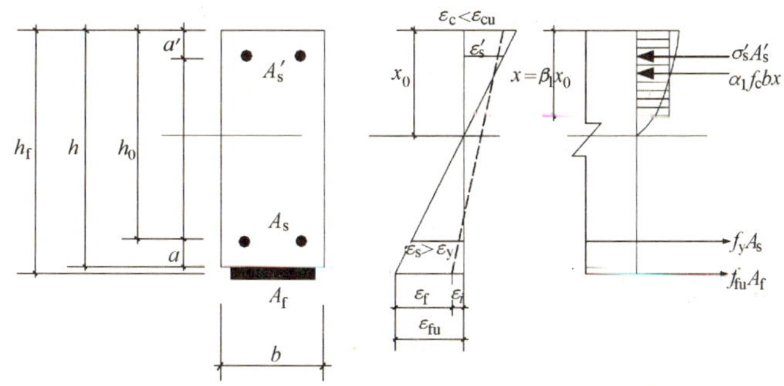

图3.5.2　矩形截面梁第1种破坏模式

由于受压区混凝土未达极限状态，因此不能按有关规范规定的等效矩形应力图形计算。由于混凝土材料的非线性特性，要计算C_c就得按给定的混凝土本构关系进行积分运算，这就给计算带来了麻烦。本节基于有关规范给定的混凝土本构关系，将未达到极限应力状态的非线性混凝土应力图形转化为等效矩形应力图形，给出相应于不同受压区边缘混凝土压应变等效矩形应力图形计算系数 α_1、β_1。

如图 3.5.3 所示，混凝土的合力 C_c 经过积分运算得：

$$C_c = k_1 f_c b x_0 = \begin{cases} \left(\dfrac{\varepsilon_c}{\varepsilon_0} - \dfrac{\varepsilon_c^2}{3\varepsilon_0^2}\right) f_c b x_0 & 0 < \varepsilon_c \leqslant \varepsilon_0 \\ \left(1 - \dfrac{\varepsilon_0}{3\varepsilon_c}\right) f_c b x_0 & \varepsilon_0 < \varepsilon_c \leqslant \varepsilon_{cu} \end{cases} \tag{3.5.5}$$

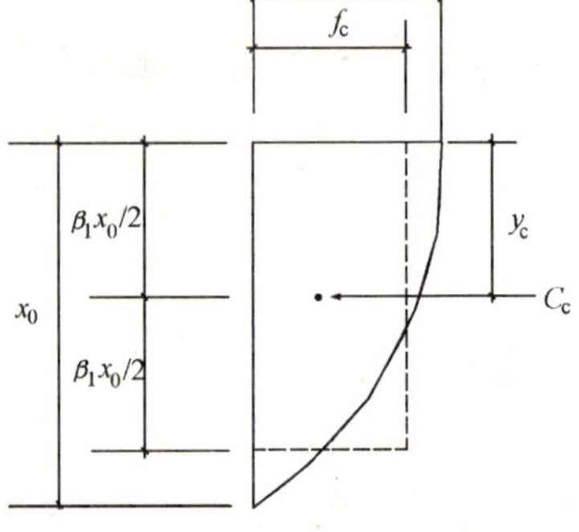

图 3.5.3 混凝土应力图形转化

式中 ε_0——混凝土应力峰值对应的压应变；

ε_{cu}——混凝土极限压应变；

f_c——混凝土轴心抗压强度。

合力作用点到受压区边缘的距离 y_c 为：

$$y_c = \begin{cases} \dfrac{4\varepsilon_0 - \varepsilon_c}{12\varepsilon_0 - 4\varepsilon_c} x_0 & 0 < \varepsilon_c \leqslant \varepsilon_0 \\ 1 - \dfrac{3 - \dfrac{\varepsilon_0^2}{2\varepsilon_c^2}}{6 - 2\dfrac{\varepsilon_0}{\varepsilon_c}} x_0 & \varepsilon_0 < \varepsilon_c \leqslant \varepsilon_{cu} \end{cases} \tag{3.5.6}$$

由合力作用点的位置相同可得：

$$\frac{\beta_1 x_0}{2} = y_c \tag{3.5.7}$$

故：

$$\beta_1 = \begin{cases} \dfrac{4\varepsilon_0 - \varepsilon_c}{6\varepsilon_0 - 2\varepsilon_c} & 0 < \varepsilon_c \leqslant \varepsilon_0 \\ 2 - \dfrac{6 - \dfrac{\varepsilon_0^2}{\varepsilon_c^2}}{6 - 2\dfrac{\varepsilon_0}{\varepsilon_c}} & \varepsilon_0 < \varepsilon_c \leqslant \varepsilon_{cu} \end{cases} \tag{3.5.8}$$

由合力大小相等可得：

$$C_c = \alpha_1 f_c b \beta_1 x_0 \tag{3.5.9}$$

$$\alpha_1 = \frac{k_1}{\beta_1} \tag{3.5.10}$$

根据式（3.5.8）和式（3.5.10）计算了对应于不同受压区边缘混凝土压应变的 α_1、β_1 值，见表 3.5.1。

不同受压区边缘混凝土压应变对应的 α_1、β_1 值　　表 3.5.1

混凝土压应变 ε_c	0.0005	0.0006	0.0007	0.0008	0.0009	0.001	0.0011	0.0012	0.0013	0.0014
α_1	0.336	0.394	0.449	0.501	0.55	0.595	0.638	0.678	0.714	0.748
β_1	0.682	0.685	0.689	0.692	0.696	0.700	0.704	0.708	0.713	0.717
混凝土压应变 ε_c	0.0015	0.0016	0.0017	0.0018	0.0019	0.002	0.0021	0.0022	0.0023	0.0024
α_1	0.779	0.807	0.832	0.854	0.873	0.889	0.902	0.914	0.923	0.931
β_1	0.722	0.727	0.733	0.738	0.744	0.750	0.756	0.763	0.769	0.776
混凝土压应变 ε_c	0.0025	0.0026	0.0027	0.0028	0.0029	0.003	0.0031	0.0032	0.0033	
α_1	0.938	0.944	0.949	0.953	0.957	0.961	0.964	0.967	0.969	
β_1	0.782	0.788	0.794	0.799	0.804	0.810	0.814	0.819	0.824	

式（3.5.9）中含有两个未知量 x_0、β_1，求解 x_0 可按下述方法求出。

由式（3.5.4）、式（3.5.9）可得：

$$\alpha_1\beta_1 x_0 = \frac{f_y A_s + f_{fu} A_f}{b f_c} \tag{3.5.11}$$

根据平截面假定，可由下式求出 x_0：

$$x_0 = \frac{\varepsilon_c}{\varepsilon_c + \varepsilon_{fu} + \varepsilon_i} h_f \tag{3.5.12}$$

式中　ε_{fu}——FRP 极限拉应变；

ε_i——梁底初始拉应变。

假定一混凝土压应变 ε_c，可由表 3.5.1 查出相应的 α_1、β_1 值。将查出的 α_1、β_1 值与应用式（3.5.12）计算出的 x_0 值相乘得到 $\alpha_1\beta_1 x_0$ 值，然后将 $\alpha_1\beta_1 x_0$ 值与应用式（3.5.11）计算出的 $\alpha_1\beta_1 x_0$ 值比较，如不相等，调整 ε_c 值，直到两者近似相等，这样就可求出 x_0、x、α_1、β_1 值，求出 x 值后可按下式确定抗弯承载力：

$$M_u = f_y A_s \left(h_0 - \frac{x}{2}\right) + f_{fu} A_f \left(h_f - \frac{x}{2}\right) \tag{3.5.13}$$

式中　M_u——FRP 加固钢筋混凝土梁抗弯承载力；

h_f——FRP 有效高度；

x——混凝土受压区高度，$x = \beta_1 x_0$。

式（3.5.13）即为第 1 种破坏模式的极限抗弯承载力计算公式。

对于双筋矩形截面梁，将式（3.5.4）改写为：

$$C_c + \sigma_s' A_s' = f_y A_s + f_{fu} A_f \tag{3.5.14}$$

$$\sigma_s' = (\varepsilon_{fu} + \varepsilon_i) E_s \frac{x_0 - a'}{h_f - x_0} \tag{3.5.15}$$

式中 σ_s'——受压钢筋应力。

将 σ_s' 求出后代入式（3.5.14），求出 $\alpha_1\beta_1 x_0$ 的值，之后按单筋矩形截面的方法计算。

②受拉钢筋屈服受压区混凝土压碎（第 2 种破坏模式）。

此种情况相当于加固配筋率适合的梁，截面配筋及应力应变图见图 3.5.4。对于单筋矩形截面梁，对 FRP 合力作用点取矩，得：

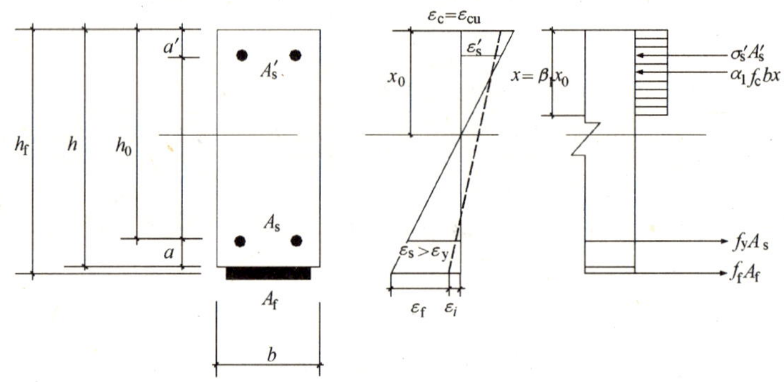

图 3.5.4 矩形截面梁第 2 种破坏模式

$$M \leqslant \alpha_1 f_c bx\left(h_f - \frac{x}{2}\right) - f_y A_s (h_f - h_0) \tag{3.5.16}$$

式中 M——弯矩；

$\alpha_1 = 1.0$。

解式（3.5.16）中关于 x 的一元二次方程可得混凝土受压区高度 x，由水平方向力的平衡可得：

$$\alpha_1 f_c bx = A_s f_y + A_f f_f \tag{3.5.17a}$$

或：

$$A_f = \frac{\alpha_1 f_c bx - A_s f_y}{f_f} \tag{3.5.17b}$$

FRP 的应力 f_f，可按下式计算：

$$f_f = E_f\left[\left(\frac{\beta_1 h_f}{x} - 1\right)\varepsilon_{cu} - \varepsilon_i\right] \leqslant f_{fu} \tag{3.5.18}$$

对于双筋矩形截面梁，将式（3.5.16）改写为：

$$M \leqslant \alpha_1 f_c bx\left(h_f - \frac{x}{2}\right) - f_y A_s (h_f - h_0) + \sigma_s' A_s' (h_f - a') \tag{3.5.19}$$

式（3.5.17b）改写为：

$$A_f = \frac{\alpha_1 f_c bx - A_s f_y + \sigma_s' A_s'}{f_f} \tag{3.5.20}$$

式（3.5.20）中的 σ_s' 可按下式计算：

$$\sigma_s' = E_s \varepsilon_{cu}\left(1 - \frac{\beta_1 a'}{x}\right) \leqslant f_y \tag{3.5.21}$$

式（3.5.20）中的 f_f 可按式（3.5.18）计算。

以上各式中，式（3.5.16）和式（3.5.19）是已知弯矩 M 作用下求所需 FRP 的面积。若已知 FRP 的面积，可由式（3.5.17a）、式（3.5.18）或式（3.5.20）、式（3.5.21）、式（3.5.18）联立求得受压区高度 x，进而再由式（3.5.16）或式（3.5.19）求得极限抗弯承载力。

③受拉钢筋未屈服受压区混凝土压碎（第 3 种破坏模式）。

此种情况相当于受拉钢筋配置较多，致使受压区混凝土过早破坏，截面配筋及应力应变图见图 3.5.5。对于单筋矩形截面梁，对受拉钢筋合力作用点取矩可得：

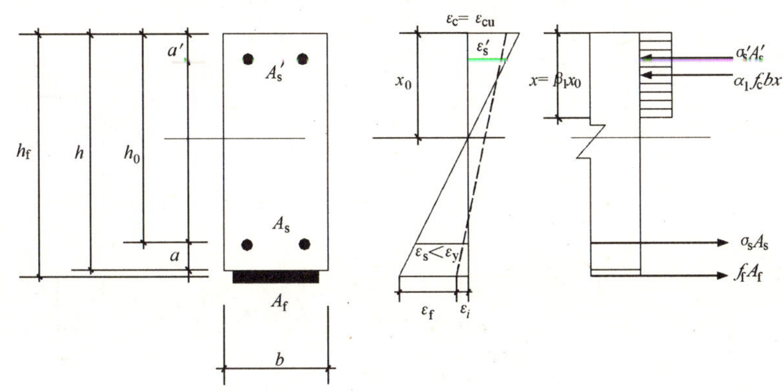

图 3.5.5　矩形截面梁第 3 种破坏模式

$$M \leqslant \alpha_1 f_c bx\left(h_0 - \frac{x}{2}\right) + f_f A_f (h_f - h_0) \tag{3.5.22}$$

式中 f_f 可由式（3.5.18）求出。将式（3.5.18）代入式（3.5.22）可得关于 x 的一元三次方程，解方程可得受压区高度 x。

由水平方向力的平衡可得：

$$\alpha_1 f_c bx = \sigma_s A_s + f_f A_f \tag{3.5.23a}$$

或：

$$A_f = \frac{\alpha_1 f_c bx - \sigma_s A_s}{f_f} \tag{3.5.23b}$$

受拉钢筋应力 σ_s 可由下式求出：

$$\sigma_s = E_s \varepsilon_{cu}\left(\frac{\beta_1 h_0}{x} - 1\right) \tag{3.5.24}$$

对于双筋矩形截面梁，将式（3.5.22）改为：

$$M \leqslant \alpha_1 f_c bx\left(h_0 - \frac{x}{2}\right) + f_f A_f (h_f - h_0) + \sigma'_s A'_s (h_0 - a') \tag{3.5.25}$$

式（3.5.25）中的 σ'_s 可按式（3.5.21）计算。将式（3.5.18）、式（3.5.21）代入式（3.5.25）可得关于 x 的一元三次方程，解方程可得受压区高度 x。将式（3.5.23b）改写为：

$$A_f = \frac{\alpha_1 f_c bx + \sigma'_s A'_s - \sigma_s A_s}{f_f} \tag{3.5.26}$$

式（3.5.23b）、式（3.5.26）即为所需 FRP 的面积计算公式。

以上各式中，式（3.5.22）和式（3.5.25）是已知弯矩 M 作用下求所需 FRP 的面积。若已知 FRP 的面积，可由式（3.5.23a）、式（3.5.24）和式（3.5.18）或式（3.5.26）、式（3.5.24）、式（3.5.21）和式（3.5.18）联立求得受压区高度 x，进而再由式（3.5.22）或式（3.5.25）求得极限抗弯承载力。

（2）T 形截面

①第 1 类 T 形截面 FRP 断裂（第 1 种破坏模式）。

对于第 1 类 T 形截面，中和轴在受压翼缘之内，因此可按宽为 b_i 的矩形截面梁计算。如图 3.5.6 所示，由水平方向力的平衡可得：

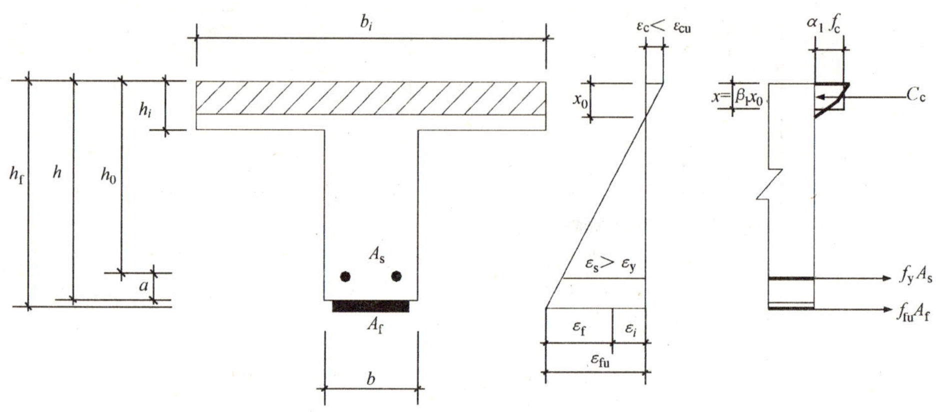

图 3.5.6　T 形截面梁第 1 类截面第 1 种破坏模式

$$\alpha_1 \beta_1 f_c b_i x_0 = f_y A_s + f_{fu} A_f \tag{3.5.27}$$

式中　b_i——T 形截面梁翼缘宽度。

系数 α_1、β_1、受压区实际高度 x_0、截面抗弯承载力可按矩形截面的方法计算。

②第 1 类 T 形截面受拉钢筋屈服受压区混凝土压碎（第 2 种破坏模式）。

截面应力应变图形如图 3.5.7 所示。由水平方向力的平衡可得：

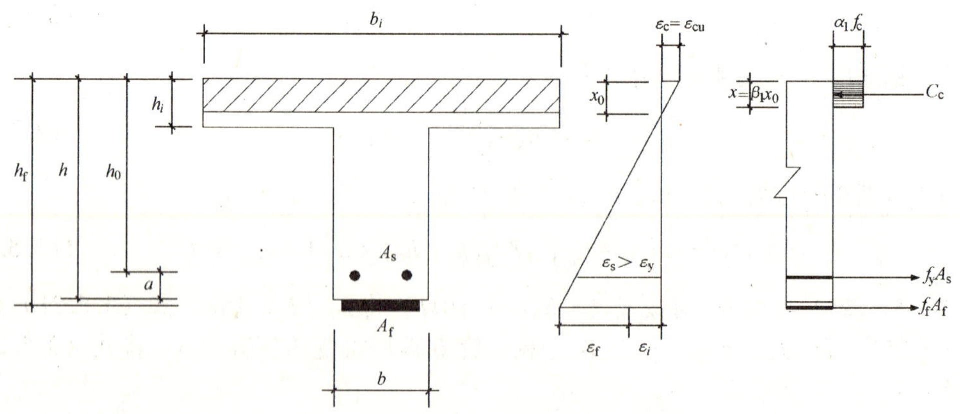

图 3.5.7　T 形截面梁第 1 类截面第 2 种破坏模式

$$\alpha_1 f_c b_i x = A_s f_y + A_f f_f \tag{3.5.28}$$

FRP 的应力 f_f 可按式（3.5.18）计算。

受压区高度 x 求出后，可按下式求出抗弯承载力：

$$M_u = \alpha_1 f_c b_i x\left(h_f - \frac{x}{2}\right) - f_y A_s (h_f - h_0) \tag{3.5.29}$$

③第 1 类 T 形截面受拉钢筋未屈服受压区混凝土压碎（第 3 种破坏模式）。

截面应力应变图形如图 3.5.8 所示，由水平方向力的平衡可得：

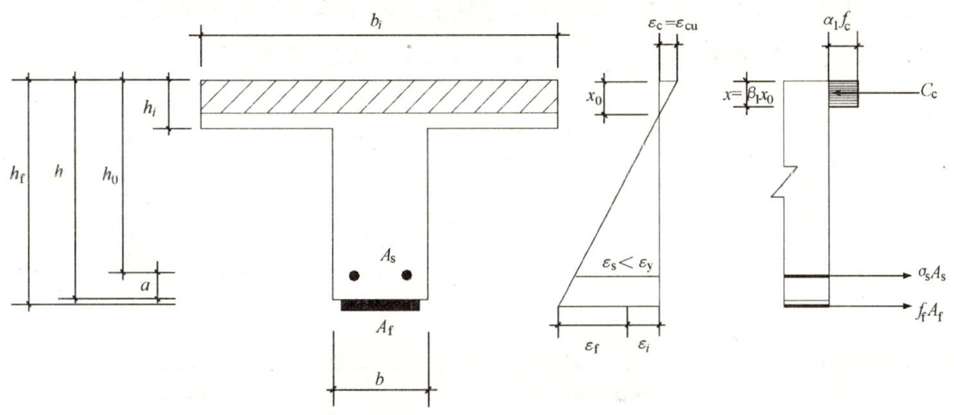

图 3.5.8　T 形截面梁第 1 类截面第 3 种破坏模式

$$\alpha_1 f_c b_i x = \sigma_s A_s + f_f A_f \tag{3.5.30}$$

受拉钢筋应力 σ_s、FRP 应力 f_f 可按式（3.5.24）、式（3.5.18）计算。

受压区高度 x 求出后，可按下式求出抗弯承载力：

$$M_u = \alpha_1 f_c b_i x\left(h_0 - \frac{x}{2}\right) + f_f A_f (h_f - h_0) \tag{3.5.31}$$

④第 2 类 T 形截面 FRP 断裂（第 1 种破坏模式）。

截面应力应变图如图 3.5.9 所示。第 2 类 T 形截面中受压区为 T 形，可把受压区混凝土的合力分为肋与翼缘两部分。肋部分可按矩形截面计算，翼缘部分近似按宽为 $b_i - b$、

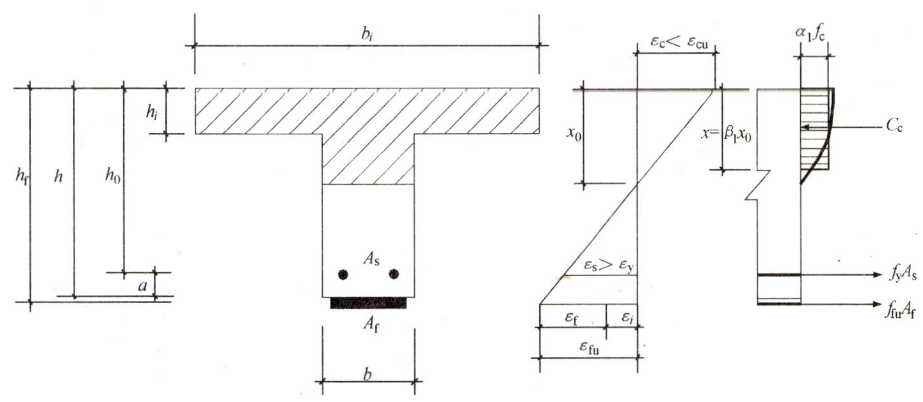

图 3.5.9　T 形截面梁第 2 类截面第 1 种破坏模式

高为 h_i 的矩形截面计算，计算公式如下：

$$\alpha_1\beta_1 f_c b x_0 + \alpha_1 f_c (b_i - b) h_i = f_y A_s + f_{fu} A_f \tag{3.5.32}$$

式中　h_i——T 形截面梁翼缘高度。

式（3.5.32）可按矩形截面的方法求解。

极限抗弯承载力可按下式计算：

$$M_u = \alpha_1\beta_1 f_c b x_0\left(h_f - \frac{\beta_1 x_0}{2}\right) + \alpha_1 f_c (b_i - b) h_i\left(h_f - \frac{h_i}{2}\right) - f_y A_s (h_f - h_0) \tag{3.5.33}$$

⑤第 2 类 T 形截面受拉钢筋屈服受压区混凝土压碎（第 2 种破坏模式）。

截面应力应变图形如图 3.5.10 所示，由水平方向力的平衡可得：

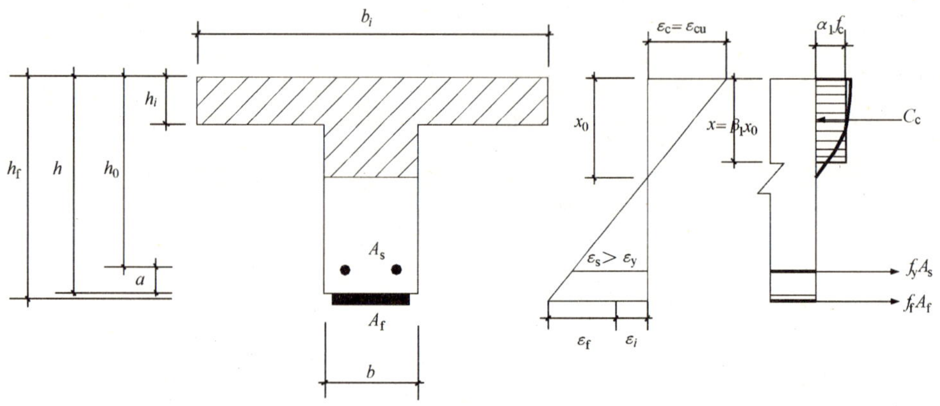

图 3.5.10　T 形截面梁第 2 类截面第 2 种破坏模式

$$\alpha_1 f_c b x + \alpha_1 f_c (b_i - b) h_i = A_s f_y + A_f f_f \tag{3.5.34}$$

联立式（3.5.18）可求出受压区高度 x，按下式求抗弯承载力：

$$M_u = \alpha_1 f_c b x\left(h_f - \frac{x}{2}\right) + \alpha_1 f_c (b_i - b) h_i\left(h_f - \frac{h_i}{2}\right) - f_y A_s (h_f - h_0) \tag{3.5.35}$$

⑥第 2 类 T 形截面受拉钢筋未屈服受压区混凝土压碎（第 3 种破坏模式）。

截面应力应变图形如图 3.5.11 所示，由水平方向力的平衡可得：

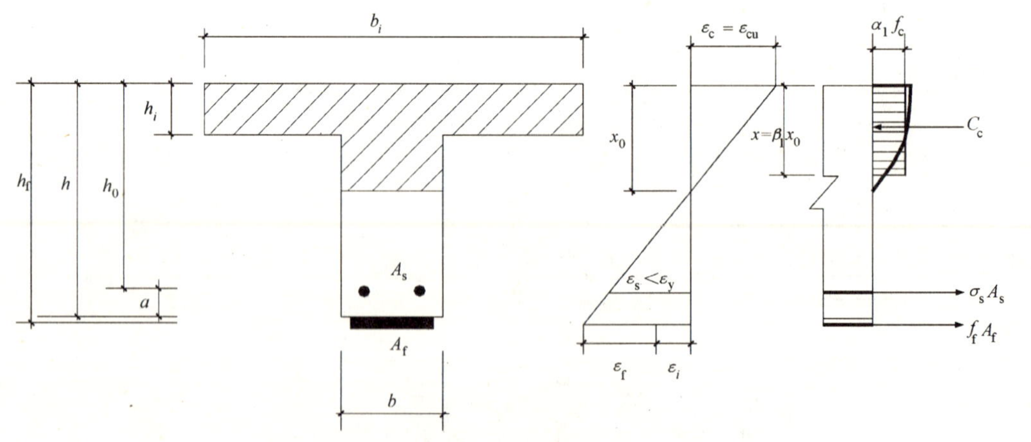

图 3.5.11　T 形截面梁第 2 类截面第 3 种破坏模式

$$\alpha_1 f_c bx + \alpha_1 f_c (b_i - b) h_i = A_s \sigma_s + A_f f_f \tag{3.5.36}$$

受拉钢筋应力 σ_s、FRP 应力 f_f 可按式（3.5.24）、式（3.5.18）计算。

受压区高度 x 求出后，可按下式求出受弯承载力：

$$M_u = \alpha_1 f_c bx\left(h_f - \frac{x}{2}\right) + \alpha_1 f_c (b_i - b) h_i \left(h_f - \frac{h_i}{2}\right) - \sigma_s A_s (h_f - h_0) \tag{3.5.37}$$

（3）梁底初始拉应变的计算[25]

梁底初始拉应变是影响加固梁极限抗弯承载力的一个重要因素，因此梁底初始拉应变的计算就显得极为重要。《规程》中根据混凝土裂缝理论建立了梁底初始拉应变的计算方法，本节给出另一种梁底初始拉应变的计算方法。

钢筋混凝土梁在不卸载粘贴 FRP 之前，可能处于以下 2 个受力阶段：①梁未开裂阶段；②梁开裂阶段。相应于截面的不同受力状态，梁的受拉边缘初始拉应变 ε_i 计算如下。

①梁未开裂阶段。

由于梁处于未开裂阶段，因此可以将截面转变为单一材料组成的换算截面，换算截面面积为（图 3.5.12）：

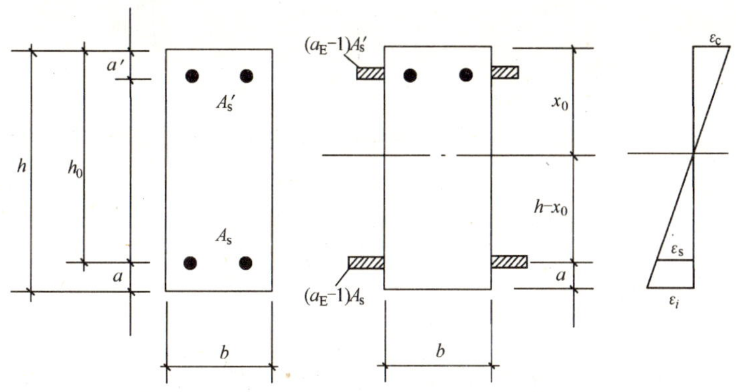

图 3.5.12　未开裂梁的截面应力应变图

$$A_0 = bh + (\alpha_E - 1)A_s + (\alpha_E - 1)A_s' \tag{3.5.38}$$

受压区高度由拉、压区对中和轴的面积矩相等的条件确定：

$$\frac{1}{2}bx_0^2 + (\alpha_E - 1)A_s'(x_0 - a') = \frac{1}{2}b(h - x_0)^2 + (\alpha_E - 1)A_s(h_0 - x_0) \tag{3.5.39}$$

化简可得截面受压区高度为：

$$x_0 = \frac{bh^2 + 2(\alpha_E - 1)(A_s h_0 + A_s' a')}{2bh + 2(\alpha_E - 1)(A_s + A_s')} \tag{3.5.40}$$

截面惯性矩为：

$$I_0 = \frac{1}{3}bx_0^3 + \frac{1}{3}b(h - x_0)^3 + (\alpha_E - 1)A_s(h_0 - x_0)^2 + (\alpha_E - 1)A_s'(x_0 - a')^2 \tag{3.5.41}$$

式中　I_0——未开裂截面惯性矩。

梁受拉边缘初始拉应变可由下式求出：

$$\varepsilon_i = \frac{M_i(h - x_0)}{0.85E_cI_0} \tag{3.5.42}$$

式中 M_i——加固前受弯构件计算截面上实际作用的初始弯矩；

ε_i——初始拉应变。

②梁开裂阶段。

受拉区混凝土已开裂，拉力主要由受拉钢筋承担，故计算开裂截面惯性矩时，可不考虑受拉区混凝土的面积，仅考虑受压区混凝土面积。受压区实际高度 x_0 可由下式求出（图 3.5.13）：

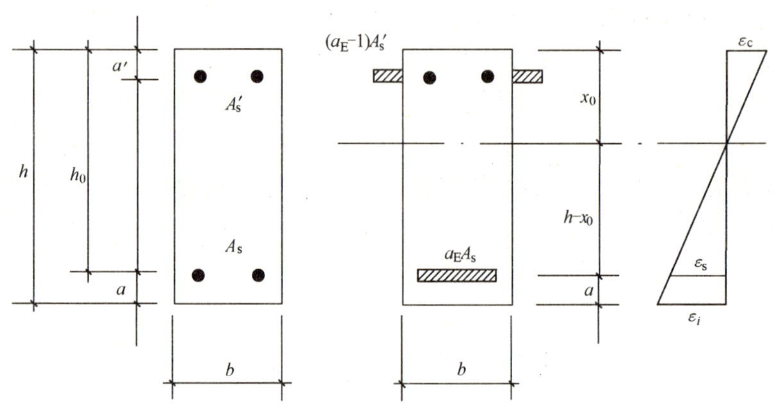

图 3.5.13 开裂梁截面应力应变图

$$x_0^2 + 2\frac{(\alpha_E - 1)A_s' + \alpha_E A_s}{b}x_0 - 2\frac{(\alpha_E - 1)}{b}A_s'a' - 2\frac{\alpha_E}{b}A_sh_0 = 0 \tag{3.5.43}$$

截面惯性矩由下式求出：

$$I_{cr} = \frac{bx_0^3}{3} + \alpha_E A_s(h_0 - x_0)^2 + (\alpha_E - 1)A_s'(x_0 - a')^2 \tag{3.5.44}$$

梁受拉边缘初始拉应变可按下式计算：

$$\varepsilon_i = \frac{M_i(h - x_0)}{E_cI_{cr}} \tag{3.5.45}$$

式中 I_{cr}——开裂截面惯性矩。

（4）实用设计公式

①FRP 有效拉应变的确定。

FRP 加固的钢筋混凝土梁，发生纤维布断裂时具有突然性，表现出脆性破坏特征。《规程》和《指南》中均对 FRP 的极限拉应变作了相应的折减，即应用 FRP 有效拉应变保证不发生脆性破坏并给出了计算方法，详见第 3.2.2 节。《规程》及《指南》中 FRP 有效拉应变的计算方法均较复杂，为简化计算，本节给出了实用计算方法。

FRP 有效拉应变与 FRP 种类、加固量有关。文献［25、53］根据试验结果，建议 FRP 有效拉应变对于 GFRP 按式（3.5.46）计算，CFRP 按式（3.5.47）计算。

$$\varepsilon_{fe} = 0.4\varepsilon_{fu}^* \tag{3.5.46}$$

$$\varepsilon_{fe}=\begin{cases}0.64\varepsilon_{fu}^{*} & \text{室内环境}\\0.58\varepsilon_{fu}^{*} & \text{室外环境}\end{cases}\tag{3.5.47}$$

式中　ε_{fu}^{*}——FRP极限拉应变标准值，$\varepsilon_{fu}^{*}=\overline{\varepsilon_{fu}}-3\sigma$；

$\overline{\varepsilon_{fu}}$——FRP极限拉应变平均值；

ε_{fe}——FRP有效拉应变；

σ——标准差。

②破坏模式的判断。

如图3.5.14所示，若发生FRP断裂，则需满足下式：

$$\varepsilon_f=\frac{h_f-x_0}{x_0}\varepsilon_{cu}-\varepsilon_i\geqslant\varepsilon_{fe}\tag{3.5.48a}$$

或：

$$\varepsilon_{fe}+\varepsilon_i\leqslant\varepsilon_{cu}\frac{h_f-x_0}{x_0}\tag{3.5.48b}$$

否则，为受压区混凝土压碎。

③界限受压区高度。

为避免发生FRP断裂及超筋破坏，规定混凝土相对受压区高度 $\xi=x/h_0$ 应满足式（3.5.49）及式（3.5.50）。

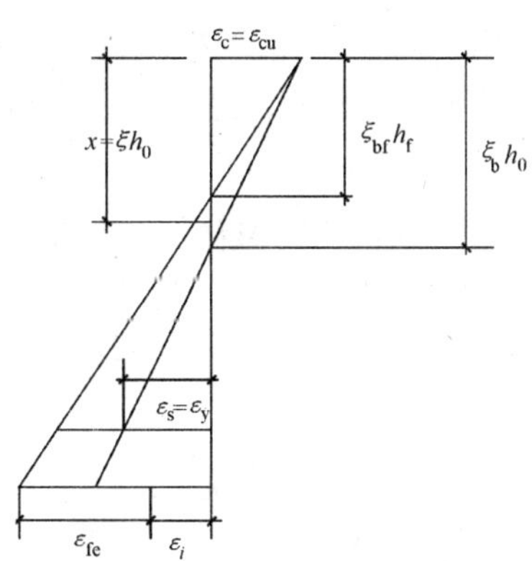

图3.5.14　相对受压区高度的确定

$$\xi_{bf}\leqslant\xi=\frac{x}{h_0}\leqslant\xi_b\tag{3.5.49}$$

$$\xi_{bf}=\frac{\beta_1\varepsilon_{cu}}{\varepsilon_{cu}+\varepsilon_{fe}+\varepsilon_i}\tag{3.5.50}$$

式（3.5.50）中，ξ_{bf}定义为FRP断裂的同时受压区混凝土压碎的相对界限受压区高度。

④工程实用设计公式。

若发生FRP断裂破坏，可按下式计算抗弯承载力：

$$M_u=f_yA_s\left(h_0-\frac{x}{2}\right)+E_f\varepsilon_{fe}A_f\left(h_f-\frac{x}{2}\right)+\sigma_s'A_s'\left(\frac{x}{2}-a'\right)\tag{3.5.51}$$

受压区高度可按矩形截面或T形截面的方法计算。

若发生受压区混凝土压碎的破坏模式，可按下式计算抗弯承载力：

$$M_u=\alpha_1f_cbx\left(h_f-\frac{x}{2}\right)-f_yA_s(h_f-h_0)+\sigma_s'A_s'(h_f-a')\tag{3.5.52}$$

受压区高度可按矩形截面或T形截面的方法计算。

⑤设计步骤：

a. 按式（3.5.46）、式（3.5.47）确定FRP的有效拉应变 ε_{fe}。

b. 根据式（3.5.42）、式（3.5.45）计算梁底初始拉应变 ε_i。

c. 假定先发生混凝土压碎的破坏模式，根据矩形截面或T形截面的分析方法计算受压区实际高度 x_0，然后根据式（3.5.48）判断破坏模式。若发生混凝土压碎的破坏模式，可按矩形截面或T形截面的分析方法计算抗弯承载力，否则按FRP断裂的破坏模式计算。

3.6 计算示例[44~46,54]

［**例 3.1**］如图 3.6.1 所示，一根跨度为 5.6m 的钢筋混凝土矩形截面简支梁，截面尺寸$b \times h = 250\text{mm} \times 500\text{mm}$，受拉主筋为 4 ⌀22 的 HRB335 级钢筋，混凝土强度等级为 C30。原设计承受荷载为：活载 22kN/m，恒载 10 kN/m。现由于结构改造，活载增加 30% 为 28.6 kN/m。增加活载后该梁的抗剪承载力足够，但抗弯承载力不足。试用玻璃纤维布和碳纤维布分别对该梁进行抗弯加固设计（加固时无活荷载）。已知：$A_s = 1520\text{mm}^2$，$f_y = 300\text{MPa}$，$f_c = 14.3\text{MPa}$，$f_{bfu} = 542\text{MPa}$（玻璃纤维布极限强度），f_{cfu}（碳纤维布极限强度）$= 3350\text{MPa}$，ε_{bfu}^*（玻璃纤维布极限拉应变标准值）$= 0.0246$，ε_{cfu}^*（碳纤维布极限拉应变标准值）$= 0.0158$，E_{bf}（玻璃纤维布弹性模量）$= 22\text{GPa}$，E_{cf}（碳纤维布弹性模量）$= 212\text{GPa}$，$E_c = 30\text{ GPa}$，$E_s = 200\text{ GPa}$，$a = 40\text{mm}$，室内环境。

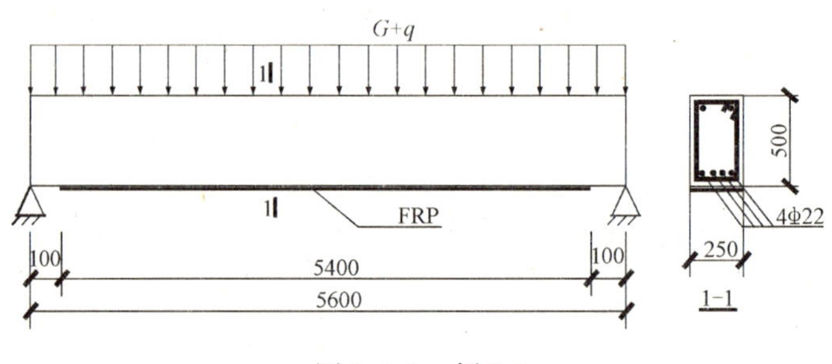

图 3.6.1 例 3.1

［**解**］1）按本书的方法设计

（1）计算梁底初始拉应变

恒载作用下的弯矩标准值为：

$$M_{Gk} = M_i = \frac{1}{8} \times 10 \times 5.6^2 = 39.2\text{kN} \cdot \text{m}$$

$$\alpha_E = E_s / E_c = 200/30 = 6.67$$

由式（3.5.43）可得初始荷载作用下的受压区高度：

$$x_0 = 156.8\text{mm}$$

由式（3.5.44）可得初始荷载作用下的开裂截面惯性矩为：

$$I_{cr} = 1.25 \times 10^9 \text{mm}^4$$

由式（3.5.45）可得梁底初始拉应变为：

$$\varepsilon_i = \frac{39.2 \times 10^6 \times (500 - 156.8)}{30000 \times 1.25 \times 10^9} = 3.588 \times 10^{-4}$$

（2）计算所需要的纤维布面积

①玻璃纤维布。

由式（3.5.46）确定玻璃纤维布有效拉应变：

$$\varepsilon_{fe} = 0.4\varepsilon_{bfu}^* = 0.4 \times 0.0246 = 0.00984$$

活荷载增加后在梁跨中截面产生的最大弯矩设计值为：

$$M_d = \frac{1}{8} \times (1.4 \times 28.6 + 1.2 \times 10) \times 5.6^2 = 204\text{kN} \cdot \text{m}$$

假定发生受拉钢筋屈服后，受压区混凝土压碎的破坏模式，由式（3.5.16）求出混凝土等效矩形应力图形受压区高度 x。

$$h_f \approx h = 500\text{mm}$$

$$x = 145.5\text{mm}$$

$$x_0 = x/\beta_1 = 145.5/0.8 = 181.9\text{mm}$$

由式（3.5.48b）判断破坏模式：

$$\varepsilon_{fe} + \varepsilon_i = 0.00984 + 0.0003588 = 0.01 > \varepsilon_{cu}\frac{h_f - x_0}{x_0} = 0.0033 \times \frac{500 - 181.9}{181.9} = 0.0058$$

由式（3.5.24）验算受拉钢筋应力：

$$\begin{aligned}\sigma_s &= E_s\varepsilon_{cu}\left(\frac{\beta_1 h_0}{x} - 1\right)\\ &= 200 \times 10^3 \times 0.0033 \times \left(\frac{0.8 \times 460}{145.5} - 1\right)\\ &= 1009.3\text{MPa} > f_y = 300\text{MPa}\end{aligned}$$

故为受拉钢筋屈服后，受压区混凝土压碎的破坏模式。

由式（3.5.18）可得玻璃纤维布拉应力：

$$f_{bf} = E_{bf}\left[\left(\frac{\beta_1 h_f}{x} - 1\right)\varepsilon_{cu} - \varepsilon_i\right] = 22 \times 10^3 \times [(0.8 \times 500/145.5 - 1) \times 0.0033 - 0.0003588]$$

$$= 119\text{MPa} < 542\text{MPa}$$

由式（3.5.17b）确定所需玻璃纤维布面积：

$$A_{bf} = \frac{\alpha_1 f_c bx - A_s f_y}{f_{bf}} = (1.0 \times 14.3 \times 250 \times 145.5 - 1520 \times 300)/119 = 539\text{mm}^2$$

已知玻璃纤维布单层厚度为0.7mm，布宽度为250mm，则需要粘贴3层，实用玻璃纤维布面积525mm^2。

②碳纤维布。

由式（3.5.47）确定碳纤维布有效拉应变：

$$\varepsilon_{fe} = 0.58\varepsilon_{cfu}^{*} = 0.58 \times 0.0158 = 0.00917$$

假定发生受拉钢筋屈服后，受压区混凝土压碎的破坏模式，则由式（3.5.16）求出混凝土等效矩形应力图形受压区高度 x。

$$h_f \approx h = 500\text{mm}$$

$$x = 145.5\text{mm}$$

$$x_0 = x/\beta_1 = 145.5/0.8 = 181.9\text{mm}$$

由式（3.5.48b）判断破坏模式：

$$\varepsilon_{fe} + \varepsilon_i = 0.00917 + 0.0003588 = 0.0095 > \varepsilon_{cu}\frac{h_f - x_0}{x_0} = 0.0033 \times \frac{500 - 181.9}{181.9} = 0.0058$$

由式（3.5.24）验算受拉钢筋应力：

$$\sigma_s = E_s\varepsilon_{cu}\left(\frac{\beta_1 h_0}{x} - 1\right)$$

$$=200\times10^3\times0.0033\times\left(\frac{0.8\times460}{145.5}-1\right)$$

$$=1009.3\text{MPa}>f_y=300\text{MPa}$$

故为受拉钢筋屈服后,受压区混凝土压碎的破坏模式。

由式(3.5.18)可得碳纤维布拉应力:

$$f_{cf}=E_{cf}\left[\left(\frac{\beta_1 h_f}{x}-1\right)\varepsilon_{cu}-\varepsilon_i\right]$$

$$=212\times10^3\times[(0.8\times500/145.5-1)\times0.0033-0.0003588]$$

$$=1148\text{MPa}<3350\text{MPa}$$

由式（3.5.17*b*）确定碳纤维布面积：

$$A_{cf}=\frac{\alpha_1 f_c bx-A_s f_y}{f_{cf}}=(1.0\times14.3\times250\times145.5-1520\times300)/1148=55.9\text{mm}^2$$

碳纤维布单层厚度为0.111mm，布宽度为250mm，则需要粘贴2层，实用碳纤维布面积55.5mm²。

（3）验算相对受压区高度适用条件

玻璃纤维布：

由式（3.5.50）求出相对受压区高度ξ_{bf}：

$$\xi_{bf}=\frac{\beta_1\varepsilon_{cu}}{\varepsilon_{cu}+\varepsilon_{fe}+\varepsilon_i}=\frac{0.8\times0.0033}{0.0033+0.00984+0.0003588}=0.196$$

$$\xi=\frac{x}{h_0}=\frac{145.5}{460}=0.316$$

故
$$\xi_{bf}=0.196<\xi<\xi_b=0.55$$

满足要求。

同理，可以验算碳纤维布。

2）按《规程》设计

（1）计算梁底初始拉应变

恒载作用下的跨中最大弯矩标准值为：

$$M_{Gk}=M_i=39.2\text{kN}\cdot\text{m}$$

$$\alpha_E=E_s/E_c=200/30=6.67$$

$$\rho=\frac{A_s}{bh_0}=\frac{1520}{250\times460}=0.0132$$

由式（3.2.5）~式（3.2.10）可得：

$$\xi=\frac{(1+3.5\gamma_f')\alpha_E\rho}{0.2(1+3.5\gamma_f')+6\alpha_E\rho}=\frac{6.67\times0.0132}{0.2+6\times6.67\times0.0132}=0.12$$

$$\sigma_{si}=\frac{M_i}{A_s\eta h_0}=\frac{39.2\times10^6}{1520\times0.87\times460}=64.4\text{MPa}$$

$$\rho_{te}=\frac{A_s}{A_{te}}=\frac{1520}{0.5\times250\times500}=0.024$$

$$\psi=1.1-0.65\frac{f_{tk}}{\sigma_{si}\rho_{te}}=1.1-0.65\times\frac{2.01}{64.4\times0.024}=0.25$$

$$\varepsilon_{ci}=\frac{M_i}{\xi E_c bh_0^2}=\frac{39.2\times10^6}{0.12\times30000\times250\times460^2}=2.06\times10^{-4}$$

$$\varepsilon_{si}=\frac{\psi}{\eta}\frac{M_i}{E_sA_sh_0}=\frac{0.25}{0.87}\times\frac{39.2\times10^6}{200\times10^3\times1520\times460}=8.06\times10^{-5}$$

$$\varepsilon_i=\frac{h}{h_0}(\varepsilon_{ci}+\varepsilon_{si})-\varepsilon_{ci}=\frac{500}{460}\times(2.06\times10^{-4}+8.06\times10^{-5})-2.06\times10^{-4}=1.06\times10^{-4}$$

（2）求碳纤维布的使用量

设碳纤维布使用量为2层，单层厚度为0.111mm，布宽为250mm，由式（3.2.2）求得受压区高度及碳纤维布拉应变：

$$\varepsilon_{cf}=0.0056,x=146.5\text{mm}$$

$$\kappa_m=1-\frac{n_{cf}E_{cf}t_{cf}}{420000}=1-\frac{2\times212\times10^3\times0.111}{420000}=0.89$$

设碳纤维布极限拉应变 $\varepsilon_{cfu}=\varepsilon_{cfu}^*$，则 $\varepsilon_{cfu}=0.0158$

$$[\varepsilon_{cf}]=\kappa_m\varepsilon_{cfu}=0.89\times0.0158=0.014>\frac{2}{3}\varepsilon_{cfu}=0.01$$

故 $$[\varepsilon_{cf}]=0.01$$

$$\xi_{cfb}=\frac{0.8\varepsilon_{cu}}{\varepsilon_{cu}+[\varepsilon_{cf}]+\varepsilon_i}=\frac{0.8\times0.0033}{0.0033+0.01+1.06\times10^{-4}}=0.2$$

$$\xi_b=\frac{0.8}{1+\dfrac{f_y}{E_s\varepsilon_{cu}}}=\frac{0.8}{1+\dfrac{300}{200\times10^3\times0.0033}}=0.55$$

所以，$\xi_bh_0=0.55\times460=253\text{mm}>x>\xi_{cfb}h=0.2\times500=100\text{mm}$

故为受压区混凝土压碎的破坏模式，由式（3.2.1）可得：

$$\begin{aligned}M_u&=f_cbx\left(h_0-\frac{x}{2}\right)+E_{cf}\varepsilon_{cf}A_{cf}(h-h_0)\\&=14.3\times250\times146.5\times\left(460-\frac{146.5}{2}\right)+212\times10^3\times0.0056\times55.5\times(500-460)\\&=205\text{kN}\cdot\text{m}\approx204\text{kN}\cdot\text{m}\end{aligned}$$

故抗弯承载力满足要求。

3）按《规范》设计

（1）计算梁底初始拉应变

$$\rho_{te}=A_s/A_{te}=\frac{1520}{0.5\times250\times500}=0.024$$

查表3.2.3可得系数 $\alpha_f=1.17$

由式（3.2.17）求出初始应变 ε_i

$$\varepsilon_i=\frac{\alpha_fM_i}{E_sA_sh_0}=\frac{1.17\times39.2\times10^6}{200000\times1520\times460}=3.28\times10^{-4}$$

活荷载增加后在梁跨中截面产生的最大弯矩设计值为：

$$M_d=\frac{1}{8}\times(1.4\times28.6+1.2\times10)\times5.6^2=204\text{kN}\cdot\text{m}$$

由式（3.2.12）可求出混凝土受压区高度 $x=145.5\text{mm}$

（2）计算所需要的碳纤维布面积

查表 3.2.1 可得碳纤维布的拉应变设计值 $\varepsilon_{fu,s}=0.01$

由式（3.2.14）可求出 $\psi_f=0.544$

由式（3.2.13）可求出碳纤维布有效面积 $A_{fe}=\dfrac{14.3\times250\times145.5-1520\times300}{0.544\times2300}=51\text{mm}^2$

设粘贴 2 层碳纤维布，则厚度折减系数：

$$\kappa_{mf}=1.16-\frac{2\times2.3\times10^5\times0.111}{308000}=0.99>0.9$$

故 $\kappa_{mf}=0.9$

实际所需碳纤维布面积 $A_f=\dfrac{51}{0.9}=57\text{mm}^2$

碳纤维布单层厚度为 0.111mm，布宽度为 250mm，则需要粘贴 2 层，实用碳纤维布面积 55.5mm^2。

[**例 3.2**] 如图 3.6.2 所示，一根长 24ft（英尺）的钢筋混凝土矩形截面简支梁，截面尺寸 $b\times h=12$ in（英寸）×24in（英寸），受拉主筋为 3 根 9 号钢筋。原设计承受荷载为：恒载 1.0k/ft（千磅/英尺），活载 1.2 k/ft。现由于结构改造，活载增加 50% 为 1.8 k/ft。增加活载后该梁的抗剪承载力足够，但抗弯承载力不足，试按《指南》设计加固梁（加固时无活荷载）。已知：$A_s=3\text{in}^2$；$f_y=60000$psi（lb/in^2，磅/英寸^2），f'_{co}（混凝土圆柱体抗压强度设计值）=5000psi，f^*_{cfu}（碳纤维布抗拉强度标准值）=90000psi，ε^*_{cfu}（碳纤维布极限拉应变标准值）=0.017，E_{cf}（碳纤维布弹性模量）=5360000psi，E_s=29000000psi，室内环境。（注：1ft=0.305m，1in=25.4mm，1k=1000lb=4.448kN，1ksi=1000psi=6.895MPa）。

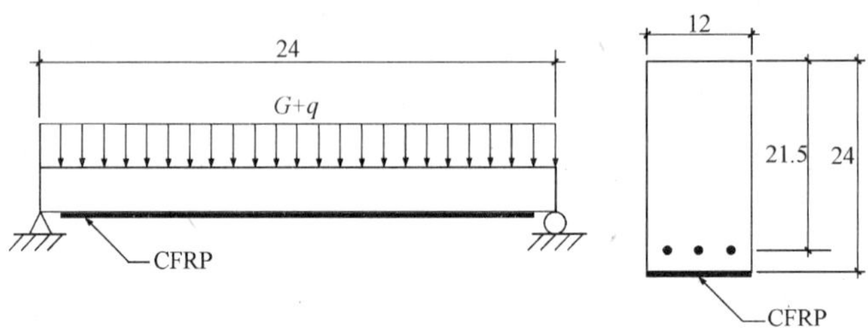

图 3.6.2 例 3.2（单位：英寸）

[**解**] 1）计算加固量

原有荷载作用下的跨中最大弯矩设计值为：

$$M_{id}=\frac{1}{8}\times(1.4\times1.0+1.7\times1.2)\times24^2=248\text{k}\cdot\text{ft}$$

恒载作用下的弯矩值为：$M_G=M_i=\dfrac{1}{8}\times1.0\times24^2=72\text{k}\cdot\text{ft}$

现有荷载作用下的跨中最大弯矩设计值为：

$$M_d=\frac{1}{8}\times(1.4\times1.0+1.7\times1.8)\times24^2=321\text{k}\cdot\text{ft}$$

原梁按单筋矩形截面抗弯承载力计算复合截面强度。在原有荷载作用下梁的混凝土受压区实际高度为：

$$x_0=\frac{A_s f_y}{\gamma f'_{co}\beta_1 b}=\frac{3\times 60000}{0.85\times 5000\times 0.8\times 12}=4.41\text{in}$$

上式中，根据美国 ACI 混凝土结构设计规范，等效矩形应力图形系数 $\gamma=0.85$，$\beta_1=0.8$（$f'_{co}=5000\text{psi}$）。

截面抗弯承载力为：

$$\begin{aligned}M_u&=\phi A_s f_y\left(h_0-\frac{\beta_1 x_0}{2}\right)\\&=0.9\times 3\times 60000\times\left(21.5-\frac{0.8\times 4.41}{2}\right)=3197232\text{lb}\cdot\text{in}=266\text{k}\cdot\text{ft}>M_{id}\\&=248\text{k}\cdot\text{ft}\ (\text{注：}1\text{k}=12000\text{lb})\end{aligned}$$

上式中 ϕ 为折减系数，对于受弯构件 $\phi=0.9$。抗弯承载力在原有荷载作用下满足要求，显然在现有荷载作用下不满足要求。

根据 ACI 混凝土结构设计规范，混凝土的弹性模量为：

$$E_c=57000\sqrt{f'_{co}}=57000\times\sqrt{5000}=4030509\text{psi}\approx 4030\text{ksi}$$

$$\alpha_E=E_s/E_c=29000\text{ksi}/4030\text{ksi}=7.19$$

由式（3.5.43）可得初始荷载作用下的受压区高度：

$$x_0=7.18\text{in}$$

由式（3.5.44）可得初始荷载作用下的开裂截面惯性矩为：

$$I_{cr}=5904\text{in}^4$$

由式（3.5.45）可得梁底初始拉应变为：

$$\varepsilon_i=\frac{72\times 12\times 1000\times(24-7.18)}{4030509\times 5904}=0.00061$$

设碳纤维布使用量为 2 层，布宽 12in，布厚 0.04in，则 $A_f=0.96\text{in}^2$。

查表 3.2.5 可知，对于室内环境，$C_E-0.95$

由式（3.2.25）计算碳纤维布极限拉应变设计值：

$$\varepsilon_{fu,s}=C_E\varepsilon^*_{fu}=0.95\times 0.017=0.0162$$

由式（3.2.24）计算碳纤维布抗拉设计强度设计值：

$$f_{fu,s}=C_E f^*_{fu}=0.95\times 90\text{ksi}=85.5\text{ksi}$$

假定加固后发生受拉钢筋屈服后，受压区混凝土压碎的破坏模式，因为 $\varepsilon_{fe}=0.003\left(\frac{h-x_0}{x_0}\right)-\varepsilon_i$，

由式（3.2.22）可得：

$$\gamma f'_{co}\beta_1 b x_0=A_s f_y+A_f E_f\varepsilon_{fe}=A_s f_y+A_f E_f\left[0.003\left(\frac{h-x_0}{x_0}\right)-\varepsilon_i\right]$$

解上式可得受压区高度　　　　$x_0=5.58\text{in}$

由式（3.2.27）计算 κ_{mf}：

$$\kappa_{mf}=1-\frac{n_f E_f t_f}{2400000}=1-\frac{2\times 5360000\times 0.04}{2400000}=0.82$$

$$\varepsilon_{fe}=0.003\left(\frac{h-x_0}{x_0}\right)-\varepsilon_i=0.003\times\left(\frac{24-5.58}{5.58}\right)-0.00061=9.3\times10^{-3}$$

$$<\kappa_{mf}\varepsilon_{fu,s}=0.82\times0.0162=0.0133$$

$$f_{fe}=E_f\varepsilon_{fe}=5360\times9.3\times10^{-3}=49.8\text{ksi}\leqslant f_{fu,s}=85.5\text{ksi}$$

由平截面假定，可得受拉钢筋应变：

$$\varepsilon_s=0.003\left(\frac{h_0-x_0}{x_0}\right)=0.003\times\left(\frac{21.5-5.58}{5.58}\right)=8.6\times10^{-3}$$

$$f_s=E_s\varepsilon_s=29000\times0.0086=249\text{ksi}>f_y$$

故为受拉钢筋屈服后，受压区混凝土压碎的破坏模式，且

$$f_s=f_y=60\text{ksi}$$

由式（3.2.30）可得曲率折减系数：

$$\phi=0.9$$

由式（3.2.21）可得抗弯承载力：

$$\phi M_u=\phi\left[A_sf_y\left(h_0-\frac{\beta_1x_0}{2}\right)+\psi_f'A_ff_{fe}\left(h-\frac{\beta_1x_0}{2}\right)\right]$$

$$=0.9\times\left[3\times60000\times\left(21.5-\frac{0.8\times5.58}{2}\right)+0.85\times0.96\times49800\times\left(24-\frac{0.8\times5.58}{2}\right)\right]$$

$$=3917540\text{lb}\cdot\text{in}=326\text{k}\cdot\text{ft}>M_d=321\text{k}\cdot\text{ft}$$

故抗弯承载力满足要求。

2）验算钢筋的使用应力

将加固梁转变为同一种材料（混凝土）后的受压区高度可按下式计算：

$$x_0^2+\frac{2}{b}(\alpha_EA_s+\alpha_{Ef}A_f)x_0-\frac{2}{b}(\alpha_{Ef}A_fh+\alpha_EA_sh_0)=0$$

$$\alpha_{Ef}=\frac{5360}{4030}=1.33$$

解得受压区高度为：

$$x_0=7.37\text{in}$$

现有荷载作用下的跨中最大弯矩值 M 为：

$$M=\frac{1}{8}\times(1.0+1.8)\times24^2=201.6\text{k}\cdot\text{ft}=2419\text{k}\cdot\text{in}$$

故由式（3.2.33）可得：

$$f_{s,s}=\frac{[M+\varepsilon_iA_fE_f(h-kh_0/3)](h_0-kh_0)E_s}{A_sE_s(h_0-kh_0/3)(h_0-kh_0)+A_fE_f(h-kh_0/3)(h-kh_0)}$$

$$=\frac{\left[2419+0.00061\times0.96\times5360\times\left(24-\frac{7.37}{3}\right)\right]\times(21.5-7.37)\times29000}{3.0\times29000\times\left(21.5-\frac{7.37}{3}\right)\times(21.5-7.37)+0.96\times5360\times\left(24-\frac{7.37}{3}\right)\times(24-7.37)}$$

$$=40.4\text{ksi}\leqslant0.8\times60=48\text{ksi}$$

故钢筋使用应力满足要求。

3）验算碳纤维布使用应力

由式（3.2.34）可得：

$$f_{f,s}=f_{s,s}\left(\frac{E_f}{E_s}\right)\frac{h-kh_0}{h_0-kh_0}-\varepsilon_i E_f$$
$$=40.4\times\left(\frac{5360}{29000}\right)\times\left(\frac{24-7.37}{21.5-7.37}\right)-0.00061\times5360$$
$$=5.52\text{ksi}<0.55\times90=49.5\text{ksi}$$

故碳纤维布使用应力满足要求。

参 考 文 献

1. 欧阳煜．玻璃纤维（GFRP）片材加固混凝土框架结构的性能研究［D］．浙江大学博士学位论文．2001
2. 谭壮，黄羽立，叶列平．玻璃纤维布加固钢筋混凝土梁受弯性能的试验研究［A］．第二届全国土木工程用纤维增强复合材料（FRP）应用技术论文集．清华大学出版社，2002，7：224～228
3. 史丽远，乔光华，郑志东，方春峰．高强复合纤维加固受弯构件的分析研究［J］．苏州城建环保学院学报，2001，14（2）：42～46
4. 王李果，陆洲导，李明．混凝土梁在不同复合材料加固下的性能试验研究［J］．工业建筑报，2000，30（2）：8～15
5. 曹双寅，滕锦光，邱洪兴，林力．外贴纤维复合材料加固 RC 悬臂板的试验研究及简化计算［J］．土木工程学报，2001，34（1）：39～43
6. 曹双寅，邱洪兴，滕锦光，林力．纤维加固受弯构件全过程分析和承载力计算［J］．工业建筑，2000，30（10）：27～34
7. 熊光晶，姜浩，邓伟，黄冀卓，刘继川．碳纤维－玻璃纤维复合加固混凝土梁的抗弯试验研究［J］．四川建筑科学研究，2001，27（1）：25～27
8. 王文炜，赵国藩，翁昌年，李果．玻璃纤维布加固钢筋混凝土梁抗弯性能试验研究［J］．大连理工大学学报，2003，43（6）：799～805
9. 张继文，岳丽杰，吕志涛，顾明亮．混凝土梁侧面粘贴 CFRP 布的结构加固性能研究［A］．第二届全国土木工程用纤维增强复合材料（FRP）应用技术论文集．清华大学出版社，2002，7：317～323
10. 陈小兵，颜子涵，丘清瑞，牟宏远．碳纤维材料加固钢筋混凝土梁的试验研究［J］．工业建筑，1998，28（11）：6～10
11. 叶列平，崔卫，岳清瑞，胡孔国．碳纤维布加固钢筋混凝土构件正截面受弯承载力分析［J］．建筑结构，2001，31（3）：3～12
12. 飞渭，江世永，彭飞飞，陈正平，李庆枫，陈龙．预应力碳纤维布加固混凝土梁受弯构件试验研究［A］．第二届全国土木工程用纤维增强复合材料（FRP）应用技术论文集．清华大学出版社，2002，7：280～287
13. 飞渭，江世永，彭飞飞，陈正平，李庆枫，陈龙．预应力碳纤维布加固混凝土受弯构件正截面承载力分析［A］．第二届全国土木工程用纤维增强复合材料（FRP）应用技术论文集．清华大学出版社，2002，7：288～295
14. 吴刚，安琳，吕志涛．碳纤维布用于钢筋混凝土梁抗弯加固的试验研究与分析［A］．中国首届纤维增强塑料（FRP）混凝土结构学术交流会论文集，北京，2000，6：151～156
15. 崔士起，张田德，成勃，裴兆贞，杨延顺．混凝土梁侧贴加固抗弯承载力试验研究［A］．第二届全国土木工程用纤维增强复合材料（FRP）应用技术论文集．清华大学出版社，2002，7：351～354
16. 王薄，夏春红．碳纤维布加固 RC 梁抗弯试验研究的某些结论［A］．第二届全国土木工程用纤维增强复合材料（FRP）应用技术论文集．清华大学出版社，2002，7：150～151

17. 汪长安，黄勇，孙哲峰．单向碳纤维布用于混凝土受弯构件的加固和修复［J］．建筑材料学报，1999，2（2）：171～174
18. 邓宗才．碳纤维布增强钢筋混凝土梁抗弯力学性能研究［J］．中国公路学报，2001，14（2）：45～51
19. 赵彤，谢剑．碳纤维布补强加固混凝土结构新技术［M］．天津：天津大学出版社，2001
20. 陈宽城，彭少民，张海波，林红．碳纤维织物用于混凝土梁抗弯加固试验研究［A］．中国首届纤维增强塑料（FRP）混凝土结构学术交流会论文集．2000，6：189～193
21. 赵鸣，赵东海，张誉．碳纤维片材加固混凝土梁理论分析［A］．中国首届纤维增强塑料（FRP）混凝土结构学术交流会论文集．2000，6：215～220
22. 赵东海，张誉，赵鸣．碳纤维片材与混凝土基层粘结性能研究［A］．中国首届纤维增强塑料（FRP）混凝土结构学术交流会论文集．2000，6：247～253
23. 张国栋，朱瞰．碳纤维加固一次受力钢筋混凝土梁试验研究［J］．武汉水利电力大学学报，2000，22（4）：283～285
24. 聂肃非，徐德新．碳纤维布、钢板加固与碳纤维布加固钢筋混凝土梁的抗弯性能研究［A］．第二届全国土木工程用纤维增强复合材料（FRP）应用技术论文集．清华大学出版社，2002，7：169～175
25. 王文炜，赵国藩，黄承逵，任海东．碳纤维布加固已承受荷载的钢筋混凝土梁抗弯性能试验研究及抗弯承载力计算［J］．工程力学，2004，21（4）：172～178
26. 徐芸，徐德新，潘芬芬．碳纤维板加固梁一次受力和二次受力的试验研究［A］．第二届全国土木工程用纤维增强复合材料（FRP）应用技术论文集．清华大学出版社，2002，7：329～332
27. 黄慧明，易伟建．粘贴碳纤维片材加固钢筋混凝土梁正截面承载力试验研究［J］．湖南大学学报（自然科学版），2001，28（30）：121～126
28. 叶列平，崔卫，胡孔国，岳清瑞．碳纤维布加固钢筋混凝土板二次受力试验研究［A］．中国首届纤维增强塑料（FRP）混凝土结构学术交流会论文集．2000，6：83～91
29. 胡孔国，岳清瑞，陈小兵，叶列平，孙燕．碳纤维布加固混凝土桥面板受弯性能试验研究［A］．中国首届纤维增强塑料（FRP）混凝土结构学术交流会论文集．2000，6：157～166
30. 曾宪桃，车惠民．粘贴玻璃钢板加固钢筋混凝土梁疲劳试验研究［J］．土木工程学报，2001，34（1）：33～38
31. 潘芬芬，徐德新，刘小明．碳纤维复合材料疲劳试验研究［A］．第二届全国土木工程用纤维增强复合材料（FRP）应用技术论文集．清华大学出版社，2002，7：333～337
32. 李源，张保印，刘匀，张兴虎，王石生．碳素纤维布加固混凝土梁的疲劳试验研究［A］．第二届全国土木工程用纤维增强复合材料（FRP）应用技术论文集．清华大学出版社，2002，7：181～187
33. Hamid Saadatmanesh，and Mohammad R. Ehsani. R. C. Beams Strengthening with FRP Plates［J］. Journal of Structural Engineering，1991，117（11）：3417～3433
34. Philip A. Ratchie，David A. Thoms，Le-Wulu，and Guy M. Connelly. External Reinforcement of Concrete Beams Using Fiber Reinforced Plastics［J］. ACI Structural Journal，1991，88（4）：480～500
35. L. C. Hollaway，and M. B. Leeming. Strengthening of Reinforced Concrete Structures［M］. 1999
36. R. J. Quantrill，L. C. Hollaway，A. M. Thorne，and G. A. R. Parke. Preliminary Research on the Strengthening of Reinforced Concrete Beams Using GFRP［M］. Non-Metallic（FRP）Reinforcement for Concrete Structures. 1995：541～550
37. M. J. Chajes，T. A. Thomson，W. W. Finch，and T. F. Jannszka. Flexural Strengthening of Concrete Beams Using Externally Bonded Composites Materials［J］. Construction and Building Materials，1994，8（3）：191～201
38. Tom Norris，Hamid Saadatmanesh，and Mohammad R. Ehsani. Shear and Flexural Strengthening of R/C

Beams with Carbon Fiber Sheets [J]. Journal of Structural Engineering, 1997, 123 (7): 903 ~911

39. John F. Bonacci, and Mohamed Maalej. Externally Bonded Fiber-Reinforced Polymer for Rehabilitation of Corrosion Damaged Concrete Beams [J]. ACI Structural Journal, 2000, 97 (5): 703 ~ 711.

40. Alfarabi Sharif, G. J. Al-Sulaimani, I. A. Basunbul, M. H. Baluch, and B. N. Ghaleb. Strengthening of Initially Loaded Reinforced Concrete Beams Using FRP Plates [J]. ACI Structural Journal, 1994, 91 (2): 160 ~ 168

41. Marco Arduini, and Antonio Nanni. Behavior of Precracked RC Beams Strengthened with Carbon FRP Sheets [J]. Journal of Composites for Construction, 1997, 1 (2): 63 ~ 70

42. Mohsen Shahawy, Omar Chaalal, Thomas E. Beitelman, and Adnan El-Saad. Flexural Strengthening with Carbon Fiber-Reinforced Full-Scale Girders [J]. ACI Structural Journal, 2001, 98 (5): 735 ~ 743

43. Mohsen Shahawy, and Thomas E. Beitelman. Static and Fatigue Performance of RC Beams Strengthened with CFRP Laminates [J]. Journal of Structural Engineering, 1999, 125 (6): 613 ~ 622

44. 中国建设标准化协会标准. 碳纤维片材加固修复混凝土结构技术规程 [S]. 中国计划出版社, 2003

45. 中华人民共和国建设部. 混凝土结构加固设计规范 [S]. 中国建筑工业出版社, 2006

46. ACI Committee 440. Guide For the Design and Construction of Externally Bonded FRP System For Strengthening Concrete Structures [S]. Detroit: American Concrete Institute, 2000

47. H. N. Garden, and L. C. Hollaway. An Experimental Study of the Failure Modes of Reinforced Concrete Beams Strengthened with Prestressed Carbon Composite Plates [J]. Composite Part B, 1998, 29: 411 ~ 424

48. 王文炜, 叶见曙, 赵国藩. 玻璃纤维布加固的钢筋混凝土梁端部锚固试验研究 [J]. 东南大学学报, 2004, 35 (5): 656 ~ 660

49. H. Varastehpourl, and P. Hamelin. Strengthening of Concrete Beams Using Fiber Reinforced Plastic [J]. Materials and Structures, 1997, 30: 160 ~ 166

50. V. M. Karbhari, and L. Zhao. Issue Related to Composite Plating and Environmental Exposure Effects on Composite-concrete Interface in External Strengthening [J]. Composite Structures, 1998, 40: 293 ~ 304

51. 王文炜, 赵国藩. 纤维复合物加固钢筋混凝土梁抗弯承载力及参数分析 [J]. 工业建筑, 2003, 33 (9): 16 ~ 19

52. S. Yeong-soo, and L. Chadon. Flexural Behavior of Reinforced Concrete Beams Strengthened with Carbon Fiber-Reinforced Polymer Laminates at Different Levels of Sustaining Load [J]. ACI Structural Journal, 2003, 100 (2): 231 ~ 240

53. 王文炜, 赵国藩. 纤维复合材料增强 (加固) 钢筋混凝土梁正截面抗弯承载力计算 [J]. 建筑结构学报, 2004, 25 (3): 92 ~ 98

54. 王文炜. 纤维复合材料加固钢筋混凝土梁抗弯性能研究 [D]. 大连理工大学博士学位论文. 2003

第4章 FRP加固钢筋混凝土梁抗剪承载力计算

本章主要符号

A_f——FRP面积

b——梁宽度

D_{frp}——应力分布系数

d_{frp}——受压区边缘至FRP下端的距离

$d_{frp,t}$——受压区边缘至FRP上端的距离

E_f——FRP弹性模量

f_{ck}——混凝土圆柱体抗压强度特征值

f'_{co}——混凝土圆柱体抗压强度或设计值

f_{cu}——混凝土立方体抗压强度

f_{fe}——FRP有效应力

f_{fed}——FRP有效粘结强度

f_{fdd}——剥离强度

$f_{frp,e}$——FRP平均应力

f_{fu}——FRP极限抗拉强度

$f_{fu,sv}$——受剪加固采用的FRP抗拉强度设计值

f_{ctm}——混凝土抗拉强度平均值

h_0——截面有效高度

h_{cf}——侧面粘贴碳纤维片材的高度

h_{fe}——FRP顶面至受拉钢筋重心距离

$h_{frp,e}$——FRP的有效高度

h_w——腹板高度

K——剪力增强有效系数

L_e——FRP有效粘结长度

n_{cf}——碳纤维片材的层数

p_f——与斜裂缝角度垂直的FRP条带间距

R_{ck}——混凝土立方体强度特征值

R_v——箍筋影响系数

R_λ——剪跨比影响系数

S_{cf}——碳纤维片材条带的净间距

S_f——FRP 条带的中心间距
t_{cf}——单层碳纤维片材的厚度
t_f——FRP 厚度
V_{bcf}——碳纤维片材承担的剪力
V_c——混凝土梁的抗剪承载力
V_{cs}——未加固钢筋混凝土梁的抗剪承载力
V_d——剪力设计值
V_f——FRP 的抗剪承载力
$V_{f,c}$——FRP 加固钢筋混凝土梁抗剪承载力计算值
$V_{f,e}$——FRP 加固钢筋混凝土梁抗剪承载力试验值
V_s——箍筋的抗剪承载力
V_u——FRP 加固钢筋混凝土梁抗剪承载力
w_{cf}——碳纤维片材条带的宽度
w_f——FRP 条带宽度
w_f'——与斜裂缝角度垂直的 FRP 条带宽度
w_{fe}——FRP 有效宽度
z——内力臂
β——FRP 粘贴角度
Γ_{FK}——断裂能
γ_f——FRP 安全系数
ε_{cfv}——达到抗剪承载能力极限状态时碳纤维片材的应变
ε_{cfu}——碳纤维片材的极限拉应变
ε_{fe}——FRP 有效拉应变
$\varepsilon_{fu,s}$——FRP 极限拉应变设计值
θ——斜裂缝角度
k_v——粘贴形式折减系数
λ——剪跨比
ϕ_{frp}——FRP 的材料折减系数
φ——碳纤维片材抗剪加固形式系数
ψ_{vb}——与条带粘贴方式及受力条件有关的抗剪强度折减系数

4.1　钢筋混凝土梁抗剪加固形式和构造

1）加固形式

钢筋混凝土梁抗剪加固的形式主要有三种：梁侧面粘贴、梁侧和受拉底面粘贴 U 形箍、L 形箍或者将整个梁封闭缠绕 FRP。粘贴时，既可以采用 FRP 条带间隔粘贴又可以采用 FRP 连续粘贴，具体的粘贴形式如图 4.1.1 所示。

应用 FRP 对钢筋混凝土梁进行抗剪加固，应充分利用 FRP 纤维的方向性，加固时尽可能使 FRP 的纤维方向与剪切裂缝垂直。在地震力的反复作用下，梁受到正反两个方向的

剪力，这时使用FRP加固是最为有效也是最为便利的。

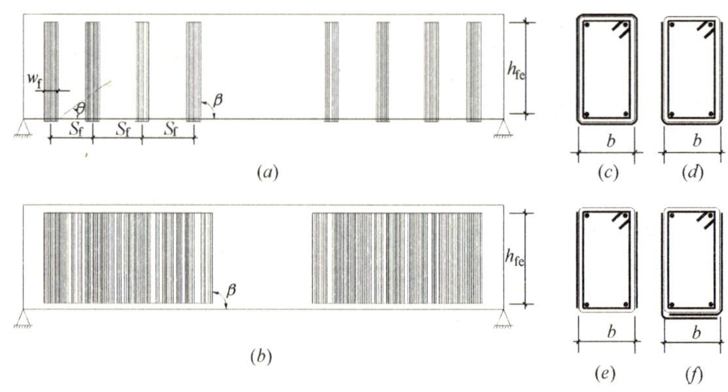

图4.1.1　钢筋混凝土梁抗剪加固形式

（a）FRP条带；（b）FRP片材；（c）全包加固；（d）U形粘贴；（e）侧面粘贴；（f）L形粘贴

对梁进行抗剪加固时，最常用的纤维粘贴角度是45°、60°、90°、120°，不同的粘贴方式、纤维方向和纤维布种类可以形成不同的加固方案。对于侧面粘贴或U形粘贴，为了避免发生FRP端部过早的剥离破坏，宜在端部粘贴FRP条带或钢板进行锚固。

2）构造要求[1,2]

应用FRP对钢筋混凝土梁进行抗剪加固，一个重要的方面是FRP的锚固，可靠的锚固可以防止FRP发生过早的剥离破坏。我国碳纤维加固设计规程和混凝土结构加固设计规范中均明确地给出了防止FRP发生剥离的锚固措施，此外，从FRP的受力方向、FRP条带的间距等构造上也给出了明确的要求。

（1）FRP的纤维方向宜与构件轴向垂直；

（2）应优先采用封闭粘贴形式或加锚的U形箍，也可采用一般U形粘贴、侧面粘贴。对碳纤维板，可采用双L形板形成U形粘贴；

（3）当FRP采用条带布置时，其净间距不应大于现行国家标准《混凝土结构设计规范》（GB 50010）规定的最大箍筋间距的0.7倍，且不应大于梁高的0.25倍；

（4）U形粘贴和侧面粘贴的粘贴高度h_f宜取构件截面高度。对于U形粘贴形式，宜在上端粘贴纵向FRP压条；对侧面粘贴形式，宜在上、下端粘贴纵向FRP压条或钢板压条（图4.1.2）。

（5）构件的受剪截面尺寸应符合现行国家标准《混凝土结构设计规范》（GB 50010）的规定；

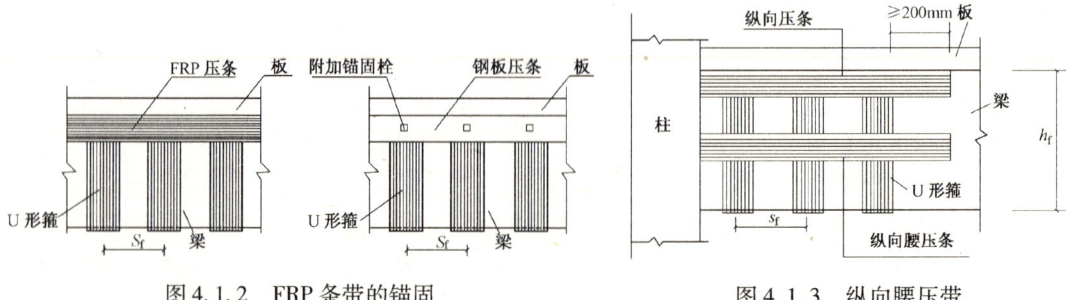

图4.1.2　FRP条带的锚固

图4.1.3　纵向腰压带

（6）当梁的高度 $h \geqslant 600\text{mm}$ 时，应在梁的腰部增设一道纵向腰压条（图4.1.3）。

4.2　FRP加固钢筋混凝土梁抗剪承载力设计方法

本节主要介绍中国工程建设标准化协会标准《碳纤维片材加固修复混凝土结构技术规程》（以下简称《规程》）、《混凝土结构加固规范》（以下简称《规范》）和美国的FRP加固混凝土结构设计指南《GUIDE FOR THE DESIGN AND CONSTRUCTION OF EXTERNALLY BONDED FRP SYSTEMS FOR STRENGTHENING CONCRETE STRUCTURES》（以下简称《指南》）中有关FRP加固钢筋混凝土梁的抗剪设计计算方法。

4.2.1　碳纤维片材加固修复混凝土结构技术规程[1]

对钢筋混凝土梁进行抗剪加固时，应按下列公式进行斜截面抗剪承载力计算：

$$V_{\mathrm{d}} \leqslant V_{\mathrm{cs}} + V_{\mathrm{bcf}} \tag{4.2.1}$$

$$V_{\mathrm{bcf}} = \varphi \frac{2n_{\mathrm{cf}} w_{\mathrm{cf}} t_{\mathrm{cf}}}{(S_{\mathrm{cf}} + w_{\mathrm{cf}})} \varepsilon_{\mathrm{cfv}} E_{\mathrm{cf}} h_{\mathrm{cf}} \tag{4.2.2}$$

$$\varepsilon_{\mathrm{cfv}} = \frac{2}{3}(0.2 + 0.12\lambda)\varepsilon_{\mathrm{cfu}} \tag{4.2.3}$$

式中　V_{d}——剪力设计值；

V_{cs}——未加固钢筋混凝土梁的抗剪承载力，按现行国家标准《混凝土结构设计规范》（GB 50010）的规定计算；

V_{bcf}——碳纤维片材承担的剪力；

$\varepsilon_{\mathrm{cfv}}$——达到抗剪承载能力极限状态时碳纤维片材的应变；

$\varepsilon_{\mathrm{cfu}}$——碳纤维片材的极限拉应变；

φ——碳纤维片材抗剪加固形式系数，对封闭粘贴取1.0，对U形粘贴取0.85，对侧面粘贴取0.70；

λ——剪跨比，对于集中荷载作用情况取 a/h_0，当 λ 大于3.0时，取3.0；当 λ 小于1.5时，取1.5，a 为集中荷载作用点到支座边缘的距离；对于均布荷载作用情况，取3.0；

n_{cf}——碳纤维片材的层数；

h_{cf}——侧面粘贴碳纤维片材的高度；

S_{cf}——碳纤维片材条带的净间距；

t_{cf}——单层碳纤维片材的厚度；

w_{cf}——碳纤维片材条带的宽度；

E_{cf}——碳纤维片材弹性模量。

碳纤维片材的抗剪承载力计算公式是根据加固后构件达到最大抗剪承载力时碳纤维片材的应变发挥程度确定的。公式（4.2.2）和公式（4.2.3）是根据国内外的试验结果分析，并参照《指南》的有关设计条款给出的。此外，抗剪计算公式是按碳纤维片材纤维方向与构件轴向垂直的情况给出的，采用其他粘贴方向时，抗剪计算公式应有可靠依据。

4.2.2　混凝土结构加固设计规范[2]

采用 FRP 的环形箍全包加固或 U 形箍对钢筋混凝土梁进行抗剪加固时，其斜截面承载力应按下式计算：

$$V_d \leqslant V_{cs} + V_f \tag{4.2.4}$$

$$V_f = \psi_{vb} f_{fu,sv} A_f h_{fe} / S_f \tag{4.2.5}$$

式中　V_f——FRP 的抗剪承载力；

ψ_{vb}——与条带粘贴方式及受力条件有关的抗剪强度折减系数，按表 4.2.1 采用；

$f_{fu,sv}$——抗剪加固采用的 FRP 抗拉强度设计值，按表 3.2.1、表 3.2.2 的规定值乘以调整系数 0.56 确定；当为框架梁或悬挑构件时，调整系数改为 0.28；

A_f——FRP 面积，$A_f = 2t_f w_f$；

t_f——FRP 厚度；

w_f——FRP 条带宽度（图 4.1.1）；

h_{fe}——FRP 顶面至受拉钢筋重心距离，对环形箍，$h_{fe} = h$；

S_f——FRP 条带的中心间距（图 4.1.1）。

抗剪强度折减系数 ψ_{vb} 值　　**表 4.2.1**

条带粘贴方式		环形箍	加锚 U 形箍	一般 U 形箍
受力条件	均布荷载或剪跨比 $\lambda \geqslant 3$	1.0	0.92	0.85
	$\lambda \leqslant 1.5$	0.68	0.63	0.58

注：当 λ 为中间值时，按线性内插法确定 ψ_{vb} 值。

公式（4.2.5）中抗剪强度折减系数是根据试验资料和工程实践经验，按被加固构件的不同剪跨比和条带的不同加锚方式给出的经验值。

4.2.3　美国加固设计指南[3]

1）基本计算公式

基本计算公式为：

$$\phi V_u \geqslant V_d \tag{4.2.6}$$

$$\phi V_u = \phi (V_{cs} + \psi_f V_f) \tag{4.2.7}$$

式中　V_u——FRP 加固钢筋混凝土梁抗剪承载力。

公式（4.2.6）、公式（4.2.7）中有两个折减系数 ϕ、ψ_f。系数 ϕ 是强度折减系数，$\phi = 0.85$；系数 ψ_f 是考虑 FRP 材料本身的可靠度较钢筋低而引入的折减系数，ψ_f 的取值见表 4.2.2。

ψ_f 的取值　　**表 4.2.2**

加固形式	ψ_f	加固形式	ψ_f
完全包裹	0.95	U 形粘贴或侧面粘贴	0.85

如图 4. 1. 1 所示，FRP 的抗剪承载力可按下式计算：

$$V_f = \frac{A_f f_{fe}(\sin\beta + \cos\beta)h_{fe}}{S_f} \tag{4.2.8}$$

$$f_{fe} = \varepsilon_{fe} E_f \tag{4.2.9}$$

式中　A_f——FRP 面积；

f_{fe}——FRP 有效应力；

h_{fe}——FRP 顶面至受拉钢筋重心距离；

E_f——FRP 弹性模量；

β——FRP 粘贴角度（图 4. 1. 1）；

ε_{fe}——FRP 有效拉应变。

公式（4. 2. 8）实际上是基于 FRP 有效拉应变的计算模式提出的，《指南》根据不同的加固形式，分别给出了 FRP 有效拉应变的计算公式。

对于四面全包的加固形式：

$$\varepsilon_{fe} = 0.004 \leqslant 0.75\varepsilon_{fu,s} \tag{4.2.10}$$

对于 U 形粘贴或侧面粘贴的加固形式：

$$\varepsilon_{fe} = k_v \varepsilon_{fu,s} \leqslant 0.004 \tag{4.2.11}$$

式中　$\varepsilon_{fu,s}$——FRP 极限拉应变设计值；

k_v——粘贴形式折减系数。

《指南》中的粘贴形式折减系数 k_v 是根据 Khalifa 1998 年提出的计算公式给出的，k_v 是混凝土强度、FRP 加固形式和 FRP 刚度的函数。

$$k_v = \frac{k_1 k_2 L_e}{468\varepsilon_{fu,s}} \leqslant 0.75 \tag{4.2.12}$$

式中　k_1、k_2——系数；

L_e——FRP 有效粘结长度，按式（4. 2. 13）计算。

$$L_e = \frac{2500}{(t_f E_f)^{0.58}}（英制单位） \tag{4.2.13}$$

$$k_1 = \left(\frac{f'_{co}}{4000}\right)^{2/3}（英制单位） \tag{4.2.14}$$

$$k_2 = \begin{cases} \dfrac{h_{fe} - L_e}{h_{fe}}（U 形粘贴） \\ \dfrac{h_{fe} - 2L_e}{h_{fe}}（侧面粘贴） \end{cases} \tag{4.2.15}$$

2）计算原则

（1）FRP 间距应满足 ACI318 混凝土结构设计规范中对受剪箍筋间距的规定；

（2）FRP 加固的钢筋混凝土梁抗剪承载力最大值应满足式（4. 2. 16）。

$$V_{cs} + V_f \leqslant 8\sqrt{f'_{co}}bh_0（英制单位） \tag{4.2.16}$$

式中 b——梁宽度，对于 T 形截面取腹板宽度；

f'_{co}——混凝土圆柱体抗压强度设计值；

h_0——截面有效高度。

4.2.4 其他加固规范[4]

其他国家给出的 FRP 加固钢筋混凝土梁抗剪承载力设计计算方法与《指南》中给出的设计计算方法相类似，计算公式中的区别在于 FRP 的抗剪承载力计算方法有所不同。FRP 的粘贴方式影响 FRP 的有效拉应变；同时，FRP 的弹性模量、FRP 的刚度影响受剪破坏的机理，这些因素都造成了计算方法的不同。

1）fib（International Federation for Structural Concrete）

fib（欧洲国际混凝土协会）的加固设计公式是建立在 Triantafillou 提出的计算公式基础上的，基本计算公式为：

$$V_f = 0.9\varepsilon_{fd,e}E_f\rho_f bh_{fe}(\cot\theta + \cot\beta)\sin\beta \tag{4.2.17}$$

$$\varepsilon_{fd,e} = 0.8\varepsilon_{fe}/\gamma_f \tag{4.2.18}$$

式中 $\rho_f = \dfrac{A_f}{bS_f}$；

γ_f——FRP 安全系数，对于碳纤维、玻璃纤维、芳纶纤维分别取 1.15、1.25、1.2；

θ——斜裂缝角度。

2）CSA（Canadian Standards Association）

加拿大标准协会 CSA 制定的 FRP 加固设计规范中抗剪承载力计算公式与《指南》中给出的抗剪承载力计算公式相似，FRP 提供的抗剪承载力计算公式为：

$$V_f = \frac{A_f E_f \varepsilon_{fe} h_{fe}}{S_f} \tag{4.2.19}$$

式（4.2.19）中 FRP 有效拉应变 ε_{fe} 的取值如果没有可靠的计算依据，对于 U 形箍可取 $4000\mu\varepsilon$。

加固后构件的承载力最大限值为：

$$V_r = V_c + 0.6\lambda\sqrt{f'_{co}}bh_0 \tag{4.2.20}$$

3）JSCE

JSCE（日本土木工程师协会）给出的 FRP 抗剪承载力计算公式为：

$$V_f = K[A_f f_{fu,s}(\sin\alpha + \cos\alpha)/S_f]z \tag{4.2.21}$$

式中 K——剪力增强有效系数，按式（4.2.22）计算；

z——内力臂，$z = 0.86h_0$。

$$K = 1.68 - 0.67R(0.4 \leqslant K \leqslant 0.8) \tag{4.2.22}$$

$$R = (\rho_f E_f)^{1/4}\left(\frac{f_{fu,s}}{E_f}\right)^{2/3}\left(\frac{1}{f'_{co}}\right)^{1/3}(0.5 \leqslant R \leqslant 2.0) \tag{4.2.23}$$

JSCE 中并没有明确给出 FRP 的抗拉设计强度 $f_{fu,s}$ 的计算方法，计算时，可以参考日本灾害预防协会（JBDPA）给出的 FRP 有效拉应变值 0.007 乘以弹性模量计算。

4）Italy

意大利建议的抗剪承载力计算公式为：

$$V_f = 0.9h_0 f_{fed} 2t_f(\cot\theta + \cot\beta)\frac{w_f'}{p_f} \tag{4.2.24}$$

式中　f_{fed}——FRP有效粘结强度，按式（4.2.25）计算；

w_f'——与斜裂缝角度垂直的FRP条带宽度（图4.2.1）；

p_f——与斜裂缝角度垂直的FRP条带间距。

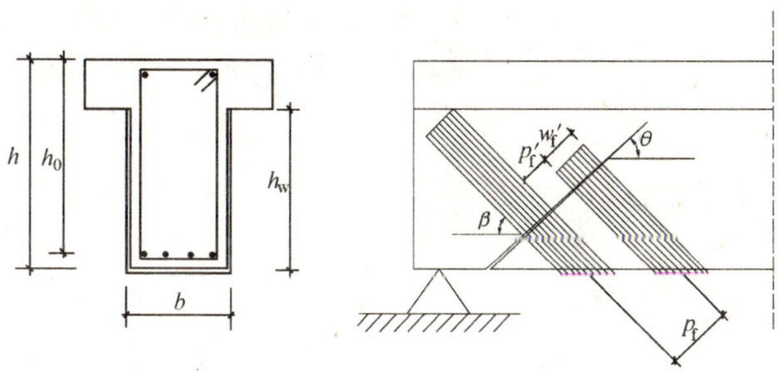

图4.2.1　意大利规范中FRP加固钢筋混凝土梁抗剪几何参数

$$f_{fed} = f_{fdd}\left[1 - \frac{L_e \sin\beta}{3[\min\{0.9h_0, h_w\}]}\right] \tag{4.2.25}$$

式中　f_{fdd}——剥离强度，按式（4.2.26）计算；

h_w——腹板高度（图4.2.1）；

L_e——FRP有效粘结长度，$L_e = \sqrt{\frac{E_f t_f}{2f_{ctm}}}$；

f_{ctm}——混凝土抗拉强度平均值，$f_{ctm} = 0.27R_{ck}^{2/3}$；

R_{ck}——混凝土立方体强度特征值，$R_{ck} = f_{ck}/0.8$；

f_{ck}——混凝土圆柱体抗压强度特征值。

$$f_{fdd} = 0.8\sqrt{\frac{2E_f \Gamma_{FK}}{t_f}} \tag{4.2.26}$$

式中　Γ_{FK}——断裂能，$\Gamma_{FK} = 0.03k_b\sqrt{f_{ck}}f_{ctm}$；

$k_b = \sqrt{\frac{2 - w_f'/p_f}{1 + w_f'/400}} \geqslant 1$。

4.3　FRP加固钢筋混凝土梁抗剪承载力计算

4.3.1　破坏模式

FRP加固钢筋混凝土梁受剪破坏模式大致分为3种类型：FRP断裂、受压区混凝土压碎和FRP剥离。影响受剪破坏的因素有很多，如FRP加固形式、FRP种类、FRP加固量、剪跨比、混凝土强度、配筋率、梁的几何尺寸等。对于这些影响因素的分析，目前尚无定论，还需要进行深入的研究。

1）FRP断裂

当加固量较小或箍筋配置率较低时易发生 FRP 断裂的破坏模式。荷载作用下，梁的受拉区首先形成垂直的弯曲裂缝。随着荷载的增加，剪跨区的裂缝逐渐向加载点斜向延伸，裂缝增宽。荷载继续增加，斜裂缝不断增宽，其中一条将形成主斜裂缝并且不断向加载点延伸，与主斜裂缝相交的 FRP 应变不断增加，当 FRP 应变达到极限拉应变时，FRP 断裂，最终梁破坏，如图 4.3.1 所示。

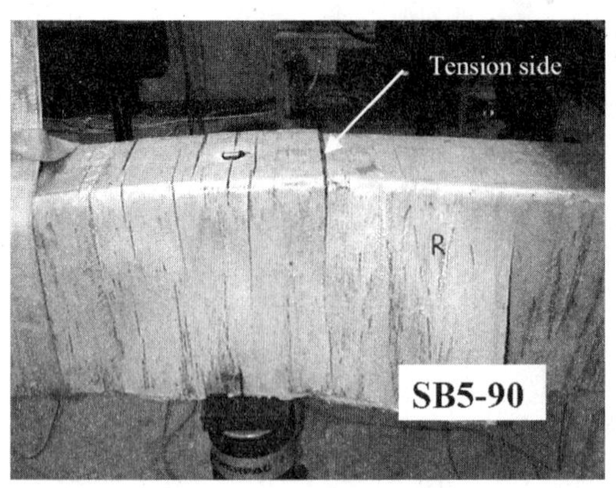

图 4.3.1　FRP 断裂

2）受压区混凝土压碎

当加固量较大或受剪箍筋配置率较高时易发生受压区混凝土压碎（图 4.3.2）。受压区混凝土压碎的破坏过程与 FRP 断裂的破坏过程相类似，不同点在于由于 FRP 加固量增多，导致加载点下的混凝土在复杂应力作用下先压碎，从而发生受压区混凝土压碎的破坏模式。

3）FRP 剥离

当采用侧面粘贴或 U 形粘贴时，若 FRP 端部没有可靠的锚固措施，将发生端部剥离的破坏模式（图 4.3.3）。一旦发生 FRP 剥离，加固梁很快就会破坏，承载力较低，延性较差。

图 4.3.2　受压区混凝土压碎

图 4.3.3　FRP 剥离

4.3.2　计算方法

1）相关的计算模式

FRP 加固钢筋混凝土梁的抗剪计算是一个比较复杂的问题，虽然国内外进行了一些抗剪试验研究和抗剪承载力分析计算[5~12]，但其抗剪计算模式仍不完善。多数学者认为 FRP 加固钢筋混凝土梁的抗剪承载力是钢筋混凝土梁抗剪承载力与 FRP 贡献的抗剪承载力之和[13~15]，即：

$$V = V_{cs} + V_f \tag{4.3.1}$$

式中　V_{cs}——钢筋混凝土梁抗剪承载力；

V_f——FRP 的抗剪承载力。

FRP 的抗剪承载力 V_f 可类比箍筋的抗剪承载力，一般表示为：

$$V_f=\frac{A_f f_{fe}(\sin\beta+\cos\beta)h_{fe}}{S_f}=\frac{A_f\varepsilon_{fe}E_f(\sin\beta+\cos\beta)h_{fe}}{S_f} \tag{4.3.2}$$

式（4.3.2）称为有效拉应变计算模式，有效拉应变计算模式中的关键是 FRP 有效应力 f_{fe} 的计算，f_{fe} 的计算可以归结为 FRP 的有效拉应变 ε_{fe} 的计算。

1998 年，Chaallal 等根据 ACI318 混凝土结构设计规范中箍筋的抗剪承载力计算公式提出的 FRP 抗剪计算公式为[7]：

$$V_f=\phi_{frp}A_f f_{fu}\frac{(\sin\beta+\cos\beta)h_{fe}}{S_f} \tag{4.3.3}$$

式中　ϕ_{frp}——FRP 的材料折减系数，$\phi_{frp}=0.8$；

f_{fu}——FRP 极限抗拉强度。

式(4.3.3)中 $\phi_{frp}f_{fu}$ 实质上就等于 f_{fe}，将式(4.3.3)稍加变化就与式(4.3.2)一致。

Triantafillou 于 1998 年提出了基于 FRP 断裂破坏模式的抗剪计算公式[13]，该计算公式类似于箍筋的抗剪计算公式。由于剪切裂缝处发生 FRP 应力集中现象，FRP 断裂时的应力要低于 FRP 极限抗拉强度，因此，计算公式中用 FRP 的有效拉应变代替 FRP 极限应变，计算公式如下：

$$V_f=\frac{0.9}{\gamma_f}\rho_f E_f\varepsilon_{fe}bh_{fe}(\sin\beta+\cos\beta) \tag{4.3.4}$$

Triantafillou 认为 FRP 有效拉应变 ε_{fe} 与 FRP 的轴向刚度 $\rho_f E_f$ 有关，并建议 $\rho_f E_f\leqslant 0.4\text{GPa}$。Triantafillou 根据一些试验梁的试验结果回归出了 FRP 有效拉应变 ε_{fe} 的计算公式：

$$\varepsilon_{fe}=\begin{cases}0.0119-0.0205(\rho_f E_f)+0.0104(\rho_f E_f)^2 & 0\leqslant\rho_f E_f\leqslant 1\\ -0.00065(\rho_f E_f)+0.00245 & \rho_f E_f>1\end{cases} \tag{4.3.5}$$

Ahmed 分析了 Triantafillou 的计算公式，提出用折减系数 $R=\varepsilon_{fe}/\varepsilon_{fu}$ 来表示 FRP 的有效拉应变[14]，建议根据 FRP 断裂和 FRP 剥离两种破坏模式分别计算折减系数 R。

对于 FRP 断裂，Ahmed 将 Triantafillou 的计算公式稍作修改为：

$$R=0.5622(\rho_f E_f)^2-1.2188(\rho_f E_f)+0.778\leqslant 0.50 \tag{4.3.6}$$

对于 FRP 剥离，R 的计算公式为：

$$R=\frac{0.0042(f'_{co})^{2/3}w_{fe}}{(E_f t_f)^{0.58}\varepsilon_{fu}h_{fe}} \tag{4.3.7}$$

式中　w_{fe}——FRP 有效宽度，按式（4.3.8）计算。

$$w_{fe}=h_{fe}-L_e \tag{4.3.8a}$$

$$w_{fe}=h_{fe}-2L_e \tag{4.3.8b}$$

式（4.3.8a）适用于 U 形粘贴的加固方式，式（4.3.8b）适用于侧面粘贴的加固方式，式中 L_e 为 FRP 有效粘结长度，按下式计算：

$$L_e=e^{6.314-0.58\ln(t_f E_f)} \tag{4.3.9}$$

FRP 有效拉应变为：

$$\varepsilon_{fe}=R\varepsilon_{fu} \tag{4.3.10}$$

有效拉应变计算出后就可以代入式（4.3.4）计算抗剪承载力。

2000 年，Triantafillou 在分析 1998 年提出的抗剪承载力计算公式基础上，根据不同的破坏模式作了相应的改进[15]，给出的有效拉应变计算公式如下：

$$\varepsilon_{fe}=0.17\left(\frac{f_{co}^{2/3}}{E_f\rho_f}\right)^{0.30}\varepsilon_{fu}\text{（CFRP 全包）} \tag{4.3.11}$$

$$\varepsilon_{fe}=\min\left[0.65\left(\frac{f_{co}^{2/3}}{E_f\rho_f}\right)\times10^{-3},0.17\left(\frac{f_{co}^{2/3}}{E_f\rho_f}\right)^{0.30}\varepsilon_{fu}\right]\text{（CFRP 侧面粘贴或 U 形条带）} \tag{4.3.12}$$

$$\varepsilon_{fe}=0.048\left(\frac{f_{co}^{2/3}}{E_f\rho_f}\right)^{0.47}\varepsilon_{fu}\text{（AFRP 全包）} \tag{4.3.13}$$

式（4.3.11）、式（4.3.12）中第一项、式（4.3.13）是分别基于 CFRP 断裂、CFRP 剥离、AFRP 断裂的破坏模式提出的。

2003 年，Chen 和 Teng 提出的抗剪计算公式为[16]：

$$V_f=2f_{frp,e}t_fw_f\frac{h_{frp,e}(\cot\theta+\cot\beta)\sin\beta}{S_f} \tag{4.3.14}$$

式中 $f_{frp,e}$——FRP 平均应力；

$h_{frp,e}$——FRP 的有效高度（图 4.3.4）。

FRP 的有效高度 $h_{frp,e}$ 可按下式计算：

$$h_{frp,e}=z_b-z_t \tag{4.3.15}$$

$$z_t=d_{frp,t} \tag{4.3.16}$$

$$z_b=[h_0-(h-d_{frp})]-0.1h_0 \tag{4.3.17}$$

式中 $d_{frp,t}$——受压区边缘至 FRP 上端的距离（图 4.3.4）；

d_{frp}——受压区边缘至 FRP 下端的距离（图 4.3.4）。

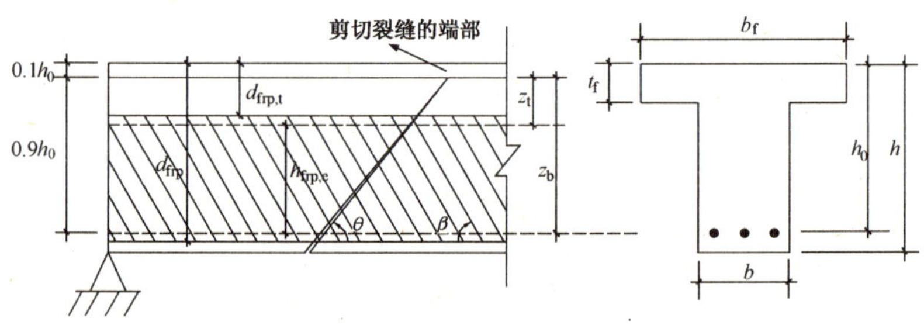

图 4.3.4 Chen 和 Teng 模型中几何参数

FRP 的平均应力 $f_{frp,e}$ 可表示为：

$$f_{frp,e}=D_{frp}\sigma_{frp,max} \tag{4.3.18}$$

式中 D_{frp}——应力分布系数；

$\sigma_{frp,max}$——与剪切斜裂缝相交的 FRP 可达到的最大应力。

关于 FRP 的应力分布系数 D_{frp}、最大应力 $\sigma_{frp,max}$，Chen 和 Teng 分别按 FRP 断裂及 FRP 剥离的破坏模式进行了推导，具体的表达式详见有关文献。

试验梁统计表 **表4.3.1**

梁编号	f'_{co} (MPa)	b (mm)	A_{sv} (mm^2)	h_{fe} (mm)	ρ_{sv} (%)	λ	f_{fu} (MPa)	E_f (GPa)	ε_{fu} (%)	t_f (mm)	w_f (mm)	S_f (mm)	E_s (GPa)	S_v (mm)	加固方案	β (°)	破坏模式	试验值 $V_{f,e}$(kN)	计算值 $V_{f,c}$(kN)	参考文献
TRC30C2	27.5	150	0	250	0	3	3550	233.6	1.5	0.165	1000	1000			SP	90	DF + R	45.3	38.7	[5]
TRC30C4	27.5	150	0	250	0	3	3550	233.6	1.5	0.495	1000	1000			SP	90	DF + R	65.5	88.4	
TRC30D10	31.4	150	100.5	250	0.335	3	3550	233.6	1.5	0.33	1000	1000	210	200	SP	90	DC	31.5	48.1	
TRC30D2	31.4	150	100.5	250	0.335	3	3550	233.6	1.5	0.495	1000	1000	210	200	SP	90	DC	51.8	83.2	
TRC30D20	31.4	150	100.5	250	0.335	3	3550	233.6	1.5	0.495	1000	1000	210	200	SP	90	DC	86	83.2	
TRC30D4	31.4	150	100.5	250	0.335	3	3550	233.6	1.5	0.33	1000	1000	210	200	SP	90	DC	47.3	48.1	
TRC30D40	31.4	150	100.5	250	0.335	3	3550	233.6	1.5	0.33	1000	1000	210	200	SP	90	DC	50.5	48.1	
BT2	35	150	157	275	1.05	2.85	3790	228	1.66	0.165	1000	1000	200	100	SP	90	DF	65	45.4	[8]
BT3	35	150	157	275	1.05	2.85	3790	228	1.66	0.33	1000	1000	200	100	SP	90/0	DF	67.5	83.9	
BT5	35	150	157	275	1.05	2.85	3790	228	1.66	0.165	50	125	200	100	SS	90	DF	31.5	26.8	
B-3	33.5	150		120	0	3	3400	230	1.5	0.334	1000	1000			SP	0	R + S	24.4	24.3	[12]
B-5	31	150		120	0	3	3400	230	1.5	0.334	1000	1000			SP	90/0	DF + S	21.1	23.1	
B-6	33.7	150		170	0	3	3400	230	1.5	0.334	1000	1000			SP	90/0	S	41.6	46.4	
B-7	34.4	150		120	0	3	3400	230	1.5	0.167	1000	1000			UP	90	DF + S	29.3	26.1	
B-8	35.4	150		170	0	3	3400	230	1.5	0.167	1000	1000			UP	90	S	46.6	47.3	
C1	67.4	180		440	0	2.84	4500	234	1.92	0.07	1000	1000			SP	45	DF	195.9	164.4	[9]
C2	71.4	180		440	0	2.84	4500	234	1.92	0.11	1000	1000			SP	45	S	214.9	240.2	
SA7	30^a	150	66.4	250	0.442	1.67	4485	192	2.34	0.111	200	100	210	100	SS	45	DF	28.1	24.2	[10]
SA10	30^a	150	66.4	250	0.442	1.67	4485	192	2.34	0.111	200	100	210	100	SS	60	DC	32.2	23.4	
SA12	30^a	150	66.4	250	0.442	1.67	4485	192	2.34	0.111	200	100	210	100	SS	45	DF + R	32.2	24.2	
SA14	30^a	150	66.4	250	0.442	1.67	4485	192	2.34	0.111	200	170	210	100	SS	45	DF + R	37.4	44.1	
SB1	30^a	150	66.4	250	0.294	2.29	4485	192	2.34	0.111	200	100	210	150	SS	45	DF	23.2	29.8	

续表

梁编号	f'_{co} (MPa)	b (mm)	A_{sv} (mm^2)	h_{fe} (mm)	ρ_{sv} (%)	λ	f_{fu} (MPa)	E_f (GPa)	ε_{fu} (%)	t_f (mm)	w_f (mm)	S_f (mm)	E_s (GPa)	S_v (mm)	加固方案	β (°)	破坏模式	试验值 $V_{f,e}$(kN)	计算值 $V_{f,c}$(kN)	参考文献
SC1	30[a]	150	66.4	250	0.221	2.29	4485	192	2.34	0.111	200	100	210	200	SS	45	DF	48.8	40.1	[10]
BVI-3	20.1[a]	150	25.1	220	0.112	2.27	1800	220	0.82	0.121	30	120	177	150	WS	90	R+S	25	25.4	[11]
BVI-4	20.1[a]	150	56.5	220	0.112	2.27	1800	220	0.82	0.121	30	100	177	150	WS	90	R	30	26.8	
BVII-2	13.8[a]	150	25.1	220	0.158	2.27	1800	220	0.82	0.121	30	100	197	240	WS	90	DF+R	15	12.6	
BVII-3	13.8[a]	150	56.5	220	0.158	2.27	1800	220	0.82	0.242	30	120	197	240	WS	90	DF+R	25	27.9	
BVII-4	13.8[a]	150	56.5	220	0.158	2.27	1800	220	0.82	0.121	30	60	197	240	WS	90	DF+R	35	41.8	
BVII-6	13.8[a]	150	56.5	220	0.158	3.64	1800	220	0.82	0.121	50	100	197	240	WS	90	S	35	41.8	
RS90-1	35	150	56.5	220	0.188	1.82	2400	150	1.6	1.0	50	100	200	200	SS	90	DF	68.5	58.4	[7]
RS90-2	35	150	56.5	220	0.188	1.82	2400	150	1.6	1.0	50	100	200	200	SS	90	DF	83.5	58.4	
RS135-1	35	150	56.5	220	0.188	2.61	2400	150	1.6	1.0	50	150	200	200	SS	90	DF	81.5	57.0	
RS135-2	35	150	56.5	220	0.188	2.61	2400	150	1.6	1.0	50	150	200	200	SS	90	DF	92.5	57.0	
A	45.5	63.5		88.9	1.041	2.67	223.6	11	2.1	1.041	1000	1000			WP	90	R	20.03	21.5	[16]
E	48.3	63.5		88.9	0.66	2.67	171.6	14.3	1.2	0.66	1000	1000			WP	90	R	15.2	11.6	
G	43.9	63.5		88.9	0.584	2.67	185.7	21	0.88	0.584	1000	1000			WP	90	R	17.3	9.3	
45G	47.2	63.5		88.9	0.584	2.67	185.7	21	0.88	0.584	1000	1000			WP	45	R	18.9	11.9	

注：1. DC—混凝土剥离破坏，DF—FRP剥离破坏，R—FRP断裂，S—混凝土剪压。

2. 上标a表示立方体抗压强度换算为圆柱体抗压强度。

3. SS—侧面条带粘贴，WS—条带全包，SP—侧面粘贴FRP布，UP—U形FRP布，WP—FRP全包。

为了分析已有计算模式的精确性，本书统计了有关FRP加固钢筋混凝土梁的抗剪试验资料，见表4.3.1。试验梁的变化参数为混凝土圆柱体抗压强度f'_{co}、梁高h、梁宽b、箍筋面积A_{sv}、配箍率ρ_{sv}、箍筋弹性模量E_s、箍筋间距S_v、剪跨比λ、FRP种类、FRP加固形式（侧面粘贴FRP、U形粘贴FRP、全包粘贴FRP、侧面粘贴FRP条带、U形粘贴FRP条带，如图4.1.1所示）、FRP厚度t_f、FRP宽度w_f、FRP粘贴角度β、FRP弹性模量E_f、FRP极限抗拉强度f_{fu}、FRP极限拉应变ε_{fu}、FRP顶面至钢筋重心距离h_{fe}、FRP配布率ρ_f。所有试验梁均为简支梁，承受4点弯曲荷载。

图4.3.5为Triantafillou、Ahemd、Triantafillou改进计算公式的计算值与试验值比较结果。从图中可以看出，Triantafillou的计算公式与试验值吻合的不好，计算结果偏差较大。造成误差较大的原因是Triantafillou的计算公式中没有考虑FRP剥离破坏的情况，计算模式过于单一。

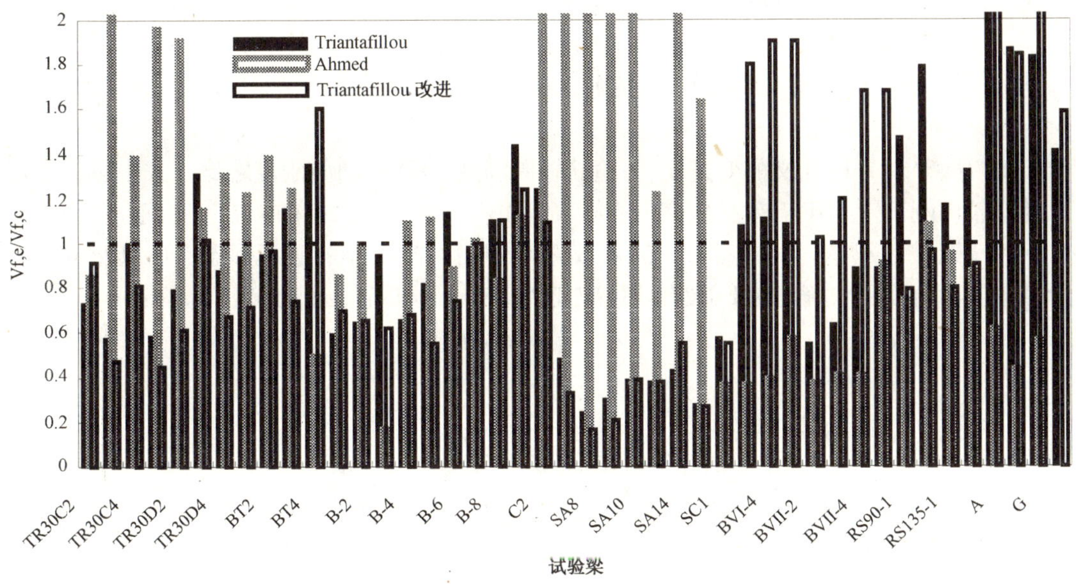

图4.3.5　Triantafillou、Ahemd及Triantafillou改进计算公式的计算值与试验值比较

Ahmed公式的计算结果与试验值也相差较大，有的试验梁计算值与试验值相差两倍以上，有的计算值远远小于试验值。Ahmed的计算模式中应用了Maeda等1997年根据直拉试验结果提出的最大粘结剪应力模型，而没有考虑梁在复杂受力状况下粘结剪应力与直拉试验中粘结剪应力的不同，这直接导致了计算值与试验值存在较大差异。另外一个原因是，Ahmed的计算模型中FRP有效宽度仅仅考虑了剪切裂缝为45°的情况。

2）修正的计算模式[17]

影响FRP加固钢筋混凝土梁受剪承载力的因素除了FRP的加固形式、FRP种类、混凝土强度等，箍筋配置率和剪跨比也是影响承载力的主要因素，本书在已有的分析计算模式基础上，考虑开裂角度、箍筋配置率及剪跨比的影响，对有效应力的计算模型进行了修正。

（1）FRP断裂。

2003年，Chen和Teng提出的基于FRP断裂的计算公式为[16]：

$$V_f = \frac{f_{fe}A_f(\cot\theta + \cot\beta)\sin\beta h_{fe}}{S_f} \tag{4.3.19}$$

式中，θ 为裂缝角度，本书建议 $\theta = 39°$，代入式（4.3.19）可得：

$$V_f = \frac{A_f\varepsilon_{fe}E_f(1.23 + \cot\beta)\sin\beta h_{fe}}{S_f} \tag{4.3.20}$$

式（4.3.20）中 FRP 有效拉应变按式（4.3.10）计算，R 值按式（4.3.6）计算，其余各项符号的意义同式（4.3.2）。

（2）FRP 剥离。

Carlo2002 年提出剥离破坏下 FRP 有效拉应变应考虑箍筋的影响[5]。Carlo 根据试验梁的结果，给出了考虑箍筋影响的系数 R_v，并建议了如下计算公式：

$$R_v = -0.53\ln(\rho_{s,f}) + 0.29 \quad 0 \leqslant R_v \leqslant 1 \tag{4.3.21}$$

式中 R_v——箍筋影响系数，$R_v = V_{f,e}/V_{f,c}$；

$V_{f,e}$——FRP 加固钢筋混凝土梁抗剪承载力试验值；

$V_{f,c}$——FRP 加固钢筋混凝土梁抗剪承载力计算值；

$\rho_{s,f} = E_s A_{sv}/E_f A_f$。

式（4.3.21）中定义的变量 $\rho_{s,f}$ 为箍筋轴向刚度与 FRP 轴向刚度之比，式中虽然考虑了箍筋轴向刚度对 FRP 有效拉应变的影响，但没有考虑箍筋间距的影响。在钢筋混凝土梁中多采用配箍率 ρ_{sv} 这样一个参数，ρ_{sv} 不仅影响钢筋混凝土梁的破坏形态，而且影响抗剪承载力。为全面反映箍筋对 FRP 有效拉应变的影响，本书定义新的参数 α_1 为：

$$\alpha_1 = E_s\rho_{sv}/E_f\rho_f \tag{4.3.22}$$

式中，$\rho_f = A_f/bS_f$。

根据统计的试验梁结果回归了 R_v 的值，如图 4.3.6、式（4.3.23）所示：

$$R_v = \begin{cases} -0.5007\ln(\alpha_1) + 0.4462 & 0 < \alpha_1 \leqslant 1.7 \\ -0.4626\ln(\alpha_1) + 1.321 & 1.7 < \alpha_1 \leqslant 5 \\ 1.0 & 5 < \alpha_1, \alpha_1 = 0 \end{cases} \tag{4.3.23}$$

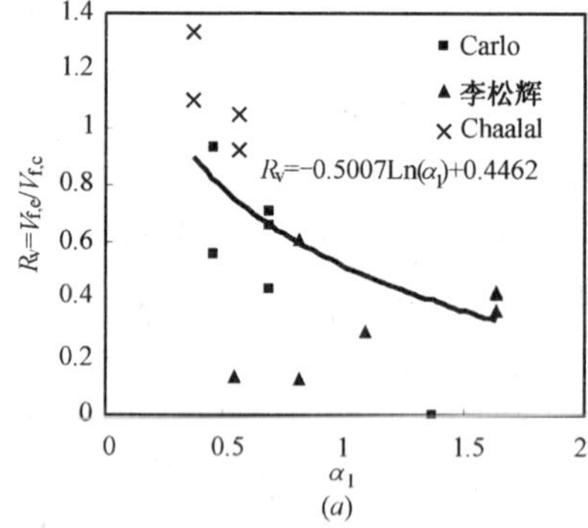

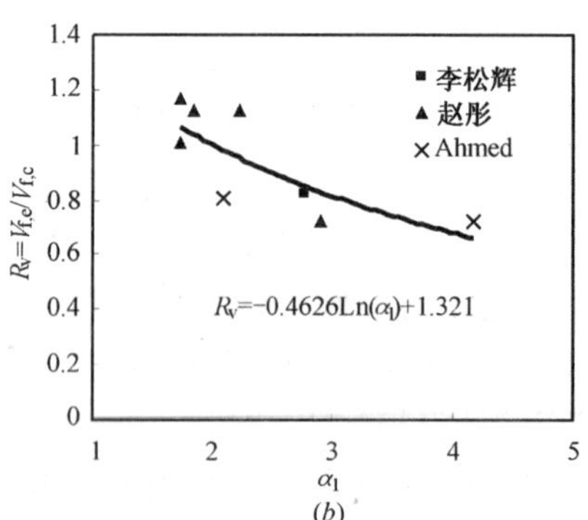

图 4.3.6 箍筋影响系数

（a）$0 < \alpha_1 \leqslant 1.7$；（$b$）$1.7 < \alpha_1 \leqslant 5$

文献[11、18]中指出剪跨比对 FRP 加固梁的抗剪承载力是有影响的，但是没有对剪跨比的影响给出定量的分析。本书根据试验梁的结果统计分析了剪跨比对FRP有效拉应变的影响并给出了系数 R_{λ}（图4.3.7）：

$$R_{\lambda}=0.2433\lambda+0.3223 \qquad 0<R_{\lambda}\leqslant 1 \tag{4.3.24}$$

式中　λ——剪跨比。

式（4.3.24）反映了剪跨比对FRP加固钢筋混凝土梁抗剪承载力的影响。考虑了配箍率和剪跨比的影响后，剥离破坏下FRP的有效拉应变计算公式为：

$$\varepsilon_{fe}=R_{v}R_{\lambda}\frac{0.0042(f'_{co})^{2/3}w_{fe}}{(E_{f}t_{f})^{0.58}h_{fe}}\varepsilon_{fu}$$

$$=R_{v}R_{\lambda}\frac{0.0036(f_{cu})^{2/3}w_{fe}}{(E_{f}t_{f})^{0.58}h_{fe}}\varepsilon_{fu} \tag{4.3.25}$$

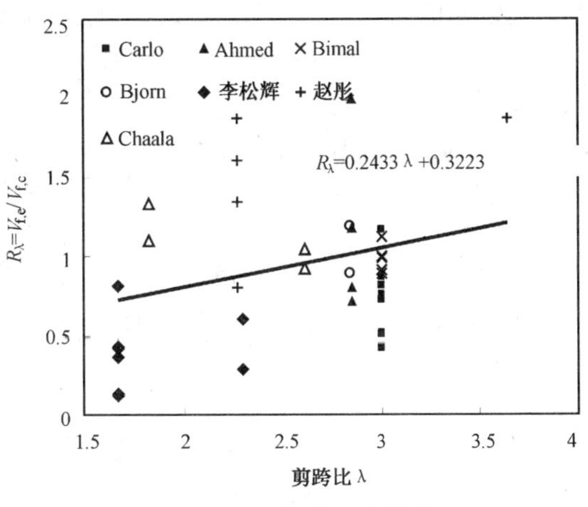

图4.3.7　剪跨比的影响

式（4.3.25）中 f_{cu} 为混凝土立方体抗压强度。将式（4.3.25）代入式（4.3.2）即可得到FRP剥离破坏模式下抗剪承载力。

对于侧面或U形粘贴FRP布的加固形式，α_1 的值一般小于1.7，FRP有效计算宽度 w_{fe} 按式（4.3.8a）或式（4.3.8b）计算。对于侧面或U形粘贴FRP条带的加固形式，$\theta=39°$，FRP有效宽度可按下式计算：

$$w_{fe}=\begin{cases}1.23(h_{fe}-L_{e}) & (\text{U形粘贴})\\ 1.23(h_{fe}-2L_{e}) & (\text{侧面粘贴})\end{cases} \tag{4.3.26}$$

4.4　计算示例

［例4.1］ 某矩形截面简支梁（图4.4.1（*a*）），处于室内环境，安全等级为II级，承受均布荷载设计值 $g+q=40\text{kN/m}$（包括自重）。混凝土强度等级为C20，纵向钢筋为

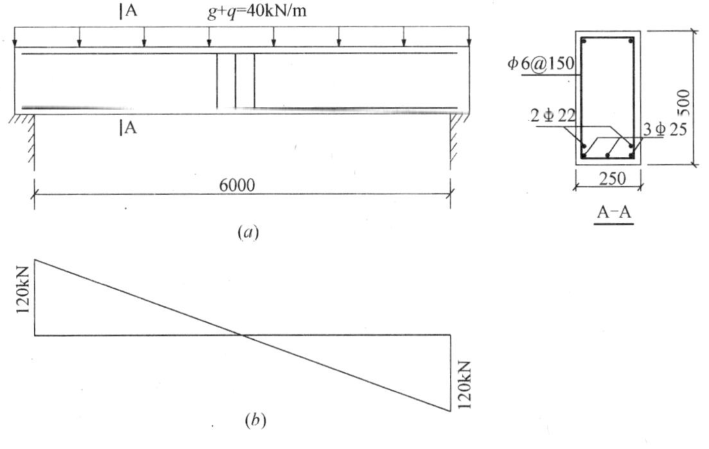

图4.4.1　梁剪力图及配筋图（单位：mm）
（*a*）梁配筋图；（*b*）梁剪力图

RHB335级，箍筋为HPB235级。梁中已配有抗弯钢筋3⏀25+2⏀22（$A_s=2233\text{mm}^2$），抗剪箍筋$\phi 6@150$。经验算抗弯承载力满足要求，抗剪承载力不满足要求，试用碳纤维布进行抗剪加固设计。已知：$f_y=300\text{MPa}$，$f_{yv}=210\ \text{MPa}$，$f_c=f'_{co}=9.6\ \text{MPa}$，$f^*_{cfu}$（碳纤维布抗拉强度标准值）$=3350\ \text{MPa}$，$\varepsilon^*_{cfu}$（碳纤维布极限拉应变标准值）$=0.0158$，$E_{cf}$（碳纤维布弹性模量）$=212\text{GPa}$，$t_{cf}$（碳纤维布厚度）$=0.111\text{mm}$。

［**解**］1）按《规程》设计

取$a=60\text{mm}$，则$h_0=h-a=500-60=440\text{mm}$

剪力设计值为：

$$V_d=\gamma_0\left[\frac{1}{2}(g+q)l_n\right]=1.0\times\frac{1}{2}\times 40\times 6.0=120\text{kN}$$

作出的剪力图如图4.4.1（b）所示。

原梁抗剪承载力为：

$$V_{cs}=0.07f_c bh_0+1.25f_{yv}\frac{A_{sv}}{S}h_0$$

$$=0.07\times 9.6\times 250\times 440+1.25\times 210\times\frac{56.6}{150}\times 440=118\text{kN}<V_d$$

根据《混凝土结构设计规范》，梁中箍筋最大间距为200mm，则碳纤维布条带净间距不应大于$0.7\times 200=140\text{mm}$，且不应大于梁高的0.25倍，即$0.25\times 500=125\text{mm}$，实际取净间距100mm，布宽100mm。

假设碳纤维布极限拉应变等于其标准值，即$\varepsilon_{cfu}=\varepsilon^*_{cfu}=0.0158$

由式（4.2.3）可得：

$$\varepsilon_{cfv}=\frac{2}{3}(0.2+0.12\lambda)\varepsilon_{cfu}=\frac{2}{3}(0.2+0.12\times 3.0)\times 0.0158=0.0059$$

设碳纤维布的使用量为1层，侧面U形粘贴（图4.4.2），粘贴高度为梁高。

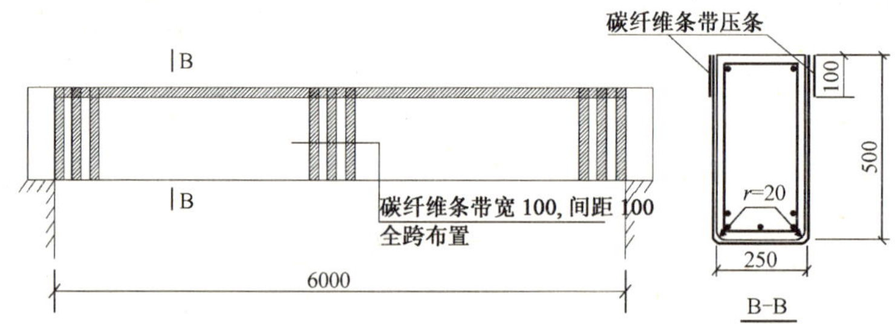

图4.4.2　梁加固方案（单位：mm）

由式（4.2.2）可得：

$$V_{bcf}=\varphi\frac{2n_{cf}w_{cf}t_{cf}}{(S_{cf}+w_{cf})}\varepsilon_{cfv}E_{cf}h_{cf}$$

$$=0.85\times\frac{2\times 1\times 100\times 0.111}{(100+100)}\times 0.0059\times 212\times 10^3\times 500=59\text{kN}$$

加固梁的抗剪承载力为：

$$V_u = V_{cs} + V_{bcf} = 118 + 59 = 177\text{kN} > V_d = 120\text{kN}$$

故加固后梁的抗剪承载力满足要求。

2）按《规范》设计

查表 3.2.1 确定碳纤维布的抗拉强度设计值 $f_{fu,s} = 1600\text{MPa}$，则 $f_{fu,sv} = 0.56 \times 1600 = 896\text{MPa}$。查表 4.2.1 确定抗剪强度折减系数 $\psi_{vb} = 0.85$。

由式（4.2.5）可得：

$$\begin{aligned} V_f &= \psi_{vb} f_{fu,sv} A_f h_{fe} / S_f \\ &= 0.85 \times 896 \times 2 \times 1 \times 100 \times 0.111 \times 440/200 = 37.2\text{kN} \end{aligned}$$

加固梁的抗剪承载力为：

$$V_u = V_{cs} + V_f = 118 + 37.2 = 155.2\text{kN} > V_d = 120\text{kN}$$

故加固后梁的抗剪承载力满足要求。

3）按《指南》设计

查表 3.2.5 可知，对于室内环境，$C_E = 0.95$

由式（3.2.25）计算碳纤维布极限拉应变设计值：

$$\varepsilon_{fu,s} = C_E \varepsilon_{fu}^* = 0.95 \times 0.0158 = 0.015$$

由式（3.2.24）计算碳纤维布抗拉强度设计值：

$$f_{fu,s} = C_E f_{fu}^* = 0.95 \times 3350 = 3182.5\text{MPa}$$

设碳纤维布使用量为 2 层，侧面 U 形粘贴，布宽 200mm，净间距 50mm，则由式（4.2.11）～式（4.2.15）计算碳纤维布有效拉应变：

$$\begin{aligned} L_e &= \frac{2500}{(t_f E_f)^{0.58}} \text{（英制单位）} \\ &= \frac{2500}{\left(2 \times \dfrac{0.111}{25.4} \times \dfrac{212 \times 10^3}{6.895 \times 10^{-3}}\right)^{0.58}} = 1.77\text{in} = 45.1\text{mm} \end{aligned}$$

$$k_1 = \left(\frac{f'_{co}}{4000}\right)^{2/3} - \left(\frac{9.6}{6.895 \times 10^{-3}} \times \frac{1}{4000}\right)^{2/3} = 0.49$$

$$k_2 = \frac{h_{fe} - L_e}{h_{fe}} = \frac{440 - 45.1}{440} = 0.90$$

$$k_v = \frac{k_1 k_2 L_e}{468 \varepsilon_{fu,s}} = \frac{0.49 \times 0.90 \times 1.77}{468 \times 0.015} = 0.11 < 0.75$$

$\varepsilon_{fe} = k_v \varepsilon_{fu,s} = 0.11 \times 0.015 = 0.0017 \leqslant 0.004$

由式（4.2.9）计算碳纤维布有效应力：

$f_{fe} = \varepsilon_{fe} E_f = 0.0017 \times 212 \times 10^3 = 360\text{MPa}$

$A_f = 2 t_f w_f = 2 \times 2 \times 0.111 \times 200 = 88.8\text{mm}^2$

因为碳纤维布净间距为 50mm，所以 $S_f = 250\text{mm}$

由式（4.2.8）可得：

$$V_f = \frac{A_f f_{fe} (\sin\beta + \cos\beta) h_{fe}}{S_f} = \frac{88.8 \times 360 \times (\sin 90°) \times 440}{250} = 56.3\text{kN}$$

根据美国 ACI318 混凝土结构设计规范，配有箍筋的钢筋混凝土梁抗剪承载力为：

$$V_{cs}=\phi\left[2\sqrt{f'_{co}}bh_0+\frac{A_{sv}f_{yv}h_0}{S_v}\right]$$

$$=0.85\times\left[2\times\sqrt{\frac{9.6}{6.895\times10^{-3}}}\times\frac{250}{25.4}\times\frac{440}{25.4}\times4.448\times10^{-3}+\frac{56.6\times210\times440}{100}\times10^{-3}\right]$$

$$=92.6\text{kN}$$

$$V_{cs}+V_f=92.6+56.3=148.9\text{kN}$$

$$\leqslant8\sqrt{f'_{co}}bh_0=8\times\sqrt{\frac{9.6}{6.895\times10^{-3}}}\times\frac{250}{25.4}\times\frac{440}{25.4}\times4.448\times10^{-3}=226\text{kN}$$

由式（4.2.7）可得：

$$\phi V_u=\phi(V_{cs}+\psi_f V_f)=0.85\times(92.6+0.85\times56.3)=119\text{kN}\approx V_d=120\text{kN}$$

故加固梁抗剪强度满足要求。

从上例可以看出，美国加固设计指南比中国设计规程及规范偏于安全，原因是美国 ACI 318 混凝土结构规范中给出的钢筋混凝土梁抗剪承载力计算公式较我国混凝土结构设计规范偏于安全。此外，美国加固设计指南中考虑到 FRP 的脆性特性，对 FRP 的抗剪承载力做了较大的折减。

参考文献

1. 中国建设标准化协会标准．碳纤维片材加固修复混凝土结构技术规程［S］．北京：中国计划出版社，2003
2. 中华人民共和国建设部．混凝土结构加固设计规范［S］．北京：中国建筑工业出版社，2006
3. ACI Committee 440. Guide For the Design and Construction of Externally Bonded FRP System For Strengthening Concrete Structures［S］. Detroit: American Concrete Institute, 2000
4. Christopher Higgins, Grahme Williams, and Lori Elkins. Capabilities of Diagonally - cracked Girders Repaired with CFRP［R］. Final Report SPR 619Federal Highway Administration, 2006, 6
5. P. Carlo, and M. Claudio. Fiber Reinforced Polymer Shear Strengthening of Reinforced Concrete Beams with Transverse Steel Reinforcement［J］. Journal of Composites for Construction, 2002, 6 (2): 104 ~ 111
6. M. J. Chajes, T. F. Januszka et al. Shear Strengthening of Reinforced Concrete Beams Using Externally Applied Composite Fabrics［J］. ACI Structural Journal, 1995, 92 (3): 295 ~ 303
7. O. Chaalal, M. J. Nollet et al. Shear Strengthening of RC Beams by Externally Bonded Side CFRP Sheets［J］. Journal of Composites for Construction, 1998, 2 (2): 111 ~ 113
8. K. Ahmed, and N. Antonio. Improving Shear Capacity of Existing RC T-section Beams Using CFRP Composites［J］. Cement and Concrete Composites, 2000, 22: 165 ~ 174
9. Bjorn Taljsten. Strengthening Concrete Beams for Shear with CFRP Sheets［J］. Construction and Building Materials, 2003, 17: 15 ~ 26
10. 李松辉．碳纤维复合材料（CFRP）在桥梁加固中的应用研究［D］．大连理工大学博士学位论文，2003
11. 赵彤，谢剑．碳纤维补强加固混凝土结构新技术［M］．天津：天津大学出版社，2001
12. B. Bimal, and M. Hiroshi. Behavior of Concrete Beams Strengthened in Shear with Carbon-fiber Sheets［J］. Journal of Composites for Construction, 2004, 8 (3): 258 ~ 264
13. T. C. Triantafillou. Shear Strengthening of Reinforced Concrete Beams Using Epoxy-bonded FRP Composites［J］. ACI Structural Journal, 1998, 95 (2): 107 ~ 115

14. K. Ahmed, J. William et al. Contribution of Externally Bonded FRP to Shear Capacity of RC Flexural Members [J]. Journal of Composites for Construction, 1998, 2 (4): 195 ~ 202
15. T. C. Triantafillou, and C. P. Antonopoulos. Design of Concrete Flexural Member Strengthened in Shear with FRP [J]. Journal of Composites for Construction, 2000, 4 (4): 198 ~ 205
16. J. F. Chen, and J. G. Teng. Shear Capacity of Fiber - reinforced Polymer - strengthened Reinforced Concrete Beams: Fiber Reinforced Polymer Rupture [J]. Journal of Structural Engineering, 2003, 129 (5): 615 ~ 625
17. 王文炜，李果. FRP 加固钢筋混凝土梁抗剪承载力计算方法研究 [J]. 公路交通科技，2006，23 (2): 108 ~ 110
18. 谭壮，叶列平. 纤维复合材料布加固钢筋混凝土梁受剪性能的试验研究 [J]. 土木工程学报，2003，136 (11): 14 ~ 18

第 5 章　FRP 加固钢筋混凝土柱

本章主要符号

A_c——柱截面面积

A_{cor}——环向围束内混凝土面积

A_e——有效约束面积

A_f——配置在同一截面处 FRP 环形箍的全截面面积

A_s——受拉钢筋面积

A_s'——受压钢筋面积

A_{sv}——箍筋面积

A_{ve}——有效剪切面积

a——受拉钢筋合力点至截面最近边缘的距离

b——正方形截面边长或矩形截面宽度

b_f——FRP 环形箍的宽度

c——混凝土保护层厚度

D——圆柱直径

D'——箍筋中心线之间的距离

D_{ep}——等效直径

d_b——受压钢筋直径

E_2——双线性模型中第二弹性模量

E_c——混凝土弹性模量

E_f——FRP 弹性模量

E_l——FRP 横向弹性模量

E_s——钢筋弹性模量

e——轴向压力或轴向拉力作用点至纵向受拉钢筋 A_s 合力点的距离

e'——轴向压力作用点至纵向受压钢筋 A_s' 的距离

e_0——轴向压力对截面重心的偏心距

e_a——附加偏心距

e_i——初始偏心距

f_0——塑性模量与轴向应力的交点

f_c——混凝土轴心抗压强度设计值

f_c'——按等效矩形应力图形确定的 FRP 约束矩形截面混凝土短柱抗压强度

f'_{cd}——FRP 约束混凝土圆柱体或矩形截面短柱轴心抗压强度设计值

f'_{co}——无约束混凝土圆柱体强度

f'_{cc}——约束混凝土圆柱体强度

f_{cf}——碳纤维片材的抗拉强度设计值

f_{cfk}——碳纤维片材的抗拉强度标准值

f_{cu}——无约束混凝土矩形截面短柱强度

f'_{cu}——FRP 约束混凝土矩形截面短柱强度

f_{fe}——FRP 有效应力

f_{fu}——FRP 极限抗拉强度

$f_{fu,s}$——FRP 的抗拉强度设计值

$f_{fu,sv}$——受剪加固采用的 FRP 抗拉强度设计值

f_l——约束应力

f'_l——FRP 条带包裹混凝土柱约束应力

f_h——箍筋约束应力

f_y——受拉钢筋设计强度或屈服强度

f'_y——受压钢筋设计强度或屈服强度

f_{yv}——箍筋设计强度或屈服强度

h——矩形截面高度

h_0——截面有效高度

k——混凝土退化系数

k_1——有效约束系数

k_c——环向围束的有效约束系数

k_{cf}——限制系数

k_e——抗力系数

k_g——条带间隔系数

k_s——截面形状系数

L——反弯点高度

L_p——塑性铰长度

L_s——搭接长度

l_0——计算长度

M_{yi}——理想截面的抗弯承载力

N_d——轴向压力设计值或轴向拉力设计值

N_u——FRP 加固轴心受压钢筋混凝土柱承载力或偏心受压钢筋混凝土柱承载力

n——搭接纵筋的数量

p——沿搭接纵筋的内周长

r——截面棱角的圆化半径

r_e——回转半径

S——箍筋间距

S_{cf}——碳纤维片材条带间距

S_f——环形箍的中心间距

S_f'——条带间距

t_{cf}——碳纤维片材厚度

t_f——FRP 厚度

V_0——塑性铰区截面最大抗弯承载力所对应的剪力值

V_c——混凝土柱的抗剪承载力

V_{cs}——加固前原构件斜截面受剪承载力

V_{cf}——粘贴 FRP 加固后，对柱斜截面承载力的提高值

V_d——剪力设计值

V_f——FRP 的抗剪承载力

V_p——轴力的抗剪强度有力因素

V_s——箍筋抗剪承载力

w_{cf}——碳纤维片材条带宽度

w_w——增强体积率

x——混凝土受压区高度

x_0——混凝土受压区实际高度

x_b——界限受压区高度

x_{nb}——界限受压区实际高度

x_u——极限曲率对应的受压区高度

α_1——混凝土平均应力与混凝土强度比值

$\alpha_{Ef} = E_f / E_c$

α_{pc}——性能系数

β_c——混凝土强度影响系数

ε_{co}——无约束混凝土峰值压应变

ε_{cc}'——约束混凝土圆柱体极限压应变

ε_{cu}——混凝土极限压应变

ε_{cu}'——FRP 约束矩形截面混凝土短柱的极限压应变

ε_{fe}——FRP 有效拉应变

ε_{fu}——FRP 极限拉应变

ε_y——受拉钢筋屈服应变

η——偏心受压构件考虑二阶弯矩影响的轴向压力偏心距增大系数

$\mu_{\triangle}$——位移延性系数

μ_{Φ}——曲率延性系数

ξ——相对受压区高度

ξ_{bf}——相对界限受压区高度

ρ_f——环向围束体积比

ρ_s——柱中纵向钢筋的配筋率

ρ_{sv}——按箍筋范围内核心截面计算的体积配箍率

ρ_v——总折算体积配箍率

$\rho_{v,e}$——被加固柱原有箍筋的体积配筋率

$\rho_{v,f}$——环向围束作为附加箍筋算得的箍筋体积配筋率的增量

σ_1——有效约束应力

v——碳纤维片材的有效约束系数

ψ_f——附加折减系数

ψ_{vc}——与FRP受力条件有关的抗剪强度折减系数

ψ_η——偏心矩增大系数修正系数

ϕ_u——截面极限曲率

ϕ_y——截面屈服曲率

ϕ——强度折减系数

ϕ_c——混凝土抗力系数

ϕ_F——FRP强度折减系数

ϕ_M——弯曲强度折减系数

ϕ_s——钢筋抗力系数

ϕ_V——抗剪强度折减系数

φ——稳定系数

5.1　FRP加固钢筋混凝土柱研究现状

FRP加固混凝土柱后，在外荷载作用下，核心混凝土柱受到FRP的约束而处于三向受压状态下，混凝土的强度有所提高，从而使柱子的承载力得到提高。

FRP为线弹性材料，因此FRP约束混凝土与钢管或钢箍约束混凝土的强度和应力应变关系均有显著差异。

实际工程中，钢筋混凝土柱多处于偏心受压状态，截面受到弯矩和轴向压力的组合作用。对于需要加固的偏心受压柱，FRP既可约束核心混凝土，也可提高偏压柱的承载力。在地震荷载作用下，钢筋混凝土柱受到正反两个方向的地震力作用，对于震损柱可以使用FRP进行柱的正截面及斜截面加固。

综上所述，FRP加固混凝土柱的研究主要体现在三个方面：FRP约束混凝土强度及本构关系；FRP加固钢筋混凝土柱轴心受压、偏心受压；FRP加固混凝土柱抗震性能。以下就这三个方面对国内外的研究状况作简要的介绍。

1）国内研究现状

（1）FRP约束混凝土本构关系。

于清、张月弦及张嘉琪[1~3]等人分别对国内外FRP加固混凝土轴心受压柱的试验资料进行了分析和总结，对既有试验结果回归提出了FRP约束混凝土轴心受压应力-应变关系模型，参数为有效约束系数、FRP的破坏准则及强度发挥系数等。

欧阳煜[4]等进行了16根玻璃纤维布约束混凝土方柱和4根对比柱的试验研究，对Mander等人提出的箍筋约束混凝土应力-应变模型中的系数进行修正后，给出了玻璃纤维布约束混凝土方柱强度和应变的计算方法及应力-应变关系模型。

东南大学的陈春、贾明英[5,6]分别采用碳纤维布、玻璃纤维布、芳纶纤维布进行了约束混凝土方柱和圆柱轴心受压试验，对 3 种纤维布约束混凝土方柱的效果进行了对比分析，指出 3 种纤维布均可不同程度地提高约束混凝土方柱的轴心抗压承载力和延性，碳纤维布约束效果最好，芳纶纤维次之，玻璃纤维最差。

汕头大学的姜浩[7]等人对使用碳纤维和玻璃纤维混合纺织而成的混杂纤维布约束混凝土柱进行了轴压试验，试验结果表明混杂纤维布约束混凝土柱的强度和延性等综合性能要优于单纯采用碳纤维布或玻璃纤维布约束混凝土柱的性能。

2003 年，大连理工大学周长东[8]等进行了玻璃纤维布约束混凝土方柱和圆柱轴心受压试验研究，考虑了混凝土强度、纤维布层数、粘贴方式及条带间距对约束效果的影响。试验结果表明，全包纤维布的约束效果明显好于纤维条带的约束效果，随着条带间距的增大，约束效果逐渐减弱，当增大到一定程度时，纤维条带对核心混凝土几乎没有约束作用。

2004 年，哈尔滨工业大学潘景龙[9]等进行了不同包裹条件下的 FRP 约束混凝土圆柱体准静载和 3 种不同应变速率下的试验研究。试验结果表明，FRP 约束混凝土在快速荷载下的极限强度随着应变速率的增加而提高，与对数应变率呈线性关系，连续纤维包裹的混凝土圆柱强度大于分段纤维包裹的混凝土圆柱强度，强约束混凝土圆柱强度大于弱约束混凝土圆柱强度。

（2）FRP 加固混凝土轴心、偏心受压柱。

同济大学的陆洲导[10]等对两种玻璃纤维复合材料约束钢筋混凝土矩形截面短柱进行了试验研究，给出了加固后矩形柱的承载力计算方法。

清华大学陆新征、冯鹏[11]等人对碳纤维布和玻璃纤维布约束的 5 根钢筋混凝土方柱进行了试验研究，给出了有限元分析方法。

2000 年，同济大学李明[12]等进行了双向玻璃钢围覆钢筋混凝土偏心受压柱的试验研究，测得了荷载——曲率、荷载——挠度曲线及极限强度，指出外围覆玻璃钢可以提高柱抗压和变形能力。

2003 年，大连理工大学周长东[8]进行了 10 根横向粘贴玻璃纤维布加固钢筋混凝土偏心受压柱试验研究，试验中主要考虑了预损伤程度、偏心距、纤维布层数及粘贴形式对加固效果的影响。试验结果表明，预损伤程度对加固柱的极限承载力影响不大，但是对变形有较大影响。粘贴纤维布加固大、小偏压受压柱后，大偏心受压柱加固后的变形性能有所下降，而小偏心受压柱加固后的变形性能却有所改善。随着纤维布层数增加，加固柱的承载力和变形能力均有所提高。

2004 年，哈尔滨工业大学潘景龙[13]等进行了 8 根碳纤维布加固矩形截面钢筋混凝土长柱轴心受压的试验研究，重点是研究长细比对柱稳定承载力的影响。试验结果表明，长细比对加固柱的稳定承载力影响远比螺旋配筋柱和普通钢筋混凝土柱显著。虽然长细比对柱的稳定承载力有影响，但是加固柱的承载力仍比未加固柱提高 20% 以上。

郑州大学的高丹盈[14]等进行了 16 根碳纤维布加固钢筋混凝土方柱和圆柱的轴心受压试验研究，对比分析了方柱和圆柱轴向位移、轴向混凝土应变、环向碳纤维布应变、纵向钢筋应变及箍筋应变随荷载变化的情况，研究了碳纤维布层数、混凝土强度及碳纤维布幅宽对方柱和圆柱受力性能的影响。

（3）FRP 加固混凝土柱抗震性能研究。

冶金建筑研究总院的张轲、叶列平、赵树红等对碳纤维布加固钢筋混凝土柱的抗震性能进行了一系列的试验研究[15]。试验结果表明，使用碳纤维布可以有效地防止斜裂缝的出现，限制斜裂缝的开展，显著提高加固柱的抗剪承载力。利用桁架模型理论，给出了碳纤维布加固钢筋混凝土柱抗剪承载力计算方法和目标延性系数的计算公式，得到了加固柱的滞回耗能系数与目标延性系数的关系。

赵彤和谢剑[16]等进行了 FRP 加固钢筋混凝土柱在低周反复荷载作用下的试验研究，比较分析了加固前后柱的破坏形态、极限承载力、滞回曲线及延性系数。试验结果表明，碳纤维布加固钢筋混凝土柱可以有效地提高受剪承载力和延性，改善抗震性能，外包碳纤维布对内部的混凝土约束作用比箍筋更为直接、有效。

周长东[17]等进行了 11 根玻璃纤维布加固钢筋混凝土柱低周反复荷载试验研究。试验结果表明，加固柱的抗剪承载力、抗弯承载力显著提高，变形性能明显改善。

研究状况表明，国内对 FRP 加固混凝土柱轴心受压的试验研究开展的比较广泛，涉及不同的截面形式、纤维材料、加固方式及荷载条件等，但是对 FRP 加固钢筋混凝土柱偏心受力性能和抗震性能的研究尚不充分，需要更为深入地研究。

2）国外研究现状

国外研究的重点集中在 FRP 约束混凝土柱轴心受力性能方面，部分学者进行了 FRP 加固钢筋混凝土柱的偏心受力和抗震性能研究，以下介绍几个代表性试验。

1995 年，Antonio Nanni 和 N. M. Bradford[18]为了验证提出的计算模型的有效性，进行了 FRP 加固混凝土短柱试验研究，试验中使用了 3 种 FRP 体系，即 AFRP 筋、AFRP/GFRP 壳、GFRP 布。试验结果表明，FRP 约束混凝土的强度和延性得到了显著的提高。

Pierre Rochette 和 Pierre Labossiere[19]为了考察 FRP 刚度和柱截面形状对加固柱极限强度的影响，2000 年进行了碳纤维布、芳纶纤维布加固矩形截面、正方形截面及圆形截面混凝土柱的试验研究。试验结果表明，圆柱的加固效果最好，矩形截面或正方形截面柱应有圆角，避免应力集中造成 FRP 断裂，过多的加固量将导致混凝土突然压碎破坏。

Y. Xiao 和 H. Wu[20] 2000 年进行了 36 个直径为 152mm，高为 305mm 的碳纤维布包裹混凝土短柱试验研究，参数为碳纤维布层数（1 层、2 层、3 层）和混凝土强度。试验结果表明，混凝土强度、横向约束模量（横向应力与横向应变的比值）是影响约束混凝土应力应变关系的主要因素。

M. Shahawy[21]等 2000 年为验证提出的约束混凝土柱强度模型的正确性，进行了 45 根碳纤维布包裹高强混凝土短柱的试验研究。试验结果表明，提出的强度模型适用于碳纤维布包裹混凝土柱。

J. G. Teng 和 L. Lam[22] 2002 年进行了碳纤维布包裹椭圆形截面（图 5. 1. 1）受压短柱试验研究。试验中混凝土强度等级为 3 级，每个强度等级包括 1 个直径为 152mm、高为 608mm 的圆柱和 3 个椭圆形截面短柱。椭圆形截面短柱的面积和高度与圆柱相同，椭圆的长轴和短轴比值分别为 5/4、5/3、5/2，碳纤维布的使用层数为 1 层、2 层。试验结果表明，碳纤维布包裹的椭圆形截面短柱抗压强度与加固量和椭圆长轴与短轴的比值有直接关系，随着长轴与短轴的比值减小，极限强度逐渐增加。

Huei-Jeng Lin 和 Chin-I Liao[23] 2003 年进行了 9 根玻璃纤维布约束混凝土短柱的试验研

究，参数为纵筋(有、无)、箍筋（有、无）及玻璃纤维布粘贴层数（1 层、2 层）。试验结果表明，随着层数的增加，玻璃纤维布加固的混凝土柱和钢筋混凝土柱承载力均有所提高。

A. Mukherjee[24] 等 2004 年进行了 15 根玻璃纤维布包裹混凝土柱的试验研究。柱截面形式有 3 种：圆形、正方形及矩形，截面尺寸选择的依据是柱的长细比。试验柱外面包裹 1 层 0.4mm 厚的玻璃纤维布，其中一半试件纵向粘贴 CFRP 条带，所有试验柱均作轴心和偏心受压试验。试验结果表明，圆柱的极限强度最高，矩形截面柱尽管刚度没有降低，但是由于角部的应力集中，极限强度有所降低。当圆角半径大于 1.5mm 时，就可以避免应力集中。

J. Li 和 M. N. S. Hadi[25] 2003 年进行了碳纤维布、E-玻璃纤维布加固高强混凝土偏心受压柱的试验研究，参数为纤维布种类和粘贴层数。试验结果表明，在偏心荷载作用下，加固柱的极限荷载比轴心荷载作用下的要低，对于高强混凝土降低的更显著，相对于无箍筋的高强混凝土柱，偏心荷载作用下加固柱的极限强度有明显提高。

中空钢筋混凝土矩形截面柱（图 5.1.2）被广泛地应用在台湾地区的桥梁中。Y. L. Mo[26] 等为了研究碳纤维布加固中空钢筋混凝土矩形截面柱的抗震性能，2004 年进行了柱轴心受压和低周反复荷载试验研究，包括加固柱的延性、耗能能力及抗剪性能。试验结果表明，加固柱延性和承载能力均显著提高。

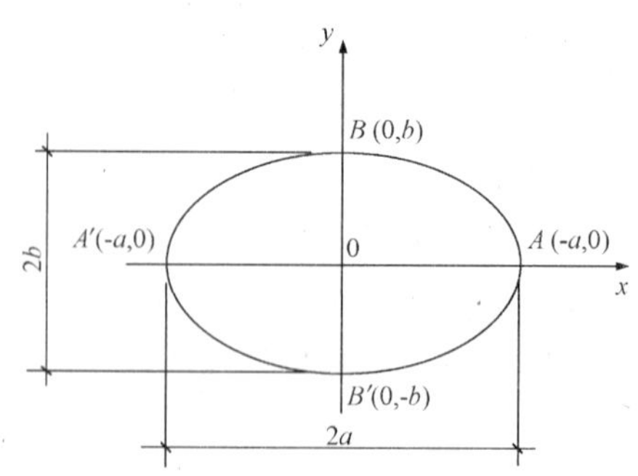

图 5.1.1　J. G. Teng 和 L. Lam 试验中的椭圆形截面柱

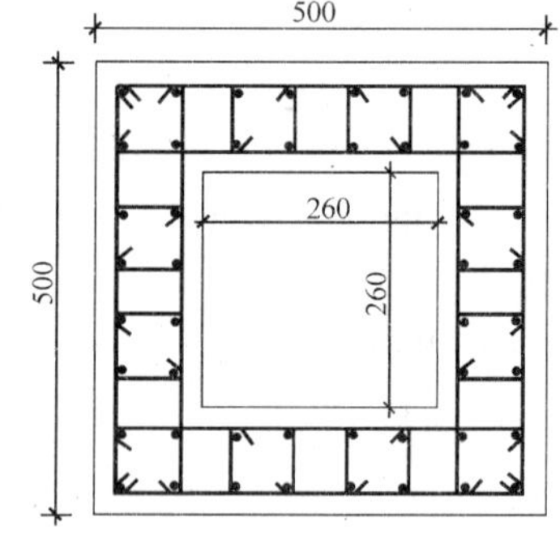

图 5.1.2　Y. L. Mo 等试验中的中空钢筋混凝土矩形截面柱（单位：mm）

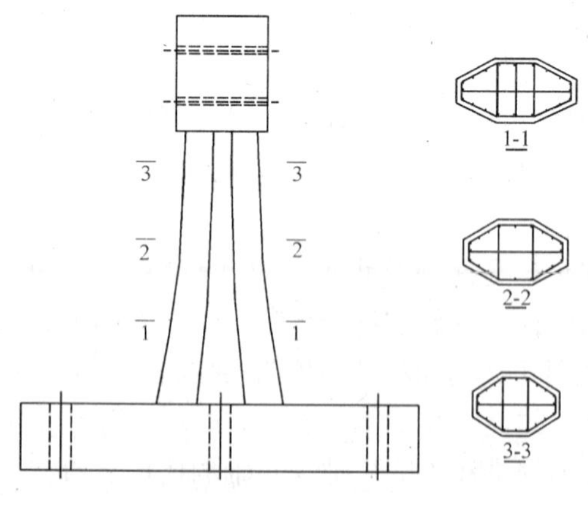

图 5.1.3　M. S. Saiidi 和 Zhiyuan Cheng 试验中的变截面墩柱

M. S. Saiidi 和 Zhiyuan Cheng[27] 为验证震损的变截面桥墩（图 5.1.3）加固效果，2004 年进行了低周反复荷载作用下玻璃纤维布、碳纤维布混合加固变截面桥墩的试验研究。试验结果表明，玻璃纤维布、碳纤维布可以有效地加固震损后的变截面墩柱。

Michele Theriault[28] 等为了分析长细比和柱截面尺寸对加固柱轴心受力性能的影响，进行了 24 根碳纤维布、玻璃纤维布加固混凝土柱的试验研究，参数为柱的长细比（2、6）、直径（51mm、152mm、304mm）及粘贴层数（1 层、2 层、3 层、4 层）。试验结果表明，加固的混凝土短柱和长柱的极限荷载没有显著差异，长细比效应不明显，但是对于截面尺寸较小的试件存在尺寸效应，表明约束应力与柱的截面尺寸有关，而与长细比没有显著的关系。

5.2 FRP加固钢筋混凝土柱加固形式与构造

1）加固形式

FRP加固钢筋混凝土柱的方法主要有湿贴法、连续纤维缠绕法及预制壳法。湿贴法是使用环氧树脂将FRP布粘贴在混凝土柱表面的一种加固方法，粘贴的方式有全包、条带包裹，如图5.2.1（*a*）、图5.2.1（*c*）所示。1981年，Fardis和Khalili最早对这种加固方式进行了试验研究，日本首先运用这种技术进行了实桥的加固。

连续纤维缠绕法是用纤维按照一定角度通过人工或机械自动连续缠绕在混凝土柱表面的一种加固方法，如图5.2.1（*b*）、图5.2.1（*d*）所示。这种方法可以有效地控制FRP厚度、纤维方向和体积含量。

预制壳法是使用预制的FRP壳包裹在混凝土柱表面的一种加固方法，如图5.2.1（*e*）、图5.2.1（*f*）所示。预制的FRP壳可以直接使用环氧树脂粘贴在混凝土柱表面，也可以通过灌胶法粘贴在混凝土柱表面。

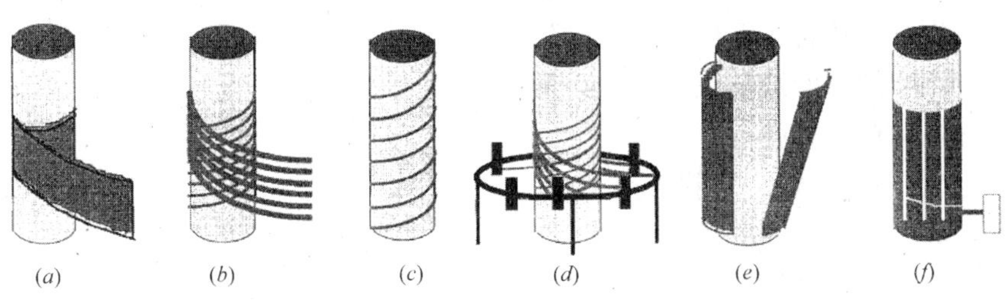

图5.2.1 FRP加固混凝土柱形式

2）构造要求[29,30]

我国碳纤维加固规程及混凝土结构加固规范中对碳纤维片材（碳纤维布和碳纤维板）加固混凝土柱给出了一些构造上的要求：

（1）当碳纤维布沿其纤维方向需绕构件转角粘贴时，构件转角处外表面的曲率半径不应小于20mm（图5.2.2）。

（2）碳纤维布沿纤维受力方向的搭接长度不应小于100mm，当采用多条或多层碳纤维布加固时，各条或各层碳纤维布的搭接位置宜相互错开。

（3）为保证碳纤维片材可靠地与混凝土共同工作，必要时应采取附加锚固措施。

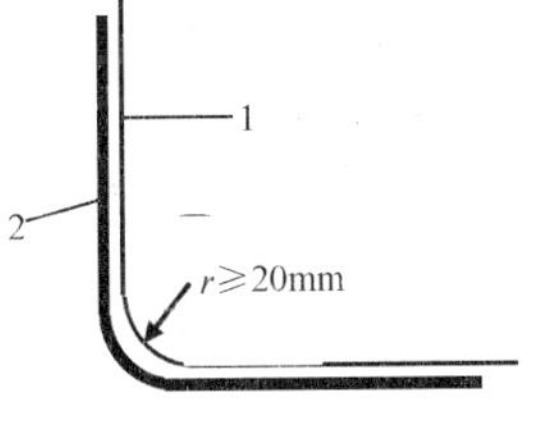

图5.2.2 构件转角处粘贴示意图
1—构件；2—碳纤维布

5.3　FRP 加固钢筋混凝土柱规范（规程）简介

本节主要介绍中国工程建设标准化协会标准《碳纤维片材加固修复混凝土结构技术规程》（以下简称《规程》)、《混凝土结构加固规范》（以下简称《规范》）和美国 FRP 加固混凝土结构设计指南《GUIDE FOR THE DESIGN AND CONSTRUCTION OF EXTERNALLY BONDED FRP SYSTEMS FOR STRENGTHENING CONCRETE STRUCTURES》（以下简称《指南》）中有关 FRP 加固混凝土柱的设计计算方法。

5.3.1　碳纤维片材加固修复混凝土结构技术规程[29]

《规程》中给出了碳纤维片材加固钢筋混凝土柱抗震设计计算公式：

$$\rho_v = \rho_{sv} + v\frac{2n_{cf}w_{cf}t_{cf}(b+h)f_{cf}}{(S_{cf}+w_{cf})bhf_{yv}} \tag{5.3.1}$$

式中　ρ_v——总折算体积配箍率；

ρ_{sv}——按箍筋范围内核心截面计算的体积配箍率；

v——碳纤维片材的有效约束系数，取 0.45；当轴压比大于 0.5 时，而且加固未卸载时取 0.36；

w_{cf}——碳纤维片材条带宽度；

t_{cf}——碳纤维片材厚度；

b——正方形截面边长或矩形截面宽度；

h——矩形截面高度；

S_{cf}——碳纤维片材条带间距；

f_{cf}——碳纤维片材的抗拉强度设计值，取 $f_{cfk}/1.1$；

f_{cfk}——碳纤维片材的抗拉强度标准值；

f_{yv}——箍筋的抗拉强度设计值；

n_{cf}——碳纤维片材的层数。

5.3.2　混凝土结构加固设计规范[30]

《规范》对轴心受压、大偏心受压、受拉构件的正截面加固及受压构件的斜截面加固计算分别作出了规定。

1）轴心受压构件正截面加固计算

采用环向围束的轴心受压构件，其正截面承载力基本计算公式为：

$$N_d \leqslant 0.9[(f_c + 4\sigma_1)A_{cor} + f_y'A_s'] \tag{5.3.2}$$

$$\sigma_1 = 0.5\beta_c k_c \rho_f E_f \varepsilon_{fe} \tag{5.3.3}$$

式中　N_d——轴向压力设计值；

f_c——原构件混凝土轴心抗压强度设计值；

σ_1——有效约束应力；

A_{cor}——环向围束内混凝土面积；对圆形截面：$A_{cor} = \frac{\pi D^2}{4}$，对正方形和矩形截面：

$A_{cor}=bh-(4-\pi)r^2$;

D——圆柱直径；

r——截面棱角的圆化半径（倒角半径），如图5.3.1所示；

β_c——混凝土强度影响系数。当混凝土强度等级不大于C50时，$\beta_c=1.0$；当混凝土强度等级为C80时，$\beta_c=0.8$；其间按线性内插法确定；

k_c——环向围束的有效约束系数。对圆形截面柱：$k_c=0.95$；对正方形和矩形截面柱：$k_c=1-\dfrac{(b-2r)^2+(h-2r)^2}{3A_{cor}(1-\rho_s)}$

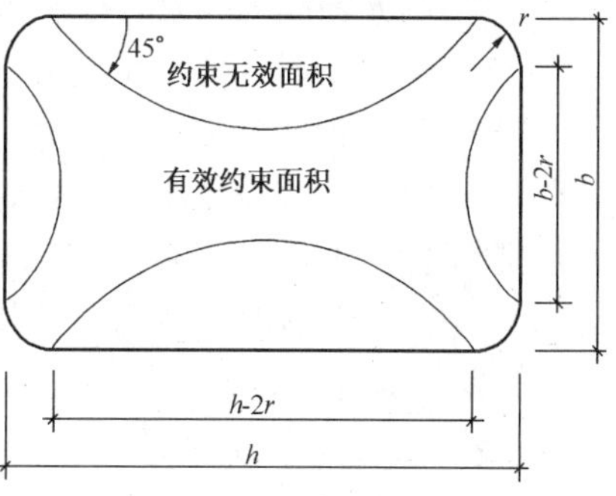

图5.3.1　环向围束内矩形截面有效约束面积

ρ_f——环向围束体积比。对圆形截面柱，$\rho_f=4t_f/D$；对正方形和矩形截面柱，$\rho_f=2t_f(b+h)/A_{cor}$;

E_f——FRP弹性模量，按表3.2.1的规定取值；

ε_{fe}——FRP有效拉应变。对重要结构，取$\varepsilon_{fe}=0.0035$；对一般结构，取$\varepsilon_{fe}=0.0045$；

ρ_s——柱中纵向钢筋的配筋率；

t_f——FRP的厚度。

式（5.3.2）是参照螺旋箍筋约束混凝土轴心受压柱的承载力计算公式（Richart 1928年）和混凝土结构设计规范中有关钢筋混凝土轴心受压柱的承载力计算公式给出的，同时，约束应力的表达式也与《指南》中给出的计算公式类似（详见第5.3.3节）。

2）大偏心受压构件加固计算

矩形截面大偏心受压柱的加固，其正截面承载力的基本计算公式为：

$$N_d\leqslant\alpha_1 f_c bx+f_y' A_s'-f_y A_s\quad f_{fu,s}A_f \tag{5.3.4}$$

$$N_d e\leqslant\alpha_1 f_c bx\left(h_0-\frac{x}{2}\right)+f_y' A_s'(h_0-a')+f_{fu,s}A_f(h-h_0) \tag{5.3.5}$$

$$e=\eta e_i+\frac{h}{2}-a \tag{5.3.6}$$

$$e_i=e_0+e_a \tag{5.3.7}$$

式中　e——轴向压力作用点至纵向受拉钢筋A_s合力点的距离；

η——偏心受压构件考虑二阶弯矩影响的轴向压力偏心距增大系数，除应按现行国家标准《混凝土结构设计规范》（GB 50010）的规定计算外，尚应乘以修正系数ψ_η；

ψ_η——修正系数。对称形式的加固：当$e_0/h\geqslant0.3$时，$\psi_\eta=1.1$；当$e_0/h<0.3$时，$\psi_\eta=1.2$。对非对称形式的加固：当$e_0/h\geqslant0.3$时，$\psi_\eta=1.2$；当$e_0/h<0.3$时，$\psi_\eta=1.3$；

e_i——初始偏心距；

e_0——轴向压力对截面重心的偏心距，$e_0=M_d/N_d$；

e_a——附加偏心距，按偏心方向截面最大尺寸 h 确定，当 $h \leqslant 600$mm 时，$e_a = 20$mm；当 $h > 600$mm 时，$e_a = h/30$；

a——受拉钢筋合力点至截面最近边缘的距离；

a'——受压钢筋合力点至混凝土受压区边缘的距离；

$f_{fu,s}$——FRP 的抗拉强度设计值，按表 3.2.1、表 3.2.2 的规定采用。

在实际工程中，大多数偏心受压构件均处于受压状态，因此，式（5.3.4）及式（5.3.5）没有考虑 FRP 应变滞后即加固构件的初始拉应变问题，认为 FRP 在极限状态下可以充分发挥其抗拉强度。

3）受拉构件正截面加固

轴心受拉构件的加固，其正截面承载力的基本计算公式为：

$$N_d \leqslant f_y A_s + f_{fu,s} A_f \tag{5.3.8}$$

式中 N_d——轴向拉力设计值。

矩形截面大偏心受拉构件的加固，其正截面承载力的基本计算公式为：

$$N_d \leqslant f_y A_s + f_{fu,s} A_f - \alpha_1 f_c bx - f_y' A_s' \tag{5.3.9}$$

$$N_d e \leqslant \alpha_1 f_c bx\left(h_0 - \frac{x}{2}\right) + f_y' A_s'(h_0 - a') + f_{fu,s} A_f (h - h_0) \tag{5.3.10}$$

式中 e——轴向拉力作用点至受拉钢筋 A_s 合力点的距离。

4）受压构件斜截面加固

采用环形箍加固的柱，其斜截面承载力的基本计算公式为：

$$V_d \leqslant V_{cs} + V_{cf} \tag{5.3.11}$$

$$V_{cf} = \psi_{vc} f_{fu,sv} A_f h / S_f \tag{5.3.12}$$

式中 V_d——剪力设计值；

V_{cs}——加固前原构件斜截面受剪承载力，按现行国家标准《混凝土结构设计规范》（GB 50010）的规定计算；

V_{cf}——粘贴 FRP 加固后，对柱斜截面承载力的提高值；

ψ_{vc}——与 FRP 受力条件有关的抗剪强度折减系数，按表 5.3.1 的规定值采用；

$f_{fu,sv}$——受剪加固采用的 FRP 抗拉强度设计值，按表 3.2.1、表 3.2.2 的规定乘以调整系数 0.5 确定；

A_f——配置在同一截面处 FRP 环形箍的全截面面积，$A_f = 2b_f t_f$；

b_f 和 t_f——分别为 FRP 环形箍的宽度和厚度；

S_f——环形箍的中心间距。

ψ_{vc} 值 **表 5.3.1**

轴压比		≤0.1	0.3	0.5	0.7	0.9
受力条件	均布荷载或 $\lambda_c \geqslant 3$	0.95	0.84	0.62	0.62	0.51
	$\lambda_c \leqslant 1$	0.90	0.72	0.54	0.34	0.16

注：1. λ_c 为柱的剪跨比；对框架柱 $\lambda_c = H_n/2h_0$；H_n 为柱的净高；h_0 为柱截面有效高度。
2. 中间值按线性内插法确定。

5）抗震加固

当采用环向围束作为附加箍筋时，按下列公式计算柱箍筋加密区加固后的箍筋体积配筋率ρ_v：

$$\rho_v = \rho_{v,e} + \rho_{v,f} \tag{5.3.13}$$

$$\rho_{v,f} = k_c \rho_f \frac{b_f f_{fu,s}}{S_f f_{yv}} \tag{5.3.14}$$

式中　$\rho_{v,e}$——被加固柱原有箍筋的体积配筋率，当需重新复核时，应按在箍筋范围内核心截面进行计算；

$\rho_{v,f}$——环向围束作为附加箍筋算得的箍筋体积配筋率的增量；

k_c——环向围束的有效约束系数。对圆形截面，$k_c = 0.90$；对正方形截面，$k_c = 0.66$；对矩形截面，$k_c = 0.42$。

5.3.3　美国加固指南[31]

美国加固指南给出了FRP加固钢筋混凝土圆柱轴心受压承载力计算公式，对于矩形截面混凝土柱，规范建议不使用FRP加固。

对于螺旋箍筋柱：

$$N_u = 0.85\phi[0.85\psi_f f'_{cc}(A_c - A'_s) + f'_y A'_s] \tag{5.3.15}$$

对于普通箍筋柱：

$$N_u = 0.8\phi[0.85\psi_f f'_{cc}(A_c - A'_s) + f'_y A'_s] \tag{5.3.16}$$

式中　N_u——FRP加固钢筋混凝土圆柱轴心受压承载力；

ϕ——强度折减系数，根据ACI318规范取用。对于螺旋箍筋柱，$\phi = 0.7$，其他形式的柱，$\phi = 0.65$；

ψ_f——附加折减系数，$\psi_f = 0.95$；

f'_{cc}——FRP约束混凝土圆柱体强度，按式（5.3.17）计算；

A_c——柱截面面积；

A'_0——受压钢筋面积；

f'_y——受压钢筋设计强度。

$$f'_{cc} = f'_{co}\left[2.25\sqrt{1 + 7.9\frac{f_l}{f'_{co}}} - 2\frac{f_l}{f'_{co}} - 1.25\right] \tag{5.3.17}$$

式中　f'_{co}——无约束混凝土圆柱体强度；

f_l——约束应力，按式（5.3.18）计算。

$$f_l = \frac{k_a \rho_f f_{fe}}{2} = \frac{k_a \rho_f \varepsilon_{fe} E_f}{2} \tag{5.3.18}$$

式中　$k_a = 1.0$；

ε_{fe}——FRP有效拉应变，$\varepsilon_{fe} = 0.004 \leqslant 0.75\varepsilon_{fu}$；

ε_{fu}——FRP极限拉应变；

ρ_f——环向围束体积比，$\rho_f = \frac{4t_f}{D}$。

FRP约束混凝土圆柱体强度计算公式（5.3.17）是基于Mander1988年提出的箍筋约束混凝土圆柱体强度计算公式（详见第5.4.2节）而建立的，将式（5.3.18）稍作变换可得：

$$f_l=\frac{2t_f f_{fe}}{D} \tag{5.3.19}$$

式中，$f_{fe}=\varepsilon_{fe}E_f$，为 FRP 有效应力。式（5.3.19）即为常见的 FRP 约束混凝土圆柱体约束应力计算公式。

FRP 约束混凝土圆柱体极限压应变按下式计算：

$$\varepsilon'_{cc}=\frac{1.71(6f'_{cc}+5f'_{co})}{E_c} \tag{5.3.20}$$

式中 ε'_{cc}——FRP 约束混凝土圆柱体极限压应变；

E_c——混凝土弹性模量。

《指南》中没有给出 FRP 加固偏心受压柱和抗震加固设计计算方法。

5.3.4 其他加固规范[32]

1）CSA（Canadian Standards Association－2002）规范

加拿大 CSA 给出了 FRP 加固钢筋混凝土圆柱轴心受压承载力计算公式：

$$N_u=k_e[\alpha_1\phi_c f'_{cc}(A_c-A'_s)+\phi_s f'_y A'_s] \tag{5.3.21}$$

式中 k_e——抗力系数，$k_e=0.85$；

α_1——混凝土平均应力与混凝土强度比值，$\alpha_1=0.85-0.0015f'_{co}\geqslant0.67$；

ϕ_c——混凝土抗力系数，$\phi_c=0.6$；

ϕ_s——钢筋抗力系数，$\phi_s=0.85$。

约束混凝土强度按下式计算：

$$f'_{cc}=0.85f'_{co}+k_1k_{cf}f_l \tag{5.3.22}$$

$$k_1=0.67(k_c f_l)^{-0.17} \tag{5.3.23}$$

$$f_l=\frac{2t_f f_{fe}}{D} \tag{5.3.24}$$

式中 k_c——环向围束的有效约束系数，$k_c=1$；

k_{cf}——限制系数，$k_{cf}=1$；

f_{fe}——FRP 有效应力，$f_{fe}=\min(0.004E_f,\phi_F f_{fu})$；

ϕ_F——FRP 强度折减系数；

f_{fu}——FRP 极限抗拉强度。

2）ISIS（Intelligent Sensing for Innovation Structures－2001）规范

加拿大 ISIS 给出的 FRP 加固钢筋混凝土圆柱轴心受压承载力计算公式为：

$$f'_{cc}=f'_{co}(1+\alpha_{pc}w_w) \tag{5.3.25}$$

$$w_w=\frac{2f_l}{\phi_c f'_{co}} \tag{5.3.26}$$

$$f_l=\frac{2\phi_F f_{fu}t_f}{D} \tag{5.3.27}$$

式中 α_{pc}——性能系数，$\alpha_{pc}=1$；

w_w——增强体积率。

为了保证加固柱具有一定的延性，ISIS 对约束应力做了如下规定：

$$4\text{MPa} \leqslant f_l \leqslant \frac{0.29 f'_{co}}{\alpha_{pc}} \tag{5.3.28}$$

5.4　FRP 加固混凝土柱的轴心受压力学性能

5.4.1　破坏模式

众多学者的试验研究结果表明，FRP 包裹混凝土短柱大多发生 FRP 断裂的破坏模式，对于 FRP 包裹圆形截面混凝土短柱，断裂多发生在混凝土短柱的中部（图 5.4.1（*a*）、5.4.1（*d*）、5.4.1（*e*））。FRP 断裂后，核心混凝土随之压溃。破坏时，短柱中部的 FRP 多发生褶皱并形成局部的空鼓现象。对于 FRP 包裹矩形截面柱，由于矩形柱角部存在应力集中，在柱子的角部首先发生 FRP 断裂，然后沿着 FRP 纤维的方向发展，如图 5.4.1（*b*）、5.4.1（*c*）所示，图 5.4.1（*c*）中纤维方向与柱的轴向成 ±15°角。有些试验中，还发生了如图 5.4.1（*f*）所示的破坏模式，即整个试件发生压溃性破坏，混凝土形成受剪破坏的角椎。

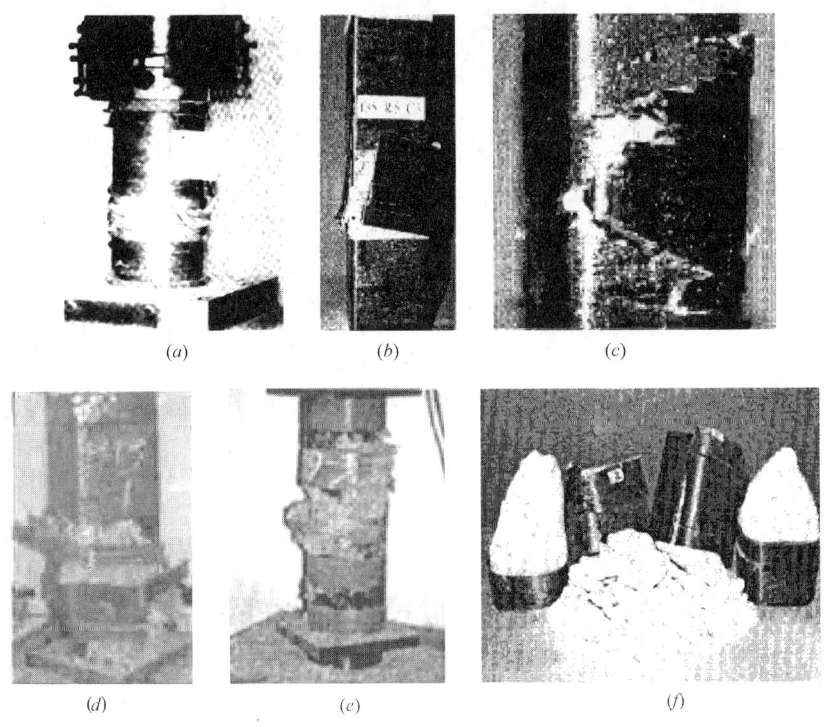

(*a*)　(*b*)　(*c*)

(*d*)　(*e*)　(*f*)

图 5.4.1　FRP 包裹混凝土短柱的破坏模式

FRP 壳包裹混凝土短柱，由于 FRP 壳之间相互搭接，在搭接部位易发生壳体的剥离、起层现象，并且出现纵向裂纹（图 5.4.2（*a*）），内部核心混凝土则出现部分断裂现象。对于强度较低，延性较好的芳纶纤维壳包裹混凝土短柱，破坏时 FRP 壳发生翘曲的现象，破坏的区域较大（图 5.4.2（*b*））。

5.4.2 约束混凝土圆柱体强度

1）基于箍筋约束混凝土圆柱体强度模型

1928 年，Richart 等曾经提出箍筋约束混凝土圆柱体柱强度模型[33]（图 5.4.3）：

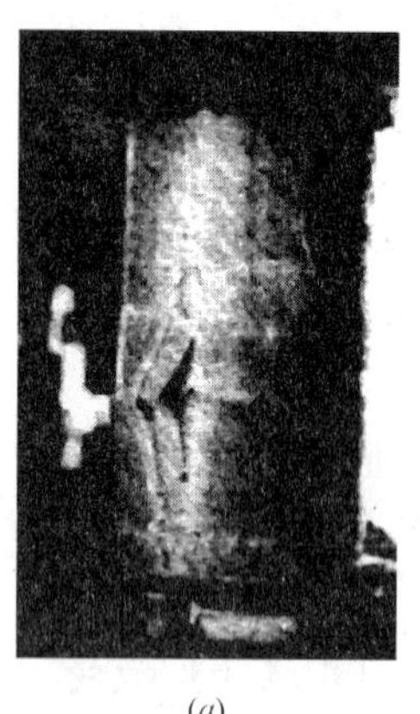

(a)

(b)

图 5.4.2 FRP 壳包裹混凝土短柱的破坏模式

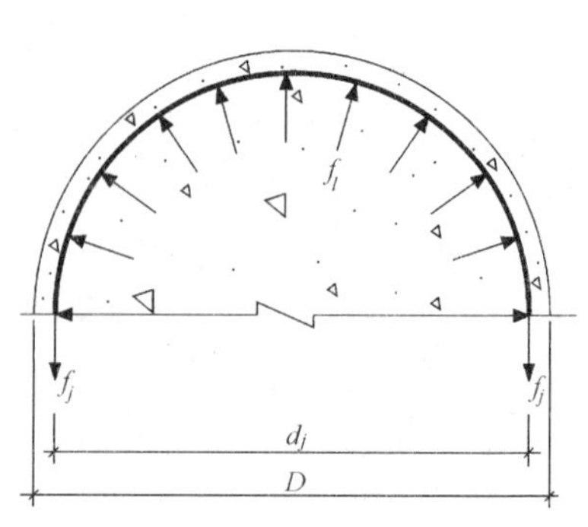

图 5.4.3 箍筋约束混凝土模型

$$f'_{cc}=f'_{co}+k_1f_l \tag{5.4.1}$$

式中 f'_{cc}——约束混凝土圆柱体强度；

f'_{co}——无约束混凝土圆柱体强度；

f_l——约束应力，按式（5.4.2）计算；

k_1——有效约束系数，Richart 建议 $k_1=4.1$。

$$f_l=\frac{2f_jd_j}{D} \tag{5.4.2}$$

式中 f_j——约束箍筋强度；

d_j——约束箍筋直径；

D——圆柱体直径。

Richart 的模型建立基础是约束混凝土强度与约束应力为线性关系，但是约束应力与约束强度具有非线性关系，之后许多学者对 Richart 的模型进行了修正，如 Balmer（1949 年）[34]、Iyengar（1970 年）[35]、Newman（1969 年）[36]、Saatcioglu 和 Razvi（1992 年）[37] 等。此外，Mander 等（1988 年）[38]、Ahmad 和 Shad（1982）[39]、Monti 和 Spoelstra（1997 年）[40] 相继提出了一些箍筋约束混凝土强度模型。此后一些学者（如 Mirmiran 和 Shahawy（1997 年）[41]、Miryauchi 等（1999 年）[42]、Spoelstra 和 Monti（1999 年）[43]、Lorenzis 和 Tepfers（2003 年）[44]）对箍筋约束混凝土圆柱体强度模型进行了比较分析，证明箍筋约束混凝土圆柱体强度模型不能应用于 FRP 约束混凝土圆柱体中。针对上述问题，国内外学者进行了 FRP 约束混凝土圆柱体的试验研究与理论分析，根据 Richart 等学者的箍筋约束混凝土圆柱体强度模型提出了 FRP 约束混凝土圆柱体强度模型。

1988 年，Mander 提出箍筋约束混凝土强度模型为[38]：

$$f'_{cc}=f'_{co}\left(-1.254+2.254\sqrt{1+\frac{7.94f_l}{f'_{co}}}-2\frac{f_l}{f'_{co}}\right) \tag{5.4.3}$$

$$\varepsilon'_{cc}=\varepsilon_{co}\left[1+5\left(\frac{f'_{cc}}{f'_{co}}-1\right)\right] \tag{5.4.4}$$

式中　ε'_{cc}——约束混凝土圆柱体极限压应变；

ε_{co}——无约束混凝土峰值压应变，$\varepsilon_{co}=0.002$。

1982年，Fardis和Khalili[45]建议的FRP约束混凝土圆柱体强度模型为：

$$f'_{cc}=f'_{co}\left[1+4.1\left(\frac{f_l}{2f'_{co}}\right)\right] \tag{5.4.5}$$

$$f_l=\frac{2f_{fu}t_f}{D} \tag{5.4.6}$$

$$\varepsilon'_{cc}\approx 0.002+0.0005\frac{E_l}{f'_{co}} \tag{5.4.7}$$

式中　f_{fu}——FRP极限抗拉强度；

t_f——FRP厚度；

E_l——FRP横向弹性模量，$E_l=\frac{2E_f t_f}{D}$。

1997年，Karbhari和Gao[46]在分析其他学者的模型之后，提出了基于Cusson和Paultre的箍筋约束混凝土圆柱体强度模型的FRP约束混凝土圆柱体强度模型：

$$f'_{cc}=2.1f'_{co}\left(\frac{f_l}{f'_{co}}\right)^{0.87} \tag{5.4.8}$$

$$\varepsilon'_{cc}=\varepsilon_{co}+0.01\left(\frac{f_l}{f'_{co}}\right) \tag{5.4.9}$$

1998年，Samaan等[47]基于Richard和About 1975年提出的约束混凝土双线性四参数本构关系模型，建议了如下的强度模型：

$$f'_{cc}=f'_{co}+6.0f_l^{0.7} \tag{5.4.10}$$

$$\varepsilon'_{cc}=\frac{f'_{cc}-f_0}{E_2} \tag{5.4.11}$$

式中　f_0——塑性模量与轴向应力的交点，如图5.4.4所示；

E_2——双线性模型中第二弹性模量。

$$f_0=0.872f'_{co}+0.371f_l+6.258 \tag{5.4.12}$$

$$E_2=245.61f'^{0.2}_{co}+1.3456\frac{E_f t_f}{D} \tag{5.4.13}$$

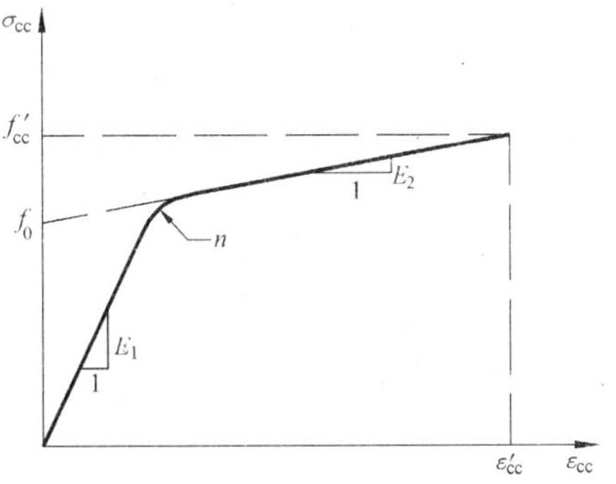

图5.4.4　Richard和About的双线性本构关系模型

1994年，Saadatmanesh[48]根据Mander提出的箍筋约束混凝土强度模型给出了FRP约束混凝土强度模型，如式(5.4.3)、式(5.4.4)。此外，Saadatmanesh建议FRP条带包裹混凝土柱强度

的计算公式与式(5.4.3)相同,其中约束应力f_l'按下式计算:

$$f_l' = k_g f_l \tag{5.4.14}$$

式中 f_l'——FRP 条带包裹混凝土柱约束应力;

k_g——条带间隔系数,按式(5.4.15)计算。

$$k_g = \frac{\left(1 - \dfrac{S_f'}{2D}\right)}{1 - \rho_s} \tag{5.4.15}$$

式中 S_f'——条带净间距(图 5.4.5);

ρ_s——柱中纵向钢筋的配筋率。

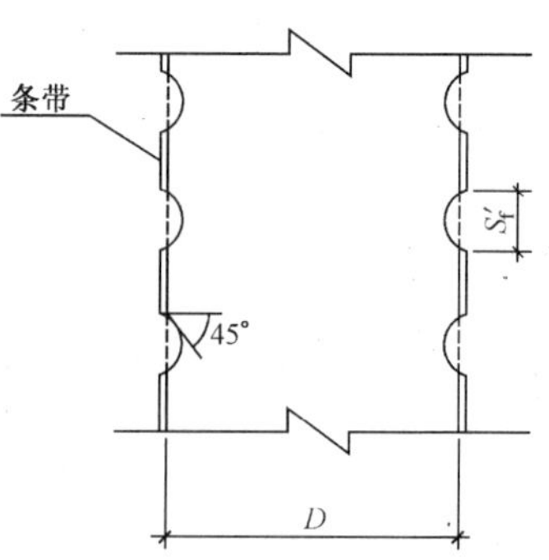

图 5.4.5 Saadatmanesh 的模型

1999 年,Spoelstra 和 Monti[43]分析了 Mander 的钢箍约束混凝土强度模型,建议的强度计算公式为:

$$f_{cc}' = f_{co}'\left(0.2 + 3\sqrt{\frac{f_l}{f_{co}'}}\right) \tag{5.4.16}$$

$$\varepsilon_{cc}' = \varepsilon_{co}\left(2 + 1.25\frac{E_c}{f_{co}'}\varepsilon_{fu}\sqrt{\frac{f_l}{f_{co}'}}\right) \tag{5.4.17}$$

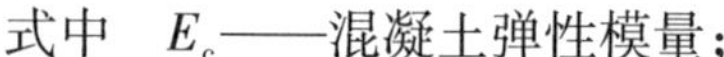

式中 E_c——混凝土弹性模量;

ε_{fu}——FRP 极限拉应变。

2)基于试验的经验公式

除了基于早期的箍筋约束混凝土圆柱体强度模型而建立的 FRP 约束混凝土圆柱体强度模型外,一些学者基于试验结果给出了相应的经验公式(表 5.4.1)。

1997 年,Miryauchi 等[42]提出的经验公式为:

$$\frac{f_{cc}'}{f_{co}'} = 1 + 3.485\left(\frac{f_l}{f_{co}'}\right) \tag{5.4.18}$$

$$\begin{cases} \dfrac{\varepsilon_{cc}'}{\varepsilon_{co}} = 1 + 10.6\left(\dfrac{f_l}{f_{co}'}\right)^{0.373} & (f_{co}' = 30\text{MPa}) \\ \dfrac{\varepsilon_{cc}'}{\varepsilon_{co}} = 1 + 10.5\left(\dfrac{f_l}{f_{co}'}\right)^{0.525} & (f_{co}' = 50\text{MPa}) \end{cases} \tag{5.4.19}$$

FRP 约束混凝土圆柱体强度模型 **表 5.4.1**

序号	模型	约束混凝土强度表达式	约束混凝土极限应变表达式	变 量
1	Mander	$f_{cc}' = f_{co}'\left(-1.254 + 2.254\sqrt{1 + \frac{7.94 f_l}{f_{co}'}} - 2\frac{f_l}{f_{co}'}\right)$	$\varepsilon_{cc}' = \varepsilon_{co}\left[1 + 5\left(\frac{f_{cc}'}{f_{co}'} - 1\right)\right]$	f_l
2	Fardis 和 Khalili	$f_{cc}' = f_{co}'\left[1 + 4.1\left(\frac{f_l}{2f_{co}'}\right)\right]$	$\varepsilon_{cc}' \approx 0.002 + 0.0005\frac{E_l}{f_{co}'}$	f_l、E_l
3	Karbhari 和 Gao	$f_{cc}' = 2.1 f_{co}'\left(\frac{f_l}{f_{co}'}\right)^{0.87}$	$\varepsilon_{cc}' = \varepsilon_{co} + 0.01\left(\frac{f_l}{f_{co}'}\right)$	f_l

续表

序号	模型	约束混凝土强度表达式	约束混凝土极限应变表达式	变　量
4	Samaan	$f'_{cc}=f'_{co}+6.0f_l^{0.7}$	$\varepsilon'_{cc}=\dfrac{f'_{cc}-f_0}{E_2}$	f_l、f_0、E_2
5	Saadatmanesh	$f'_{cc}=f'_{co}\left(-1.254+2.254\sqrt{1+\dfrac{7.94f_l}{f'_{co}}}-2\dfrac{f_l}{f'_{co}}\right)$	$\varepsilon'_{cc}=\varepsilon_{co}\left[1+5\left(\dfrac{f'_{cc}}{f'_{co}}-1\right)\right]$	f_l
6	Lam 和 Teng	$\dfrac{f'_{cc}}{f'_{co}}=1+2\dfrac{f_l}{f'_{co}}$	$\dfrac{\varepsilon'_{cc}}{\varepsilon_{co}}=1.75+10\left(\dfrac{f_l}{f'_{co}}\right)$（CFRP） $\dfrac{\varepsilon'_{cc}}{\varepsilon_{co}}=1.75+22\left(\dfrac{f_l}{f'_{co}}\right)$（GFRP 管）	f_l
7	Spoelstra 和 Monti	$f'_{cc}=f'_{co}\left(0.2+3\sqrt{\dfrac{f_l}{f'_{co}}}\right)$	$\dfrac{\varepsilon'_{cc}}{\varepsilon_{co}}=2+1.25\dfrac{E_c}{f'_{co}}\varepsilon_{fu}\sqrt{\dfrac{f_l}{f'_{co}}}$	f_1、E_c、ε_{fu}
8	Miryauchi	$\dfrac{f'_{cc}}{f'_{co}}=1+3.485\left(\dfrac{f_l}{f'_{co}}\right)$	$\dfrac{\varepsilon'_{cc}}{\varepsilon_{co}}=1+10.6\left(\dfrac{f_l}{f'_{co}}\right)^{0.373}$ $(f'_{co}=30\text{MPa})$ $\dfrac{\varepsilon'_{cc}}{\varepsilon_{co}}=1+10.5\left(\dfrac{f_l}{f'_{co}}\right)^{0.525}$ $(f'_{co}=50\text{MPa})$	f_l
9	Kono	$\dfrac{f'_{cc}}{f'_{co}}=1+0.0572f_l$	$\dfrac{\varepsilon'_{cc}}{\varepsilon_{co}}=1+0.280f_l$	f_l
10	Toutanji	$\dfrac{f'_{cc}}{f'_{co}}=1+3.5\left(\dfrac{f_l}{f'_{co}}\right)^{0.85}$		f_l、ε_{fu}
11	Saafi	$\dfrac{f'_{cc}}{f'_{co}}=1+2.2\left(\dfrac{f_l}{f'_{co}}\right)^{0.84}$		f_l、ε_{fu}

1998 年，Kono 等[49]给出的强度模型中 f'_{cc}/f'_{co}、$\varepsilon'_{cc}/\varepsilon_{co}$ 与约束应力 f_l 为线性关系：

$$\frac{f'_{cc}}{f'_{co}}=1+0.0572f_l \tag{5.4.20}$$

$$\frac{\varepsilon'_{cc}}{\varepsilon_{co}}=1+0.280f_l \tag{5.4.21}$$

1999 年，Toutanji[50]给出的强度模型为：

$$\frac{f'_{cc}}{f'_{co}}=1+3.5\left(\frac{f_l}{f'_{co}}\right)^{0.85} \tag{5.4.22}$$

FRP 约束混凝土圆柱体试验数据表 **表 5.4.2**

序号	试件编号	FRP 弹性模量 E_f(GPa)	FRP 极限抗拉强度 f_{fu}(MPa)	FRP 极限拉应变 ε_{fu}	FRP 厚度 t_f(mm)	直径 D(mm)	无约束混凝土圆柱体强度 f'_{co}(MPa)	约束混凝土圆柱体强度 f'_{cc}(MPa)	破坏模式	FRP 形式	试件数量	参考文献
1	C1	87.72	3271	0.04	0.169	150	38.6	42.8	F	GFRP 布	1	[8]
	C2				0.169×2			59.2	F		1	
	C3				0.169×3			83.5	F		1	
	C4				0.169×4			101.8	F		1	
2	C100	2.382	455.437		1.84	100	23.907	61.975	F	GFRP 布	1	[23]
	C200	2.245	403.141		3.89			91.076	F		1	
3	DA1、DB1、DC1	37.233	524	0.014[a]	1.44	152.5	30.65	58.95	F	GFRP 管	7	[47]
	DA2、DB2、DC2	40.336	579	0.0144[a]	2.2		30.68	76.29	F		8	
	DA3、DB3、DC3	40.794	641	0.0157[a]	2.97		30.65	90.13	F		7	
4	0°/±45°	19.1	330	0.024		152	26.2	33.5	F	GFRP 管	1	[52]
	0°/±45°	19.1	330	0.024				44.5	F	GFRP 管	1	
	0°	21.6	383	0.019				38.4	F	GFRP 管	1	
	0°	21.6	383	0.019				52.5	F	GFRP 管	1	
	0°	38.1	580	0.015				50.6	F	CFRP 管	1	
	0°	38.1	580	0.015				64.0	F	CFRP 管	1	
5	E01	52	583.3	0.0112[a]	0.3	150	36.3	46	F	GFRP 管	1	[18]
	E02	52	583.3	0.0112[a]	0.3	150	36.3	41.2	F	GFRP 管	1	
	E03 - E09	52	583.3	0.0112[a]	0.6	150	36.3	55.83	F	GFRP 管	7	
	E10 - E12	52	583.3	0.0112[a]	1.2	150	36.3	82.95	F	GFRP 管	3	
	E13 - E15	52	583.3	0.0112[a]	1.4	150	36.3	106.57	F	GFRP 管	3	
	F01 - F04	20.69	413.7	0.02	2.4	150	45.5	65.34	J	AFRP/GFRP 管	4	

续表

序号	试件编号	FRP弹性模量 E_f(GPa)	FRP极限抗拉强度 f_{fu}(MPa)	FRP极限拉应变 ε_{fu}	FRP厚度 t_f(mm)	直径 D(mm)	无约束混凝土圆柱体强度 f'_{co}(MPa)	约束混凝土圆柱体强度 f'_{cc}(MPa)	破坏模式	FRP形式	试件数量	参考文献
6	[0°]	72.35	795	0.019	0.33	152	38.38	44.87	F	CFRP管	1	[46]
	$[0°]_2$	138.1	1047.43	0.015	0.66	152	38.38	59.68	F	CFRP管	1	
	$[0°]_3$	77.39	1105.25	0.019	0.99	152	38.38	77.68	F	CFRP管	1	
	$[0°]_4$	95.7	1351.59	0.023	1.32	152	38.38	89.48	F	CFRP管	1	
	[0°/90°]	39.9	659.77	0.012	0.66	152	38.38	48.28	F	CFRP管	1	
	[0°/90°/0°]	54.06	822.35	0.016	0.99	152.5	38.38	66.79	F	CFRP管	1	
	[+45°/−45°]	72.64	50.34	0.039	0.66	152.5	38.38	42.37	F	CFRP管	1	
	$[+45°/-45°]_2$	60.59	67.99	0.054	1.32	152.5	38.38	41.35	F	CFRP管	1	
	[90°/45°/−45°/0°]	27.57	388.16	0.027	1.32	152.5	38.38	51.52	F	CFRP管	1	
7	A	96.032	1353.4	0.014	1.55	152.5	18.01	82.23	F	CFRP管	1	
	B	150.15	1126.5	0.007	2.06	152.5	18.01	70.58	F	CFRP管	1	
	C	35.856	513.1	0.014	5.31	152.5	18.01	82.25	F	GFRP管	1	
	D	62.054	978.0	0.015	2.26	152.5	18.01	79.49	F	CFRP/GFRP管	1	
8	CyCS	230	3481	0.015[a]	0.165	51	37	89	F	CFRP布	3	[28]
	CyGS	27.6	552	0.02[a]	1.3	51	37	73	F	GFRP布	3	
	CyCM	230	3481	0.015[a]	0.33	152	37	73	F	CFRP布	3	
	CyGM	27.6	552	0.02[a]	3.9	152	37	143	F	GFRP布	3	
	CyCL	230	3481	0.015[a]	0.66	304	37	78	F	CFRP布	3	
	CoCM	230	3481	0.015[a]	0.33	152	37	73	F	CFRP布	3	

续表

序号	试件编号	FRP 弹性模量 E_f(GPa)	FRP 极限抗拉强度 f_{fu}(MPa)	FRP 极限拉应变 ε_{fu}	FRP 厚度 t_f(mm)	直径 D(mm)	无约束混凝土圆柱体强度 f'_{co}(MPa)	约束混凝土圆柱体强度 f'_{cc}(MPa)	破坏模式	FRP 形式	试件数量	参考文献
8	CoGM	27.6	552	0.02[a]	3.9	152	37	135	F	GFRP 布	3	[28]
	CoCL	230	3481	0.015[a]	0.66	304	37	89	F	CFRP 布	3	
9		82.7	2775	0.0336[a]	0.5	152.5	19.4	33.8	F	CFRP 布	1	[21]
					1.0			46.4	F	CFRP 布	1	
					1.5			62.6	F	CFRP 布	1	
					2.0			75.7	F	CFRP 布	1	
					2.5			80.2	F	CFRP 布	1	
		82.7	2775	0.0336[a]	0.5	152.5	49.0	59.1	F	CFRP 布	1	
					1.0			76.5	F	CFRP 布	1	
					1.5			98.8	F	CFRP 布	1	
					2.0			112.7	F	CFRP 布	1	
10	GE	72.6	1518	0.021	0.118×3	76	30.93	60.82	F	GFRP 布	18	[50]
	C1	230.5	3485	0.015	0.110×3			95.02	F	CFRP 布		
	C5	372.8	2940	0.008	0.165×3			94.01	F	CFRP 布		
11	GE1	32	450	0.0141[a]	0.8	152.4	35	52.8	SF	GFRP 管	3	[51]
	GE2	34	505	0.0149[a]	1.6			66	SF	GFRP 管	3	
	GE3	36	560	0.0156[a]	2.4			83	SF	GFRP 管	3	
	C1	367	3300	0.009[a]	0.11			55	SF	CFRP 管	3	
	C2	390	3550	0.009[a]	0.23			68	SF	CFRP 管	3	
	C3	415	3700	0.009[a]	0.55	152.4	35	97	SF	CFRP 管	3	

续表

序号	试件编号	FRP 弹性模量 E_f(GPa)	FRP 极限抗拉强度 f_{fu}(MPa)	FRP 极限拉应变 ε_{fu}	FRP 厚度 t_f(mm)	直径 D(mm)	无约束混凝土圆柱体强度 f'_{co}(MPa)	约束混凝土圆柱体强度 f'_{cc}(MPa)	破坏模式	FRP 形式	试件数量	参考文献
12	FWG ,0.0mm S_p	48.3	2070			101.6	38.99	115.3	F	GFRP 丝缠绕	1	[53]
	FWG ,0.0mm S_p						50.51	135.1	F		1	
	FWG ,0.0mm S_p						64.2	145.59	F		1	
13	CZ11 - 1	118	1430.7	0.011917	0.111	100	30.1	33.7	F	CFRP 布	1	[54]
	CZ11 - 2							31.6	F		1	
	CZ12 - 1							39.7	F		1	
	CZ12 - 2							40	F		1	
	CZ21 - 1				0.222			47.5	F		1	
	CZ21 - 2							40.9	F		1	
	CZ22 - 1							54	F		1	
	CZ22 - 2							52.2	F		1	
	CZ31 - 1				0.333			58.3	F		1	
	CZ32 - 1							68	F		1	
	CZ32 - 2							66.2	F		1	
	CZ32 - 3							73.7	F		1	
14	C100 - C2	82.7	1265	0 015	0.6	100	42	73.5	F	CFRP 布	1	[19]
								73.5	F		1	
								67.62	F		1	
	C150 - A3	13.6	230	0.0169	1.26	150	43	47.3	F	AFRP 布	1	
	C150 - A6				2.52			58.91	F		1	
	C150 - A9	13.6	230	0.0169	3.78	150	43	70.95	F	CFRP 布	1	
	C150 - A12				5.04			74.39	F		1	

注：1. F—FRP 断裂；2. J—FRP 管接缝破坏；3. a—根据 FRP 极限抗拉强度、弹性模量计算得到；4. SF—FRP 剪断。

Saafi[51]基于 Toutanji 的模型和自己的试验结果建议强度模型为：

$$\frac{f'_{cc}}{f'_{co}}=1+2.2\left(\frac{f_l}{f'_{co}}\right)^{0.84} \tag{5.4.23}$$

2000 年，Lam 和 Teng[22]分析了大量 FRP 包裹混凝土柱及 FRP 管混凝土柱的试验结果，通过回归得到了约束混凝土强度与约束应力成正比关系的结论，并给出了计算公式：

$$\frac{f'_{cc}}{f'_{co}}=1+2\left(\frac{f_l}{f'_{co}}\right) \tag{5.4.24}$$

$$\frac{\varepsilon'_{cc}}{\varepsilon_{co}}=1.75+10\left(\frac{f_l}{f'_{co}}\right)(\text{CFRP}) \tag{5.4.25}$$

$$\frac{\varepsilon'_{cc}}{\varepsilon_{co}}=1.75+22\left(\frac{f_l}{f'_{co}}\right)(\text{GFRP 管}) \tag{5.4.26}$$

表 5.4.1 给出了已有 FRP 约束混凝土圆柱体强度模型和表达式中的变量。从表中可以看出，极限强度表达式中的主要变量是约束应力 f_l，而极限应变的表达式中变量为 f_l、E_l（E_c）、ε_{fu}，说明影响极限强度的主要因素是约束应力 f_l，而极限应变与 FRP 的力学性质有关。

为更好地分析已有 FRP 约束混凝土圆柱体的强度模型，收集了国内外学者已完成的试验，见表 5.4.2。试验中变量为 FRP 种类、FRP 厚度、FRP 极限强度、FRP 弹性模量、圆柱直径、混凝土圆柱体强度及 FRP 加固形式等。试件数据来自 13 篇参考文献，数量为 157 个。

图 5.4.6 ~ 图 5.4.15 对表 5.4.1 给出的约束混凝土圆柱体强度模型与试验值进行了比较，图中横坐标、纵坐标均正则化，即 FRP 约束混凝土圆柱体极限强度的计算值、试验值与无约束混凝土圆柱体强度的比值。表 5.4.3 给出了试验值/计算值的统计特征值。从中可以看出，现有的计算模型中，有的计算结果偏大，如 Miryauchi、Toutanji 的模型；有的计算结果偏小，如 Karbhari 和 Gao 模型；Lam 和 Teng 的计算模型比较简单明了，计算值与试验值吻合较好，但是个别值偏差较大；Saadatmanesh 模型的计算值与试验值吻合较好，可以用于预测 FRP 约束混凝土圆柱体强度。

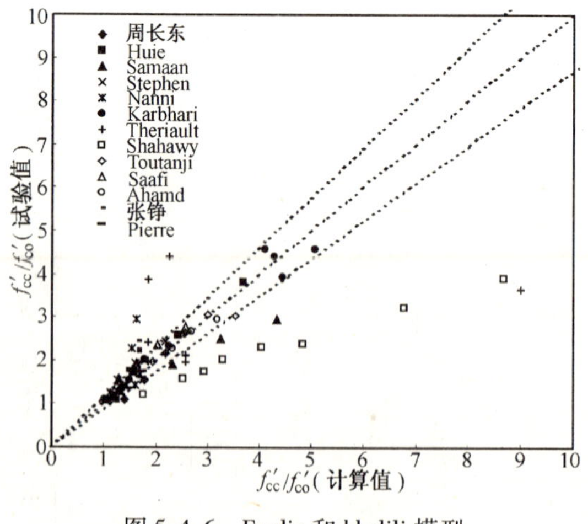

图 5.4.6　Fardis 和 khalili 模型

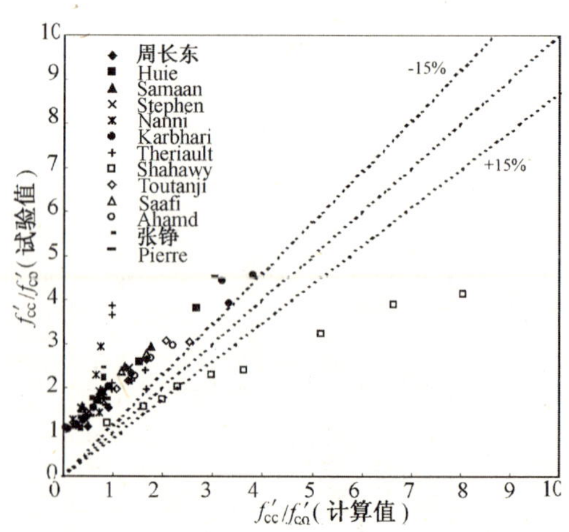

图 5.4.7　Karbhari 和 Gao 模型

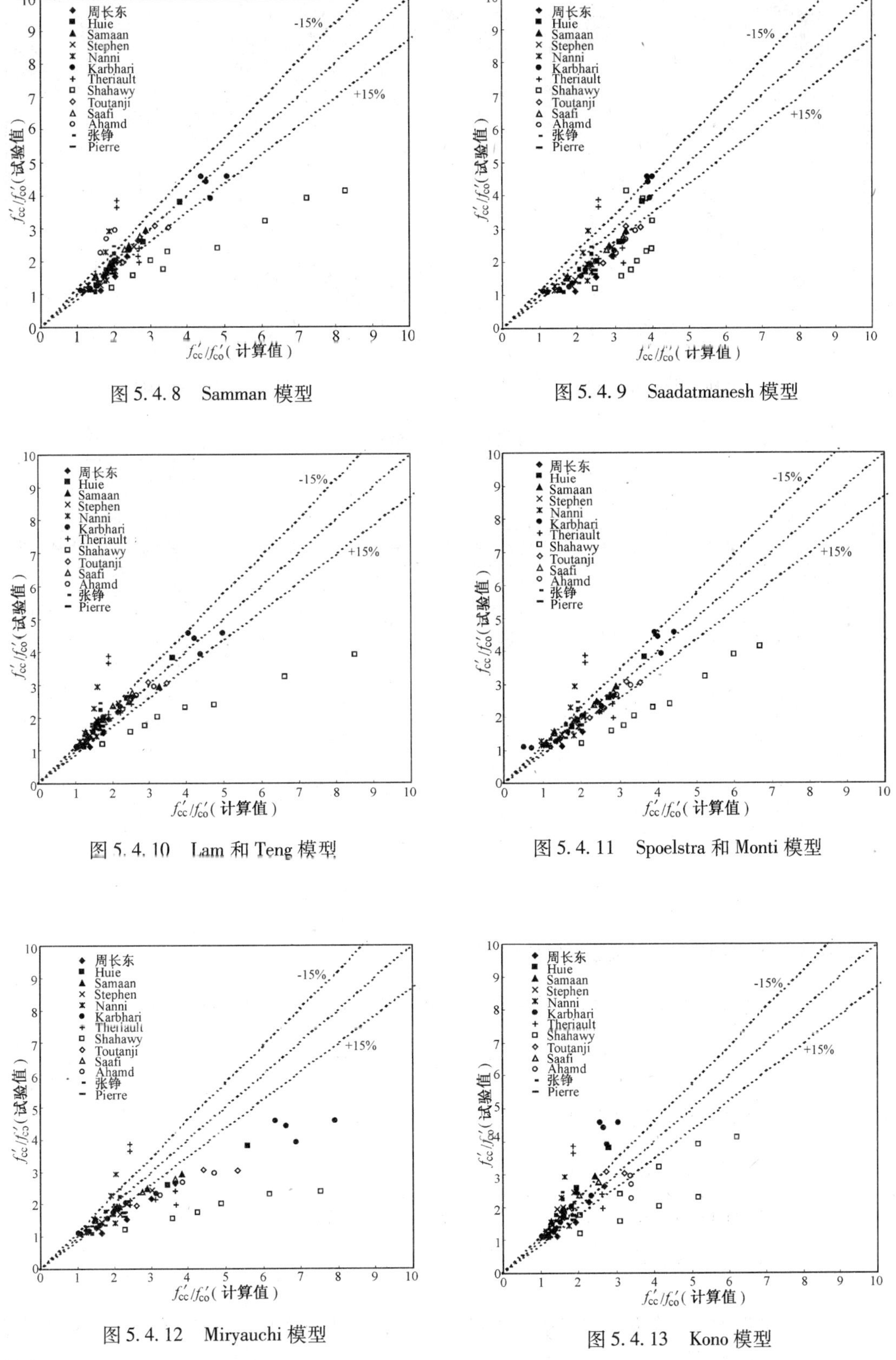

图 5.4.8　Samman 模型

图 5.4.9　Saadatmanesh 模型

图 5.4.10　Lam 和 Teng 模型

图 5.4.11　Spoelstra 和 Monti 模型

图 5.4.12　Miryauchi 模型

图 5.4.13　Kono 模型

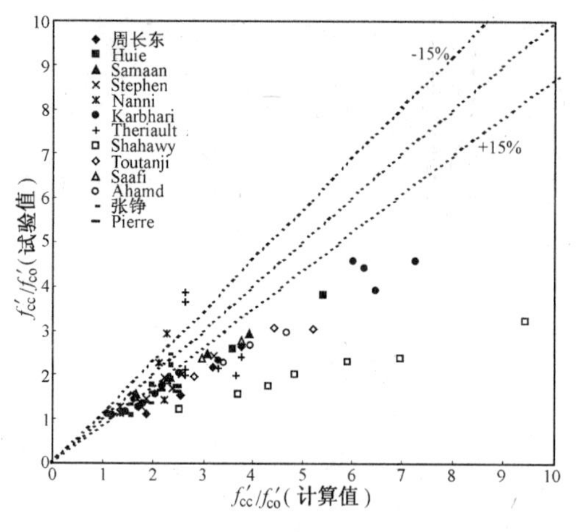

图 5.4.14 Toutanji 模型

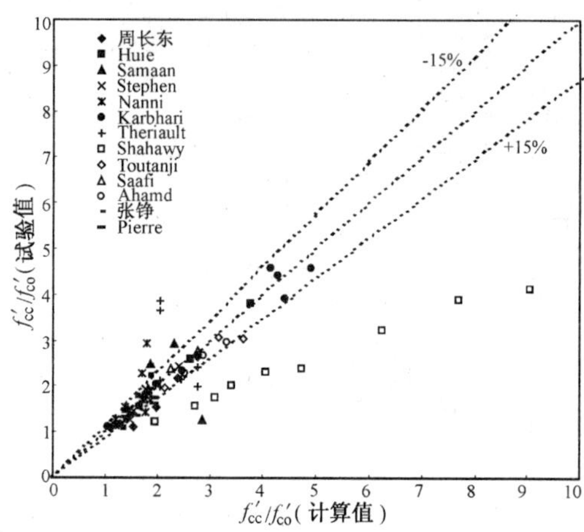

图 5.4.15 Saafi 模型

计算模型统计分析结果　　表 5.4.3

模型	极限强度			峰值应变		
	试验值/计算值			试验值/计算值		
	平均值	标准差	变异系数	平均值	标准差	变异系数
Fardis 和 Khalili	1.019	0.284	0.279	2.432	7.234	2.973
Karbhari 和 Gao	2.766	2.987	1.079	3.118	2.591	0.831
Samaan	0.939	0.243	0.258	0.793	0.561	0.708
Saadatmanesh	0.828	0.187	0.226	1.224	0.956	0.781
Lam 和 Teng	1.043	0.27	0.259	0.841	0.78	0.928
Spoelstra 和 Monti	0.998	0.268	0.272	0.777	0.68	0.875
Miryauchi	0.803	0.246	0.306	1.097 1.273	0.838 0.996	0.764 0.783
Kono	1.087	0.307	0.282	2.259	2.139	0.947
Toutanji	0.749	0.208	0.277	0.938	0.883	0.942
Saafi	0.925	0.24	0.252	0.939	0.861	0.917

5.4.3 约束混凝土矩形截面短柱强度

1996 年，Retrepol 和 De Vino[55] 提出的 FRP 约束混凝土矩形截面短柱的模型为：

$$\frac{f'_{cu}}{f'_{co}}=1+k_s k_1\frac{f_l}{f'_{co}} \tag{5.4.27}$$

式中 f'_{cu}——FRP 约束混凝土矩形截面短柱强度；

f_l——约束应力，$f_l=\dfrac{2f_{fu}t_f}{D}$；

D——圆柱直径，Retrepol 和 De Vino 未给出明确的定义；

k_s——截面形状系数，按式（5.4.28）计算；

k_1——有效约束系数。

对于矩形截面柱，转角处的约束应力最大，沿着柱截面边长约束应力的分布为二次抛物线，有效核心混凝土约束区是拱作用下所围成的面积，拱的起始角度为 45°（图

5. 4. 16)，截面形状系数 k_s 定义为有效约束混凝土面积与柱截面积的比值：

$$k_s=\frac{A_e}{A_c}=1-\left(\frac{(b-2r)^2+(h-2r)^2}{3bh}\right) \tag{5.4.28}$$

式中　A_e——有效约束面积；

A_c——柱截面面积；

b——矩形截面宽度；

h——矩形截面高度；

r——倒角半径。

1998 年，Mirmiran[56] 在试验的基础上提出了修正限制系数 MCR，根据试验结果给出了 FRP 约束混凝土方柱极限强度计算公式：

$$\frac{f'_{cu}}{f_{cu}}=0.169\ln(MCR)+1.32 \tag{5.4.29}$$

$$MCR=\left(\frac{2r}{h}\right)\frac{f_l}{f'_{co}} \tag{5.4.30}$$

式中　f_{cu}——无约束混凝土矩形截面短柱强度。

Mirmiran 规定式（5.4.30）中的 $MCR<0.15$，当 $MCR>0.15$ 时，可以应用 Samaan 1996 年给出的强度计算公式。

2001 年，Lam 和 Teng[22] 进行了 FRP 约束混凝土矩形截面短柱试验研究，提出的计算公式与式（5.4.27）相同，只是约束应力 f_l、截面形状系数 k_s 及有效约束系数 k_1（$k_1=2.0$）有所不同。Lam 和 Teng 认为可用矩形截面短柱的外接圆半径代替约束应力计算公式中的圆柱直径（图 5.4.16），即：

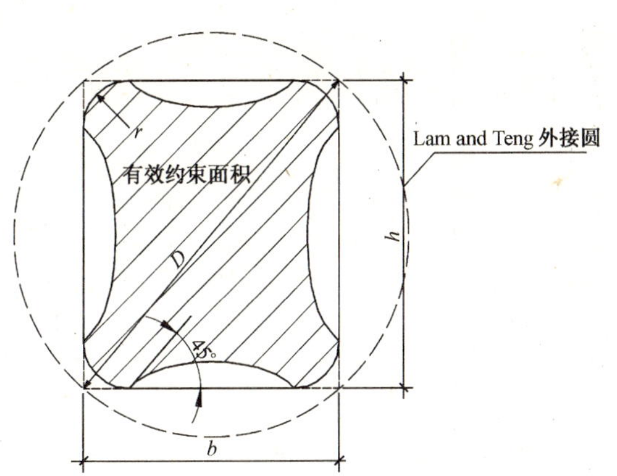

图 5.4.16　加固柱拱作用模型

$$f_l=\frac{2f_{fu}t_f}{\sqrt{h^2+b^2}} \tag{5.4.31}$$

同时，Lam 和 Teng 定义截面形状系数 k_s 为：

$$k_s=\frac{b}{h}\frac{A_e}{A_c} \tag{5.4.32}$$

$$\frac{A_e}{A_c}=\frac{1-\left(\dfrac{\frac{b}{h}(h-2r)^2+\frac{h}{b}(b-2r)^2}{3bh}\right)-\rho_s}{1-\rho_s} \tag{5.4.33}$$

式中　ρ_s——柱纵筋配筋率。

为更好地分析已有 FRP 约束混凝土矩形截面短柱的强度模型，收集了国内外学者已完成的试验，见表 5.4.4。试验中的变量为 FRP 种类、FRP 厚度、FRP 强度、FRP 弹性模量、截面尺寸、混凝土圆柱体强度、混凝土棱柱体强度及 FRP 加固形式等。试件的数据来自 5 篇参考文献，数量为 50 个。

FRP约束混凝土矩形截面短柱试验数据 表5.4.4

序号	试件编号	FRP弹性模量 E_f（GPa）	FRP极限抗拉强度 f_{fu}（MPa）	FRP极限拉应变 ε_{fu}	FRP厚度 t_f（mm）	试件尺寸 $b \times h \times H$（mm×mm×mm）	无约束强度 f_{cu}（MPa）	约束强度 f'_{cu}（MPa）	倒角半径 r（mm）	破坏模式	FRP形式	试件数量	参考文献
1	SL1	87.72	2800	0.032	0.169	150×150×450	18.6	29.9	20	F	GFRP布	1	[8]
	SH1				0.338		29.0	43.0		F		1	
	SM1				0.169		31.2	37.5		F		1	
	SM2				0.338			37.4		F		1	
	SM3				0.507			38.8		F		1	
	SM4				0.676			38.9		F		1	
2	S1	72.4	1730	0.0239	0.4	100×100×1000	12.5	27.4	5	F	GFRP布	1	[24]
	S4							44.1	11.3	F		1	
	R1					85×180×850		38.0	7.5	F	GFRP布	1	
3	NC1-2	220	1800	0.014~0.015	0.121	100×100×300	26.8	34.0	0	F	CFRP布	1	[16]
	NC1-3				0.121			36.0	0	F		1	
	NC1-4				0.121			35.5	0	F		1	
	NC1-5				0.242			37.0	0	F		1	
	NC1-6				0.242			40.0	0	F		1	
	NC1-7				0.242			37.0	0	F		1	
	NC1-8				0.363			44.0	0	F		1	
	NC1-9				0.363			41.4	0	F		1	
	NC1-10				0.363			43.5	0	F		1	
4		69.64	2186		1.45	152.5×152.5×305	40.6	43.6	6.35	F	GFRP管	6	[52]
5	S5-C3	82.7	1265	0.015	0.90	152×152×500	42.0	39.48	5	F	CFRP布	1	[19]
	S38-C3	82.7	1265	0.015	0.9	152×152×500	42.0	48.93	38	F	CFRP布	2	

续表

序号	试件编号	FRP 弹性模量 E_f（GPa）	FRP 极限抗拉强度 f_{fu}（MPa）	FRP 极限拉应变 ε_{fu}	FRP 厚度 t_f（mm）	试件尺寸 $b \times h \times H$（mm×mm×mm）	无约束强度 f_{cu}（MPa）	约束强度 f'_{cu}（MPa）	倒角半径 r（mm）	破坏模式	FRP 形式	试件数量	参考文献
5	S5-C5	82.7	1265	0.015	1.5	152×152×500	43.9	43.9	5	F	CFRP 布	1	[19]
	S25-C4				1.2			50.92	25	F	CFRP 布	1	
	S25-C5				1.5			47.85	25	F	CFRP 布	1	
	S25-C4	82.7	1265	0.015	1.2	152×152×500	35.8	52.27	25	F	CFRP 布	1	
	S25-C5				1.5			57.64	25	F	CFRP 布	1	
	S38-C4				1.2			59.43	38	F	CFRP 布	1	
	S38-C5				1.5			67.74	38	F	CFRP 布	1	
	R25-C3	82.7	1265	0.015	0.90	152×203×500	42.0	42.0	25	F	CFRP 布	1	
	R38-C3				0.9			43.68	38	F	CFRP 布	1	
	R5-C5				1.5		43.9	44.34	5	F	CFRP 布	1	
	R25-C4				1.2			44.34	25	F	CFRP 布	1	
	S5-A3	13.6	230	0.0169	1.26	152×152×500	43.0	50.74	5	F	AFRP 布	1	
	S5-A6				2.52			51.6		F	AFRP 布	1	
	S5-A9				3.78			53.75		F	AFRP 布	1	
	S5-A12				5.04			54.18		F	AFRP 布	1	
	S25-A3	13.6	230	0.0169	1.26	152×152×500	43.0	51.17	25	F	AFRP 布	1	
	S25-A6				2.52			51.17		F	AFRP 布	1	
	S25-A9				3.78			53.32		F	AFRP 布	1	
	S25-A12				5.04			55.04		F	AFRP 布	1	
	S38-A6	13.6	230	0.0169	2.52	152×152×500	43.0	50.74	38	F	AFRP 布	1	
	S38-A9				3.78			52.89	38	F	AFRP 布	1	

注：1. H—试件高度，2. F—FRP 断裂。

图5.4.17、图5.4.18对Mirmiran模型、Lam和Teng模型计算值与试验值进行了比较，可以看出，Mirmiran模型的计算值高于试验值，Lam和Teng模型的计算值与试验值基本吻合，虽然部分试验值与计算值的偏差较大，但是可以用来预测FRP约束混凝土矩形截面短柱强度。

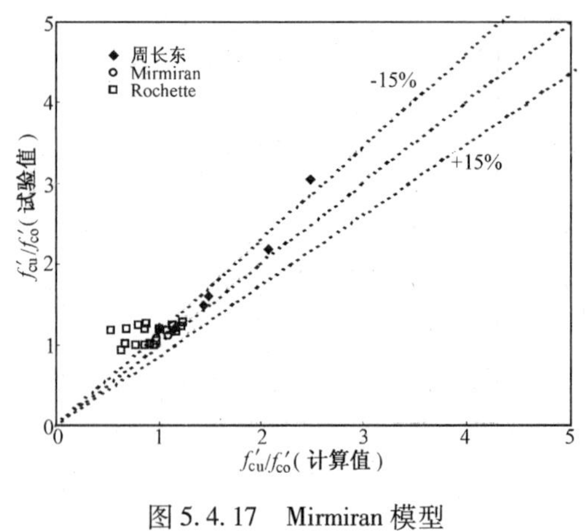

图5.4.17　Mirmiran模型

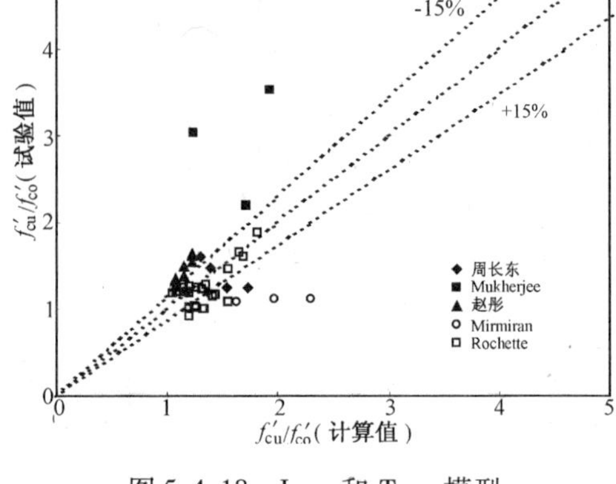

图5.4.18　Lam和Teng模型

5.4.4　约束混凝土圆柱体应力-应变关系

对于FRP约束混凝土短柱的受力性能，人们关心的是约束后的极限强度和极限应变，极限强度和极限应变是轴心受压短柱的力学性能指标。实际工程中，柱承受的荷载多为偏心荷载，即柱为偏心受压构件（压弯构件）。偏心受压构件中，为了计算分析弯矩与轴力的关系，需要知道约束混凝土的应力-应变关系。在抗震加固设计中，需要知道约束混凝土的应力-应变关系来计算滞回曲线。因此，研究FRP约束混凝土的应力-应变关系显得尤为重要。

FRP约束混凝土的应力-应变关系可以分为FRP约束混凝土圆柱体应力-应变关系和FRP约束混凝土矩形截面短柱应力-应变关系。应力-应变关系曲线中应包含两个方向的应力-应变关系曲线，即轴向受压应力-应变关系曲线和横向（环向）应力-应变关系曲线，本书仅涉及轴向受压应力-应变关系曲线。

许多学者为了准确地拟合FRP约束混凝土圆柱体的应力-应变关系曲线，提出了多种数学函数式的曲线方程，如有理分式和分段式（表5.4.5）[57~60]。分段式又可以分为两类：一类是二阶段应力-应变关系曲线方程，一类是三阶段应力-应变关系曲线方程。以上本构关系模型中应力-应变曲线均为上升型，文献[61]中指出，对于弱约束混凝土短柱，应力-应变曲线中将出现下降段。

为了评价已有的FRP约束混凝土圆柱体应力-应变曲线模型，收集了有关作者已完成的试验并进行了比较分析，如图5.4.19~图5.4.21所示。

图5.4.19为周长东2003年完成的GFRP包裹混凝土圆柱试验。可以看出，Toutanji的模型与试验值吻合最好，但是极限强度、极限应变明显高于试验值。Lam和Teng的模型中极限强度、极限应变与试验值吻合较好，但是应力-应变曲线与试验值相差较多，其他的

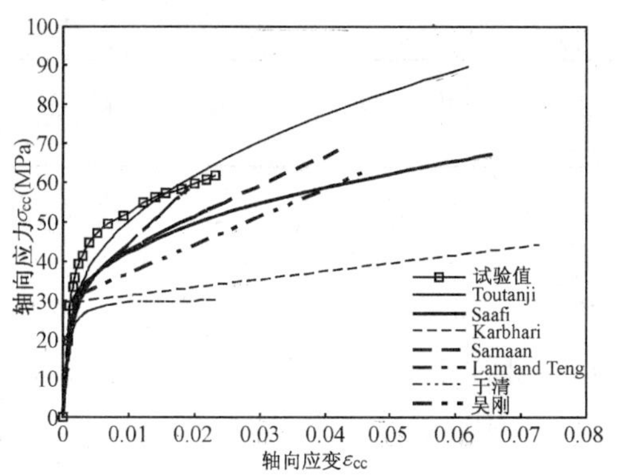

图5.4.19　周长东试验[8]

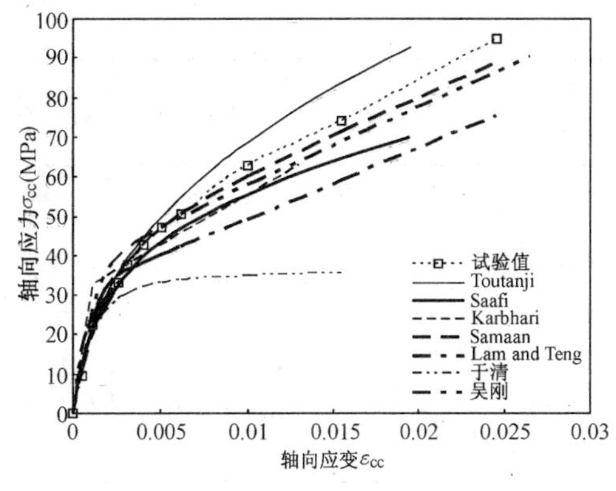

图5.4.20　Toutanji试验[50]

约束模型无论是极限强度、极限应变还是应力应变曲线与试验值均相差较多。

图5.4.20为Toutanji1999年进行的CFRP布约束混凝土圆柱试验。可以看出，除了于清模型与试验值偏差较大外，其余模型与试验值偏差相对较小，应力-应变曲线与试验曲线偏差也相对较小。

图5.4.21为Saafi1999年进行的GFRP管约束混凝土圆柱试验。可以看出，Samaan模型、吴刚模型与试验值吻合较好，其余模型与试验值相比误差较大。

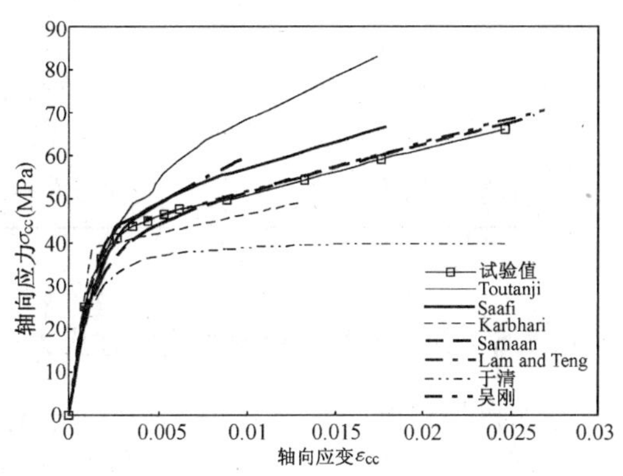

图5.4.21　Saafi试验[51]

FRP约束混凝土圆柱体应力-应变关系全曲线方程　　表5.4.5

<table>
<tr><th>函数类型</th><th colspan="2">表　达　式</th><th>建议者</th><th>参考文献</th></tr>
<tr><td rowspan="2">有理分式</td><td colspan="2">$\sigma_{cc}=\dfrac{A\varepsilon_{cc}}{[B+(C\varepsilon_{cc})^{n}]^{1/n}}+D\varepsilon_{cc}$</td><td>Samaan、于清</td><td>[47,57]</td></tr>
<tr><td colspan="2">$\sigma_{cc}=\left[\dfrac{A(\varepsilon_{cc}/\varepsilon_{cc}')+(B-1)(\varepsilon_{cc}/\varepsilon_{cc}')^{2}}{1+(A-2)(\varepsilon_{cc}/\varepsilon_{cc}')+B(\varepsilon_{cc}/\varepsilon_{cc}')^{2}}\right]f_{cc}'$</td><td>Ahmad和Khaloo</td><td>[53]</td></tr>
<tr><td rowspan="2">分段式</td><td>第一阶段</td><td>第二阶段</td><td rowspan="2">Toutanji</td><td rowspan="2">[50]</td></tr>
<tr><td>$\sigma_{cc}=\dfrac{A_{a}\varepsilon_{cc}}{1+C_{a}\varepsilon_{cc}+D_{a}\varepsilon_{cc}^{2}}$</td><td>$\sigma_{cc}=f_{co}'\left[1+k_{1}\left(\dfrac{f_{l}}{f_{co}'}\right)^{n}\right]$
$\varepsilon_{cc}=\varepsilon_{co}\left[1+(k_{2}\varepsilon_{cl}+k_{3})\left(\dfrac{\sigma_{cc}}{f_{co}'}-1\right)\right]$</td></tr>
</table>

续表

函数类型	表达式		建议者	参考文献
	第一阶段	第二阶段		
分段式	$\sigma_{cc}=\frac{A_a\varepsilon_{cc}}{1+C_a\varepsilon_{cc}+D_a\varepsilon_{cc}^2}$	$\sigma_{cc}=f'_{co}\left[1+k_1\left(\frac{f_l}{f'_{co}}\right)^n\right]$ $\varepsilon_{cc}=\varepsilon_{co}\left[1+(k_2\varepsilon_{cl}+k_3)\left(\frac{\sigma_{cc}}{f'_{co}}-1\right)\right]$	Saafi	[51]
	$\sigma_A=f'_{co}+k_1f'_{co}$ $\varepsilon_A=\frac{\sigma_A}{E_{eff}}$	$\sigma_B=f'_{co}+k_2f'_{co}+k_3$ $\varepsilon_B=1-\frac{k_4[k_5-k_6f'_{co}]}{(1+\varepsilon_{fu})^2}$	Karbhari 和 Gao	[46]
	$\sigma_{cc}=k_1\varepsilon_{cc}+k_2f_l$ $\varepsilon_l=k_3\varepsilon_{cc}$ $f_l=E_l\varepsilon_l$	$\sigma_{cc}=k_4f'_{co}+k_5f_l$ $\varepsilon_l=k_6-k_7\varepsilon_{cc}$ $f_l=E_l\varepsilon_l$	Xiao 和 Wu	[20]

5.4.5 约束混凝土矩形截面短柱应力-应变关系

根据拱作用模型的原理，FRP 对混凝土矩形截面柱的约束将有所降低。另一方面，矩形截面柱的转角处存在应力集中，将造成 FRP 过早断裂破坏，没有充分发挥出 FRP 的强度，因此，FRP 约束混凝土矩形截面短柱的应力-应变关系存在下降段。

与 FRP 约束混凝土圆柱体应力-应变关系曲线方程相类似，已有的应力-应变关系曲线方程可以分为多项式、指数式和分段式（图 5.4.22、表 5.4.6）。对于曲线的上升段和下降段，有的用统一方程，有的则给出分段式。分段式每一阶段一般为直线形，故只要给出每一阶段终点的应力、应变即可，如 Chaallal 的应力-应变关系曲线方程（图 5.4.22（*c*））。

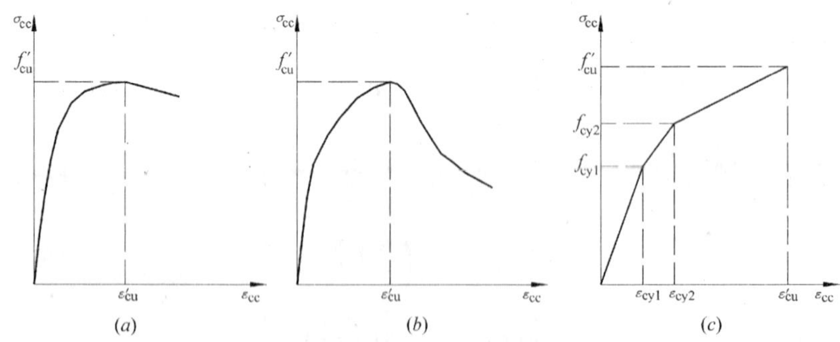

图 5.4.22 FRP 约束混凝土矩形截面短柱应力-应变关系曲线
（*a*）多项式型；（*b*）指数型；（*c*）分段式型

FRP 约束混凝土矩形截面短柱应力-应变关系全曲线方程 **表 5.4.6**

<table>
<tr><th>函数类型</th><th colspan="3">表达式</th><th>建议者</th><th>参考文献</th></tr>
<tr><td>指数式</td><td colspan="3">$y=\begin{cases} e\cdot x^{A}\cdot e^{-xA} & B_{cfs}\leqslant 0.0128 \\ 1-(1-x)^{A} & B_{cfs}>0.0128 \end{cases}$ $\quad y=\sigma_{cc}/f'_{cu}$, $x=\varepsilon_{cc}/\varepsilon'_{cu}$, $B_{cfs}=f'_{cu}/\varepsilon'_{cu}$</td><td>赵彤</td><td>[16]</td></tr>
<tr><td>多项式</td><td colspan="3">$\sigma_{cc}=\begin{cases} f'_{cu}\left[2\left(\dfrac{\varepsilon_{cc}}{\varepsilon'_0}\right)-\left(\dfrac{\varepsilon_{cc}}{\varepsilon'_0}\right)^2\right] & 0\leqslant\varepsilon_{cc}\leqslant\varepsilon'_0 \\ f'_{cu}\left[1-0.15\left(\dfrac{\varepsilon_{cc}-\varepsilon'_0}{\varepsilon'_{cu}-\varepsilon'_0}\right)\right] & \varepsilon'_0<\varepsilon_{cc}\leqslant\varepsilon'_{cu} \end{cases}$</td><td>周长东</td><td>[8]</td></tr>
<tr><td rowspan="2">分段式</td><td>第一阶段</td><td>第二阶段</td><td>第三阶段</td><td rowspan="2">Chaallal</td><td rowspan="2">[62]</td></tr>
<tr><td>$f_{cy1}=0.7f_{cy2}$
$\varepsilon_{cy1}=\dfrac{f_{cy1}}{E_c}$</td><td>$f_{cy2}=f'_{co}+(1820k-2.4)f'^{0.6}_{co}$
$\varepsilon_{cy2}=\varepsilon_{co}+(4200k-11.9)\times 10^{-3}/f'^{0.4}_{co}$</td><td>$f'_{cu}=f'_{co}+4.12\times 10^{5}k$
$\varepsilon'_{cu}=\varepsilon_{co}+(3k-150k^2)\times 10^{-3}/f'_{co}$</td></tr>
</table>

5.4.6 FRP 加固钢筋混凝土轴心受压柱的承载力计算

1）基本计算公式

轴心受压构件中，轴心力的偏心实际上是不可避免的。在短粗柱子中，偶然偏心的影响很小，但是随着长细比的增大而增大。对于钢管混凝土柱，美国、日本等国家规定柱的直径与壁厚之比 D/t 小于 50 为短柱，大于 100 为细长柱。我国混凝土结构加固设计规范中规定对轴心受压柱进行加固，圆形截面柱的长细比 $l_0/D\leqslant 12$；截面高宽比 $h/b\leqslant 1.5$，且截面高度小于 600mm 的方柱长细比 $l_0/b\leqslant 14$。

Mirmiran[56、63] 等于 1998 年、2001 年分析了 GFRP 管、CFRP 管混凝土柱轴心受力状态下的长细比，给出了长细比限值的计算公式，即：

$$\left(\frac{l_0}{r_e}\right)_{lim}=\frac{-3.1\alpha_{Ef}^2+37\alpha_{Ef}+53}{\dfrac{\left(\dfrac{D}{t_f}\right)}{150}+7.3} \tag{5.4.34}$$

式中 l_0——计算长度；

r_e——回转半径，$r_e=\dfrac{D_{eq}}{4}$；

D_{eq}——等效直径，$D_{eq}=D+2t_f\alpha_{Ef}$；

$\alpha_{Ef}=E_f/E_c$；

t_f——管壁厚度。

Mirmiran 指出，若 $\alpha_{Ef}=1$，$D/t_f=50$，则 GFRP 管混凝土柱的长细比限值约为 11.4；若 $\alpha_{Ef}=5$，$D/t_f=50$，则 CFRP 管混凝土柱的长细比限值约为 21。

此外，Mirmiran 等根据 GFRP 管混凝土柱的试验结果给出了长细比与稳定系数关系的计算公式：

$$f_{co}^{\prime l}=f_{co}^{\prime s}\left[0.0288\left(\frac{l_0}{D}\right)^2-0.263\left(\frac{l_0}{D}\right)+1.418\right] \tag{5.4.35}$$

式中 $f_{co}^{\prime l}$——长柱的承载力；

$f_{co}^{\prime s}$——短柱的承载力；

l_0/D——柱长细比。

将式（5.4.35）改写为：

$$\varphi=0.0288\left(\frac{l_0}{D}\right)^2-0.263\left(\frac{l_0}{D}\right)+1.418 \tag{5.4.36}$$

式中，$\varphi=f_{co}^{\prime l}/f_{co}^{\prime s}$，即稳定系数。

（5.4.36）式即为 FRP 管混凝土柱轴心受压稳定系数的计算公式，稳定系数 φ 与长细比 l_0/D 的关系为二次曲线关系，当长细比 $l_0/D\approx4.56$ 时，稳定系数达最小值0.817，之后稳定系数随着长细比的增加而增大，这与实际情况不符。

哈尔滨工业大学的潘景龙等进行了 FRP 加固钢筋混凝土矩形截面柱稳定系数的研究[13]。试件的长细比 l_0/b 为4.5～17.5，所有试件均粘贴1层 CFRP 布，潘景龙等给出的稳定系数计算公式为：

$$\varphi=\left[1+\frac{0.054}{\frac{l_0}{b}}\left(\frac{l_0}{b}-4.5\right)^2\right]^{-1} \tag{5.4.37}$$

式（5.4.36）、式（5.4.37）中稳定系数与长细比的关系均为非线性关系，为了简化计算，对 Mirmiran 和潘景龙的试验数据进行回归分析，可得：

FRP 管柱（图5.4.23（a））：

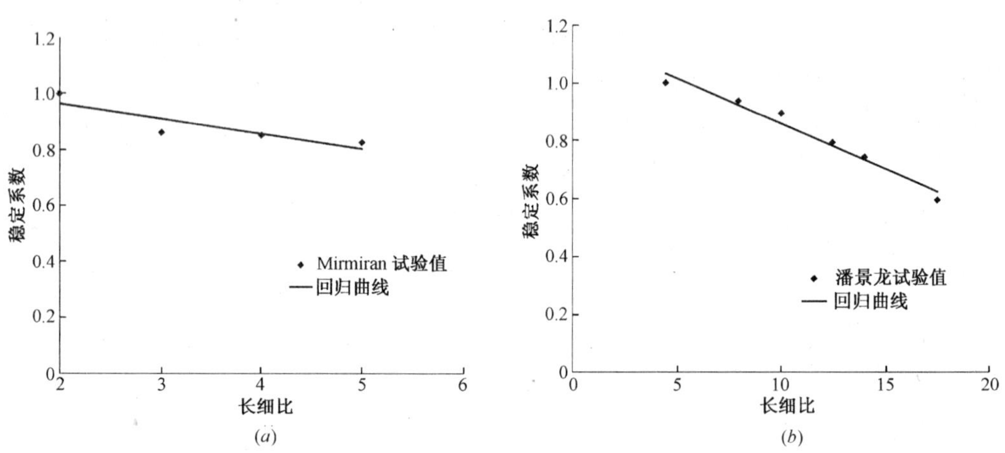

图5.4.23 稳定系数的回归

（a）Mirmiran 的试验；（b）潘景龙等的试验

$$\varphi=1.0722-0.0537\frac{l_0}{D} \tag{5.4.38}$$

FRP 加固钢筋混凝土矩形截面柱（图5.4.23（b））：

$$\varphi=1.1745-0.0315\frac{l_0}{b} \tag{5.4.39}$$

FRP 加固钢筋混凝土轴心受压柱试验数据表　　**表 5.4.7**

序号	试件编号	FRP 弹性模量 E_f（GPa）	FRP 极限抗拉强度 f_{fu}（MPa）	FRP 极限拉应变 ε_{fu}	FRP 厚度 t_f（mm）	截面尺寸			试件高 H（mm）	长细比	无约束混凝土强度 f'_{co}（f_{cu}）（MPa）	纵向钢筋 A'_s（mm^2）	纵筋强度 f'_y（MPa）	承载力（kN）		破坏模式	FRP 加固方式	试件数量	参考文献
						直径 D（mm）	截面高 h（mm）	截面宽 b（mm）						试验值	计算值				
1	EA1	87.72	2800	0.032	0.507		200	150	1200	8	32.8	4ϕ14	365.9	1117.3	1095	F	GFRP 条带[a]	1	[8]
2	K2	198	2600	0.0119	0.585	400			2000	2.5	34.3	10ϕ14	620	7460	7890.9	F	GFRP 全包	1	[64]
	K3	480	1100	0.0022	0.94	400			2000	2.5	34.3	10ϕ14	620	7490	7002	F		1	
	K4	60	780	0.013	1.8	400			2000	2.5	39.3	10ϕ14	620	7580	8349.4	F	GFRP 全包	1	
	K5	60	780	0.013	0.6	400			2000	2.5	39.3	10ϕ14	620	5325	6048.3	F		1	
	K8	120	1100	0.0096	0.492	400			2000	2.5	39.1	10ϕ14	620	6230	6274.2	F	混杂纤维全包	1	
3	FSC2	235	3500	0.015	0.26		200	200		0.8	21.2	10ϕ14	562	1264.8	1220	F	CFRP 全包	3	[65]
	FSC4	235	3500	0.015	0.52		200	200		0.8	21.2	10ϕ14	562	1500.1	1547.1	F		3	
	FSC2	235	3500	0.015	0.26		200	200		0.8	21.2	10ϕ14	562	1288.6	1223	F	GFRP 条带[b]	3	
	FSG2	75	1500	0.021	0.34		200	200		0.8	21.2	10ϕ14	562	1194.2	1311.8	F	GFRP 全包	3	
	FSG4	75	1500	0.021	0.68		200	200		0.8	21.2	10ϕ14	562	1383.5	1220	F		3	
4	K02G	26.1	600	0.0224	2.0		400	115	1500	6.52	22.56	8ϕ13	505	1754	1983.6	F	GFRP 全包	1	[66]
	K02GP	26.1	600	0.0224	2.0		400	115	1500	6.52	25.04	8ϕ13	505	1972	2034.3	F		1	
	M01C	228	4275	0.015	0.165		400	115	1500	6.52	20.8	8ϕ13	495	1636	1657.3	F	GFRP 全包	1	
	M02CP	228	4275	0.015	0.33		400	115	1500	6.52	18.64	8ϕ13	495	1856	2328.6	F		1	
	N02G	26.1	600	0.0224	2.0		400	115	1200	5.22	20.72	8ϕ13	457	1624	1927.7	F	GFRP 全包	1	

注：1. *a*. 条带宽 100mm，间距 100mm；*b*. 条带宽 50mm，间距 5mm；2. F—FRP 断裂。

式（5.4.38）是 FRP 管混凝土柱稳定系数的计算公式，式（5.4.39）是两端铰接柱的稳定系数计算公式，在缺乏试验数据的情况下，可参考式（5.4.38）、式（5.4.39）计算轴心受压稳定系数，其他情况可参照混凝土结构设计规范中有关稳定系数的计算公式。

轴心受压状态下 FRP 加固钢筋混凝土柱的承载力可按下式计算：

$$N_u = \varphi[f'_{cc}(A_c - A'_s) + f'_y A'_s] \quad \text{（圆柱）} \tag{5.4.40a}$$

$$N_u = \varphi[f'_{cu}(A_c - A'_s) + f'_y A'_s] \quad \text{（矩形柱）} \tag{5.4.40b}$$

式中 N_u——FRP 加固轴心受压钢筋混凝土柱承载力；

f'_{cc}——FRP 约束混凝土圆柱体强度，可按式（5.4.3）或其他有关公式计算；

f'_{cu}——FRP 约束混凝土矩形截面短柱强度，可按式（5.4.27）或其他有关公式计算，其中约束应力 f_l、截面形状系数 k_s 分别按式（5.4.31）、式（5.4.32）计算，有效约束系数 $k_1 = 2.0$；

f'_y——受压钢筋屈服强度；

A_c——柱截面面积；

A'_s——受压钢筋面积。

根据本节建立的 FRP 加固钢筋混凝土轴心受压柱计算公式，计算了表 5.4.7 所列试件的承载力。表 5.4.8 给出了试验值/计算值的统计特征值，图 5.4.24 给出了相对误差值，可以看出计算值与试验值吻合较好，可以用来计算 FRP 加固钢筋混凝土轴心受压柱承载力。

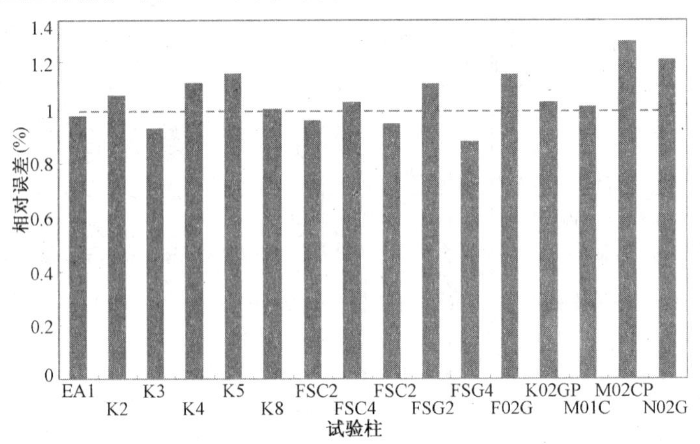

图 5.4.24 计算值与试验值的相对误差

计算模型统计分析结果 **表 5.4.8**

模　型	承载力（kN）		
	试验值/计算值		
	平均值	标准差	变异系数
本　书	1.047	0.009	0.0087

2）设计建议

我国混凝土结构设计规范中给出了矩形截面钢筋混凝土轴心受压构件的承载力设计计算公式[67]：

$$N_d \leqslant 0.9\varphi(f_c A_c + f'_y A'_s) \tag{5.4.41}$$

式中　N_{d}——轴向压力设计值；

φ——稳定系数；

f_{c}——混凝土轴心抗压强度设计值；

f_{y}'——受压钢筋设计强度。

根据式（5.4.40）和式（5.4.41）可建立 FRP 加固钢筋混凝土轴心受压柱承载力设计计算公式：

$$N_{\mathrm{d}} \leqslant N_{\mathrm{u}} = 0.55\varphi[\psi_{\mathrm{f}} f_{\mathrm{cd}}'(A_{\mathrm{c}} - A_{\mathrm{s}}') + f_{\mathrm{y}}' A_{\mathrm{s}}'] \tag{5.4.42}$$

式中　0.55——强度折减系数；

ψ_{f}——附加折减系数，$\psi_{\mathrm{f}} = 0.95$；

f_{cd}'——FRP 约束混凝土圆柱体或矩形截面短柱轴心抗压强度设计值，按式（5.4.43）和式（5.4.44）计算。

圆柱：

$$f_{\mathrm{cd}}' = f_{\mathrm{co}}'\left(-1.254 + 2.254\sqrt{1 + \frac{7.94 f_l}{f_{\mathrm{co}}'}} - 2\frac{f_l}{f_{\mathrm{co}}'}\right) \tag{5.4.43}$$

矩形截面柱：

$$f_{\mathrm{cd}}' = f_{\mathrm{co}}' + k_{\mathrm{s}} k_1 f_l \tag{5.4.44}$$

式中　f_{co}'——无约束混凝土圆柱体强度，可近似取 $f_{\mathrm{co}}' = f_{\mathrm{c}}$；

f_l——约束应力，$f_l = \dfrac{2 f_{\mathrm{fe}} t_{\mathrm{f}}}{D}$（圆柱），$f_l = \dfrac{2 f_{\mathrm{fe}} t_{\mathrm{f}}}{\sqrt{h^2 + b^2}}$（矩形截面柱）；

f_{fe}——FRP 有效应力，$f_{\mathrm{fe}} = \varepsilon_{\mathrm{fe}} E_{\mathrm{f}}$；

$\varepsilon_{\mathrm{fe}}$——FRP 有效拉应变；

k_{s}——截面形状系数，按式（5.4.32）计算；

k_1——有效约束系数，$k_1 = 2.0$。

FRP 为线弹性材料，破坏时表现出明显的脆性特征。为避免发生突然脆性破坏，对 FRP 的使用强度应加以限制，以保证 FRP 加固的钢筋混凝土柱有足够的强度储备，因此参照《指南》，对 FRP 有效拉应变 $\varepsilon_{\mathrm{fe}}$ 取值为[31]：

$$\varepsilon_{\mathrm{fe}} = 0.004 \leqslant 0.75\varepsilon_{\mathrm{fu}} \tag{5.4.45}$$

根据式（5.4.42）计算了表 5.4.7 中部分试验柱，如图 5.4.25 所示。计算结果表明，本书给出的设计计算公式与《指南》、CSA 中的设计计算结果接近，强度储备较大（《指南》平均值为 2.27，CSA 平均值为 3.08，本书平均值为 2.35），可以用于加固设计中。

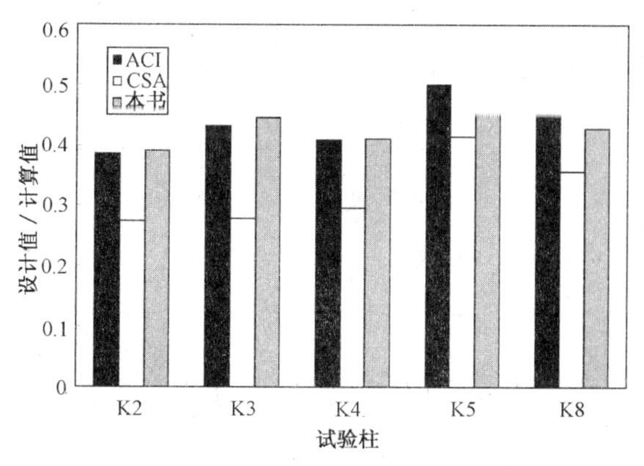

图 5.4.25　FRP 加固钢筋混凝土轴心受压柱设计值与计算值的比较

5.4.7　计算示例

［例 5.1］某轴心受压柱，柱底固定，顶部为不动铰支座，柱截面尺寸为 300mm × 300mm，柱高 $l = 6500\mathrm{mm}$。由于结构改造，轴向力设计值 N_{d} 增至 650kN。采用 C20 混凝土，纵向受力钢

筋为 HRB335 级，箍筋为 HPB235 级。已知纵向钢筋为 4 Φ 22（$A_s'=1521\text{mm}^2$），箍筋为 $\phi 6@250$，加固用碳纤维布极限强度 $f_{fu}=4212\text{MPa}$，极限拉应变 $\varepsilon_{fu}=0.017$，弹性模量 $E_f=255\text{GPa}$，单层厚度 =0.17mm，转角半径 $r=20\text{mm}$，试对该柱进行加固设计。

［**解**］1）按本书的方法设计

C20 混凝土设计强度 $f_c=9.6\text{MPa}$，$f_{co}'=f_c=9.6\text{MPa}$，HRB335 级钢筋设计强度

$$f_y'=300\text{MPa}$$

$$l_0=0.7l=0.7\times 6500=4550\text{mm}$$

$$l_0/b=4550/300=15.1$$

由于式（5.4.39）是根据柱两端铰接得到的稳定系数计算公式，故不适用于本例。稳定系数可近似按钢筋混凝土柱的稳定系数计算[67]：

$$\varphi=0.89$$

设加固用的碳纤维布为 4 层，则：

$$\varepsilon_{fe}=0.004\leqslant 0.75\varepsilon_{fu}=0.01275$$

$$f_{fe}=E_f\varepsilon_{fe}=255\times 10^3\times 0.004=1020\text{MPa}$$

$$f_l=\frac{2f_{fe}t_f}{\sqrt{h^2+b^2}}=\frac{2\times 1020\times 4\times 0.17}{\sqrt{300^2+300^2}}=3.27\text{MPa}$$

由式（5.4.32）、式（5.4.33）计算截面形状系数 k_s：

$$\rho_s=\frac{A_s'}{bh}=\frac{1521}{300\times 300}=0.0169$$

$$\frac{A_e}{A_c}=\frac{1-\left(\dfrac{\dfrac{b}{h}(h-2r)^2+\dfrac{h}{b}(b-2r)^2}{3bh}\right)-\rho_s}{1-\rho_s}=\frac{1-\dfrac{2\times(300-2\times 20)^2}{3\times 300\times 300}-0.0169}{1-0.0169}=0.49$$

$$k_s=\frac{b}{h}\frac{A_e}{A_c}=0.49$$

由式（5.4.44）可得：

$$f_{cd}'=f_{co}'+k_sk_1f_l=9.6+0.49\times 2\times 3.27=12.8\text{MPa}$$

由式（5.4.42）可得：

$$\begin{aligned}N_u&=0.55\varphi[\psi_f f_{cd}'(A_c-A_s')+f_y'A_s']\\&=0.55\times 0.89\times[0.95\times 12.8\times(300\times 300-1521)+300\times 1521]\\&=750\text{kN}>N_d=650\text{kN}\end{aligned}$$

2）按《规范》设计

设加固用的碳纤维布为 4 层，对于一般构件取 $\varepsilon_{fe}=0.0045$

纵向钢筋配筋率 $$\rho_s=\frac{A_s'}{bh}=\frac{1521}{300\times 300}=0.0169$$

约束混凝土面积 $A_{cor}=bh-(4-\pi)r^2=300\times 300-(4-3.14)\times 20^2=89656\text{mm}^2$

约束体积比 $\rho_f=2t_f(b+h)/A_{cor}=2\times 4\times 0.17\times(300+300)/89656=0.0091$

有效约束系数为：

$$k_c=1-\frac{(b-2r)^2+(h-2r)^2}{3A_{cor}(1-\rho_s)}=1-\frac{(300-2\times 20)^2+(300-2\times 20)^2}{3\times 89656\times(1-0.0169)}=0.489$$

由式（5.3.3）可得：

约束应力 $\sigma_1=0.5\beta_c k_c\rho_f E_f\varepsilon_{fe}=0.5\times 1.0\times 0.489\times 0.0091\times 230\times 10^3\times 0.0045$
$=2.3\text{MPa}$

由于长细比 $l_0/b=4550/300=15.1>14$，故参考混凝土结构设计规范给定的稳定系数计算公式，可得 $\varphi=0.89$

由式（5.3.2）可得：

$$\begin{aligned}N_u&=0.9\varphi[(f_c+4\sigma_1)A_{cor}+f_y'A_s']=0.9\times 0.89\times[(9.6+4\times 2.3)\\&\quad\times 89656+300\times 1521]\\&=1716\text{kN}>N_d=650\text{kN}\end{aligned}$$

［**例 5.2**］圆形截面轴心受压柱 $D=400$mm，两端铰接，计算长度 $l_0=2.75$m，混凝土强度等级为 C25，纵向受力钢筋采用 HRB335 级，箍筋为 R235 级。由于结构改造，轴向力设计值 N_d 增至 1200kN。已知纵向钢筋为 10Φ16，箍筋为 ϕ10@60，加固用碳纤维布极限强度 $f_{fu}=4212$MPa，极限拉应变 $\varepsilon_{fu}=0.017$，弹性模量 $E_f=255$GPa，单层厚度 = 0.17mm，试对该柱进行加固设计。

［**解**］1）按本书的方法设计

C25 混凝土设计强度 $f_c=11.5$MPa，$f_{co}'=f_c=11.5$MPa，HRB335 级钢筋设计强度

$$f_y'=300\text{MPa}$$

$$l_0/D=2750/400=6.875<7$$

由于式（5.4.39）是 FRP 加固矩形截面柱稳定系数计算公式，故不适用于本例。稳定系数可近似按钢筋混凝土柱的稳定系数计算[67]：$\varphi=1.0$

设加固用的碳纤维布为 4 层，则：

$$\varepsilon_{fe}=0.004\leqslant 0.75\varepsilon_{fu}=0.01275$$

$$f_{fe}=E_f\varepsilon_{fe}=255\times 10^3\times 0.004=1020\text{MPa}$$

$$f_l=\frac{2f_{fe}t_f}{D}=\frac{2\times 1020\times 4\times 0.17}{400}=3.47\text{MPa}$$

由式（5.4.43）可得：

$$\begin{aligned}f_{cd}'&=f_{co}'\left(-1.254+2.254\sqrt{1+\frac{7.94f_l}{f_{co}'}}-2\frac{f_l}{f_{co}'}\right)\\&=11.5\times\left(-1.254+2.254\times\sqrt{1+\frac{7.94\times 3.47}{11.5}}-2\times\frac{3.47}{11.5}\right)=26.4\text{MPa}\end{aligned}$$

由式（5.4.42）可得：

$$\begin{aligned}N_u&=0.55\varphi\ [\psi_f f_{cd}'\ (A_c-A_s')\ +f_y'A_s']\\&=0.55\times 1.0\times[0.95\times 26.4\times(125600-2011)+300\times 2011]\\&=2037\text{kN}>N_d=1200\text{kN}\end{aligned}$$

2）按《指南》设计

$$\rho_f=\frac{4t_f}{D}=\frac{4\times 4\times 0.17}{400}=0.0068$$

$$f_l=\frac{k_a\rho_f f_{fe}}{2}=\frac{k_a\rho_f\varepsilon_{fe}E_f}{2}=\frac{1.0\times0.0068\times0.004\times255\times10^3}{2}=3.47\text{MPa}$$

$$f'_{cc}=f'_{co}\left[2.25\sqrt{1+7.9\frac{f_l}{f'_{co}}}-2\frac{f_l}{f'_{co}}-1.25\right]$$

$$=11.5\times\left[2.25\times\sqrt{1+7.9\times\frac{3.47}{11.5}}-2\times\frac{3.47}{11.5}-1.25\right]=26.3\text{MPa}$$

$$N_u=0.80\phi[0.85\psi_f f'_{cc}(A_c-A'_s)+f'_y A'_s]$$
$$=0.80\times0.65\times[0.85\times0.95\times26.3\times(125600-2011)+300\times2011]$$
$$=1679\text{kN}>N_d=1200\text{kN}$$

3）按 CSA 规范设计

$$f_{fe}=[\min(0.004E_f,\ \phi_F f_{fu})]=0.004\times255\times10^3=1020\text{MPa}$$

$$f_l=\frac{2t_f f_{fe}}{D}=\frac{2\times4\times0.17\times1020}{400}=3.47\text{MPa}$$

$$k_1=0.67(k_a f_l)^{-0.17}=0.67\times(1\times3.47)^{-0.17}=0.54$$

$$f'_{cc}=0.85f'_{co}+k_1k_c f_l=0.85\times11.5+0.54\times1.0\times3.47=11.6\text{MPa}$$

$$\alpha_1=0.85-0.0015f'_{co}=0.85-0.0015\times11.5=0.83>0.67$$

$$N_u=k_e[\alpha_1\phi_c f'_{cc}(A_c-A'_s)+\phi_s f'_y A'_s]$$
$$=0.85\times[0.83\times0.6\times11.6\times(125600-2011)+0.85\times300\times2011]$$
$$=1043\text{kN}<1200\text{kN}$$

故按 CSA 规范设计不满足要求。

4）按《规范》设计

由于长细比 $l_0/D=2750/400=6.875<12$，故本例适用于《规范》中的承载力计算公式。

设加固用的碳纤维布为 4 层，对于一般构件取 $\varepsilon_{fe}=0.0045$

约束混凝土面积　　$A_{cor}=\frac{\pi D^2}{4}=\frac{3.14\times400^2}{4}=125600\text{mm}^2$

约束体积比　　$\rho_f=4t_f/D=4\times4\times0.17/400=0.0068$

对于圆形截面柱，有效约束系数　　$k_c=0.95$

由式（5.3.3）可得有效约束应力：

$$\sigma_1=0.5\beta_c k_c\rho_f E_f\varepsilon_{fe}=0.5\times1.0\times0.95\times0.0068\times230\times10^3\times0.0045=3.34\text{MPa}$$

由式（5.3.2）可得：

$$N_u=0.9[(f_c+4\sigma_1)A_{cor}+f'_y A'_s]=0.9\times[(11.5+4\times3.34)\times125600+300\times2011]$$
$$=3353\text{kN}>N_d=1200\text{kN}$$

5.5 FRP 加固钢筋混凝土柱的偏心受力性能

同时承受轴向压力和弯矩的构件，称为偏心受压构件，实际工程中的受压柱均为偏心受压构件，对这类构件也可采用 FRP 进行加固。Fardis 和 Khalili[45]（1982 年）、Saadatmanesh[48]（1994 年）、Mirmiran 和 Shahawy[68]（1996 年）、Mirmiran 等[69]（1999 年）、

Chaallal 和 Shahawy[70]（2000 年）曾经进行过 FRP 加固偏心受压构件理论研究，陶忠等[71]（2001 年）、周长东[8]（2003 年）、潘景龙等[72]（2005 年）进行了 FRP 加固钢筋混凝土偏心受柱的试验研究。

5.5.1　破坏模式

FRP 全包加固的小偏心受压钢筋混凝土柱，由于偏心距小，破坏模式与 FRP 全包加固的钢筋混凝土轴心受压柱相似。破坏时，在受压应力较大的一边，FRP 发生剥离、起鼓、断裂的现象。FRP 条带加固的小偏心受压钢筋混凝土柱，随着荷载的增加，内侧条带间隙混凝土出现竖向裂缝并不断扩展，随后间隙处混凝土压碎开始剥落，柱的挠度和变形也逐渐增大。同时，远离荷载的一侧，间隙处混凝土及 FRP 上出现垂直于柱纵向的横向裂缝，靠近荷载一侧的混凝土逐渐压碎剥落，柱随之破坏（图 5.5.1（*a*））。

FRP 全包加固的大偏心受压钢筋混凝土柱，由于偏心距较大，柱受拉边 FRP 出现横向裂缝，FRP 断裂。将 FRP 布剥离，可以看到受压区混凝土已经压碎，受拉钢筋屈服。FRP 条带加固的大偏心受压钢筋混凝土柱，破坏模式与小偏心受压柱相似，在受拉边的 FRP 及间隙处的混凝土出现横向裂缝，受压边间隙处的混凝土出现竖向裂缝，最后受压区混凝土压碎剥落，受拉钢筋屈服，柱随之破坏（图 5.5.1（*b*））。

5.5.2　承载力计算

偏心受压柱的理论分析包括大、小偏心受压柱的承载力计算和加固柱的弯矩——轴力相关曲线（*M*-*N* 曲线）。弯矩——轴力相关曲线（*M*-*N* 曲线）文献［22、71］均有所涉及，本书主要探讨 FRP 加固大、小偏心钢筋混凝土矩形截面受压柱的承载力计算方法。这里需要说明的是，本书涉及的偏心受压柱加固方式为 FRP 缠绕包裹方式，FRP 纤维方向与柱的纵轴线方向垂直，而《规范》涉及的大偏心受压柱加固方式为 FRP 沿着柱纵轴线粘贴的方式，即 FRP 纤维方向与柱纵轴线方向一致。

1）受压区混凝土等效矩形应力图

第 5.4 节中讨论了 FRP 约束混凝土圆柱体、矩形截面短柱的极限抗压强度、极限压应变及应力-应变关系的计算方法，本节在已有的 FRP 约束混凝土矩形截面短柱应力-应变关系基础上，建立了 FRP 加固钢筋混凝土矩形截面偏心受压柱承载力的计算方法。

(*a*)

(*b*)

图 5.5.1　FRP 条带加固钢筋混凝土偏心受压柱破坏形态[8]

（*a*）小偏心受压；（*b*）大偏心受压

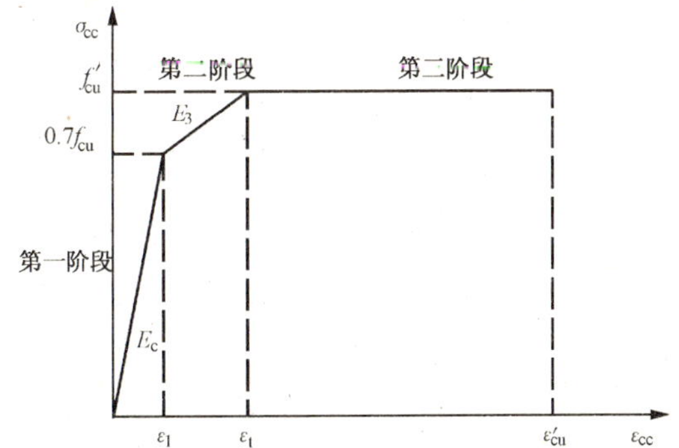

图 5.5.2　FRP 约束混凝土矩形截面短柱简化的应力-应变关系曲线

FRP 约束混凝土矩形截面短柱的应力-应变关系可以简化为三阶段线性应力-应变关系曲线，如图 5.5.2 所示，其表达式为：

$$\begin{cases}\sigma_{cc}=E_c\varepsilon_{cc} & 0\leqslant\varepsilon_{cc}\leqslant\varepsilon_1\\ \sigma_{cc}=E_3\varepsilon_{cc}+F & \varepsilon_1<\varepsilon_{cc}\leqslant\varepsilon_t\\ \sigma_{cc}=f'_{cu} & \varepsilon_t<\varepsilon_{cc}\leqslant\varepsilon'_{cu}\end{cases} \tag{5.5.1}$$

$$\varepsilon_1=\frac{0.7f_{cu}}{E_c} \tag{5.5.2}$$

$$\varepsilon_t=\frac{2(f'_{cu}-0.7f_{cu})}{E_c}+\varepsilon_1 \tag{5.5.3}$$

$$\frac{\varepsilon'_{cu}}{\varepsilon_{co}}=1.75+10\left(\frac{f_l}{f'_{co}}\right) \tag{5.5.4}$$

$$\frac{f'_{cu}}{f'_{co}}=1+k_sk_1\frac{f_l}{f'_{co}} \tag{5.5.5}$$

$$E_3=\frac{0.7f_{cu}-f'_{cu}}{\varepsilon_1-\varepsilon_t}=\frac{E_c}{2} \tag{5.5.6}$$

$$F=0.7f_{cu}-E_3\varepsilon_1 \tag{5.5.7}$$

式中 E_c——混凝土弹性模量，$E_c=4733\sqrt{f'_{co}}$；

ε'_{cu}——FRP 约束混凝土矩形截面短柱的极限压应变。

与普通钢筋混凝土受弯构件相似，受压区混凝土也可根据已知的应力-应变关系曲线将混凝土的非线性应力图形转化成等效矩形应力图形，以便于计算 FRP 加固钢筋混凝土偏心受压柱的承载力。

受压区混凝土的应力-应变关系曲线为三段，分段积分可得压应力合力 C 为：

$$\begin{aligned}C&=\int_0^{x_0}\sigma(\varepsilon)\,b(y)\,\mathrm{d}y \qquad (5.5.8)\\ &=\int_0^{x_1}E_c\varepsilon_{cc}b(y)\,\mathrm{d}y+\int_{x_1}^{x_t}(E_3\varepsilon_{cc}+F)\,b(y)\,\mathrm{d}y+\int_{x_t}^{x_0}f'_{cu}b(y)\,\mathrm{d}y\end{aligned}$$

混凝土合力 C 的作用点至受压边缘的距离 y_c，可由下式计算：

$$y_c=x_0-\frac{\int_0^{x_0}\sigma(\varepsilon)b(y)y\mathrm{d}y}{C} \tag{5.5.9}$$

注意到 $x_1=\varepsilon_1/\varepsilon'_{cu}x_0$、$x_t=\varepsilon_t/\varepsilon'_{cu}x_0$，对式（5.5.8）积分得：

$$C=b\frac{x_0}{\varepsilon'_{cu}}\left[\frac{E_c\varepsilon_1^2}{2}+\frac{E_3}{2}(\varepsilon_t^2-\varepsilon_1^2)+F(\varepsilon_t-\varepsilon_1)+f'_{cu}(\varepsilon'_{cu}-\varepsilon_t)\right] \tag{5.5.10a}$$

$$y_c=x_0-\frac{x_0}{\varepsilon'_{cu}}\frac{\dfrac{E_c\varepsilon_1^3}{3}+\dfrac{E_3}{3}(\varepsilon_t^3-\varepsilon_1^3)+\dfrac{F}{2}(\varepsilon_t^2-\varepsilon_1^2)+\dfrac{f'_{cu}}{2}(\varepsilon'^2_{cu}-\varepsilon_t^2)}{\dfrac{E_c\varepsilon_1^2}{2}+\dfrac{E_3}{2}(\varepsilon_t^2-\varepsilon_1^2)+F(\varepsilon_t-\varepsilon_1)+f'_{cu}(\varepsilon'_{cu}-\varepsilon_t)} \tag{5.5.10b}$$

显然，用 FRP 约束混凝土受压时的应力-应变曲线求混凝土合力 C 和合力作用点是很繁琐的。为了计算方便起见，可以用等效矩形混凝土应力图形代替实际的混凝土压应力分布图形。等效矩形应力图形由无量纲参数 β 和 γ 确定，β 为矩形压应力图形的高度 x 与实际受压区高度 x_0 的比值，即 $\beta = x/x_0$；γ 为矩形压应力图形的应力与受压区混凝土最大压应力的比值。

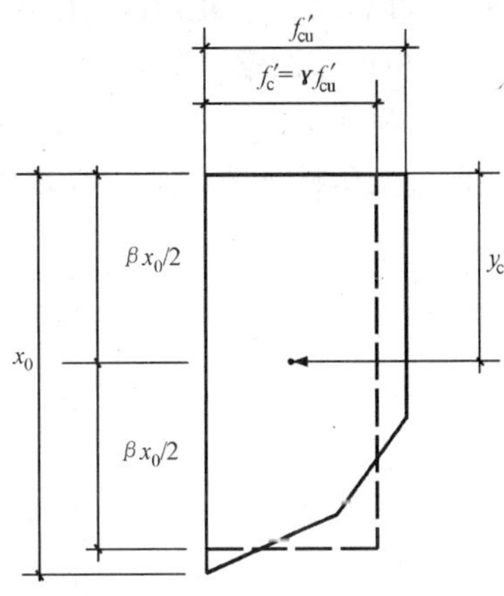

图 5.5.3　等效矩形应力图形的转化

如图 5.5.3 所示，等效矩形应力图形的合力 C 为：

$$C = \gamma\beta b f'_{cu} x_0 \tag{5.5.11}$$

合力 C 的作用位置 y_c 为：

$$y_c = \frac{x}{2} = \frac{1}{2}\beta x_0 \tag{5.5.12}$$

由式（5.5.11）、式（5.5.12）可得：

$$\beta = 2\left[1 - \frac{1}{\varepsilon'_{cu}} \frac{\dfrac{E_c\varepsilon_1^3}{3} + \dfrac{E_3}{3}(\varepsilon_t^3 - \varepsilon_1^3) + \dfrac{F}{2}(\varepsilon_t^2 - \varepsilon_1^2) + \dfrac{f'_{cu}}{2}(\varepsilon'^2_{cu} - \varepsilon_t^2)}{\dfrac{E_c\varepsilon_1^2}{2} + \dfrac{E_3}{2}(\varepsilon_t^2 - \varepsilon_1^2) + F(\varepsilon_t - \varepsilon_1) + f'_{cu}(\varepsilon'_{cu} - \varepsilon_t)}\right] \tag{5.5.13}$$

$$\gamma = \frac{\left[\dfrac{E_c\varepsilon_1^2}{2} + \dfrac{E_3}{2}(\varepsilon_t^2 - \varepsilon_1^2) + F(\varepsilon_t - \varepsilon_1) + f'_{cu}(\varepsilon'_{cu} - \varepsilon_t)\right]}{\varepsilon'_{cu}\beta f'_{cu}} \tag{5.5.14}$$

当确定 ε_1、ε_t、ε'_{cu} 值后，即可将受压区混凝土实际的压应力分布图形转化成等效矩形压应力分布图形。

2）大小偏心受压界限

与普通钢筋混凝土偏心受压柱相似，FRP 加固的钢筋混凝土偏心受压柱，大小偏心界限为受拉区钢筋屈服的同时，受压区边缘达混凝土极限压应变 ε'_{cu}，所以相对界限受压区高度 ξ_{bf} 为：

$$\xi_{bf} = \frac{x_b}{h_0} = \frac{\beta x_{nb}}{h_0} = \frac{\beta\varepsilon'_{cu}}{\varepsilon'_{cu} + \varepsilon_y} = \frac{\beta}{1 + \dfrac{f_y}{\varepsilon'_{cu}E_s}} \tag{5.5.15}$$

式中　h_0——截面有效高度；

f_y——受拉钢筋屈服强度；

E_s——钢筋弹性模量；

x_b——界限受压区高度；

x_{nb}——界限受压区实际高度；

ε_y——受拉钢筋屈服应变。

当 $\xi \leqslant \xi_{bf}$ 时，为大偏心受压柱；当 $\xi > \xi_{bf}$ 时，为小偏心受压柱。

3）基本假定

与受弯构件相似，偏心受压柱的正截面承载力计算采用下列基本假定：

（1）截面应变分布符合平截面假定；

（2）不考虑混凝土的抗拉强度；

（3）受压混凝土的极限压应变取 FRP 约束混凝土矩形截面短柱的极限压应变 ε'_{cu}；

（4）混凝土的压应力图形为等效矩形，应力大小为FRP约束混凝土矩形截面短柱极限强度f'_{cu}乘以系数γ，矩形应力图形的高度x等于按平截面确定的受压区高度x_0乘以系数β。

4）矩形截面偏心受压柱承载力计算公式

计算简图如图5.5.4所示，根据计算简图和截面内力的平衡条件，可得FRP加固矩形截面偏心受压柱正截面承载力的基本计算公式。

$$N \leqslant f'_c bx + f'_y A'_s - \sigma_s A_s \tag{5.5.16}$$

$$Ne \leqslant f'_c bx\left(h_0 - \frac{x}{2}\right) + f'_y A'_s (h_0 - a') \tag{5.5.17}$$

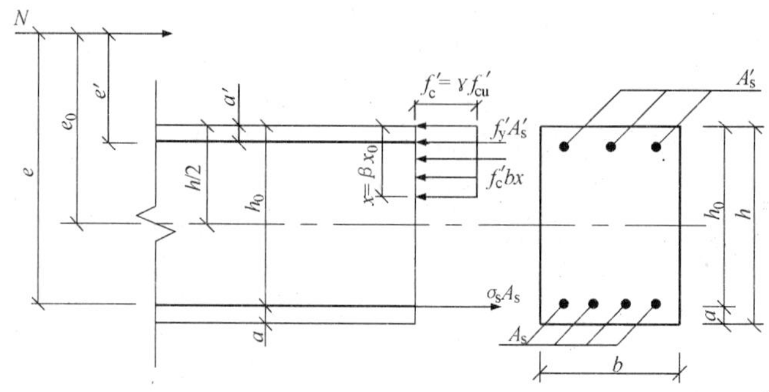

图5.5.4　FRP加固钢筋混凝土偏心受压柱计算简图

对于大偏心受压构件,远离轴向力一侧的受拉钢筋已经屈服,而小偏心受压构件远离轴向力一侧的钢筋或受拉或受压,但是没有屈服。为简化计算,可先按大偏心受压构件计算。对N作用点取矩可得：

$$f'_c bx\left(e - h_0 + \frac{x}{2}\right) = f_y A_s e \pm f'_y A'_s e' \tag{5.5.18}$$

式中　f'_c——按等效矩形应力图形确定的FRP约束混凝土矩形截面短柱抗压强度，$f'_c = \gamma f'_{cu}$；

f_y——受拉钢筋屈服强度；

f'_y——受压钢筋屈服强度；

A_s——受拉钢筋面积；

A'_s——受压钢筋面积；

x——混凝土受压区高度，$x = \beta x_0$；

x_0——混凝土受压区实际高度；

e——轴向压力N作用点至纵向受拉钢筋A_s合力点的距离；

e'——轴向压力N作用点至纵向受压钢筋A'_s合力点的距离；

e_0——轴向压力N力对截面重心的偏心矩，$e_0 = M/N$；

M——弯矩；

N——轴向压力。

解式（5.5.18）可得：

$$x = \frac{-B \pm \sqrt{B^2 - 4AC}}{2A} \tag{5.5.19}$$

式中：$A=0.5f_c'b$；$B=f_c'b\ (e-h_0)$；$C=-\ (f_yA_se\pm f_y'A_s'e')$。当轴向压力作用在$A_s$和$A_s'$之间时，用“+”号；当轴向压力作用在$A_s$和$A_s'$之外时，用“-”号。

（1）若求出的$x\leqslant\xi_{bf}h_0$时，为大偏心受压柱。此时，当$x\geqslant 2a'$时，将x及$\sigma_s=f_y$代入式（5.5.16）可求得构件的承载力：

$$N_u=f_c'bx+f_y'A_s'-f_yA_s \tag{5.5.20}$$

当$x<2a'$时，不考虑受压钢筋的作用，可得承载力计算公式为：

$$N_u=\frac{f_yA_s(h_0-a')}{e'} \tag{5.5.21}$$

（2）若求出的$x>\xi_{bf}h_0$时，为小偏心受压柱，此时对N作用点取矩可得：

$$f_c'bx\left(e-h_0+\frac{x}{2}\right)=\sigma_sA_se+f_y'A_s'e' \tag{5.5.22}$$

式中，受拉钢筋应力σ_s可近似按下式计算：

$$\sigma_s=f_y\frac{0.8-\xi}{0.8-\xi_{bf}} \tag{5.5.23}$$

将式（5.5.23）代入式（5.5.22）中可得：

$$x=\frac{-B\pm\sqrt{B^2-4AC}}{2A} \tag{5.5.24}$$

式中：$A=0.5f_c'b$；$B=f_c'b(e-h_0)+f_yA_se\dfrac{1}{(0.8-\xi_{bf})h_0}$；$C=-\left(f_yA_se\dfrac{0.8}{0.8-\xi_{bf}}+f_y'A_s'e'\right)$。

按上式计算出x，若$\xi=x/h_0<1.6-\xi_b$，则将x代入式（5.5.17）中可求得N_u：

$$N_u=\frac{f_c'bx(h_0-x/2)+f_y'A_s'(h_0-a')}{e} \tag{5.5.25}$$

若$\xi\geqslant 1.6-\xi_{bf}$，则$\sigma_s=-f_y'$，代入式（5.5.22）求得$x$，则：

$$N_u=f_c'bx+f_y'A_s'+f_y'A_s \tag{5.5.26}$$

根据本节建立的FRP加固钢筋混凝土偏心受压柱计算公式，计算了表5.5.1所列试件的承载力。从表中可以看出，计算值与试验值吻合较好，FRP约束混凝土矩形截面短柱的应力-应变关系简化为三阶段线性应力-应变关系，可以满足承载力计算要求。

5.5.3　设计建议

FRP加固钢筋混凝土矩形截面偏心受压柱的设计包括两个方面，即截面设计（求加固所需的FRP面积）和承载力复合，以下分别给出设计计算方法。

1）截面设计

截面设计时，FRP的面积未知，ξ值无法确定，故可按混凝土结构中大、小偏心受压矩形截面柱的公式确定：当$\eta e_i\leqslant 0.3h_0$时，可先按小偏心受压柱进行设计计算；当$\eta e_i>0.3h_0$时，则可按大偏心受压柱进行设计计算。

（1）大偏心受压柱

计算图形如图5.5.5所示。根据力的平衡可得：

$$N_d\leqslant f_c'bx+f_y'A_s'-f_yA_s \tag{5.5.27}$$

FRP 加固矩形截面钢筋混凝土偏心受压柱试验数据表 **表 5.5.1**

序号	试件编号	FRP 弹性模量 E_f（GPa）	FRP 极限抗拉强度 f_{fu}（MPa）	FRP 极限拉应变 ε_{fu}	FRP 厚度 t_f（mm）	截面尺寸		试件高 H（mm）	长细比	无约束混凝土棱柱体强度（f_{cu}）（MPa）	纵向钢筋 A'_s（mm^2）	纵筋强度 f_y（MPa）	承载力（kN）		破坏模式	FRP 加固方式	试件数量	参考文献
						截面高 h（mm）	截面宽 b（mm）						试验值	计算值				
1	ES4	87.72	2800	0.032	0.507	200	150	1200	8	32.8	4ϕ14	365.9	878	893	X	GFRP 全包	1	[8]
2	Z-3	235	4935	0.021	0.0155[a]	150	120	450	3.75	26.56	4ϕ12	445	621	524	X	CFRP 全包	1	[72]
	Z-4	235	4935	0.021	0.0155[a]	150	120	450	3.75	26.56	4ϕ12	445	401	353	X		1	
	Z-5	235	4935	0.021	0.0155[a]	150	120	450	3.75	26.56	4ϕ12	445	398	353	X		1	
	Z-6	235	4935	0.021	0.0155[a]	150	120	450	3.75	26.56	4ϕ12	445	221	267	X		1	
	Z-7	235	4935	0.021	0.0155[a]	150	120	450	3.75	26.56	4ϕ12	445	225	267	X		1	
	Z-8	235	4935	0.021	0.0155[a]	150	120	450	3.75	26.56	4ϕ12	445	195	253	X			

注：1. X—小偏心受压破坏；

2. a—根据文献［72］计算得到。

$$N_d e \leqslant f_c' bx\left(h_0 - \frac{x}{2}\right) + f_y' A_s' (h_0 - a') \tag{5.5.28}$$

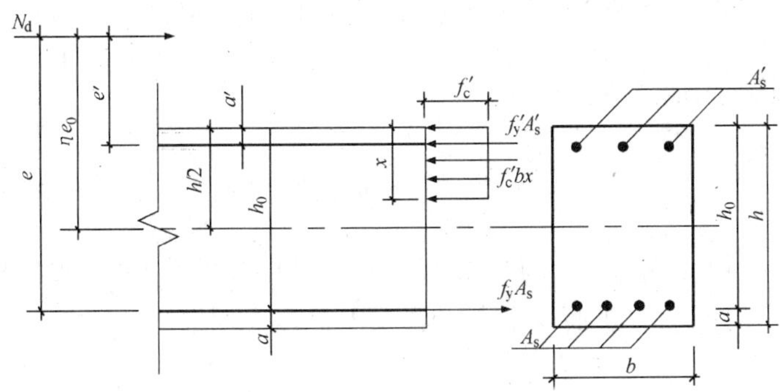

图 5.5.5 大偏心受压构件计算简图

$$e = \eta e_i + \frac{h}{2} - a \tag{5.5.29}$$

式中 N_d——轴向压力设计值；

e_i——初始偏心矩，$e_i = e_0 + e_a$；

e_0——轴向压力对截面重心的偏心矩，$e_0 = M_d / N_d$；

e_a——附加偏心矩，按混凝土结构设计规范的规定取用；

η——偏心受压构件考虑二阶弯矩影响的轴向压力偏心矩增大系数，按混凝土结构设计规范的规定取用。

联立式（5.5.27）、式（5.5.28）可求出 f_c' 和受压区高度 x：

$$x = 2\left[h_0 - \frac{N_d e - f_y' A_s' (h_0 - a')}{N_d - f_y' A_s' + f_y A_s}\right] \tag{5.5.30}$$

$$f_c' \geqslant \frac{N_d - f_y' A_s' + f_y A_s}{bx} \tag{5.5.31}$$

由式(5.5.31)求出 f_c' 后，根据等效矩形应力图形求出 f_{cu}'，进而可求出所需 FRP 厚度和层数。

(2)小偏心受压柱

计算图形如图 5.5.6 所示，根据力的平衡可得：

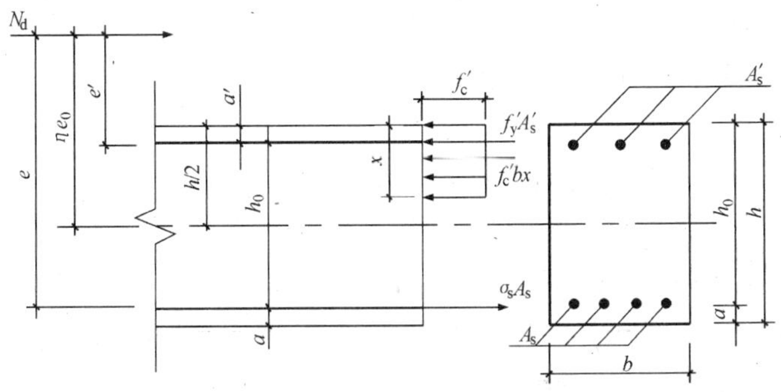

图 5.5.6 小偏心受压构件计算简图

$$N_{\rm d} \leqslant f_{\rm c}' bx + f_{\rm y}' A_{\rm s}' - \sigma_{\rm s} A_{\rm s} \tag{5.5.32}$$

$$N_{\rm d} e \leqslant f_{\rm c}' bx\left(h_0 - \frac{x}{2}\right) + f_{\rm y}' A_{\rm s}'(h_0 - a') \tag{5.5.33}$$

补充受拉钢筋应力的条件：

$$\sigma_{\rm s} = f_{\rm y} \frac{0.8 - \xi}{0.8 - \xi_{\rm bf}} \tag{5.5.34}$$

联立式（5.5.32）、式（5.5.33）及式（5.5.34）可求出$f_{\rm c}'$和受压区高度x，根据等效矩形应力图形求出$f_{\rm cu}'$后，进而可求出所需FRP厚度和层数。

2）承载力复合

承载力复合是已知截面尺寸、混凝土强度、钢筋强度、FRP强度、配筋率及FRP的加固量，求承载力是否满足要求，设计计算过程可参考第5.5.2节中给出的计算方法。

计算侧向约束应力f_l时，应注意FRP有效应力$f_{\rm fe} = E_{\rm f}\varepsilon_{\rm fe}$，其中$\varepsilon_{\rm fe}$的计算公式详见式（5.4.45），同时应用第5.5.2节、5.5.3节中的公式时应注意混凝土抗压强度和钢筋强度均应取设计值。

5.5.4 计算示例

［**例5.3**］钢筋混凝土偏心受压柱（图5.5.7），截面尺寸为$b \times h = 250{\rm mm} \times 400{\rm mm}$，构件在弯矩作用方向和垂直于弯矩作用方向上的计算长度均为3.2m。轴向力设计值$N_{\rm d} = 188{\rm kN}$，弯矩设计值$M_{\rm d} = 120{\rm kN \cdot m}$。截面为对称配筋4$\Phi$20，C20级混凝土，纵向钢筋采用HRB335级钢筋。现由于结构改造需加固，轴向力设计值增加20%，弯矩设计值增加20%，试求加固所需碳纤维面积。已知碳纤维布极限强度$f_{\rm fu} = 4212{\rm MPa}$，极限拉应变$\varepsilon_{\rm fu} = 0.017$，弹性模量$E_{\rm f} = 255{\rm GPa}$，单层厚度$= 0.17{\rm mm}$，倒角半径$r = 20{\rm mm}$。

［**解**］1）按本书的方法设计

（1）截面设计

$f_{\rm c} = f_{\rm co}' = 9.2{\rm MPa}$，$f_{\rm y} = f_{\rm y}' = 300{\rm MPa}$

由$N_{\rm d} = 1.2 \times 188 = 225.6{\rm kN}$，$M_{\rm d} = 1.2 \times 120 = 144{\rm kN \cdot m}$，可得偏心距为：

$$e_0 = \frac{M_{\rm d}}{N_{\rm d}} = \frac{144 \times 10^6}{225.6 \times 10^3} = 638{\rm mm}$$

因为$h = 400{\rm mm} < 600{\rm mm}$，故附加偏心距

$e_{\rm a} = 20{\rm mm}$，$e_i = e_0 + e_{\rm a} = 658{\rm mm}$

在弯矩作用方向，构件长细比$l_0/h = 3200/400 = 8 > 5$，$a = a' = 45{\rm mm}$，$h_0 = h - a = 355{\rm mm}$，根据混凝土结构设计规范给出的偏心矩增大系数计算公式，可计算出偏心矩增大系数$\eta = 1.025$，$\eta e_i = 674{\rm mm} > 0.3h_0 = 106.5{\rm mm}$，故先按大偏心受压构件计算，$e = \eta e_i + \dfrac{h}{2} - a = 829{\rm mm}$。

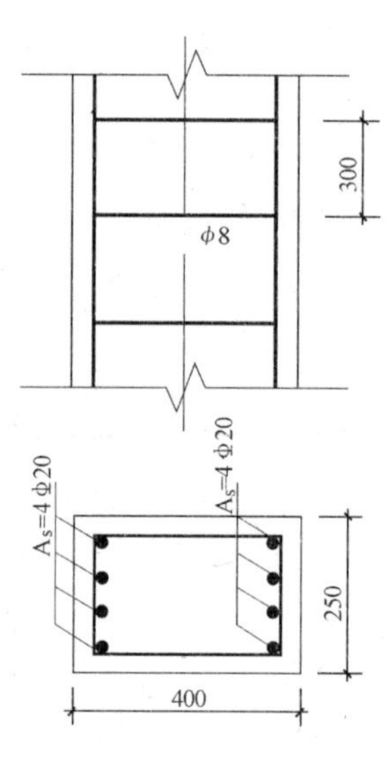

图5.5.7 例5.3

由式（5.5.30）可得受压区高度：

$$x=2\left[h_0-\frac{N_d e-f_y'A_s'\ (h_0-a')}{N_d-f_y'A_s'+f_yA_s}\right]$$

$$=2\times\left[355-\frac{225.6\times10^3\times829-300\times1256\times\ (355-45)}{225.6\times10^3}\right]=87.5\text{mm}<2a'$$

故取 $x=2a'=2\times45=90\text{mm}$，代入式（5.5.31）可得：

$$f_c'\geqslant\frac{N_d-f_y'A_s'+f_yA_s}{bx}=\frac{225.6\times10^3}{250\times90}=10.0\text{MPa}$$

f_c' 是等效矩形应力图形的约束混凝土短柱抗压强度，不是实际的约束混凝土短柱强度 f_{cu}'，如前所述，f_{cu}'与f_c' 有如下关系：

$$f_c'=\gamma f_{cu}'$$

系数 γ 与应用的FRP约束混凝土矩形截面短柱应力应变关系曲线有关，为简化计算，可假定 γ 等于某一常数，本例假定 $\gamma=0.98$，故：

$f_{cu}'=f_c'/\gamma=10.0/0.98=10.2\text{MPa}$

由式（5.4.32）可得：

$$k_s=\frac{b}{h}\frac{A_e}{A_c}=0.31$$

由式（5.5.5）可得：

$$f_l=\frac{f_{cu}'-f_{co}'}{k_sk_1}=\frac{10.2-9.2}{0.31\times2}=1.61\text{MPa}$$

由式（5.4.31）可得：

$$t_f\geqslant\frac{f_l\ \sqrt{h^2+b^2}}{2f_{fe}}=\frac{1.61\times\sqrt{250^2+400^2}}{2\times1020}=0.37\text{mm}$$

碳纤维布单层厚度为0.17mm，故需要粘贴2.2层，实际粘贴3层。

（2）承载力复合

设碳纤维布使用层数为3层，由式（5.4.31）可得约束应力：

$$f_l=\frac{2f_{fe}t_f}{\sqrt{h^2+b^2}}=\frac{2\times1020\times3\times0.17}{\sqrt{250^2+400^2}}=2.2\text{MPa}$$

由式（5.4.27）可得：

$f_{cu}'=f_{co}'+k_sk_1f_l=9.2+0.31\times2\times2.2=10.6\text{MPa}$

由式（5.5.2）～式（5.5.7）计算有关变量：

$E_c=4733\sqrt{f_{co}'}=4733\times\sqrt{9.2}=14356\text{MPa}$

$$\varepsilon_1=\frac{0.7f_c}{E_c}=\frac{0.7\times9.2}{14356}=4.486\times10^{-4}$$

$$\varepsilon_t=\frac{2\ (f_{cu}'-0.7f_c)}{E_c}+\varepsilon_1=\frac{2\times\ (10.6-0.7\times9.2)}{14356}+4.486\times10^{-4}=1.028\times10^{-3}$$

$$E_3=\frac{0.7f_c-f_{cu}'}{\varepsilon_1-\varepsilon_t}=\frac{0.7\times9.2-10.6}{4.486\times10^{-4}-1.028\times10^{-3}}=7180\text{MPa}$$

$F=0.7f_c-E_3\varepsilon_1=0.7\times9.2-7180\times4.486\times10^{-4}=3.2\text{MPa}$

$$\varepsilon'_{cu}=\varepsilon_{co}\left[1.75+10\left(\frac{f_l}{f'_{co}}\right)\right]=0.002\times\left(1.75+10\times\frac{2.2}{9.2}\right)=0.0083$$

由式（5.5.13）和式（5.5.14），可得$\beta=0.95$，$\gamma=0.998$

故$f'_c=\gamma f'_{cu}=0.998\times10.6=10.58\text{MPa}$

$e=829\text{mm}$，$e'=\eta e_i-\dfrac{h}{2}+a'=674-200+45=519\text{mm}$

先按大偏心受压构件进行计算，根据式（5.5.19）可得受压区高度为：

$A=0.5f'_cb=0.5\times10.58\times250=1323$

$B=f'_cb\ (e-h_0)\ =10.58\times250\times\ (829-355)\ =1253730$

$C=-(f_yA_se\pm f'_yA'_se')=-(300\times1256\times829-300\times1256\times519)=-1.168\times10^8$

$$x=\frac{-B\pm\sqrt{B^2-4AC}}{2A}$$

$$=\frac{-1253730+\sqrt{1253730^2+4\times1323\times1.168\times10^8}}{2\times1323}=85.5\text{mm}<2a'$$

故为大偏心受压构件，$x=2a'=2\times45=90\text{mm}$。

由式（5.5.27）可得加固柱承载力：

$N_u=f'_c\ bx=10.58\times250\times90=238\text{kN}>N_d=225.6\text{kN}$

故承载力满足要求。

2）按《规范》设计

偏心距 $e_0=\dfrac{M_d}{N_d}=\dfrac{144\times10^6}{225.6\times10^3}=638\text{mm}$

因为 $h=400\text{mm}<600\text{mm}$，故附加偏心距为 $e_a=20\text{mm}$

$e_i=e_0+e_a=638+20=658\text{mm}$

$e_0/h=638/400=1.595>0.3$

在柱的受拉、受压面采用对称加固的形式，则$\psi_\eta=1.1$，则偏心距增大系数为：

$\eta=1.025\times1.1=1.13$

偏心距为：

$e=\eta e_i+\dfrac{h}{2}-a=1.13\times658+200-45=899\text{mm}$

设粘贴 1 层碳纤维布，布宽 250mm，则 $A_f=42.5\text{mm}^2$

查表 3.2.1 可得碳纤维布抗拉设计强度$f_{fu,s}=1600\text{MPa}$

由式（5.3.5）可求出混凝土受压区高度：

$x=122.8\text{mm}<\xi_{fb}h_0=0.85\times0.54\times355=163\text{mm}$

由式（5.3.4）求出 N_u：

$N_u=\alpha_1f_cbx+f'_yA'_s-f_yA_s-f_{fu,s}A_f=1.0\times9.2\times250\times122.8-1600\times42.5=214.4\text{kN}\approx$
$N_d=225.6\text{kN}$

5.6　FRP 加固钢筋混凝土柱抗震性能

5.6.1　破坏模式

试验结果表明，FRP 加固的钢筋混凝土柱震损的破坏形式主要有受弯破坏、受剪破坏及纵筋搭接破坏[8、16、26、73、74]。

1）受弯破坏

图 5.6.1　FRP 加固钢筋混凝土抗震试验受弯破坏

图 5.6.2　FRP 断裂破坏

低周反复荷载作用下，对于未出现明显受剪破坏的加固柱，在单向受弯或双向受弯情况下，柱底部往往发生弯曲塑性铰区破坏。对于加固量较大的柱，破坏时，铰区内的混凝土压碎，纵向受力钢筋断裂，FRP 未出现断裂的现象。对于加固量较小的柱，将发生 FRP 断裂的现象（图 5.6.1）[8]。

2）受剪破坏

剪切破坏是一种灾难性的脆性破坏，实际工程中不希望出现这种突然的脆性破坏，使用 FRP 加固钢筋混凝土柱的目的是尽可能避免发生剪切破坏。已有的抗震试验结果表明，使用 FRP 加固后的钢筋混凝土柱大多数未发生剪切破坏，但是有的试验发生了纵筋屈服后的 FRP 断裂剪切破坏，如 Mutsuyoshi（1999 年），Zhu 等（2006 年）所作的试验发生了类似的破坏模式，如图 5.6.2 所示[75]。

3）纵筋搭接破坏

纵筋搭接破坏是由于基础中深入柱的钢筋与柱纵向钢筋搭接长度过小而造成的（图 5.6.3）。为了避免加固柱发生纵筋搭接破坏，应粘贴足够的 FRP 用来约束钢筋混凝土柱。

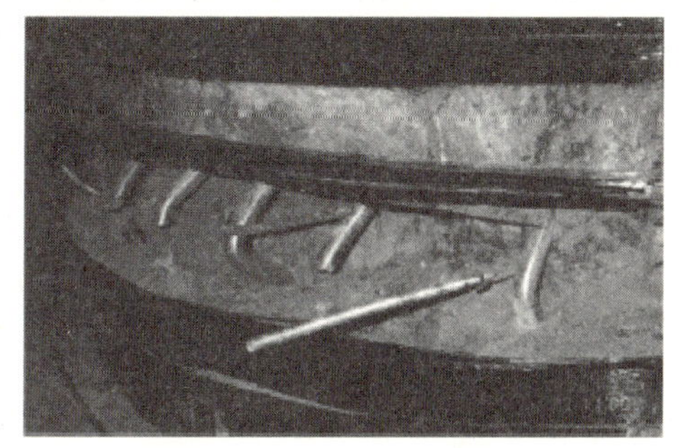

图 5.6.3　纵筋搭接破坏

Seible 等于 1997 年完成的试验表明，如果加固量足够，位移延性系数 $\Delta \geqslant 8$ 时，才发生纵筋搭接破坏。

5.6.2 影响加固柱承载力的主要因素

1）轴压比

周长东的试验中指出，对于高轴压比的加固柱，由于加固柱承受较大的竖向荷载，核心混凝土膨胀，受到 FRP 约束，约束应力比低轴压比的加固柱大，核心混凝土的强度得到较大的提高。试验结果表明，高轴压比的柱承载力较低轴压比的柱高。

2）损伤程度

已完成的加固试验表明，加固前柱的损伤程度将影响破坏形态。周长东的试验中指出，对于有预损伤（模拟地震力作用下的受剪损伤）或加固量较小的钢筋混凝土柱，破坏形态为剪压破坏；当预损伤程度较低或加固量较大时，柱的破坏形态转变为压弯破坏[8]。Y. L. Mo 等的试验也指出，发生弯剪破坏的未加固柱，使用 FRP 加固后，破坏模式转变为弯曲破坏[26]。

3）加固形式

采用 FRP 条带加固的柱在中等轴压比的条件下，破坏模式为大偏心受压破坏；在中小轴压比及大轴压比下，易发生小偏心受压破坏[8]。全包柱因为横向纤维条带有效地约束了核心混凝土的开裂和剥落，柱的最终破坏形式为纵筋的粘结滑移破坏[8]。

5.6.3 抗震设计[73]

1）抗剪强度

Seible 的抗震设计计算公式是基于 Priestley 1994 年提出的钢筋混凝土柱抗震设计方法中抗剪强度的计算公式而提出的，该计算公式分为四个部分，即混凝土柱的抗剪承载力 V_c、箍筋的抗剪承载力 V_s、轴向压力的有力因素 V_p 及 FRP 的抗剪承载力 V_f：

$$V_n \leqslant V_c + V_s + V_p + V_f \tag{5.6.1}$$

式中 $V_n = \dfrac{V_0}{\phi_V}$；

V_0——塑性铰区截面最大抗弯承载力所对应的剪力值，$V_0 = 1.5\dfrac{M_{yi}}{L}$；

M_{yi}——理想截面的抗弯承载力；

L——反弯点高度。对于单向弯曲，L 为柱高度 H；对于双向弯曲，$L = H/2$；

ϕ_V——抗剪强度折减系数，$\phi_V = 0.85$；

V_c——混凝土柱的抗剪承载力，按式（5.6.2）计算；

V_s——箍筋的抗剪承载力，按式（5.6.4）计算；

V_p——轴力的抗剪强度有力因素，按式（5.6.5）计算；

V_f——FRP 的抗剪承载力，按式（5.6.6）计算。

混凝土柱的抗剪承载力 V_c 为：

$$V_c = k\sqrt{f'_{co}}A_{ve} \tag{5.6.2}$$

式中 k——混凝土退化系数，按式（5.6.3）计算；

f'_{co}——无约束混凝土圆柱体强度；

A_{ve}——有效剪切面积，$A_{ve}=0.8A_c$；

A_c——柱截面面积。

$$k=\begin{cases}0.29 & \mu_\triangle<2.0\\ 0.29-0.095(\mu_\triangle-2) & 2.0\leqslant\mu_\triangle\leqslant4.0\\ 0.1 & \mu_\triangle>4.0\end{cases}\tag{5.6.3}$$

式中　$\mu_\triangle$——位移延性系数。

箍筋的抗剪承载力 V_s 为：

$$V_s=\frac{\pi}{2}\times\frac{A_{sv}f_{yv}D'}{S}\cot45°\quad（圆柱）\tag{5.6.4a}$$

$$V_s=\frac{A_{sv}f_{yv}D'}{S}\cot45°\quad（矩形柱）\tag{5.6.4b}$$

式中　A_{sv}——箍筋面积；

f_{yv}——箍筋屈服强度；

S——箍筋间距；

D'——箍筋中心线之间的距离，如图5.6.4所示。

轴向压力的有力因素 V_p 为：

$$V_p=\frac{D-x}{2L}N(圆柱)\tag{5.6.5a}$$

$$V_p=\frac{h-x}{2L}N(矩形柱)\tag{5.6.5b}$$

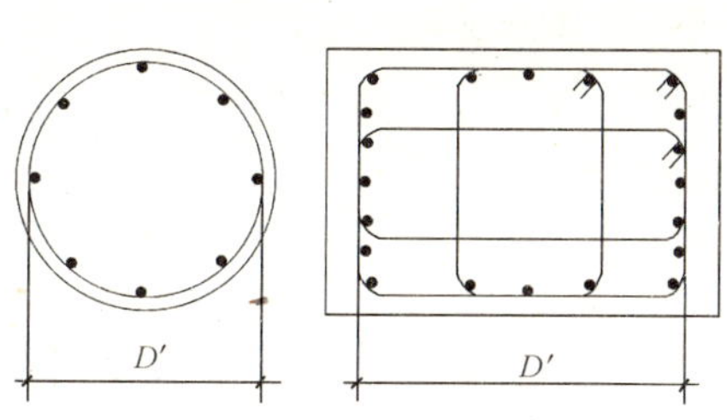

图5.6.4　D'的定义

式中　D——圆柱直径；

h——矩形截面高度；

x——混凝土受压区高度；

N——轴向压力。

FRP的抗剪承载力 V_f 为：

$$V_f=\frac{\pi}{2}\times0.004t_fE_fD(圆柱)\tag{5.6.6a}$$

$$V_f=2\times0.004t_fE_fh\ （矩形柱）\tag{5.6.6b}$$

式中　t_f——FRP厚度；

E_f——FRP弹性模量。

为了避免混凝土过度膨胀而丧失骨料之间的咬合作用，限制FRP的环向应变值为0.004。

2）弯曲塑性铰区约束

弯曲塑性铰区约束是在柱根部粘贴FRP，保证加固柱具有足够的变形能力，达到位移延性系数设计指标，需要FRP厚度为：

$$t_f=0.09\frac{D(\varepsilon_{cu}-0.004)f'_{cc}}{\phi_Mf_{fu}\varepsilon_{fu}}\tag{5.6.7}$$

式中　f'_{cc}——约束混凝土圆柱体强度；

f_{fu}——FRP 极限抗拉强度；

ε_{fu}——FRP 极限拉应变；

ε_{cu}——混凝土极限压应变，按式（5.6.8）计算；

ϕ_M——弯曲强度折减系数，$\phi_M = 0.9$。

$$\varepsilon_{cu} = \Phi_u x_u = \mu_\phi \Phi_y x_u \tag{5.6.8}$$

式中 μ_ϕ——曲率延性系数，$\mu_\phi = \dfrac{\Phi_u}{\Phi_y} = \dfrac{\mu_\Delta - 1}{3\dfrac{L_p}{L}\left(1 - 0.5\dfrac{L_p}{L}\right)}$；

μ_Δ——位移延性系数；

L_p——塑性铰长度，$L_p = 0.08L + 0.022 f'_y d_b$；

f'_y——受压钢筋屈服强度；

d_b——受压钢筋直径；

Φ_u——截面极限曲率；

Φ_y——截面屈服曲率；

x_u——极限曲率对应的受压区高度。

3）纵筋搭接约束

Seible 建议应有足够的横向约束应力防止纵筋搭接处出现粘结滑移破坏，为此，需要的 FRP 厚度为：

$$t_f = 500\frac{D(f_l - f_h)}{E_f} \tag{5.6.9}$$

式中 f_l——约束应力，按式（5.6.10）计算：

$$f_l = \frac{A'_s f'_y}{\left[\dfrac{p}{2n} + 2(d_b + c)\right] L_s} \tag{5.6.10}$$

f_h——箍筋约束应力；

p——沿搭接纵筋的内周长；

n——搭接纵筋的数量；

c——混凝土保护层厚度；

L_s——搭接长度。

参 考 文 献

1. 于清．FRP 约束混凝土柱强度承载力计算［J］．工业建筑，2002，3（10）：31～34
2. 张月弦，薛元德．FRP 约束混凝土的基本力学性能［J］．玻璃钢/复合材料，1999，（6）：21～27
3. 张嘉琪，黄鼎业，王薄．FRP 加固混凝土短柱的抗压强度．建筑材料学报，2000，3（12）：323～327
4. 欧阳煜．玻璃纤维（GFRP）片材加固混凝土框架结构的性能研究［J］．浙江大学博士学位论文，2000
5. 陈春，钱春香．纤维增强树脂基复合材料包裹高强混凝土的轴心抗压性能研究［J］．工业建筑，2001，31（4）：23～25
6. 贾明英，程华，陈小兵，赵红梅．不同 FRP 约束混凝土圆柱轴心受压性能试验研究［J］．工业建筑，2002，32（5）：65～67

7. 姜浩，雄光晶．碳纤维/玻璃纤维复合加固混凝土柱的抗压性能研究［J］．汕头大学学报（自然科学版），2001，16（1）：13～16
8. 周长东．玻璃纤维聚合物加固混凝土柱的力学性能研究［D］．大连理工大学博士学位论文，2003
9. 潘景龙，王雨光，来文汇．混凝土柱截面形状对纤维包裹效果的影响［J］．工业建筑，2001，31（6）：17～19
10. 陆州导，李明，王李果．钢筋混凝土轴心受压柱在两种玻璃钢材料加固下的性能试验研究［J］．四川建筑科学研究，2002，26（2）：19～22
11. 陆新征，冯鹏，叶列平．FRP约束混凝土方柱轴心受压性能的有限元分析［J］．土木工程学报，2003，2：46～51
12. 李明，陆州导，王李果．玻璃钢围覆加固钢筋混凝土偏心受压柱的试验研究［J］．土木工程学报，2000，33（3）：37～41
13. 潘景龙，胡中君，徐田，金熙男．FRP约束混凝土配筋中长柱稳定系数的研究［A］．第三届全国FRP学术交流会论文集，2004，10：149～154
14. 高丹盈，李趁趁，朱海堂．碳纤维布增强钢筋混凝土轴心受压柱受力性能对比研究［A］．第三届全国FRP学术交流会论文集，2004，10：175～181
15. 赵树红，叶列平，张珂，岳清瑞．碳纤维布对混凝土柱抗震加固的试验分析［J］．建筑结构，2001，31（12）：17～19
16. 赵彤，谢剑．碳纤维补强加固混凝土结构新技术［M］．天津：天津大学出版社，2001
17. 周长东，黄承逵．玻璃纤维布加固混凝土柱的抗弯性能研究［J］．土木工程学报，2005，38（2）：28～45
18. Antonio Nanni , and Nick M. Bradford. FRP Jacketed Concrete under Uniaxial Compression [J] . Construction and Building Materials, 1995, 9 (2): 115～124
19. Pierre Rochette , and Pierre Labossiere. Axial Testing of Rectangular Column Models Confined with Composites [J] . Journal of Composite for Construction, 2000, 4 (3): 129～136
20. Y. Xiao , and H. Wu. Compressive Behavior of Concrete Confined by Carbon Fiber Composite Jackets [J] . Journal of Composite for Construction, 2000, 12 (2): 139～146
21. M. Shahawy, A. Mirmiran , and T. Beitelman. Tests and Modeling of Carbon - wrapped Concrete Columns [J] . Composites: Part B: Engineering, 2000, 31: 471～480
22. 滕锦光，陈建飞，S. T. 史密斯，林立著．李荣，滕锦光，顾磊译．FRP加固混凝土结构［M］．北京：中国建筑工业出版社，2005：164～173
23. Huei-Jeng Lin , and Chin-I Liao. Compressive Strength of Reinforced Concrete Column Confined by Composite Material [J] . Composite Structures, 2003, 65: 239～250
24. A. Mukherjee, T. E. Boothby, C. E. Bakis et. al. Mechanical Behavior of Fiber-reinforced Polymer-wrapped Concrete [J] . Journal of Composite for Construction, 2004, 8 (2): 97～103
25. J. Li , and M. N. S. Hadi. Behaviour of Externally Confined High-strength Concrete Columns under Eccentric Loading [J] . Composite Structures, 2003, 62: 145～153
26. Y. L. Mo, Y. -K. Yeh , and D. M. Hsieh. Seismic Retrofit of Hollow Rectangular Bridge Columns [J] . Journal of Composite for Construction, 2004, 8 (1): 43～51
27. M. Saiid Saiidi , and Zhiyuan Cheng. Effectiveness of Composites in Earthquake Damage of Reinforced Concrete Flared Columns [J] . Journal of Composite for Construction, 2004, 8 (4): 306～314
28. Michele Theriault, Kenneth W. Neale , and Simon Claude. Fiber-reinforced Polymer-confined Circular Concrete Columns: Investigation of Size and Slenderness Effects [J] . Journal of Composite for Construction,

2004, 8 (2): 323 ~ 331

29. 中国建设标准化协会标准. 碳纤维片材加固修复混凝土结构技术规程 [S]. 北京: 中国计划出版社, 2003
30. 中华人民共和国建设部. 混凝土结构加固设计规范 [S]. 北京: 中国建筑工业出版社, 2006
31. ACI Committee 440. Guide For the Design and Construction of Externally Bonded FRP System For Strengthening Concrete Structures [S]. Detroit: American Concrete Institute, 2000
32. O. Chaallal, M. Hassan, and M. LeBlanc. Circular Columns Confined with FRP: Experimental Predictions of Models and Guidelines [J]. Journal of Composite for Construction, 2006, 10 (1): 4 ~ 12
33. Richart F. E., Brandtzaeg A., and Brown R. L. A study of Failure of Concrete under Combined Compressive Stresses [R]. Engineering Experiment Station Bull. No. 185, University of Illinois, Urbana, Illinois, 1928
34. Balmer G. G.. Shearing Strength of Concrete under High Triaxial Stress - computation of Mohr's Envelope as a Curve [R]. Structural Research Laboratory Report, SP-23, U. S. Bureau of Reclamation, Denver, 1949
35. S. R. Iyengar, P. Desayi, and K. N. Reddy. Stress - strain Characteristics of Concrete Confined in Steel Blinders [J]. Magazine of Concrete Research, 1970, 22 (72): 173 ~ 184
36. K. Newman, and J. B. Newman. Failure Theories and Design Criteria for Plain Concrete [A]. Proc. Int. Engineering Materials Conference on Structure, Solid Mechanics and Engineering Design, Southampton, Wiley Interscience, New York, Part 2, 1969, 963 ~ 995
37. M. Saatcioglu, and S. R. Razvi. Strength and Ductility of Confined Concrete [J]. Journal of Structural Engineering, 1992, 118 (6): 1590 ~ 1607
38. J. B. Mander, M. J. N. Priestley, and R. Park. Theoretical Stress - strain Model for Confined Concrete [J]. Journal of Structural Engineering, 1998, 114 (8): 1804 ~ 1826
39. S. H. Ahmad, and S. P. Shah. Stress - strain Curves of Concrete Confined by Spiral Reinforcement [J]. Journal of American Concrete Institute, 1982, 79 (6): 484 ~ 490
40. G. Monti, and M. R. Spoelstr. Fiber - section Analysis of RC Bridge Piers Retrofitted with FRP Jackets [A]. ASCE Structures Congress, ASCE, New York, 1997
41. A. Mirmiran, and M. Shahawy. Behavior of Concrete Ccolumns Confined by Fiber Composites [J]. Journal of Structural Engineering, 1997, 123 (5), 583 ~ 590
42. K. Miyauchi, S. Inoue, T. Kuroda, and A. Kobayashi. Strengthening Effects of Concrete Columns with Carbon Fiber Sheet [J]. Transactions of the Japan Concrete Institute, 1999, 21, 143 ~ 150
43. M. R. Spoelstra, and G. Monti. FRP - confined Concrete Model [J]. Journal of Composites for Construction, 1999, 3 (3), 143 ~ 150
44. L. D. Lorenzois, and T. Repfers. Comparative Study of Models on Confinement of Concrete Cylinders with Fiber - reinforced Polymer Composites [J]. Journal of Composites for Construction, 2003, 7 (3): 219 ~ 237
45. M. N. Fradis, and H. Khalili. FRP - Encased Concrete as a Structural Material [J]. Magazine of Concrete Research, 1982, 34 (121): 191 ~ 202
46. V. M. Karbhari, and Y. Gao. Composite Jacketed Concrete under Uniaxial Compression Verification of Simple Design Equations [J]. Journal of Materials Engineering, 1997, 9 (4): 185 ~ 192
47. M. Samaan, A. Mirmiran, and M. Shahawy. Model of Concrete Confined by Fiber Composites [J]. Journal of Structural Engineering, 1998, 124 (9): 1025 ~ 1031
48. H. Saadatmanesh, M. R. Ehsani, and M. W. Li. Strength and Ductility of Concrete Columns Externally Reinforced with Fiber Composite Straps [J]. ACI Structural Journal, 1994, 91 (4): 434 ~ 447
49. S. Kono, M. Inazumi, and T. Kaku. Evaluation of Confining Effects of CFRP Sheets on Reinforced Concrete

Members [C]. Proceedings of ICCI, Tucson, Arizona, 1998: 343 ~ 355

50. H. Toutanji. Stress-strain Characteristics of Concrete Columns Externally Confined with Advanced Fiber Composite Sheets [J]. ACI Materials Journal, 1999, 96 (3): 397 ~ 404
51. M. Saafi, H. Toutanji, and Z. Li Behavior of Concrete Columns Confined with Fiber Reinforced Polymer Tubes [J]. ACI Materials Journal, 1999, 96 (4): 500 ~ 509
52. Stephen Pessiki, Kent A. Harries, Justin T. Kestner, et. al. Axial Behavior of Reinforced Concrete Columns Confined with FRP Jackets [J]. Journal of Composites for Construction, 2001, 5 (4): 237 ~ 245
53. S. H. Ahmad, A. R. Khaloo, and A. Irshaid. Behaviour of Concrete Spirally Confined by Fiberglass Filaments [J]. Magazine of Concrete Research, 1991, 43 (156): 143 ~ 148
54. 张铮. 长期荷载作用对 FRP 约束混凝土柱力学性能的影响 [D]. 福州: 福州大学硕士学位论文, 2001: 14 ~ 23
55. J. I. Restrepol, and B. De Vino. Ehancement of the Axial Load Capacity of Reinforced Concrete Columns by Means of Fiberglass-epoxy Jackets [A]. Proceeding of the Second International Conference on Aadvanced Composite Materials in Bridges and Structures, Montreal, Canada, 1996: 547 ~ 553
56. A. Mirmiran, M. Shahawy, M. Samaan et. al. Effect of Column Parameters on FRP-confined Concrete [J]. Journal of Composites for Construction, 1998, 2 (4): 175 ~ 185
57. 于清. 轴心受压 FRP 约束混凝土的应力-应变关系研究 [J]. 工业建筑, 2001, 31 (4): 5 ~ 7
58. 吴刚, 吕志涛. FRP 约束混凝土圆柱无软化段时的应力应变关系研究 [J]. 建筑结构学报, 2003, 24 (5): 1 ~ 9
59. 黄龙男, 张东兴, 王荣国, 赵景海, 孔庆宝, 乔光辉. 玻璃钢管混凝土柱轴心压缩本构关系研究 [J]. 武汉理工大学学报, 2002, 24 (7): 31 ~ 34
60. 金熙男, 潘景龙, 刘广义, 来文汇. 增强纤维约束混凝土轴压应力-应变关系试验研究 [J]. 建筑结构学报, 2003, 24 (4): 47 ~ 53
61. Severino Pereira C. M., Dilze Coda dos Santos C. M., Jefferson Lins da Silva et. al. Model for Analysis of Short Columns of Concrete Confined by Fiber-reinforced Polymer [J]. Journal of Composites for Construction, 2004, 8 (4): 332 ~ 340
62. O. Chaallal, H. Munzer, and M. Shahawy. Confinement Model for Axially Loaded Short Rectangular Columns Strengthened with Fiber-reinforced Polymer Wrapping [J]. ACI Structural Journal, 2003, 100 (2): 215 ~ 221
63. A. Mirmiran, M. Shahawy, and T. Beitleman. Slenderness Limit for Hybrid FRP-concrete Columns [J]. Journal of Composites for Construction, 2001, 5 (1): 26 ~ 34
64. S. Matthys, H. Toutanji, and L. Taerwe. Stress-strain Behavior of Large-scale Circular Columns Confined with FRP Composites [J]. Journal of Structural Engineering, 2006, 132 (1): 123 ~ 133
65. S. P. Tastani, S. J. Pantazopoulou, D. Zdoumba, and E. Akritidis. Limitations of FRP Jacketing in Confining Old-type Reinforced Concrete Members in Axial Compression [J]. Journal of Composites for Construction, 2006, 10 (1): 13 ~ 25
66. Kiang Hwee Tan. Strength Enhancement of Rectangular Reinforced Concrete Columns Using Fiber-reinforced Polymer [J]. Journal of Composites for Construction, 2002, 6 (3): 175 ~ 183
67. 中华人民共和国国家标准. 混凝土结构设计规范 (GB50010—2002) [S]. 中国建筑工业出版社, 2002, 3
68. Mirmiran A., Shahawy M. A New Concrete-filled Hollow FRP Composite Column [J]. Composite: Part B, 1996, 27: 263 ~ 268

69. A. Mirmiran, M. Shahawy , and M. Samaan. Strength and Ductility of Hybrid FRP - concrete Beam - columns [J] . Journal of Structural Engineering, 1999, 125 (10): 1085 ~ 1093

70. O. Chaallal , and M. Shahawy. Performance of Fiber - reinforced Polymer - wrapped Reinforced Concrete Column under Combined Axial - flexural Loading [J] . ACI Structural Journal, 97 (4): 659 ~ 668

71. 陶忠，于清，韩林海，滕锦光，林力 . FRP 约束混凝土圆柱体力学性能的试验研究 [J] . 建筑结构学报, 2004, 25 (6): 75 ~ 87

72. 潘景龙，王威，金熙男，王陈远 . 偏心荷载作用下 FRP 约束钢筋混凝土短柱的特性研究 [J] . 土木工程学报, 2005, 38 (2): 46 ~ 50

73. F. Seible, M. J. N. Priestley, G. A. Hegemier , and D. Innamorato. Seismic Retrofit of RC Columns with Continuous Carbon Fiber Jackets [J] . Journal of Composites for Construction, 1997, 1 (2): 52 ~ 62

74. R. Ma, Y. Xiao , and K. N. Li. Full - scale Testing of a Parking Structure Column Retrofitted with Carbon Fiber Reinforced Composites [J] . Construction and Building Materials, 2000, 14: 63 ~ 71

75. Zhenyu Zhu, I. Ahmad , and A. Mirmiran. Seismic Performance of Concrete - filled FRP Tube Columns for Bridge Substructure [J] . Journal of Bridge Engineering, 2006, 11 (3): 359 ~ 370

第 6 章　FRP 加固的钢筋混凝土梁界面粘结性能

本章主要符号

A_s、A_s'、A_f——受拉钢筋面积、受压钢筋面积、FRP 面积

a——FRP 截断位置到支座的距离

E_s、E_c、E_f——钢筋弹性模量、混凝土弹性模量、FRP 弹性模量

f_c——混凝土轴心抗压强度

f_t——混凝土抗拉强度

G_a——胶体的剪切模量

h_0——截面有效高度

h_f——FRP 有效高度

I_c——钢筋混凝土梁截面惯性矩

I_f——FRP 截面惯性矩

$M(0)$、$V(0)$——FRP 端部位置的弯矩、剪力值

$M(x)$——弯矩

P_{peel}——剥离荷载

$q(x)$——均布荷载

t_f——FRP 厚度

$u(x,y)$——胶体沿 x 方向的变形

$u_1(x)$——混凝土梁底面沿 x 方向的位移

$u_2(x)$——FRP 沿 x 方向的位移

v_1、v_2——混凝土梁底面沿竖直方向的变形、FRP 沿竖直方向的变形

$\varepsilon_1(x)$——胶层上边缘的拉应变

$\varepsilon_2(x)$——胶层下边缘的拉应变

$\sigma_f(x)$——FRP 应力

$\sigma(x)$——剥离正应力

$\tau(x)$——粘结剪应力

6.1　剥离破坏机理

1）FRP 加固钢筋混凝土梁破坏形式

FRP 加固的钢筋混凝土梁破坏形式有 5 种（图 6.1.1）：

（1）FRP断裂；

（2）受压区混凝土压碎；

（3）受拉钢筋拉断；

（4）支座附近由于剪力过大混凝土剪切破坏；

（5）剥离破坏。前四种破坏形式可通过在梁底、梁侧面粘贴足够的FRP避免。第5种剥离破坏是由于应力集中产生较高的局部粘结剪应力和剥离正应力，造成混凝土开裂，并沿着纵向受拉钢筋将混凝土保护层扯下或造成FRP与混凝土梁之间粘结破坏，进而梁失效破坏。

2）梁剥离破坏形式

剥离破坏通常有如下4种形式[1]：

（1）混凝土保护层剥离破坏（图6.1.2（a））；

（2）FRP沿梁底剥落（图6.1.2（b））；

（3）由于弯剪裂缝造成FRP沿梁纵向剥落（图6.1.2（c））；

（4）由于弯曲裂缝开展过宽造成FRP沿梁纵向剥落（图6.1.2（d））。

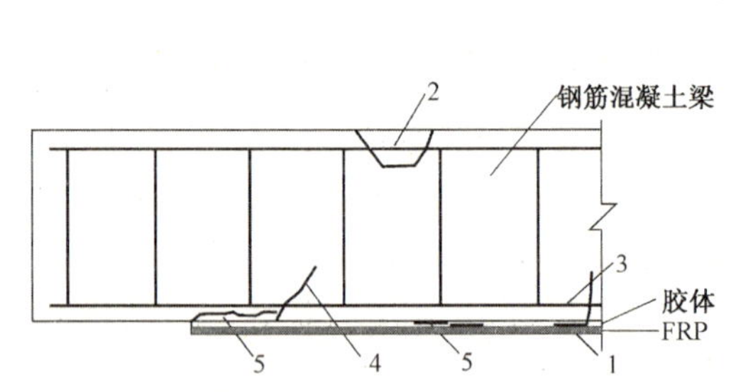

图6.1.1　破坏模式

1—FRP断裂；2—受压区混凝土压碎；
3—受拉钢筋拉断；4—混凝土剪切破坏；
5—剥离破坏

（a）　（b）　（c）　（d）

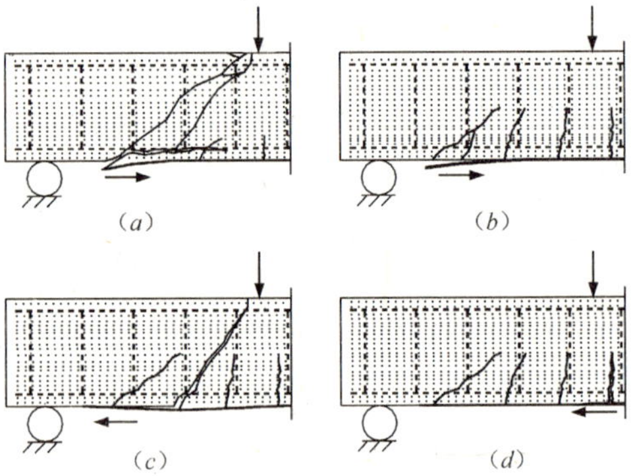

图6.1.2　剥离破坏形式

3）剥离破坏机理

混凝土保护层剥离破坏常发生在FRP端部。由于FRP在梁的剪跨区截断，造成端部产生较高的粘结剪应力和剥离正应力。若混凝土强度低，弯剪裂缝开展较宽，端部混凝土保护层剥落，并沿梁的纵向发展。

如果混凝土强度较高，梁的抗剪能力较高，端部较高的粘结剪应力和剥离正应力将造成FRP在端部剥落，并沿梁的纵向发展。破坏时，FRP上带有微小的混凝土颗粒。

如果梁的剪跨较大，粘结长度足够或FRP端部有可靠的锚固措施，在梁的剪跨区弯剪裂缝处很可能发生FRP剥离，并向端部发展。

如果梁的抗剪承载力足够高，而抗弯承载力较低，弯曲裂缝开展过宽，常在跨中弯曲裂缝处，FRP沿梁的纵向剥落，FRP断裂破坏时经常伴随这种破坏形式。随着剥离的开展，界面间的较高应力逐渐降低，剥离面逐渐变小。

6.2　剥离问题研究状况

1）试验研究

FRP剥离试验分为以下几种类型：（1）直拉试验[2]；（2）单剪或双剪试验[3]；（3）梁铰式构件[4]；（4）FRP加固的试验梁[5]。

图6.2.1（*a*）所示为直拉试验，该试验是通过粘结FRP上的小铁块直接拉拔粘结在混凝土表面上的纤维布以获得粘结强度。直拉试验由于粘结面过小，没有考虑弯曲和剪切的影响，因此很难直接评估粘结强度。

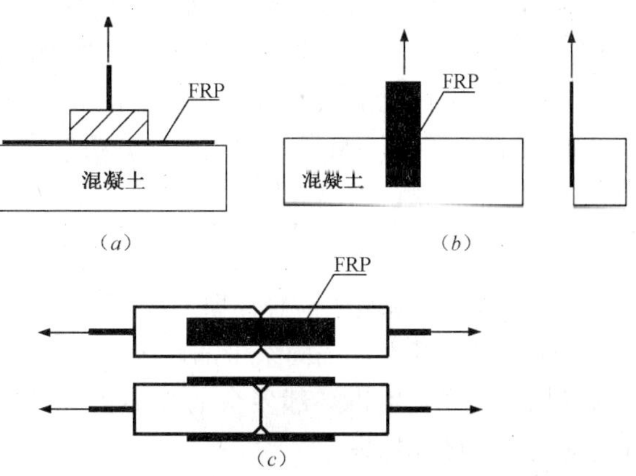

图6.2.1　直拉、单剪、双剪试验

（*a*）直拉试验；（*b*）单剪试验；（*c*）双剪试验

单剪或双剪试验是将FRP粘结在混凝土棱柱体单面或双面上，如图6.2.1（*b*）、图6.2.1（*c*）所示，通过拉拔混凝土棱柱体或FRP以获得粘结强度。双剪试验的缺点是存在力的偏心问题，无论单剪还是双剪试验都没有考虑弯曲和剪切的影响。如果粘结长度过短，通常造成FRP剥离破坏；如果粘结长度过长，FRP将断裂，未达到混凝土剥离破坏的效果。

梁铰式构件是模拟钢筋混凝土梁中钢筋与混凝土之间的粘结试验而建立的一种试验模式。Laura等学者设计了如图6.2.2所示的梁铰式构件[4]。该试件为T形截面梁，梁的上部有一个钢铰，梁底跨中预留一条竖直裂缝。加载时，预留裂缝将向梁上部钢铰开展，这样，受压区混凝土合力和内力臂就可以确定，从而可以精确地计算FRP的应力。

FRP加固的试验梁是在FRP截断部位附近间隔一定的距离粘贴电阻应变片，测量FRP端部的应变。在实测应变的基础上，根据力的平衡，求出界面间的粘结剪应力（图6.2.3）。该试验的优点是综合考虑了弯曲和剪切的影响，受力符合实际情况。

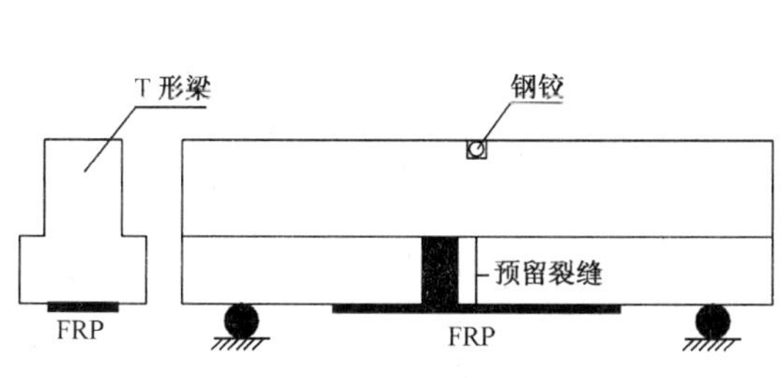

图6.2.2　梁铰式构件

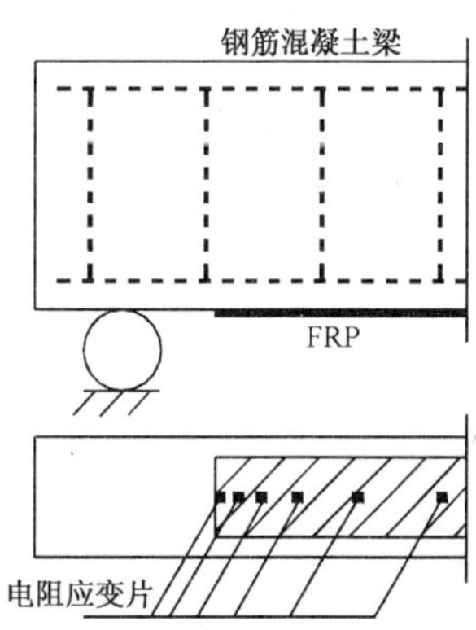

图6.2.3　FRP加固的钢筋混凝土梁

2）理论研究

FRP 与钢筋混凝土梁界面间的应力分析可归纳为三类：（1）基于弹性理论的解[6,7]；2）基于线弹性断裂力学的解[8,9]；（3）半理论半经验的解[10,11]。

基于弹性理论进行分析，比较有代表性的是 Roberts 的分析方法[6]。Roberts 的计算过程分为三个阶段，最终的解由每一个阶段的解叠加得到。Roberts 提出当最大粘结剪应力在 3～5MPa 之间时将发生剥离破坏。

Malek[7] 等分析了 FRP 端部和梁弯曲裂缝处的应力，并与有限单元法和试验结果作了比较分析，给出了剥离荷载计算公式和剥离破坏准则，但是该方法比较繁琐，需要计算开裂和不开裂两种情况下梁的截面惯性矩，不易手算。

Christopher[8] 基于断裂力学理论，分析了裂缝处 FRP 的销栓作用，给出了裂缝处粘结剪应力的分布规律，指出大尺寸试件、胶体过薄、FRP 刚度大、粘结面积小易发生剥离破坏。

Rabinovitch[9] 提出了一种高阶封闭解的形式，分析了端部胶体不同的溢出形状、FRP 端部不同的形状及端部锚固条带的影响，指出增加 FRP 端部的宽度，减少端部厚度可减小端部应力，应当避免将端部多余的胶体去除，端部增加锚固条带可以有效地降低端部应力，避免剥离破坏的发生。

Raoof[10] 等分析了 FRP 加固的钢筋混凝土梁最大和最小裂缝间距，以裂缝间的混凝土保护层作为分析对象，将其看作在粘结剪应力作用下的悬臂梁，给出了剥离弯矩的计算方法。

Mahmoud[11] 等统计了有关试验结果，将理论分析方法与试验结果进行比较，在 Roberts 的计算公式基础上，统计并回归了公式中的部分参数，给出了剥离荷载的计算方法。

这些解中，以弹性理论为基础的解由于把钢筋混凝土梁考虑为一种均质线弹性材料而与试验结果产生了差异，用线弹性断裂力学求解太复杂不易计算，半理论半经验的解需要统计大量的试验结果回归有关参数。

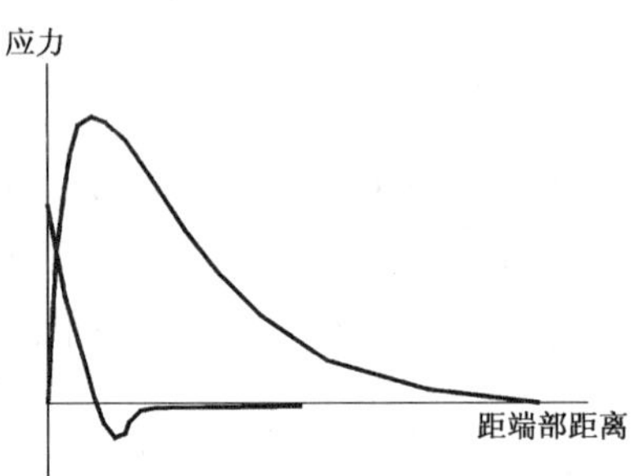

图 6.2.4　端部应力分布

以上的理论分析中均给出了端部应力分布的大致规律（图 6.2.4）：（1）粘结剪应力在 FRP 截断处为零，经过很短一段距离后达到最大值，并迅速降低；（2）剥离正应力在端部达到最大值，经过胶体厚度 3～4 倍的距离后逐渐降低为零。

6.3　FRP 端部应力分析[12]

1）试验基础

FRP 加固钢筋混凝土梁粘结应力的试验研究中，试验梁一般采用简支梁（图 6.3.1），加载方式为两点对称加载，使梁的加载点间出现纯弯段。通过变化粘结长度 L_0-a、FRP 端部距梁支座距离 a 等变量，研究 FRP 端部应变的分布。在试验研究的基础上，建立力学模型，分析 FRP 与加固梁界面之间的粘结剪应力和剥离正应力的分布变化规律。

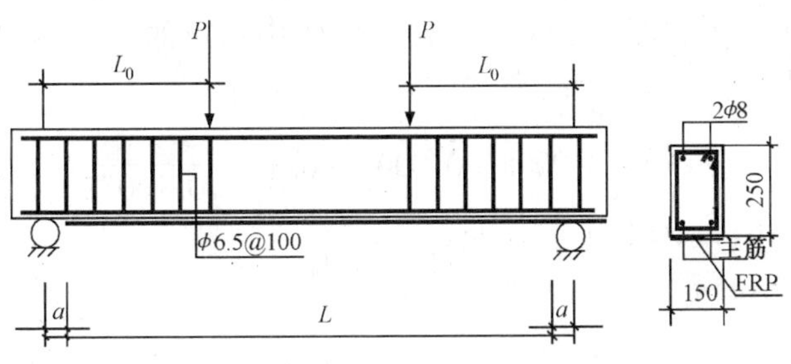

图 6.3.1　试件简图

沿梁的纵向取一微元体（图 6.3.2），由水平方向力的平衡得：

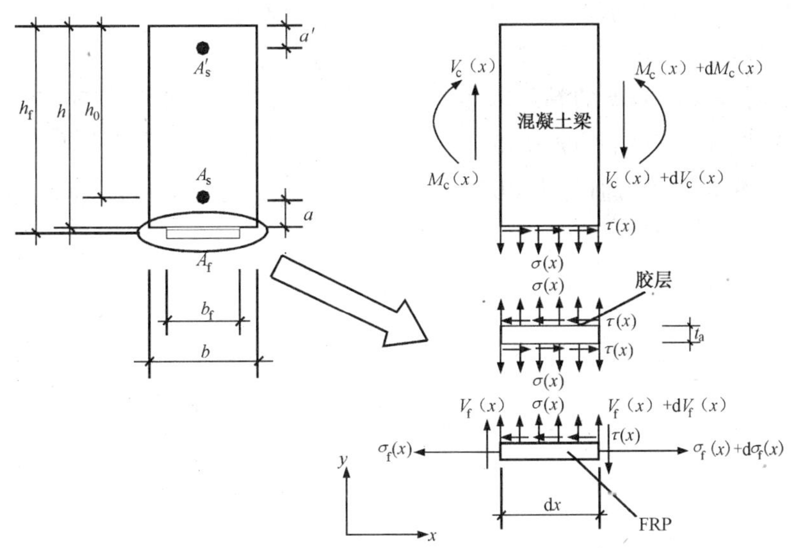

图 6.3.2　截面、微元体简图

$$\tau(x)=t_fE_f\frac{d\varepsilon}{dx} \tag{6.3.1}$$

式中　t_f——FRP 厚度；

　　E_f——FRP 弹性模量。

式（6.3.1）中 FRP 的应变可由下式确定：

$$\varepsilon(x)=A-Be^{-cx} \tag{6.3.2}$$

式中　A、B、C——待定系数。

对式（6.3.2）求导并代入式（6.3.1）得：

$$\tau(x)=t_fE_fBCe^{-cx} \tag{6.3.3}$$

FRP 端部最大粘结剪应力为：

$$\tau_{max} = t_f E_f BC \tag{6.3.4}$$

通过试验采集到的 FRP 端部应变值，根据式（6.3.4）可以分析计算某一级荷载作用下界面之间的粘结剪应力。图 6.3.3 为文献［12］中给出的 FRP 端部应变试验值和回归值，回归方程为：

$$\varepsilon(x) = 0.0005 - 0.00053\exp\left(-\frac{x}{70.16052}\right) \tag{6.3.5}$$

与式（6.3.2）比较可知：$A = 0.0005$，$B = 0.00053$，$C = 0.01425$。

图 6.3.4 为根据式（6.3.3）计算端部粘结剪应力分布，图 6.3.5 为部分试验梁端部粘结剪应力比较。从图中可以看出，端部粘结剪应力值随着距 FRP 端部的距离增加而迅速降低。FRP 的厚度增加一倍（梁 BL20－2），端部粘结剪应力值增加一倍多。随着粘贴长度的减少，粘结剪应力值迅速增加，如梁 BL30－1 的粘结长度为 850mm，梁 BL20－1 的粘结长度为 950mm，梁 BL30－1 端部粘结剪应力值为梁 BL20－1 端部粘结剪应力值的 10 倍。

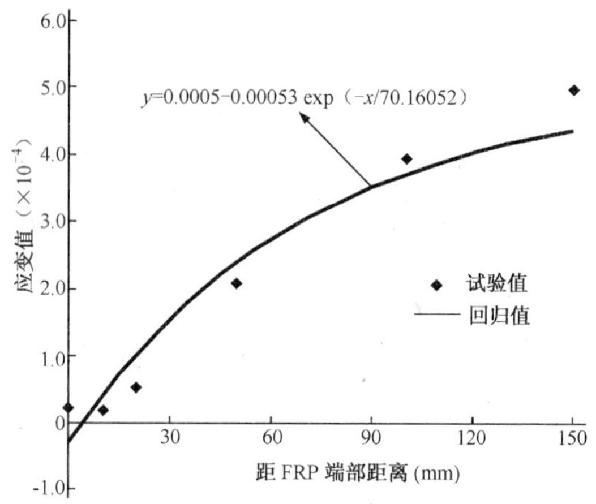

图 6.3.3　试验梁 FRP 端部应变试验值、回归方程

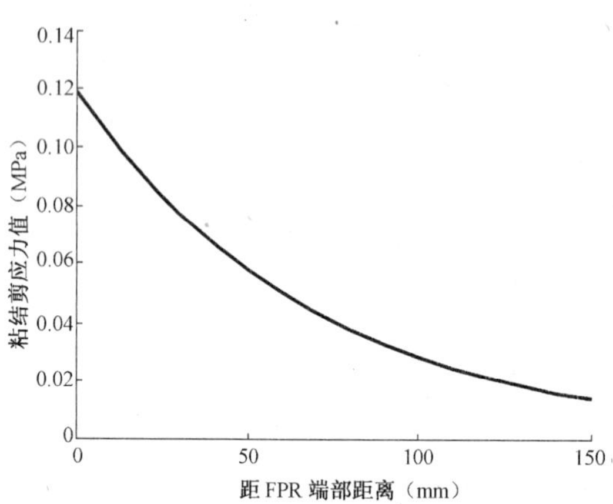

图 6.3.4　试验梁 FRP 端部的粘结剪应力分布

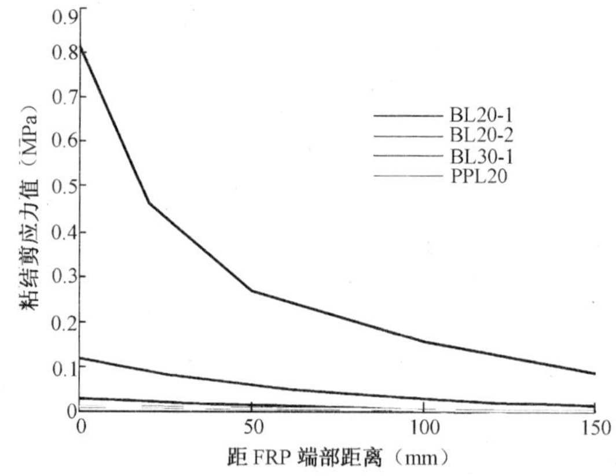

图 6.3.5　试验梁 FRP 端部的粘结剪应力分布比较图

2）粘结剪应力

如图 6.3.2 所示的高为 h，宽为 b 的 FRP 加固的钢筋混凝土梁。FRP 厚为 t_f、宽为 b_f，胶体厚为 t_a。沿着梁纵向取一微元体，由 FRP 力的平衡可得：

$$\tau(x) = t_f \frac{d\sigma_f(x)}{dx} \tag{6.3.6}$$

式中　$\tau(x)$——粘结剪应力；

$\sigma_f(x)$——FRP正应力。

将式（6.3.6）对 x 微分可得：

$$\frac{\mathrm{d}\tau(x)}{\mathrm{d}x}=t_f\frac{d^2\sigma_f(x)}{\mathrm{d}x^2} \tag{6.3.7}$$

忽略弯矩的影响，胶体的剪切变形与剪应力 $\tau(x)$ 的关系为：

$$\tau(x)=\frac{G_a}{t_a}u(x,y) \tag{6.3.8}$$

式中 G_a——胶体的剪切模量；

$u(x,y)$——胶体沿 x 方向的变形：

$$u(x,y)=u_2(x)-u_1(x) \tag{6.3.9}$$

式中 $u_1(x)$——混凝土梁底面沿 x 方向的位移；

$u_2(x)$——FRP沿 x 方向的位移。

将式（6.3.9）代入式（6.3.8）可得：

$$\tau(x)=\frac{G_a}{t_a}[u_2(x)-u_1(x)] \tag{6.3.10}$$

将式（6.3.10）对 x 微分得到：

$$\frac{\mathrm{d}\tau(x)}{\mathrm{d}x}=\frac{G_a}{t_a}\left[\frac{\mathrm{d}u_2(x)}{\mathrm{d}x}-\frac{\mathrm{d}u_1(x)}{\mathrm{d}x}\right]=\frac{G_a}{t_a}[\varepsilon_2(x)-\varepsilon_1(x)] \tag{6.3.11}$$

式中 $\varepsilon_1(x)$——胶层上边缘的拉应变；

$\varepsilon_2(x)$——胶层下边缘的拉应变。

忽略弯矩 $M_f(x)$ 的影响，$\varepsilon_2(x)$ 可按下式计算：

$$\varepsilon_2(x)=\frac{\sigma_f(x)}{E_f} \tag{6.3.12}$$

$\varepsilon_1(x)$ 实质上是梁底面最外纤维的拉应变，由于钢筋混凝土梁是由钢筋、混凝土两种非线性材料组成的，且在外荷载作用下将产生裂缝，求 $\varepsilon_1(x)$ 有一定困难，本书对求 $\varepsilon_1(x)$ 进行了简化计算。

混凝土受压区高度 x_0 可按下式求出：

$$\frac{1}{2}bx_0^2+[(\alpha_E-1)A_s'+\alpha_EA_s+\alpha_{Ef}A_f]x_0-\alpha_EA_sh_0-(\alpha_E-1)A_s'a'-\alpha_{Ef}A_fh_f=0 \tag{6.3.13}$$

式中 A_s、A_s'、A_f——受拉钢筋面积、受压钢筋面积、FRP面积；

h_0——截面有效高度；

h_f——FRP有效高度；

$\alpha_E=E_s/E_c$，$\alpha_{Ef}=E_f/E_c$；

E_s、E_c、E_f——钢筋弹性模量、混凝土弹性模量、FRP弹性模量。

加固后梁的截面惯性矩为：

$$I_0=\frac{1}{3}bx_0^3+\alpha_EA_s(h_0-x_0)^2+(\alpha_E-1)A_s'(x_0-a')^2+\alpha_{Ef}A_f(h_f-x_0)^2 \tag{6.3.14}$$

$\varepsilon_1(x)$ 可按下式求出：

$$\varepsilon_1(x)=\frac{M(x)(h-x_0)}{E_cI_0} \tag{6.3.15}$$

式中 $M(x)$——弯矩。

将式（6.3.12）、式（6.3.15）代入式（6.3.11），并与式（6.3.7）比较可得：

$$\frac{\mathrm{d}^2\sigma_{\mathrm{f}}(x)}{\mathrm{d}x^2}-\frac{G_{\mathrm{a}}}{t_{\mathrm{a}}t_{\mathrm{f}}E_{\mathrm{f}}}\sigma_{\mathrm{f}}(x)+\frac{M(x)G_{\mathrm{a}}(h-x_0)}{t_{\mathrm{a}}t_{\mathrm{f}}E_{\mathrm{c}}I_0}=0 \tag{6.3.16}$$

式（6.3.16）即为关于 $\sigma_{\mathrm{f}}(x)$ 微分控制方程，式（6.3.16）的解为：

$$\sigma_{\mathrm{f}}(x)=C_1e^{\alpha x}+C_2e^{-\alpha x}+\frac{m_1}{\alpha^2}M(x)+\frac{m_1}{\alpha^4}q(x) \tag{6.3.17}$$

式中 $\alpha=\sqrt{\dfrac{G_{\mathrm{a}}}{t_{\mathrm{a}}t_{\mathrm{f}}E_{\mathrm{f}}}}$，$m_1=\dfrac{G_{\mathrm{a}}(h-x_0)}{t_{\mathrm{a}}t_{\mathrm{f}}E_{\mathrm{c}}I_0}$；

C_1、C_2——系数；

$q(x)$——均布荷载。

将式（6.3.17）代入式（6.3.6）可得粘结剪应力的解：

$$\tau(x)=D_1e^{\alpha x}+D_2e^{-\alpha x}+t_{\mathrm{f}}\frac{m_1}{\alpha^2}V(x) \tag{6.3.18}$$

式中 $D_1=\alpha t_{\mathrm{f}}C_1$，$D_2=-\alpha t_{\mathrm{f}}C_2$。

端部最大粘结剪应力为：

$$\tau_{\max}=D_1+D_2+t_{\mathrm{f}}\frac{m_1}{\alpha^2}V(0) \tag{6.3.19}$$

式（6.3.18）中的系数可通过边界条件求得，表 6.3.1 列出了不同边界条件下粘结剪应力的解。从表 6.3.1 中可以看出，最大粘结剪应力的表达式是一致的，均可表示为：

$$\tau_{\max}=t_{\mathrm{f}}\frac{m_1}{\alpha}M(0)+t_{\mathrm{f}}\frac{m_1}{\alpha^2}V(0)=\frac{G_{\mathrm{a}}}{\alpha t_{\mathrm{a}}E_{\mathrm{c}}}\sigma_0+\frac{G_{\mathrm{a}}}{\alpha^2t_{\mathrm{a}}t_{\mathrm{f}}E_{\mathrm{c}}}\tau_0 \tag{6.3.20}$$

式中 $M(0)$、$V(0)$——FRP 端部位置的弯矩、剪力值；

$$\sigma_0=\frac{M(0)(h-x_0)}{I_0},\tau_0=\frac{t_{\mathrm{f}}(h-x_0)}{I_0}V(0)。$$

3）剥离正应力

如图 6.3.2 所示，根据微分关系可得：

$$\begin{cases}-E_{\mathrm{c}}I_{\mathrm{c}}\dfrac{\mathrm{d}^4v_1}{\mathrm{d}x^4}=q(x)-b_{\mathrm{f}}\sigma(x)\\[2ex]-E_{\mathrm{f}}I_{\mathrm{f}}\dfrac{\mathrm{d}^4v_2}{\mathrm{d}x^4}=b_{\mathrm{f}}\sigma(x)\end{cases} \tag{6.3.21}$$

式中 $\sigma(x)$——剥离正应力；

v_1、v_2——混凝土梁底面沿竖直方向的变形、FRP 沿竖直方向的变形；

I_{c}——钢筋混凝土梁截面惯性矩，可按下式计算：

$$I_{\mathrm{c}}=\frac{1}{3}bx_0^3+\alpha_{\mathrm{E}}A_{\mathrm{s}}(h_0-x_0)^2+(\alpha_{\mathrm{E}}-1)A_{\mathrm{s}}'(x_0-a')^2 \tag{6.3.22}$$

式（6.3.22）中 x_0 为受压区高度，可按式（6.3.23）计算：

$$\frac{1}{2}bx_0^2+[(\alpha_E-1)A_s'+\alpha_E A_s]x_0-\alpha_E A_s h_0-(\alpha_E-1)A_s'a'=0 \tag{6.3.23}$$

式（6.3.21）中 I_f 为FRP截面惯性矩，可按式（6.3.24）计算：

$$I_f=\frac{1}{12}b_f t_f^3 \tag{6.3.24}$$

又：

$$\sigma(x)=\frac{E_a}{t_a}(v_2-v_1) \tag{6.3.25}$$

式中　b_f——FRP宽度；

E_a——胶体弹性模量。

将式（6.3.25）微分四次并与式（6.3.21）比较可得：

$$\frac{d^4\sigma(x)}{dx^4}+\frac{E_a b_f}{t_a E_f I_f}\sigma(x)=\frac{E_a}{t_a E_c I_c}q(x) \tag{6.3.26}$$

式（6.3.26）即为剥离正应力的微分控制方程，式（6.3.26）的解为：

$$\sigma(x)=e^{-\beta x}(D_1\cos\beta x+D_2\sin\beta x)+e^{\beta x}(D_3\sin\beta x+D_4\cos\beta x)+\frac{q(x)E_f I_f}{b_f E_c I_c} \tag{6.3.27}$$

式中　β——影响系数，$\beta=\left(\frac{E_a b_f}{4t_a E_f I_f}\right)^{1/4}$；

D_1、D_2、D_3、D_4——待定系数。

式（6.3.27）中的系数可通过边界条件求得，表6.3.1列出了不同边界条件下剥离正应力的解，表中FRP端部的剪力 V_f（0）可按下式计算：

$$V_f(0)=b_f t_f\tau_{max} \tag{6.3.28}$$

表6.3.1中的剥离正应力解中，由于 $V_c(0)+\beta M(0)$、$E_f I_f$ 相对于 $E_c I_c$ 较小，故可忽略最后两项的影响，剥离正应力可统一表达为：

$$\sigma_{max}=\frac{b_f t_f E_a}{2\beta^3 t_a E_f I_f}\tau_{max}=\psi\tau_{max} \tag{6.3.29}$$

式中　$\psi=\frac{b_f t_f E_a}{2\beta^3 t_a E_f I_f}$。

4）破坏准则和剥离荷载的确定

梁底混凝土在粘结剪应力、剥离正应力作用下，主应力可按下式计算：

$$\sigma_{1,2}=\frac{\sigma_{max}}{2}\pm\sqrt{\left(\frac{\sigma_{max}}{2}\right)^2+\tau_{max}^2}=\frac{\tau_{max}}{2}\left(\psi\pm\sqrt{\psi^2+4}\right) \tag{6.3.30}$$

式中　σ_1、σ_2——两个方向主应力。

根据式（6.3.30）计算出的两个方向主应力使混凝土处于双向拉、压状态，混凝土处于双向拉、压状态下的破坏准则为：

$$\sigma_1=\left(1-0.8\frac{\sigma_2}{f_c}\right)f_t \tag{6.3.31}$$

式中　f_c、f_t——混凝土轴心抗压强度、混凝土抗拉强度。

对于式（6.3.31），σ_2/f_c 的值较小，故式（6.3.31）可近似写为：

$$\sigma_1=0.95f_t \tag{6.3.32}$$

将式（6.3.30）代入式（6.3.32）可得：

$$\sigma_1=\frac{\tau_{max}}{2}\left(\psi+\sqrt{\psi^2+4}\right)=0.95f_t \tag{6.3.33}$$

将式（6.3.20）代入式（6.3.33）可得：

$$P_{peel}=\frac{1.9\alpha^2 f_t}{t_f m_1(\alpha a+1)\left(\psi+\sqrt{\psi^2+4}\right)} \tag{6.3.34}$$

式中　a——FRP 截断位置到支座的距离；

P_{peel}——剥离荷载。

FRP 端部应力解答　　**表 6.3.1**

作用荷载形式	边界条件	端部应力的解答	端部最大应力
均布荷载	$\sigma_f(0)=0$ $\tau\left(\frac{L}{2}-a\right)=0$ $V\left(\frac{L}{2}-a\right)=0$ $M_f(x)=0$ $V_f(x)=V_f(0)$	$\tau(x)=t_f\frac{m_1}{\alpha}M(0)e^{-\alpha x}+t_f\frac{m_1}{\alpha^2}V(x)$ $\sigma(x)=\frac{E_a}{2\beta^3 t_a}$ $\left[\left(\frac{V_f(0)}{E_f I_f}-\frac{V_c(0)+\beta M(0)}{E_c I_c}\right)\cos\beta x+\frac{\beta M(0)}{E_c I_c}\sin\beta x\right]$ $+\frac{q(x)E_f I_f}{b_f E_c I_c}$	$\tau_{max}=t_f\frac{m_1}{\alpha}M(0)+t_f\frac{m_1}{\alpha^2}V(0)$ $\sigma_{max}=\frac{E_a}{2\beta^3 t_a}\left(\frac{V_f(0)}{E_f I_f}-\frac{V_c(0)+\beta M(0)}{E_c I_c}\right)$ $+\frac{q(0)E_f I_f}{b_f E_c I_c}$
两点对称集中荷载	$\sigma_f(0)=0$ $\tau\left(\frac{L}{2}-a\right)=0$ $\sigma_f^-(L_0-a)=$ $\sigma_f^+(L_0-a)$ $\tau_f^-(L_0-a)=$ $\tau_f^+(L_0-a)$ $M_f(x)=0$ $V_f(x)=V_f(0)$	$\tau(x)=$ $\begin{cases}\frac{t_f m_1 M(0)}{\alpha}e^{-\alpha x}+t_f\frac{m_1}{\alpha^2}V(x) & 0\leqslant x\leqslant L_0-a\\ t_f\frac{m_1}{\alpha}M(0)e^{-\alpha x}+t_f\frac{m_1}{2\alpha^2}V(0)e^{\alpha(L_0-a)}e^{-\alpha x} & L_0-a\leqslant x\leqslant\frac{L}{2}-a\end{cases}$ $\sigma(x)=\frac{E_a}{2\beta^3 t_a}$ $\left[\left(\frac{V_f(0)}{E_f I_f}-\frac{V_c(0)+\beta M(0)}{E_c I_c}\right)\cos\beta x+\frac{\beta M(0)}{E_c I_c}\sin\beta x\right]$	$\tau_{max}=t_f\frac{m_1}{\alpha}M(0)+t_f\frac{m_1}{\alpha^2}V(0)$ $\sigma_{max}=\frac{E_a}{2\beta^3 t_a}\left(\frac{V_f(0)}{E_f I_f}-\frac{V_c(0)+\beta M(0)}{E_c I_c}\right)$

6.4 计算示例

［**例 6.1**］算例与第 3 章例 1 相同。已知胶体弹性模量 E_a 为 3.24GPa，剪切模量 G_a 为 1.25GPa，拉伸强度为 52.5MPa，断裂伸长率为 2.2%，胶层厚 1.0mm，使用碳纤维布加固，加固层数为 2 层，单层布厚 0.111mm，布宽 250mm，混凝土抗拉强度 $f_t=1.43$MPa，试计算剥离荷载。

［**解**］1）计算截面参数

$$\alpha_E=E_s/E_c=200/30=6.67$$

$$\alpha_{Ef}=E_f/E_c=212/30=7.07$$

由式（6.3.13）确定加固梁的受压区高度 x_0：

$$x_0 = 159.5\text{mm}$$

由式（6.3.14）确定加固梁截面惯性矩：

$$I_0 = \frac{1}{3}bx_0^3 + \alpha_E A_s(h_0 - x_0)^2 + (\alpha_E - 1)A_s'(x_0 - a')^2 + \alpha_{Ef}A_f(h_f - x_0)^2$$

$$= 250 \times 159.5^3/3 + 6.67 \times 1520 \times (460 - 159.5)^2 + 7.07 \times 55.5 \times (500.111 - 159.5)^2$$

$$= 1.3 \times 10^9 \text{mm}^4$$

由式（6.3.24）确定碳纤维布惯性矩：

$$I_f = \frac{1}{12}b_f t_f^3 = 250 \times 0.222^3/12 = 0.228\text{mm}^4$$

2）计算参数

$$\alpha = \sqrt{\frac{G_a}{t_a t_f E_f}} = \sqrt{\frac{1.25}{1 \times 0.222 \times 212}} = 0.163$$

$$m_1 = \frac{G_a(h - x_0)}{t_a t_f E_c I_0} = \frac{1.25 \times (500 - 159.5)}{1 \times 0.222 \times 30 \times 1.3 \times 10^9} = 4.92 \times 10^{-8}$$

$$\beta = \left(\frac{E_a b_f}{4t_a E_f I_f}\right)^{1/4} = \left(\frac{3.24 \times 250}{4 \times 212 \times 0.228}\right)^{1/4} = 1.43$$

$$\psi = \frac{b_f t_f E_a}{2\beta^3 t_a E_f I_f} = \frac{250 \times 0.222 \times 3.24}{2 \times 1.43^3 \times 1 \times 212 \times 0.228} = 0.64$$

3）计算粘结剪应力、剥离正应力

$$a = 0.1\text{m}$$

$$M(0) = (28.6 + 10) \times 5.6/2 \times 0.1 - (28.6 + 10) \times 0.1^2/2 = 10.6\text{kN} \cdot \text{m}$$

$$V(0) = (28.6 + 10) \times 5.6/2 - (28.6 + 10) \times 0.1 = 104.22\text{kN}$$

$$\sigma_0 = \frac{M(0)(h - x_0)}{I_0} = \frac{10.6 \times 10^6 \times (500 - 159.5)}{1.3 \times 10^9} = 2.78\text{MPa}$$

$$\tau_0 = \frac{t_f(h - x_0)}{I_0}V(0) = \frac{0.222 \times (500 - 159.5) \times 104.22 \times 10^3}{1.3 \times 10^9} = 0.006\text{MPa}$$

由式（6.3.20）可计算最大粘结剪应力：

$$\tau_{max} = t_f\frac{m_1}{\alpha}M(0) + t_f\frac{m_1}{\alpha^2}V(0) = \frac{G_a}{\alpha t_a E_c}\sigma_0 + \frac{G_a}{\alpha^2 t_a t_f E_c}\tau_0$$

$$= \frac{1.25}{0.163 \times 1 \times 30} \times 2.78 + \frac{1.25}{0.163^2 \times 1 \times 0.222 \times 30} \times 0.006 = 0.75\text{MPa}$$

由式（6.3.29）计算最大剥离正应力：

$$\sigma_{max} = \frac{b_f t_f E_a}{2\beta^3 t_a E_f I_f}\tau_{max} = \psi\tau_{max} = 0.64 \times 0.75 = 0.48\text{MPa}$$

4）计算剥离荷载

由式（6.3.34）计算剥离荷载：

$$P_{peel} = \frac{1.9\alpha^2 f_t}{t_f m_1(\alpha a + 1)\left(\psi + \sqrt{\psi^2 + 4}\right)}$$

$$= \frac{1.9 \times 0.163^2 \times 1.43}{0.222 \times 4.92 \times 10^{-8} \times (0.163 \times 0.1 + 1) \times (0.64 + \sqrt{0.64^2 + 4})}$$

$$= 2374\text{kN} > (28.6 + 10) \times 5.6 \div 2 = 108.08\text{kN}$$

计算的剥离荷载远大于荷载作用下的支座反力，因此，该梁不会发生剥离破坏。

参考文献

1. Marco Arduini, Angelo Di Tommaso, and Antonio Nanni. Brittle Failure in FRP Plate and Sheet Bonded Beams [J] . ACI Structural Journal, 1997, (7 ~ 8): 363 ~ 370
2. T. Horiguchi, and N. Saeki. Affect Test Method and Quality of Concrete on Bonded Strength of CFRP Sheet [M] . Proceedings of Third International Symposium of Non – Metallic (FRP) Reinforcement for Concrete Structures, 1997, (1): 265 ~ 270
3. T. Maeda, and Y. Kakuta. A Study on Bond Mechanism of Carbon Fiber Sheet [M] . Proceedings of Third International Symposium of Non – Metallic (FRP) Reinforcement for Concrete Structures, 1997, (1): 279 ~ 286
4. Laura De Lorenzis, Brian Miller, and Antonio Nanni. Bond of Fiber – Reinforced Polymer Laminates to Concrete [J] . ACI Materials Journal, 2001, 98 (3): 256 ~ 264
5. M. Maalej, and Y. Bian. Interfacial Shear Stress Concentration in FRP – Strengthened Beams [J] . Composite Structures, 2001, (54): 417 ~ 426
6. T. M. Roberts. Approximate Analysis of Shear and Normal Stress Concentration in the Adhesive Layer of Plated RC Beams [J] . Structural Engineering, 1989, (12): 228 ~ 233
7. Amir M. Malek, Hamid Saadatmanesh, and Mohammad R. Ehsani. Prediction of Failure Load of RC Beams Strengthened with FRP Plate Due to Stress Concentration at the Plate End [J] . ACI Structural Journal, 1998, 95 (1): 142 ~ 153
8. Christopher K. Y. Leung. Delamination Failure in Concrete Beams Retrofitted with A Bonded Plate [J] . Journal of Materials in Civil Engineering, 2001, 13 (2): 106 ~ 133
9. O. Rabinovitch , and Y. Frostig. High – Order Approach for the Control of Edge Stresses in RC Beams Strengthened with FRP Strips [J] . Journal of Structural Engineering, 2001, 127 (7): 799 ~ 809
10. M. Raoof, and M. A. Hassanen. Peeling Failure of Reinforced Concrete Beams with Fiber – Reinforced Plastic or Steel Plates Glued to Their Soffits [J] . Engineering Structure and Building, 2000, 8: 291 ~ 305
11. Mahmoud T. El – Mihilmy, and Joseph W. Tedesco. Prediction of Anchorage Failure for Reinforced Concrete Beams Strengthened with Fiber – Reinforced Polymer Plates. ACI Structural Journal, 2001, 98 (3): 301 ~ 314
12. 王文炜，赵国藩，李果．玻璃纤维布加固的钢筋混凝土梁端部粘结剪应力试验研究及端部应力分析 [J]．土木工程学报，2004，37 (12)：75 ~ 80

第7章 FRP加固的钢筋混凝土梁延性及变形

本章主要符号

A_s、A_s'、A_f——受拉钢筋面积、受压钢筋面积、FRP面积

a'——受压钢筋合力点至混凝土受压区边缘的距离

b——梁宽度

E_c、E_s、E_f——混凝土弹性模量、钢筋弹性模量、FRP弹性模量

f_c——混凝土轴心抗压强度

f_y——受拉钢筋屈服强度

f_{fu}——FRP极限抗拉强度

f_t——混凝土抗拉强度

h——梁高度

h_0——截面有效高度

h_f——FRP有效高度

I_0——未开裂截面惯性矩

I_{cr}——开裂截面惯性矩

I_e——梁开裂后第二、三阶段梁的截面有效惯性矩

K_y——混凝土受压区高度系数

K_u——极限状态时混凝土受压区高度系数

l_p——塑性铰长度

M——外荷载作用下产生的弯矩

M_{cr}——开裂弯矩

M_y——屈服弯矩

x_0——混凝土受压区实际高度

Δ_y、Δ_u——跨中截面屈服位移、极限位移

ε_c、ε_s'、ε_f、ε_y——混凝土受压区边缘压应变、受压钢筋应变、FRP应变、受拉钢筋屈服应变

ε_{cu}——混凝土极限压应变

ε_{fu}——FRP极限拉应变

μ_Δ——位移延性系数

μ_ϕ——截面曲率延性系数

$\mu_{\phi f}$、$\mu_{\phi c}$——加固梁、未加固梁截面曲率延性系数

σ_c、σ'_s、σ_f——受压区边缘混凝土应力、受压钢筋应力、FRP 应力

ϕ——延性折减系数

ϕ_M——与 M 相对应的曲率

ϕ_y——屈服曲率

ϕ_u——极限曲率

FRP 加固的钢筋混凝土梁抗弯承载力有显著提高，但其延性逐渐降低[1~4]。美国加固设计指南建议，在抗弯加固设计中引入延性折减系数来保证截面有足够的延性[5]，详见第二章。我国的《碳纤维片材修复加固混凝土结构规程》及《混凝土结构加固规范》中没有对加固梁的延性给出相应的规定，因此，对于加固梁的延性分析就显得尤为必要。

FRP 加固的钢筋混凝土梁除了承载力满足要求外，加固梁的变形不能过大而影响正常使用性能。本章将针对 FRP 加固混凝土梁的延性和变形计算方法进行阐述。

7.1 截面延性分析[6]

截面延性通常用延性系数作为参考指标，延性系数有位移延性系数和曲率延性系数两种表示方法[7]，本节分别介绍截面曲率延性系数和位移延性系数的计算方法。

1）曲率延性系数

曲率延性系数的表示方法为 $\mu_\phi=\phi_u/\phi_y$，ϕ_u、ϕ_y 分别为极限状态时跨中截面曲率、钢筋屈服时跨中截面曲率。截面延性系数的计算有迭代法[7]和简化计算方法两种。简化计算方法具有计算简单、易于编程和手算、精度较高的优点，本节着重分析简化计算方法。

（1）基本假定。

①截面应变保持平截面；②钢筋应力-应变关系曲线采用简化的理想弹塑性应力-应变关系（图 7.1.1）；③受压区混凝土的应力-应变关系采用如图 7.1.2 所示的简化的应力-应变曲线；④FRP 的应力-应变关系为线弹性关系，即 FRP 的应力等于其应变乘以弹性模量；⑤不考虑受拉区混凝土抗拉强度。

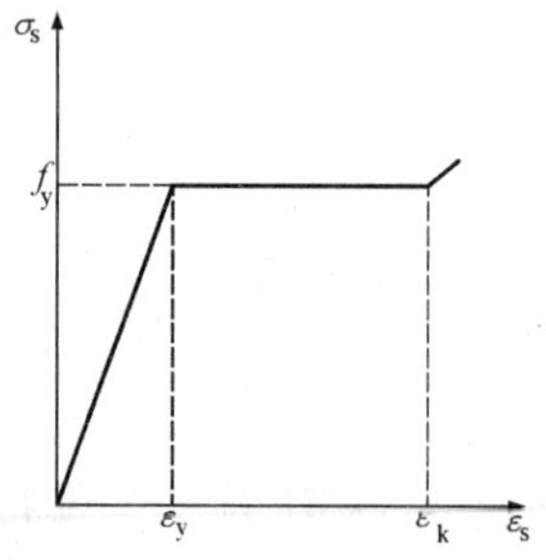

图 7.1.1　钢筋本构关系图

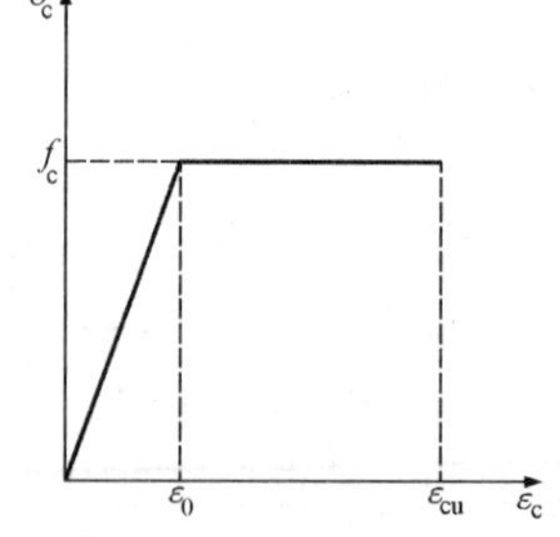

图 7.1.2　混凝土本构关系图

（2）屈服阶段截面曲率的计算。

根据加固梁配布率和配筋率的情况，受拉钢筋屈服时，截面应力一般有以下两种：

①受压区混凝土应力图形为三角形，受压钢筋未屈服。

②受压区混凝土应力图形为三角形，受压钢筋屈服。以下分别计算两种情况下屈服阶

段的截面曲率：

①受压区混凝土应力图形为三角形，受压钢筋未屈服。

此种情况的应力和应变图如图7.1.3所示，此时受拉钢筋应变达到屈服应变，FRP应变小于极限拉应变，受压区混凝土最外纤维应变小于峰值应力对应的应变ε_0，受压钢筋应变小于屈服应变。从截面应变图形有：

$$\begin{cases}\varepsilon_c = \varepsilon_s' \approx \dfrac{K_y}{1-K_y}\varepsilon_y \\ \varepsilon_f = \dfrac{h_f - K_y h_0}{(1-K_y)h_0}\varepsilon_y = \dfrac{\gamma_f - K_y}{1-K_y}\varepsilon_y\end{cases} \tag{7.1.1}$$

式中　ε_c、ε_s'、ε_f、ε_y——混凝土受压区边缘压应变、受压钢筋应变、FRP应变、受拉钢筋屈服应变；

h_0——截面有效高度；

h_f——FRP有效高度；

K_y——混凝土受压区高度系数，是混凝土受压区最外边缘纤维到中和轴的距离与截面有效高度之比值。

由混凝土、钢筋、FRP的应力应变关系可得：

$$\begin{cases}\sigma_c = E_c\varepsilon_c = E_c\dfrac{K_y}{1-K_y}\varepsilon_y \\ \sigma_s' = E_s\varepsilon_s' = E_s\dfrac{K_y}{1-K_y}\varepsilon_y \\ \sigma_f = E_f\varepsilon_f = E_f\dfrac{\gamma_f - K_y}{1-K_y}\varepsilon_y\end{cases} \tag{7.1.2}$$

式中　σ_c、σ_s'、σ_f——受压区边缘混凝土应力、受压钢筋应力、FRP应力；

E_c、E_s、E_f——混凝土弹性模量、钢筋弹性模量、FRP弹性模量；

$\gamma_f = \dfrac{h_f}{h_0}$。

由水平方向力的平衡得：

$$\frac{1}{2}bK_y h_0\sigma_c + \sigma_s' A_s' = f_y A_s + \sigma_f A_f \tag{7.1.3}$$

式中　b——梁宽度；

f_y——受拉钢筋屈服强度。

将式（7.1.2）代入式（7.1.3）经整理得：

$$K_y^2 + 2(\alpha_E\rho_s' + \alpha_E\rho_s + \gamma_f\alpha_{Ef}\rho_f)K_y - 2(\alpha_E\rho_s + \gamma_f^2\alpha_{Ef}\rho_f) = 0 \tag{7.1.4}$$

式中　$\rho_s = A_s/bh_0$、$\rho_s' = A_s'/bh_0$、$\rho_f = A_f/bh_f$；

$\alpha_E = E_s/E_c$、$\alpha_{Ef} = E_f/E_c$。

解关于K_y的一元二次方程可得屈服曲率ϕ_y：

$$\phi_y = \frac{\varepsilon_y}{(1-K_y)\ h_0} \tag{7.1.5}$$

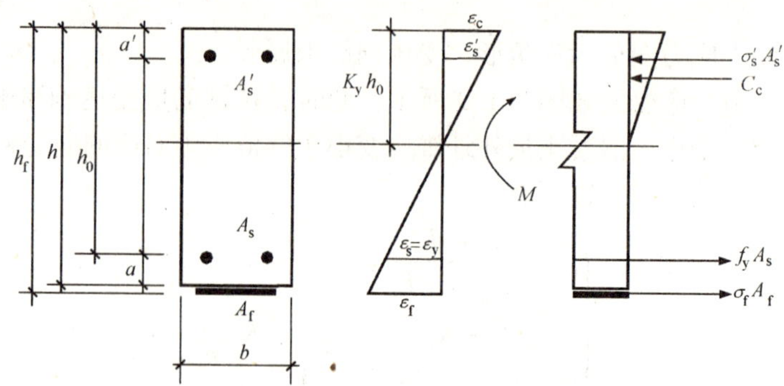

图 7.1.3　屈服时截面应力应变及力的平衡图

②受压区混凝土应力图形为三角形，受压钢筋屈服。

受压钢筋屈服，将式（7.1.3）改写为：

$$\frac{1}{2}bK_y h_0 \sigma_c + f_y' A_s' = f_y A_s + \sigma_f A_f \tag{7.1.6}$$

式中　f_y'——受压钢筋屈服强度，$f_y' = f_y$。

将式（7.1.2）代入式（7.1.6）经整理得：

$$K_y^2 + 2(\alpha_E\rho_s + \gamma_f\alpha_{Ef}\rho_f - \alpha_E\rho_s')K_y - 2(\alpha_E\rho_s + \gamma_f^2\alpha_{Ef}\rho_f - \alpha_E\rho_s') = 0 \tag{7.1.7}$$

求得 K_y 后代入式（7.1.5）可得屈服曲率 ϕ_y。

③受压钢筋屈服的判别。

受压钢筋未屈服时，$\varepsilon_s' < \varepsilon_y$，由式（7.1.1）得：

$$K_y < \frac{1}{2} \tag{7.1.8}$$

先假定受压钢筋未屈服，按式（7.1.4）计算出的 K_y，若满足式（7.1.8），则受压钢筋未屈服，否则屈服。

（3）极限阶段截面曲率的计算。

根据试验结果，加固梁受弯破坏形式一般有以下两种：①FRP 断裂；②受拉钢筋屈服后，受压区混凝土压碎。FRP 断裂时，受压区混凝土未达极限状态，混凝土应力图形有三角形和梯形两种形式。

①FRP 断裂，受压区混凝土应力图形为三角形。

如图 7.1.4 所示截面应力应变图，混凝土应力图形为三角形分布，从截面应力应变图形有：

$$\begin{cases} \varepsilon_c = \dfrac{K_u}{\gamma_f - K_u}\varepsilon_{fu} \\ \sigma_c = \dfrac{K_u}{\gamma_f - K_u}\varepsilon_{fu}E_c \end{cases} \tag{7.1.9}$$

式中　ε_{fu}——FRP 极限拉应变。

由截面水平方向力的平衡得：

$$\frac{1}{2}\sigma_c bK_u h_0 + f_y' A_s' = f_y A_s + f_{fu} A_f \tag{7.1.10}$$

将式（7.1.9）代入式（7.1.10）并整理得：

$$DK_u^2-2\alpha_{Ef}(\rho_s'-\rho_s-D\gamma_f\rho_f)K_u+2\alpha_{Ef}\gamma_f(\rho_s'-\rho_s-D\gamma_f\rho_f)=0 \tag{7.1.11}$$

式中　K_u——极限状态时混凝土受压区高度系数；

$D=\frac{f_{fu}}{f_y}$；

f_{fu}——FRP极限抗拉强度。

解关于 K_u 的一元二次方程可得极限曲率 ϕ_u：

$$\phi_u=\frac{\varepsilon_{fu}}{h_f-K_uh_0} \tag{7.1.12}$$

②FRP断裂，受压区混凝土应力图形为梯形。

如图7.1.4所示截面应力-应变图，混凝土应力图形为梯形分布，从截面应力-应变图形有：

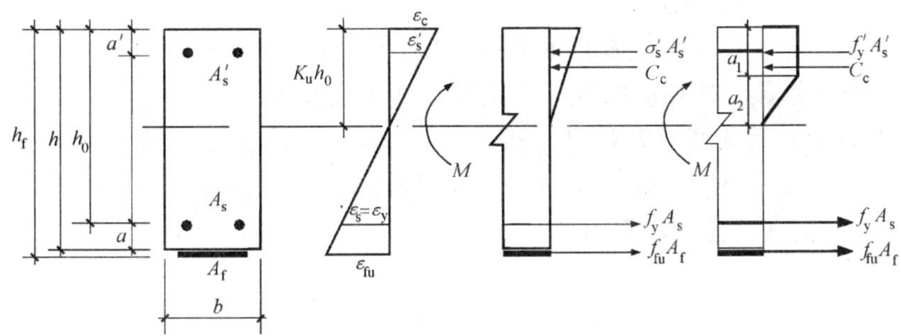

图7.1.4　FRP断裂时截面应力-应变及力的平衡图

$$a_2=\frac{\varepsilon_0}{\varepsilon_c}K_u h_0 \tag{7.1.13}$$

$$\varepsilon_c=\frac{K_u}{\gamma_f-K_u}\varepsilon_{fu} \tag{7.1.14}$$

将式（7.1.14）代入式（7.1.13）得：

$$a_2=\frac{\varepsilon_0}{\varepsilon_{fu}}(\gamma_f-K_u)h_0=\frac{f_c}{f_y}\frac{f_y}{f_{fu}}\frac{E_f}{E_c}(\gamma_f-K_u)h_0=\frac{A}{D}\alpha_{Ef}(\gamma_f-K_u)h_0 \tag{7.1.15}$$

$$a_1=K_uh_0-a_2=\left(1+\frac{A}{D}\alpha_{Ef}\right)K_uh_0-\frac{A}{D}\alpha_{Ef}\gamma_fh_0 \tag{7.1.16}$$

式中　$A=\frac{f_c}{f_y}$；

f_c——混凝土轴心抗压强度。

故受压区混凝土合力 C_c 为：

$$C_c=f_cb\left(a_1+\frac{1}{2}a_2\right)=f_cb\left[\left(1+\frac{A}{2D}\alpha_{Ef}\right)K_uh_0-\frac{A}{2D}\alpha_{Ef}\gamma_fh_0\right] \tag{7.1.17}$$

由水平方向力的平衡得：

$$C_c+f_y'A_s'=f_yA_s+f_{fu}A_f \tag{7.1.18}$$

将式（7.1.17）代入式（7.1.18）得：

$$K_u=\frac{\rho_s+D\gamma_f\rho_f-\rho_s'+\alpha_{Ef}\gamma_f A^2/2D}{A+\alpha_{Ef}A^2/2D} \tag{7.1.19}$$

解得 K_u 后，代入式（7.1.12）可求得极限曲率。

③受压区混凝土压碎。

此种情况一般为受压、受拉钢筋屈服，而 FRP 未达极限抗拉强度。由于受压区混凝土最外层纤维达到混凝土极限压应变，故受压区混凝土应力图形可取为等效矩形应力图形。从图 7.1.5 所示的应力应变图形可得：

$$\begin{cases}\varepsilon_f=\dfrac{\gamma_f-K_u}{K_u}\varepsilon_{cu}\\ \sigma_f=\dfrac{\gamma_f-K_u}{K_u}\varepsilon_{cu}E_f\end{cases} \tag{7.1.20}$$

式中　ε_{cu}——混凝土极限压应变。

由截面水平方向力的平衡可得：

$$\alpha_1\beta_1 f_c bK_u h_0+f_y'A_s'=f_yA_s+\sigma_f A_f \tag{7.1.21}$$

式中　α_1、β_1——系数，按相应的混凝土结构设计规范取用。

将式（7.1.20）代入式（7.1.21）得：

$$\alpha_1\beta_1 AK_u^2+(\rho_s'+\varepsilon_{cu}E_f\gamma_f\rho_f/f_y-\rho_s)K_u-\varepsilon_{cu}E_f\gamma_f^2\rho_f/f_y=0 \tag{7.1.22}$$

解得 K_u 后，按下式计算极限曲率：

$$\phi_u=\frac{\varepsilon_{cu}}{K_u h_0} \tag{7.1.23}$$

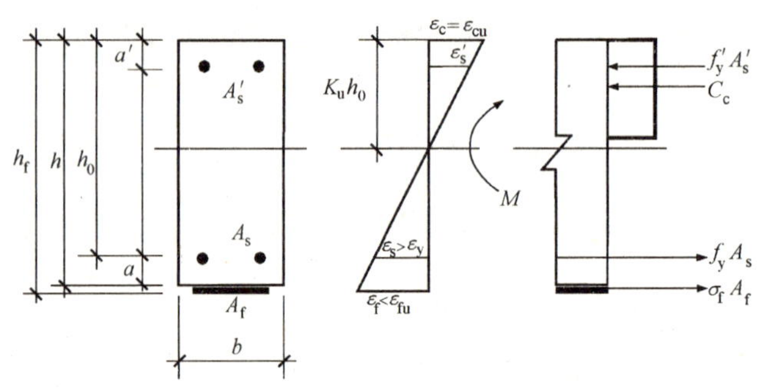

图 7.1.5　混凝土压碎时截面应力应变及力的平衡图

④混凝土应力图形的判别。

受压区混凝土为三角形时，$\varepsilon_c\leqslant\varepsilon_0$，由式（7.1.9）得：

$$\frac{K_u}{\gamma_f-K_u}\varepsilon_{fu}\leqslant\varepsilon_0 \tag{7.1.24}$$

式（7.1.24）两边同乘以混凝土弹性模量 E_c 并整理得：

$$K_u\leqslant\frac{A\alpha_{Ef}\gamma_f}{A\alpha_{Ef}+D} \tag{7.1.25}$$

式（7.1.25）即为混凝土应力图形的判别式。

先假定受压区混凝土为三角形应力图形，根据式（7.1.11）计算出的 K_u 若满足式

(7.1.25)，则混凝土应力图形即为三角形，否则为梯形。

计算出屈服曲率和极限曲率后，可按下式求得截面曲率延性系数 μ_ϕ：

$$\mu_\phi = \frac{\phi_u}{\phi_y} \tag{7.1.26}$$

⑤破坏模式的判断。

由式（7.1.20）可知，若发生 FRP 断裂的破坏模式需满足下式：

$$\varepsilon_f = \frac{\gamma_f - K_u}{K_u}\varepsilon_{cu} \geqslant \varepsilon_{fu} \tag{7.1.27a}$$

或

$$K_u \leqslant \gamma_f \frac{\varepsilon_{cu}}{\varepsilon_{cu} + \varepsilon_{fu}} \tag{7.1.27b}$$

先假定发生 FRP 断裂的破坏形式，若按式（7.1.11）、式（7.1.19）解出的 K_u 满足式（7.1.27），则发生 FRP 断裂的破坏形式，否则，为受压区混凝土压碎破坏。

2）位移延性系数[8]

位移延性系数的表示方法为 $\mu_\Delta = \Delta_u/\Delta_y$，$\Delta_u$、$\Delta_y$ 分别为极限状态时跨中截面位移、钢筋屈服时跨中截面位移。计算出屈服曲率、极限曲率后，可按以下两式计算跨中截面屈服位移、极限位移：

$$\Delta_y = \frac{1}{12}\phi_y l^2 \tag{7.1.28}$$

$$\Delta_u = \frac{1}{12}\phi_y l^2 + \frac{1}{2}(\phi_u - \phi_y)\, l_p(l - l_p) \tag{7.1.29}$$

式中　Δ_y、Δ_u——跨中截面屈服位移、极限位移；

l_p——塑性铰长度；

l——梁跨度。

关于塑性铰长度的取值，一些学者在试验的基础上给出了相应的经验公式，如 Corley 和 Mattock、Sawyer 提出与梁尺寸有关的公式，Baker 、坂静雄提出与材料、构件尺寸有关的公式。经过分析计算，Corley 和 Mattock 的公式与试验值吻合较好，建议可采用 Corley 和 Mattock 的公式计算 FRP 加固钢筋混凝土梁塑性铰长度[7]：

$$l_p = 0.5h_0 + 0.05l \tag{7.1.30}$$

屈服位移、极限位移求出后，可按下式计算位移延性系数 μ_Δ：

$$\mu_\Delta = \Delta_u/\Delta_y \tag{7.1.31}$$

3）曲率折减系数

为避免发生脆性破坏，本书提出延性折减系数 ϕ：

$$\phi = \frac{\mu_{\phi f}}{\mu_{\phi c}} \tag{7.1.32}$$

式中　$\mu_{\phi f}$、$\mu_{\phi c}$——加固梁、未加固梁截面曲率延性系数。

统计有关试验梁的试验结果可得：

$$\phi = 0.8 \tag{7.1.33}$$

式（7.1.33）中的曲率延性折减系数可用于 FRP 加固钢筋混凝土梁正截面抗弯承载力计算中。

7.2 影响延性的因素

在建立的延性计算方法基础上，分析配布率、配筋率、FRP 强度、FRP 弹性模量、混凝土强度对截面延性系数的影响，如图 7.2.1 ~ 图 7.2.4 所示。

从图中可以看出，截面曲率延性系数随着配布率的增加逐渐降低。配筋率低的梁，配布率较低时，FRP 断裂之前，截面曲率延性系数降低的不多，破坏形态转变为受压区混凝土压碎后，截面曲率延性系数迅速降低，延性逐渐变差。配布率适中的梁，截面曲率延性系数逐渐降低，配布率高的梁，截面曲率延性系数变化不大，总体来说加固梁的延性都有不同程度的降低。

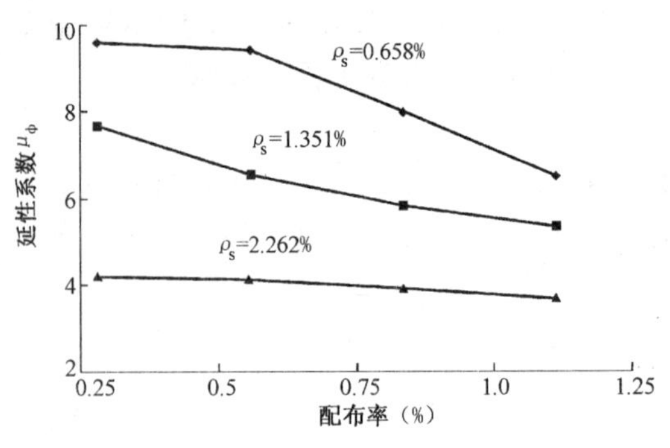

图 7.2.1 配布率对延性系数的影响

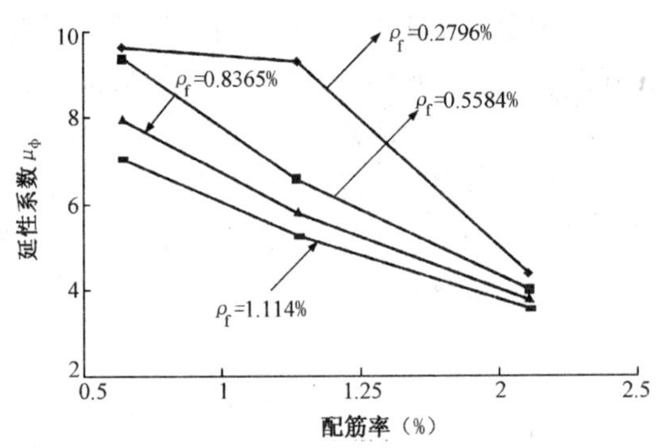

图 7.2.2 配筋率对延性系数的影响

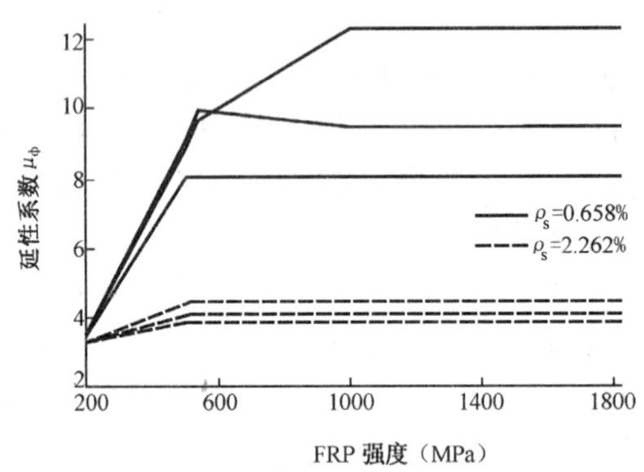

图 7.2.3 FRP 强度对延性系数的影响

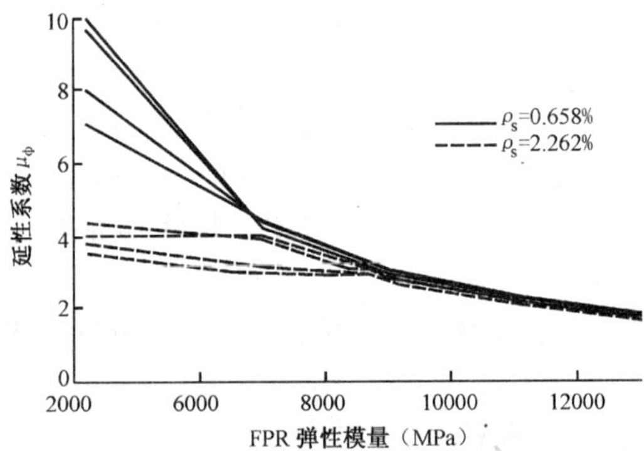

图 7.2.4 FRP 弹性模量对延性系数的影响

随着配筋率的增加，截面曲率延性系数逐渐降低。配布率较低的梁，FRP 断裂之前，截面曲率延性系数降低的不多，破坏形态转变为受压区混凝土压碎后，截面曲率延性系数突然降低，延性变差。对于配布率适中的梁，均发生受压区混凝土压碎的破坏形态，因此，截面曲率延性逐渐降低。

对于配筋率较低的梁，FRP 极限抗拉强度对截面曲率延性系数有显著影响。对于高配筋率的梁，影响不明显。在 FRP 断裂之前，截面曲率延性系数随着 FRP 极限强度的增加逐渐增大，受压区混凝土压碎破坏时，截面曲率延性系数基本无变化。

FRP 弹性模量对配筋率低的梁截面曲率延性系数影响显著，对于高配筋率的梁影响不是十分显著。截面曲率延性系数随着 FRP 的弹性模量的增大而降低，当 FRP 的弹性模量较高时，截面曲率延性系数趋于稳定值。

混凝土强度对截面曲率延性系数也有一定影响，随着混凝土强度的增加，截面曲率延性系数逐渐增大，加固梁的延性逐渐变好，这与普通钢筋混凝土梁是一致的。

7.3　加固梁的变形计算[9]

1）不同阶段截面弯矩-曲率计算

FRP 加固的钢筋混凝土梁荷载（弯矩）-位移（曲率）曲线可简化为三个不同的线性阶段，如图 7.3.1 所示：①混凝土开裂前阶段；②开裂后到受拉钢筋屈服阶段；③钢筋屈服到极限状态阶段。根据不同阶段的弯矩-曲率关系曲线，可以分析相应阶段的变形。

（1）混凝土开裂前阶段。

此阶段由于混凝土尚未开裂，故可按弹性理论建立截面参数。受压区高度 x_0 和截面惯性矩 I_0 可由以下两式求出：

$$x_0=\frac{bh^2+2(\alpha_E-1)(A_sh_0+A_s'a')+2\alpha_{Ef}A_fh}{2bh+2(\alpha_E-1)(A_s+A_s')+2\alpha_{Ef}A_f} \tag{7.3.1}$$

式中　b、h、x_0、a'——梁宽度、梁高度、混凝土受压区实际高度、受压钢筋合力点至混凝土受压区边缘的距离；

A_s、A_s'、A_f——受拉钢筋面积、受压钢筋面积、FRP 面积；

$\alpha_E=E_s/E_c$，$\alpha_{Ef}=E_f/E_c$；

E_c、E_s、E_f——混凝土弹性模量、钢筋弹性模量、FRP 弹性模量。

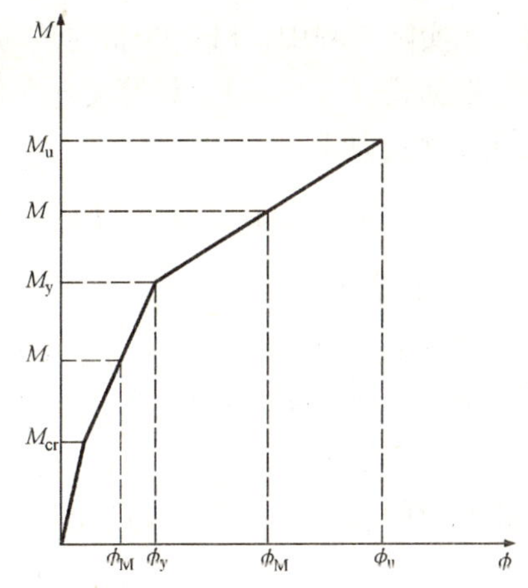

图 7.3.1　弯矩-曲率关系简图

截面惯性矩为：

$$I_0=\frac{1}{3}bx_0^3+\frac{1}{3}b(h-x_0)^3+(\alpha_E-1)A_s(h_0-x_0)^2+(\alpha_E-1)A_s'(x_0-a')^2+\alpha_{Ef}A_f(h-x_0)^2 \tag{7.3.2}$$

式中　I_0——未开裂截面惯性矩。

截面刚度为[7]：

$$B_s=0.85E_cI_0 \tag{7.3.3}$$

开裂弯矩 M_{cr} 为：

$$M_{cr}=\frac{f_tI_0}{x_t} \tag{7.3.4}$$

式中 f_t——混凝土抗拉强度。

$x_t = h - x_0$。

（2）开裂后到受拉钢筋屈服阶段。

不考虑混凝土的抗拉强度，假设混凝土为线弹性材料。如图 7.1.3 所示纯弯构件的截面受力图形，当受拉钢筋屈服时，根据式（7.1.4）可计算混凝土受压区高度 x 为：

$$x = K_y h_0 \tag{7.3.5}$$

求出混凝土受压区高度 x 后，可由下式求出受拉钢筋屈服时开裂截面惯性矩 I_{cr}：

$$I_{cr} = \frac{1}{3}bx^3 + \alpha_E A_s(h_0 - x)^2 + (\alpha_E - 1) A_s'(x - a')^2 + \alpha_{Ef}A_f(h - x)^2 \tag{7.3.6}$$

上述各项公式符号意义同前。

K_y 求出后，按式（7.1.5）计算屈服曲率。

屈服弯矩 M_y 可由下式求出：

$$M_y = \phi_y E_c I_{cr} \tag{7.3.7}$$

（3）钢筋屈服到极限状态阶段。

FRP 加固的钢筋混凝土梁存在两种弯曲破坏形式：①FRP 断裂；②受压区混凝土压碎。在实际工程中，FRP 断裂的破坏形式很少发生，故仅分析受压区混凝土压碎的破坏形式。根据式（7.1.22），计算受压区混凝土压碎时的受压区高度 $x = k_u h_0$，再由下式计算极限抗弯承载力 M_u：

$$M_u = \alpha_1 f_c bx\left(h_0 - \frac{1}{2}x\right) + f_y' A_s'(h_0 - a_s') + \sigma_f A_f(h_f - h_0) \tag{7.3.8}$$

2）跨中挠度计算

当梁未开裂时，按材料力学中给出的不同荷载作用下梁的经典位移公式计算变形，把抗弯刚度换成 $0.85E_cI_0$ 即可。

当梁处于第二、三阶段时，可以在两阶段的弯矩曲率关系图形中线性内插得到与弯矩 M 相对应的曲率（图 7.3.1），即：

$$\phi_M = \begin{cases} \dfrac{M - M_{cr}}{M_y - M_{cr}}\phi_y & M_{cr} < M < M_y \\ \phi_y + \dfrac{M - M_y}{M_u - M_y}(\phi_u - \phi_y) & M_y < M < M_u \end{cases} \tag{7.3.9}$$

式中 M——弯矩；

ϕ_M——与 M 相对应的曲率。

故开裂后梁的截面有效惯性矩为：

$$I_e = \frac{M}{\phi_M E_c} \tag{7.3.10}$$

式中 I_e——开裂后第二、三阶段梁的截面有效惯性矩。

将 E_cI_e 代入梁的经典位移公式，就可得到梁在第二、三阶段的位移。

参 考 文 献

1. 王文炜，赵国藩，李果，翁昌年．玻璃纤维布加固钢筋混凝土梁抗弯性能试验研究［J］．大连理工大学学报，2003，43（6）：799～805

2. 王文炜，赵国藩，黄承逵，任海东．碳纤维布加固已承受荷载的钢筋混凝土梁抗弯性能试验研究及抗弯承载力计算［J］．工程力学，2004，21（8）：172～178
3. M. S. Wendel. Sensitivities of Strength and Ductility of Plated Reinforced Concrete Sections to Preexisting Strains［J］. Journal of Structural Engineering, 2002, 128（5）: 624～636
4. K. L. Tai, D. E. P. Austin, et al. Ductile Design of Reinforced Concrete Beams Retrofitted with Fiber Reinforced Polymer Plates［J］. Journal of Composite for Construction, 2004, 8（6）: 489～500
5. ACI Committee 440. Guide For the Design and Construction of Externally Bonded FRP System For Strengthening Concrete Structures［S］. Detroit: American Concrete Institute, 2000
6. 王文炜，盛波，李果．玻璃纤维布加固的钢筋混凝土梁延性分析［J］．东南大学学报，2005，35（4）：569～573
7. 赵国藩著．高等钢筋混凝土结构学［M］．北京：中国电力出版社，1999，263～268
8. 王文炜．纤维复合材料加固钢筋混凝土梁抗弯性能研究［D］．大连理工大学，2003
9. 王文炜，赵国藩．玻璃纤维布加固的钢筋混凝土梁挠度计算［J］．四川建筑科学研究，2004，30（3）：33～36

第 8 章　FRP 筋增强混凝土结构

本章主要符号

A——包围一根钢筋的混凝土面积

A_f——FRP 筋面积

A_{fv}——FRP 箍筋面积

b——梁宽度

C_E——环境折减系数

d_b——FRP 筋直径

d_c——最下一排钢筋的中心至梁底面的距离

E_f——FRP 筋弹性模量

f'_{co}——混凝土圆柱体抗压强度设计值

f_f——FRP 筋应力

f_{fb}——带弯钩的 FRP 筋抗拉强度设计值

f^*_{fu}——FRP 筋抗拉强度标准值

$\overline{f}_{fu}$——FRP 筋抗拉强度平均值

$f_{fu,s}$——FRP 筋抗拉强度设计值

f_{fv}——FRP 箍筋应力

f_r——混凝土弯曲抗拉强度

f_s——钢筋应力

h_0——截面有效高度

h_1——钢筋形心与截面中和轴之间的距离

I_{cr}——开裂截面惯性矩

I_e——开裂截面有效惯性矩

I_g——毛截面惯性矩

k——混凝土受压区高度系数

k_b——粘结程度系数

l_{bf}——延伸长度

l_{thf}——弯钩延伸长度

M——弯矩

M_{cr}——开裂弯矩

M_d——弯矩设计值

M_u——FRP 筋增强混凝土梁抗弯承载力
V_c——混凝土梁的抗剪承载力
$V_{c,f}$——配有纵向 FRP 筋的混凝土梁抗剪承载力
V_d——剪力设计值
r_b——弯钩转角半径
s——FRP 箍筋间距
w——最大裂缝宽度
x——混凝土受压区高度
x_b——界限受压区高度
x_{nb}——界限受压区实际高度
y_t——未开裂截面受拉边至中性轴距离
α——FRP 箍筋与梁纵轴夹角
α_b——粘结系数
β_1——等效矩形图形受压区高度系数
β_d——修正系数
γ_f——FRP 筋材料分项系数
γ_r——FRP 筋抗拉强度折减系数
Δ_i——持续荷载作用下的瞬时变形
Δ_t——持续荷载作用下的长期变形
ε_{cu}——混凝土极限压应变
ε_{fu}^*——FRP 筋极限拉应变标准值
$\bar{\varepsilon}_{fu}$——FRP 筋极限拉应变平均值
$\varepsilon_{fu,s}$——FRP 筋极限拉应变设计值
ξ——时随系数
ρ_f——FRP 筋配筋率
ρ_{fb}——FRP 筋界限配筋率
ϕ——强度折减系数
τ_f——FRP 筋与混凝土之间的平均粘结应力
σ——标准差

8.1　FRP 筋增强混凝土结构研究状况

8.1.1　国外研究状况[1~3]

早在 1930 年，人们就形成了 FRP 增强混凝土结构的概念，当时主要是以短玻璃纤维筋作为增强材料。在 1950～1960 年间，美国 ACE（Army Corps of Engineers）对长纤维筋表现出了浓厚的兴趣并开展了一系列研究，但是研究结果并没有应用在实际工程中。1970 年，由于混凝土结构的腐蚀，尤其是桥面板的钢筋锈蚀，研究者提出了钢筋电镀、环氧树脂涂层、FRP 筋替代钢筋等解决方案。起初认为最好的解决方法是环氧树脂涂层，直到 20

世纪 70 年代后期，人们将注意力逐渐转移到 FRP 筋上，并对 FRP 筋增强混凝土结构开展了相关的研究。

1980 年，在美国国家基金的资助下，亚利桑那大学、密歇根大学、麻省理工学院、天主教大学、宾夕法尼亚州立大学、加利福尼亚大学、西弗尼吉亚大学、怀俄明大学相继开展了 FRP 筋增强混凝土结构的研究，其中西弗尼吉亚大学制定了有关 FRP 筋材料种类、FRP 筋的结构成分设计指导规范，这些规范对 FRP 筋的生产起到了统一指导的作用。1993 年，联邦公路管理局（FHWA）发起了关于 FRP 筋加速老化和 FRP 筋材料性能标准试验方法的研究，同时，乔治亚州工学院、宾夕法尼亚州立大学、天主教大学进行了 FRP 筋加速老化的试验，劳伦斯技术大学则对 FRP 体外无粘结预应力筋进行了实桥试验。

在欧洲，FRP 筋的应用起源于德国建造的第一座预应力 FRP 筋高速公路桥。自此，欧洲开展了一系列有关 FRP 筋增强混凝土结构的研究项目。从 1991 年至 1996 年间，欧洲的 BRITE/EURAM（Fiber Composite Elements and Techniques as Nonmetallic Reinforcement）项目中开展了一系列有关 FRP 筋增强混凝土结构的试验与分析研究工作。

加拿大公路桥梁设计规范中给出了有关 FRP 筋的设计规定，建造了一些 FRP 筋混凝土桥梁的示范工程，如在 Manitoba 的 Headingley 桥中使用了 CFRP 筋和 GFRP 筋，在 Kent Contry 10 号公路桥上使用了 CFRP 筋作为负弯矩区的增强筋，在魁北克的 Joffire 桥的桥面板、人行道板、隔栏上都使用了 FRP 筋。

日本在 FRP 筋制造方面处于领先地位，拥有超过 100 家的生产厂家。有关 FRP 筋的设计制造、FRP 筋增强混凝土结构的设计计算方法，编写到了日本土木工程师协会制定 FRP 筋增强混凝土结构设计施工指南中，为规范 FRP 筋的生产和 FRP 筋增强混凝土结构的施工提供了依据。

图 8.1.1、图 8.1.2 为 FRP 筋在桥梁上的应用情况。

图 8.1.1　FRP 筋在主梁上的应用

图 8.1.2　FRP 筋桥面板

8.1.2　国内研究状况

我国较早开展 FRP 筋增强混凝土结构研究的有郑州大学、同济大学、河海大学、哈尔滨工业大学、水利部等高校、科研单位，其中水利部 1995 年在国内首先开展了 FRP 筋用于混凝土中的研究。

FRP 筋增强混凝土结构的研究主要集中在 FRP 筋与混凝土的粘结性能和 FRP 筋增强

混凝土梁抗弯承载力方面。在 FRP 筋与混凝土之间的粘结性能方面，主要是进行 FRP 筋与混凝土试块的拉拔粘结试验，其次是少量的 FRP 筋增强混凝土梁铰式试验[4~8]。试验考虑的因素是混凝土强度等级、锚固长度、FRP 筋的种类、混凝土浇注厚度及环境条件等。在试验研究的基础上，提出了 FRP 筋与混凝土粘结本构滑移关系[9]。

FRP 筋增强混凝土梁抗弯承载力的研究主要是在有关试验研究的基础上，进行了 FRP 筋增强混凝土梁的抗弯承载力计算分析。此外，对 FRP 筋增强混凝土梁的裂缝、挠度也进行了相应的计算分析[10~14]。

8.2　FRP 筋的设计强度

本节主要介绍美国 ACI440 委员会 2000 年制定的 FRP 筋增强混凝土结构设计指南（以下简称《指南》）、日本土木工程师协会及加拿大公路桥梁设计规范中有关 FRP 筋设计强度的规定。

1）《指南》

《指南》中指出 FRP 筋的设计指标应考虑外界环境的影响，其抗拉强度设计值按下式计算：

$$f_{fu,s} = C_E f_{fu}^* \tag{8.2.1}$$

式中　$f_{fu,s}$——FRP 筋抗拉强度设计值；

C_E——环境折减系数，按表 8.2.1 取用；

f_{fu}^*——FRP 筋抗拉强度标准值，$f_{fu}^* = \overline{f}_{fu} - 3\sigma$；

$\overline{f}_{fu}$——FRP 筋抗拉强度平均值；

σ——标准差。

FRP 筋的极限拉应变设计值按下式计算：

$$\varepsilon_{fu,s} = C_E \varepsilon_{fu}^* \tag{8.2.2}$$

式中　$\varepsilon_{fu,s}$——FRP 筋极限拉应变设计值；

ε_{fu}^*——FRP 筋极限拉应变标准值，$\varepsilon_{fu}^* = \overline{\varepsilon}_{fu} - 3\sigma$；

$\overline{\varepsilon}_{fu}$——FRP 筋极限拉应变平均值。

环境折减系数　　表 8.2.1

环境条件	纤维种类	环境折减系数
非腐蚀环境	碳纤维	1.0
	玻璃纤维	0.8
	芳纶纤维	0.9
腐蚀环境	碳纤维	0.9
	玻璃纤维	0.7
	芳纶纤维	0.8

对于带弯钩的FRP筋，《指南》中建议按下式计算其抗拉强度设计值：

$$f_{fb}=\left(0.05\frac{r_b}{d_b}+0.3\right)f_{fu,s}\leqslant f_{fu,s} \tag{8.2.3}$$

式中 f_{fb}——带弯钩的FRP筋抗拉强度设计值；

r_b——弯钩转角半径；

d_b——FRP筋直径。

2）日本土木工程师协会（JSCE）

日本JSCE中建议FRP筋的抗拉设计强度按下式计算：

$$f_{fu,s}=\frac{f_{fu}^{*}}{\gamma_f} \tag{8.2.4}$$

式中 f_{fu}^{*}——FRP筋抗拉强度标准值，$f_{fu}^{*}=\overline{f_{fu}}-3\sigma$；

γ_f——FRP筋材料分项系数，$\gamma_f=1.15$。

按式（8.2.4）计算的FRP筋抗拉强度设计值发生FRP筋断裂破坏的概率为1×10^{-6}。

3）加拿大公路桥梁设计规范（CHBDC）

加拿大CHBDC规范中规定FRP筋的抗拉设计强度等于其抗拉强度标准值乘以折减系数，即：

$$f_{fu,s}=\gamma_r f_{fu}^{*} \tag{8.2.5}$$

式中 γ_r——FRP筋抗拉强度折减系数。对于CFRP筋，$\gamma_r=0.85$；AFRP筋，$\gamma_r=0.70$。

8.3 FRP筋增强混凝土梁正截面承载力计算

FRP筋增强混凝土梁的力学性能与钢筋混凝土梁的力学性能有着显著差别。配筋量适中的钢筋混凝土梁在受拉区混凝土开裂后，主要由钢筋承受拉力直至受拉钢筋屈服。受拉钢筋屈服后，荷载－截面曲率关系曲线上有一个明显的平台。虽然极限荷载与屈服荷载较接近，但是梁的延性很好。FRP筋增强混凝土梁在受拉区混凝土开裂后直至构件破坏，荷载－截面曲率关系基本上为线性关系，梁的挠度较小，延性相对较差，如图8.3.1所示。造成这种差异的本质原因在于FRP筋与钢筋的力学性能不同。

针对FRP筋增强混凝土梁的力学性能，《指南》及其他国家的有关协会分别制定了相应的设计计算方法，本节主要介绍《指南》中有关FRP筋增强混凝土梁正截面抗弯承载力的设计计算方法。

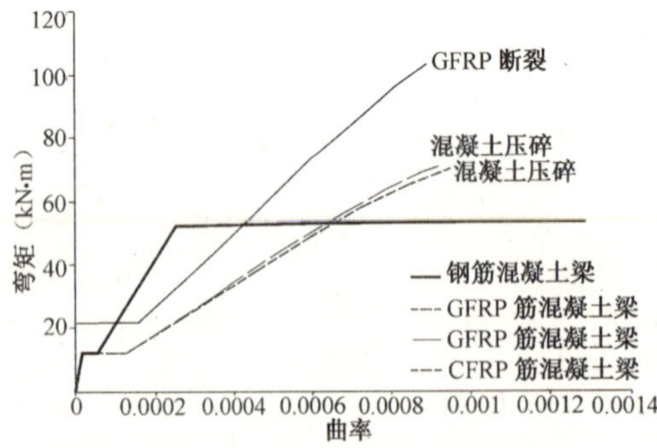

图8.3.1 FRP筋增强混凝土梁与钢筋混凝土梁力学性能的比较

1）基本假定

（1）平截面假定；

（2）混凝土极限压应变为0.003；

（3）忽略混凝土的抗拉强度；

（4）FRP筋为线弹性材料，即FRP筋的应力等于FRP筋的应变乘以弹性模量；

（5）FRP筋与混凝土之间粘结良好，不发生粘结破坏。

2）界限破坏

FRP 筋增强混凝土梁的界限破坏定义为受压区边缘混凝土压应变达到极限压应变的同时，FRP 筋达到其抗拉设计强度。由于 FRP 筋为线弹性材料，没有屈服强度，故界限破坏定义中 FRP 筋的强度为其抗拉设计强度，而不是极限强度。

如图 8.3.2 所示，发生界限破坏时，混凝土的受压区高度为：

$$x_b = \beta_1 x_{nb} = \frac{\beta_1 \varepsilon_{cu}}{\varepsilon_{cu} + \varepsilon_{fu,s}} h_0 \tag{8.3.1}$$

式中　x_b——界限受压区高度；

h_0——截面有效高度；

ε_{cu}——混凝土极限压应变，$\varepsilon_{cu} = 0.003$；

$\varepsilon_{fu,s}$——FRP 筋极限拉应变设计值；

β_1——等效矩形图形受压区高度系数，$\beta_1 = 0.85$；

x_{nb}——界限受压区实际高度。

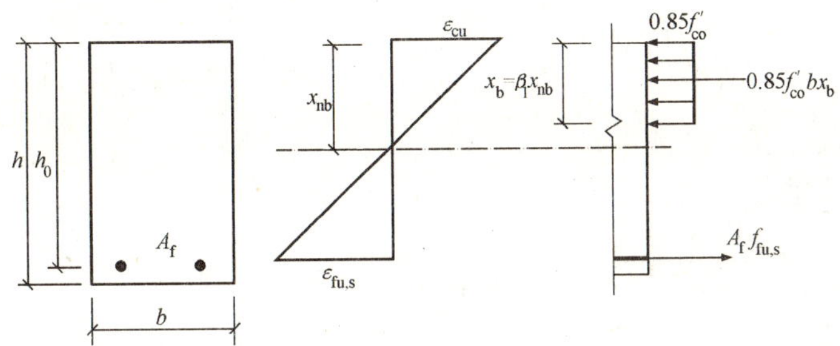

图 8.3.2　界限破坏模式

FRP 筋配筋率定义为：

$$\rho_f = \frac{A_f}{bh_0} \tag{8.3.2}$$

式中　A_f——FRP 筋面积；

b——梁宽度；

ρ_f——FRP 筋配筋率。

联立式（8.3.1）、式（8.3.2）可得界限破坏时 FRP 筋的配筋率为：

$$\rho_{fb} = 0.85\beta_1 \frac{f'_{co}}{f_{fu,s}} \frac{\varepsilon_{cu}}{\varepsilon_{cu} + \varepsilon_{fu,s}} \tag{8.3.3}$$

式中　ρ_{fb}——FRP 筋界限配筋率；

f'_{co}——混凝土圆柱体抗压强度设计值。

若 $\rho_f < \rho_{fb}$，则发生 FRP 筋断裂的破坏模式；若 $\rho_f > \rho_{fb}$，则发生混凝土压碎的破坏模式。

3）基本计算公式

（1）混凝土压碎。

如图 8.3.3 所示，若发生受压区混凝土压碎的破坏模式，则受压区混凝土的合力可以用等效矩形应力图形计算。根据截面力及力偶的平衡，建立的基本计算公式为：

$$0.85 f'_{co} bx = A_f f_f \tag{8.3.4}$$

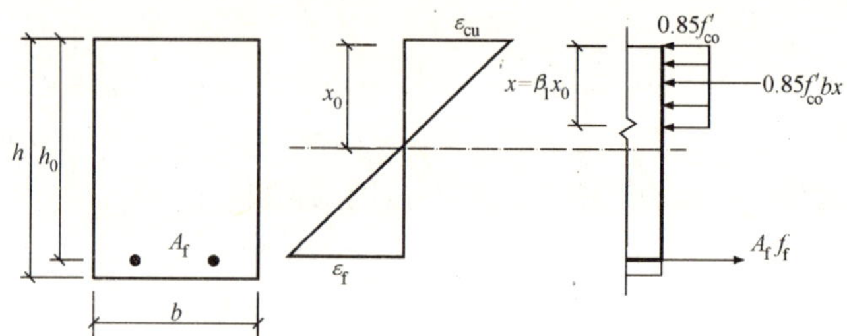

图 8.3.3　受压区混凝土压碎

$$M_u = A_f f_f\left(h_0 - \frac{x}{2}\right) \tag{8.3.5}$$

$$f_f = E_f\,\varepsilon_{cu}\frac{\beta_1 h_0 - x}{x} \tag{8.3.6}$$

联立式（8.3.4）、式（8.3.6）得：

$$f_f = \sqrt{\frac{(E_f\,\varepsilon_{cu})^2}{4} + \frac{0.85\beta_1 f'_{co}}{\rho_f}E_f\,\varepsilon_{cu}} - 0.5E_f\varepsilon_{cu} \leqslant f_{fu,s} \tag{8.3.7}$$

式中　x——混凝土受压区高度；

f_f——FRP筋应力；

E_f——FRP筋弹性模量；

M_u——FRP筋增强混凝土梁抗弯承载力。

（2）FRP筋断裂。

发生FRP筋断裂的破坏模式（图8.3.4），受压区边缘混凝土压应变小于混凝土极限压应变。此时，不能应用等效矩形应力图形，系数 α_1、β_1 也无法确定，为此《指南》中给出了发生FRP筋断裂破坏模式的简化计算公式：

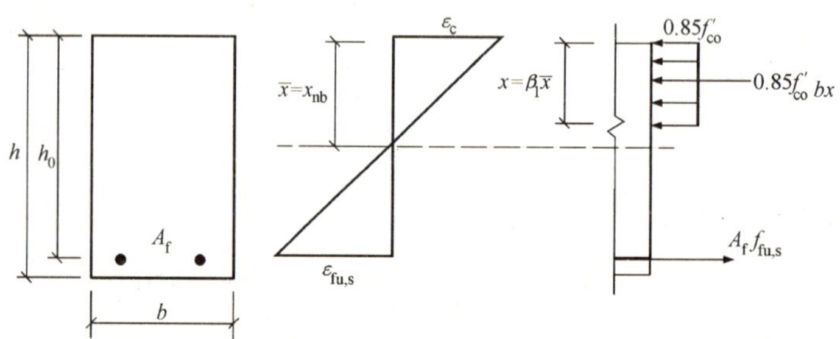

图 8.3.4　FRP筋断裂

$$M_u = 0.8A_f f_{fu,s}\left(h_0 - \frac{\beta_1\bar{x}}{2}\right) \tag{8.3.8}$$

$$\bar{x} = x_{nb} = \left(\frac{\varepsilon_{cu}}{\varepsilon_{cu} + \varepsilon_{fu,s}}\right)h_0 \tag{8.3.9}$$

4）强度折减系数

试验结果表明，FRP筋增强混凝土梁破坏时，与钢筋混凝土梁相比，表现出明显的脆性特性。为避免 FRP 筋增强混凝土梁发生脆性破坏，需要有更多的强度储备，强度储备用强度折减系数表示。日本土木工程协会 1997 年给出的强度折减系数为 1/3，《指南》中给出的强度折减系数 ϕ 为（图 8.3.5）：

$$\phi=\begin{cases}0.5 & \rho_f\leqslant\rho_{fb}\\ \dfrac{\rho_f}{2\rho_{fb}} & \rho_{fb}<\rho_f<1.4\rho_{fb}\\ 0.7 & \rho_f\geqslant 1.4\rho_{fb}\end{cases}\tag{8.3.10}$$

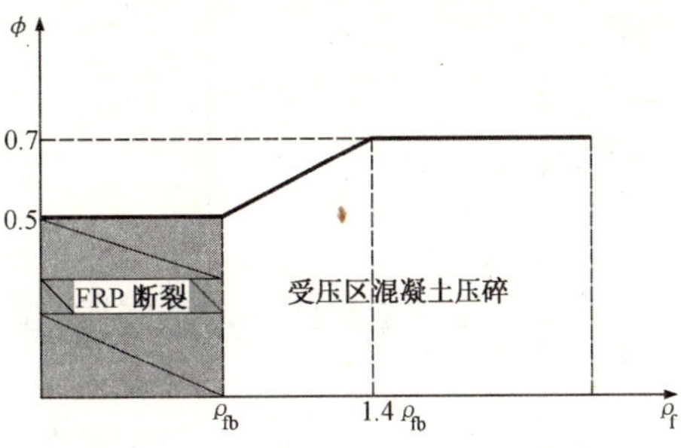

图 8.3.5　强度折减系数与配筋率的关系

考虑强度折减系数后，FRP 筋增强混凝土梁的抗弯承载力计算公式为：

$$M_d\leqslant\phi M_u=\phi A_f f_f\left(h_0-\frac{x}{2}\right)\tag{8.3.11a}$$

或

$$M_d\leqslant\phi M_u=\phi\rho_f f_f\left(1-0.59\frac{\rho_f f_f}{f'_{co}}\right)bh_0^2\tag{8.3.11b}$$

式中　M_d——弯矩设计值。

5）最小配筋率

与钢筋混凝土梁相类似，为避免 FRP 筋增强混凝土梁发生少筋破坏，《指南》规定 FRP 筋最小配筋面积按下式计算：

$$A_{f,\min}=\frac{5.4\sqrt{f'_{co}}}{f_{fu,s}}bh_0\geqslant\frac{360}{f_{fu,s}}bh_0\text{（英制单位）}\tag{8.3.12}$$

确定式（8.3.12）的依据是配有 FRP 筋的混凝土梁抗弯承载力与没有配置 FRP 筋的混凝土梁开裂弯矩相同，此外考虑了 ACI318 混凝土结构规范中钢筋混凝土梁最小配筋率的规定并作了相应的折减。

6）FRP 筋徐变及疲劳应力限值

为避免 FRP 筋在持续荷载及循环荷载作用下发生徐变断裂现象，应当限制 FRP 筋的应力，限值为：

$$f_{f,s}=M\frac{\alpha_{Ef}h_0(1-k)}{I_{cr}}\leqslant F_{f,s}\tag{8.3.13}$$

式中　M——弯矩；

I_{cr}——开裂截面惯性矩，按式（8.3.14）计算；

k——混凝土受压区高度系数，按式（8.3.15）计算；

α_{Ef}——FRP 筋弹性模量与混凝土弹性模量比值，$\alpha_{Ef}=\dfrac{E_f}{E_c}$。

$$I_{cr}=\frac{bh_0^3}{3}k^3+\alpha_{Ef}A_f h_0^2(1-k)^2\tag{8.3.14}$$

$$k=\sqrt{2\rho_f\alpha_{Ef}+(\rho_f\alpha_{Ef})^2}-\rho_f\alpha_{Ef}\tag{8.3.15}$$

根据式（8.3.13）计算的 FRP 筋应力应满足表 8.3.1 的规定。

FRP 筋徐变应力限值 $F_{f,s}$ **表 8.3.1**

纤 维 种 类	GFRP	AFRP	CFRP
徐变断裂应力限值 $F_{f,s}$	$0.2f_{fu,s}$	$0.3f_{fu,s}$	$0.55f_{fu,s}$

8.4 FRP 筋增强混凝土梁斜截面抗剪承载力计算

《指南》中给出了配有 FRP 方箍或矩形螺旋式箍筋的混凝土梁抗剪承载力的计算方法。对于直接将 FRP 筋切割制成抗剪箍筋并与纵向 FRP 筋形成骨架的混凝土梁抗剪承载力的计算，尚处于研究阶段，没有给出其计算方法。

1）破坏模式

试验研究表明，配有 FRP 方箍或螺旋式 FRP 筋（以下简称 FRP 箍筋）的混凝土梁发生两种破坏模式，即剪拉破坏和剪压破坏，两种破坏均表现出脆性破坏的特征，其中剪拉破坏的脆性特征更加明显。

影响剪拉破坏和剪压破坏的一个主要因素是参数 $\rho_{fv}E_{fv}$，其中 $\rho_{fv}=A_{fv}/bs$。随着 $\rho_{fv}E_{fv}$ 的增加，破坏模式逐渐由剪拉破坏转变为剪压破坏，同时也提高了剪拉破坏的极限荷载。

2）计算公式

配有 FRP 箍筋的混凝土梁，可以参照 ACI318 混凝土结构规范中关于配有腹筋的钢筋混凝土梁抗剪承载力计算方法，抗剪承载力由混凝土梁抗剪承载力及 FRP 箍筋抗剪承载力两部分组成。试验研究表明，配有纵向抗弯 FRP 筋的无腹筋混凝土梁的抗剪承载力需考虑纵向 FRP 筋轴向抗拉刚度的影响：

$$V_{c,f}=\frac{E_f}{E_s}V_c \tag{8.4.1}$$

式中 $V_{c,f}$——配有纵向 FRP 筋的混凝土梁抗剪承载力；

V_c——混凝土梁的抗剪承载力，$V_c=2\sqrt{f'_{co}}bh_0$（英制单位），$V_c=\frac{1}{6}\sqrt{f'_{co}}\,bh_0$（国际单位）。

FRP 箍筋提供的抗剪承载力为：

$$V_f=\frac{A_{fv}f_{fv}h_0(\sin\alpha+\cos\alpha)}{s} \tag{8.4.2}$$

式中 A_{fv}——FRP 箍筋面积；

f_{fv}——FRP 箍筋应力，按式（8.4.3）计算；

s——FRP 箍筋间距；

α——FRP 箍筋与梁纵轴夹角。

$$f_{fv}=0.002E_f\leqslant f_{fb} \tag{8.4.3}$$

公式（8.4.3）表明 FRP 箍筋应变的限制值为 0.002，目的是为了避免构件出现过宽的斜裂缝。

当使用 FRP 螺旋式箍筋时，FRP 箍筋提供的抗剪承载力为：

$$V_f=\frac{A_{fv}f_{fv}h_0}{s}\sin\alpha \tag{8.4.4}$$

确定了 FRP 箍筋的抗剪承载力，则 FRP 箍筋混凝土梁的抗剪承载力为：

$$V_d\leqslant\phi V_{cf}=\phi(V_{c,f}+V_f) \tag{8.4.5}$$

需要的箍筋面积及间距为：

$$\frac{A_{fv}}{s}=\frac{V_d-\phi V_{c,f}}{\phi f_{fv}h_0} \tag{8.4.6}$$

式中　V_d——剪力设计值。

3）最小配箍率

为了避免斜裂缝出现后，梁的抗剪承载力突然丧失，要求最小的 FRP 箍筋面积为：

$$A_{fv,min}=\frac{50bs}{f_{fv}} \tag{8.4.7}$$

4）截面尺寸限制

为避免发生斜压破坏，《指南》建议应用 ACI318 混凝土结构设计规范中有关钢筋混凝土梁避免发生斜压破坏的计算公式：

$$V_d\leqslant 8\sqrt{f'_{co}}\,bh_0 \tag{8.4.8}$$

5）构造要求

（1）箍筋的最小间距为 $h_0/2$ 或 24 英寸（in）；

（2）箍筋的 r_d/d_b 值不应小于 3；

（3）箍筋应做成 90°的封闭箍；

（4）箍筋弯钩延伸长度 l_{thf}不应小于 $12d_b$，如图 8.4.1 所示。

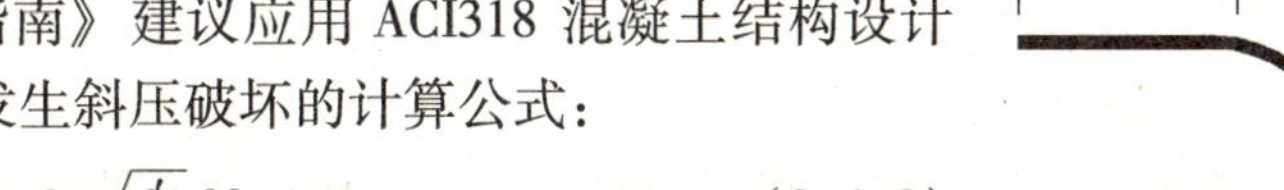

图 8.4.1　FRP 箍筋弯钩的延伸长度

8.5　FRP 筋增强混凝土梁的正常使用性能

1）裂缝宽度计算

FRP 筋由于其耐腐蚀性能优于钢筋，因此，FRP 筋增强混凝土梁的裂缝宽度可以相对放宽。裂缝宽度的计算公式是基于 ACI318 混凝土结构规范中给出的钢筋混凝土梁裂缝宽度计算公式而建立的。

Gergly - Lutz 通过统计大量的试验数据，给出了钢筋混凝土梁的最大裂缝宽度计算公式：

$$w=1.1\times10^{-5}\beta f_s\sqrt[3]{d_cA} \tag{8.5.1}$$

式中　w——最大裂缝宽度，mm；

f_s——钢筋应力；

d_c——最下一排钢筋的中心至梁底面的距离，mm，如图 8.5.1 所示；

$\beta=h_2/h_1$

h_1——钢筋形心与截面中和轴之间的距离，$h_1=h_0-x$；

$h_2=h-x$；

A——包围一根钢筋的混凝土面积，其值等于包围全部钢筋，且形心相同的混凝土有效受拉面积除以钢筋根数，mm^2，如图 8.5.1 所示。

式（8.5.1）即为美国 ACI318 混凝土结构设计规范中采用的裂缝计算公式。

《指南》根据式（8.5.1）给出了 FRP 筋增强混凝土梁最大裂缝宽度的计算公式：

$$w=\frac{2200}{E_f}\beta k_b f_f \sqrt[3]{d_c A}\text{（英制）} \quad (8.5.2a)$$

$$w=\frac{2.2}{E_f}\beta k_b f_f \sqrt[3]{d_c A}\text{（国际单位）} \quad (8.5.2b)$$

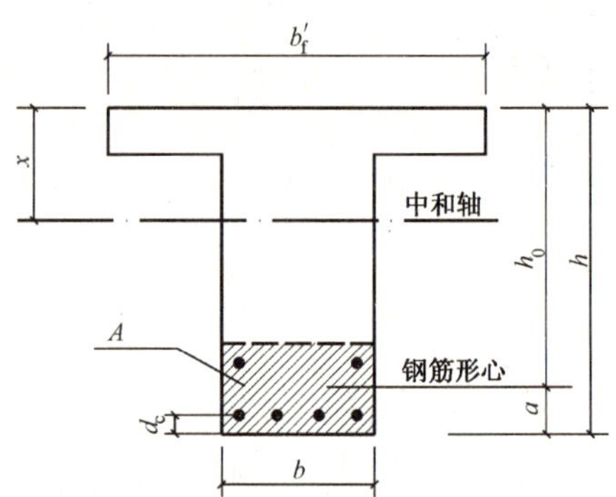

图 8.5.1　裂缝宽度计算参数

式中　k_b——粘结程度系数，$k_b=1.2$。

对于 FRP 筋最大裂缝宽度的限值，《指南》中认为 FRP 筋的耐久性能优于钢筋，因此对最大裂缝宽度限值有所放宽，建议使用加拿大 CSA 公路桥梁设计规范中规定的最大裂缝宽度限值：

对于室内环境　$w_{max}=0.0028\text{in}(0.7\text{mm})$　(8.5.3)

对于室外环境　$w_{max}=0.002\text{in}(0.5\text{mm})$　(8.5.4)

2）变形计算

《指南》中的 FRP 筋增强混凝土梁变形计算公式是依据 ACI 混凝土结构设计规范中有关钢筋混凝土梁变形计算公式进行修正而确定的。ACI 318 混凝土结构设计规范中钢筋混凝土梁的变形计算公式采用有效惯性矩方法，开裂后梁的有效惯性矩 I_e 为：

$$I_e=\left(\frac{M_{cr}}{M}\right)^3 I_g+\left[1-\left(\frac{M_{cr}}{M}\right)^3\right]I_{cr}\leqslant I_g \quad (8.5.5)$$

式中　M_{cr}——开裂弯矩，$M_{cr}=\dfrac{f_r I_g}{y_t}$；

I_e——开裂截面有效惯性矩；

I_g——毛截面惯性矩；

f_r——混凝土弯曲抗拉强度，$f_r=7.5\sqrt{f'_{co}}$（英制单位）；

y_t——未开裂截面受拉边至中性轴距离。

对于 FRP 筋增强混凝土梁，开裂截面的惯性矩可按下式计算：

$$I_{cr}=\frac{bh_0^3}{3}k^3+\alpha_{Ef}A_f h_0^2(1-k)^2 \quad (8.5.6)$$

$$k=\sqrt{2\rho_f\alpha_{Ef}+(\rho_f\alpha_{Ef})^2}-\rho_f\alpha_{Ef} \quad (8.5.7)$$

由于 FRP 筋的力学性能、FRP 筋与混凝土的粘结性能与钢筋混凝土梁均有所不同，故 FRP 筋增强混凝土梁的有效惯性矩计算公式应加以修正：

$$I_e=\left(\frac{M_{cr}}{M}\right)^3\beta_d I_g+\left[1-\left(\frac{M_{cr}}{M}\right)^3\right]I_{cr}\leqslant I_g \quad (8.5.8)$$

式中　β_d——修正系数，$\beta_d=\alpha_b\left[\dfrac{E_f}{E_s}+1\right]$；

α_b——粘结系数，$\alpha_b=0.5$。

根据式（8.5.8）计算出 FRP 筋增强混凝土梁有效惯性矩后，可按材料力学中给出的方法计算梁的跨中挠度。

由于混凝土的收缩徐变，梁的挠度将随着时间的增长逐渐增加，《指南》中考虑混凝土收缩徐变的影响给出了 FRP 筋增强混凝土梁长期挠度的计算方法：

$$\Delta_t = 0.6\xi\Delta_i \qquad (8.5.9)$$

式中　ξ——时随系数；

Δ_t——持续荷载作用下的长期变形；

Δ_i——持续荷载作用下的瞬时变形。

时随系数 ξ 随着时间的增长而逐渐增加，如图 8.5.2 所示，图中 ξ 的几个控制点见表 8.5.1，除控制点外，其他值按线性差值法取用。

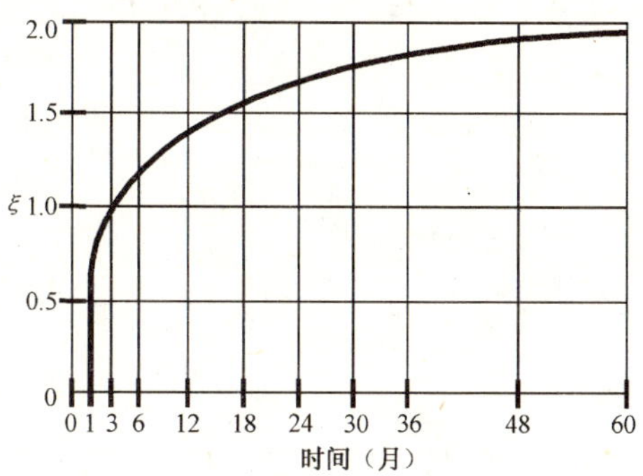

图 8.5.2　长期挠度随时间变化的 ξ

FRP 筋增强混凝土梁的最大允许变形为 ACI 318 混凝土结构规范中规定的钢筋混凝土梁最大允许变形值，详见有关文献。

时随系数 ξ 的控制点　　**表 8.5.1**

时间（月）	ξ 值	时间（月）	ξ 值
3	1.0	12	1.4
6	1.2	60	2.0

8.6　延伸及搭接长度

1）延伸长度

FRP 筋有两种粘结破坏模式，第一种是 FRP 筋直接拔出破坏，这种破坏模式发生在周围混凝土能够提供足够的约束时。另外一种是混凝土沿 FRP 筋纵向劈裂，这是当保护层、混凝土的约束或 FRP 筋间距不满足要求时，FRP 筋的劈楔作用引起混凝土的横向拉力过大而造成的。

FRP 筋与混凝土的粘结主要取决于 FRP 筋的种类、弹性模量、表面形状。与钢筋混凝土构件一样，FRP 筋也需要有足够的延伸长度将混凝土承受的拉力通过粘结力传递给 FRP 筋，使 FRP 筋承受拉力。

如图 8.6.1 所示，在 FRP 筋的延伸长度内，假设粘结应力为均匀分布，则延伸长度为：

$$l_{bf} = \frac{A_f f_{fu,s}}{\pi d_b \tau_f} = \frac{d_b f_{fu,s}}{4\tau_f} \qquad (8.6.1)$$

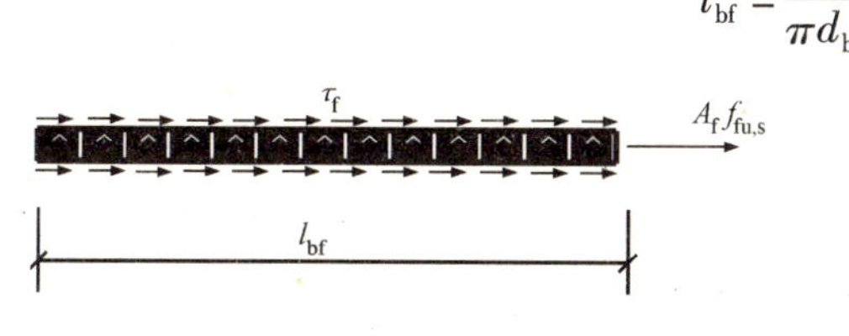

图 8.6.1　FRP 筋的延伸长度

式中　τ_f——FRP 筋与混凝土之间的平均粘结应力；

l_{bf}——延伸长度。

平均粘结应力可由下式确定：

$$\tau_{\mathrm{f}}=\frac{K_{1}\sqrt{f_{\mathrm{co}}'}}{d_{\mathrm{b}}} \tag{8.6.2}$$

将式（8.6.2）代入式（8.6.1）可得：

$$l_{\mathrm{bf}}=\frac{d_{\mathrm{b}}f_{\mathrm{fu,s}}}{\dfrac{4K_{1}}{d_{\mathrm{b}}}\sqrt{f_{\mathrm{co}}'}}=\frac{d_{\mathrm{b}}f_{\mathrm{fu,s}}}{K_{2}} \tag{8.6.3}$$

式中　K_1、K_2——系数。

《指南》中给出 $K_2=18.5$，则延伸长度为：

$$l_{\mathrm{bf}}=\frac{d_{\mathrm{b}}f_{\mathrm{fu,s}}}{18.5} \tag{8.6.4}$$

式（8.6.4）是建立在 FRP 筋直接拔出试验结果基础上的。

混凝土保护层对粘结破坏的模式有重要的影响。如果混凝土的保护层厚度小于或等于 $2d_{\mathrm{b}}$ 时，将发生混凝土劈裂破坏。因此，当混凝土保护层厚度或 FRP 筋间距等于 d_{b} 时，式（8.6.4）应乘以放大系数 1.5；当混凝土保护层厚度或 FRP 筋间距大于 $2d_{\mathrm{b}}$ 时，式（8.6.4）的放大系数为 1.0；当混凝土保护层厚度或 FRP 筋间距处于 d_{b} 与 $2d_{\mathrm{b}}$ 之间时，放大系数按线性差值使用。此外，《指南》中指出，当混凝土梁配有受压 FRP 筋时，其延伸长度应乘以系数 1.3。

如果梁内配置的纵向 FRP 筋延伸长度不满足要求，则需要在 FRP 筋端部设置弯钩。带有弯钩的 FRP 筋锚固作用是由与弯钩连接的直线段 FRP 筋的粘结力及弯钩的锚固作用组成的，其延伸长度为：

$$l_{\mathrm{bhf}}=\begin{cases}165\dfrac{d_{\mathrm{b}}}{\sqrt{f_{\mathrm{co}}'}} & f_{\mathrm{fu,s}}\leqslant 520\mathrm{MPa}\\[2ex] \dfrac{f_{\mathrm{fu,s}}d_{\mathrm{b}}}{3.1\sqrt{f_{\mathrm{co}}'}} & f_{\mathrm{fu,s}}>520\mathrm{MPa}\end{cases} \tag{8.6.5}$$

式（8.6.5）计算出的延伸长度不应小于 $12d_{\mathrm{b}}$ 或 9in，同时弯钩的长度不应小于 $12d_{\mathrm{b}}$（图 8.4.1）。

2）搭接长度

《指南》中规定 FRP 筋的搭接长度应满足表 8.6.1 的规定，表中 A 级的搭接长度为 $1.3l_{\mathrm{bf}}$，B 级为 $1.6l_{\mathrm{bf}}$。

FRP 筋搭接长度的规定　　**表 8.6.1**

应力比值 $\frac{f_{\mathrm{f}}}{f_{\mathrm{fu,s}}}$ ＼ 搭接长度范围内配置的 FRP 筋面积占计算所需 FRP 筋总面积的百分比	50%	100%
≤0.5	A 级	B 级
>0.5	B 级	B 级

8.7 计算示例

[例 8.1] 一根矩形截面简支梁，跨度为 3.0m，截面宽高比约为 0.75，受拉区配有 GFRP 筋。梁承受均布活荷载 5.8kN/m，其中 20%是持续活荷载，80%是间断活荷载；恒载为 3.0kN/m（不包括梁的自重）。已知混凝土圆柱体抗压强度设计值 $f'_{co}=27.6\text{MPa}$，GFRP 筋的抗拉强度标准值为 620.6 MPa，弹性模量为 44800 MPa，极限拉应变标准值为 0.014，保护层厚度 38mm，梁的长期允许挠度为 $l/240$，处于室内环境，试设计该梁。

[解] 1）梁的截面尺寸设计

梁的截面高度预估为梁跨度的 1/16，则梁高为：

$$h\approx l/16=3/16=0.1875\text{m}=187.5\text{mm}$$

考虑到 GFRP 筋的弹性模量相对较低，实际取梁高为 250mm，梁宽为 200mm，宽高比为 0.8。

2）计算荷载设计值

包括梁自重的恒载：

$$g=3.0+0.25\times0.2\times24\text{kN/m}^3=4.2\text{kN/m}$$

荷载设计值为：

$$Q=1.4g+1.7q=1.4\times4.2+1.7\times5.8=15.74\text{kN/m}$$

3）计算 FRP 筋的抗拉强度设计值、极限拉应变设计值

$$f_{fu,s}=C_E f^*_{fu}=0.8\times620.6=496.5\text{MPa}$$

$$\varepsilon_{fu,s}=C_E\varepsilon^*_{fu}=0.8\times0.014=0.0112$$

4）计算所需纵向 GFRP 筋

跨中弯矩设计值为：

$$M_d=\frac{1}{8}Ql^2=\frac{1}{8}\times15.74\times3^2=17.7\text{kN}\cdot\text{m}$$

由式（8.3.3）：

$$\rho_{fb}=0.85\beta_1\frac{f'_{co}}{f_{fu,s}}\frac{\varepsilon_{cu}}{\varepsilon_{cu}+\varepsilon_{fu,s}}=0.85\times0.85\times\frac{27.6}{496.5}\times\frac{0.003}{0.003+0.0112}=0.0085$$

为保证梁的破坏模式为受压区混凝土压碎，实际配筋率应大于 ρ_{fb}。由式（8.3.10）可知，对于受压区混凝土压碎的破坏模式，$\rho_f\geqslant1.4\rho_{fb}$时，强度折减系数为 0.7，故实际配筋率应大于 $1.4\rho_{fb}$，即：

$$\rho_f\geqslant1.4\rho_{fb}=0.012$$

由式（8.3.7）可得：

$$f_f=\sqrt{\frac{(E_f\varepsilon_{cu})^2}{4}+\frac{0.85\beta_1 f'_{co}}{\rho_f}E_f\varepsilon_{cu}}-0.5E_f\varepsilon_{cu}$$

$$=\sqrt{\frac{(44800\times0.003)^2}{4}+\frac{0.85\times0.85\times27.6}{0.012}\times44800\times0.003}-0.5\times44800\times0.003$$

$$=410\text{MPa}<f_{fu,s}=496.5\text{MPa}$$

由式（8.3.11b）可得：

$$\phi M_u = \phi \rho_f f_f \left(1 - 0.59 \frac{\rho_f f_f}{f'_{co}}\right) bh_0^2$$

$$= 0.7 \times 0.012 \times 410 \times \left(1 - 0.59 \times \frac{0.012 \times 410}{27.6}\right) \times 200 \times 200^2 = 24.6\text{kN}\cdot\text{m} > 17.7\text{kN}\cdot\text{m}$$

承载力富余较大，试取 $\rho_f = 0.0095$

$$f_f = \sqrt{\frac{(E_f \varepsilon_{cu})^2}{4} + \frac{0.85\beta_1 f'_{co}}{\rho_f} E_f \varepsilon_{cu}} - 0.5E_f \varepsilon_{cu}$$

$$= \sqrt{\frac{(44800 \times 0.003)^2}{4} + \frac{0.85 \times 0.85 \times 27.6}{0.0095} \times 44800 \times 0.003} - 0.5 \times 44800 \times 0.003$$

$$= 468.1\text{MPa} < f_{fu,s} = 496.5\text{MPa}$$

由式（8.3.10）可得：

$$\phi = \frac{\rho_f}{2\rho_{fb}} = \frac{0.0095}{2 \times 0.0085} = 0.56$$

$$\phi M_u = \phi \rho_f f_f \left(1 - 0.59 \frac{\rho_f f_f}{f'_{co}}\right) bh_0^2$$

$$= 0.56 \times 0.0095 \times 468.1 \times \left(1 - 0.59 \times \frac{0.0095 \times 468.1}{27.6}\right) \times 200 \times 200^2$$

$$= 18.03\text{kN}\cdot\text{m} > 17.7\text{kN}\cdot\text{m}$$

$$A_f = \rho_f bh_0 = 0.0095 \times 200 \times 200 = 380\text{mm}^2$$

查表 2.3.3，选用 2 根 5 号 GFRP 筋，实际配筋面积为 398mm^2。

$$h_0 = h - c - 1/2d_b = 250 - 38 - 0.5 \times 16 = 204\text{mm}$$

$$\rho_f = \frac{A_f}{bh_0} = \frac{398}{200 \times 204} = 0.00975$$

由式（8.3.12）可得最小配筋率为：

$$\rho_{f,min} = \frac{5.4\sqrt{f'_{co}}}{f_{fu,s}} = \frac{5.4 \times \sqrt{4000}}{496.5 \times 145} = 0.0047 \approx \frac{360}{f_{fu,s}} = \frac{360}{496.5 \times 145} = 0.005 (\text{注}: 1\text{MPa} = 145\text{psi})$$

故 $\rho_f > \rho_{f,min}$，满足要求。

5）计算所需抗剪 GFRP 筋

对于承受均布荷载的梁，考虑到均布荷载的有利作用，剪力设计值可取距离支座边缘 h_0 处的剪力值作为控制剪力设计值。

$$V_d = \frac{Ql}{2} - Qh_0 = \frac{15.74 \times 3.0}{2} - 15.74 \times 0.204 = 20.4\text{kN}$$

由式（8.4.1）可得配有纵向抗弯 GFRP 筋的无腹筋混凝土梁抗剪承载力：

$$V_{c,f} = \frac{E_f}{E_s} V_c = \frac{E_f}{E_s}(0.167\sqrt{f'_{co}} bh_0) = \frac{44800}{200000} \times 0.167 \times \sqrt{27.6} \times 200 \times 204 = 8.0\text{kN}$$

假设使用 3 号带弯钩的封闭箍筋，则 $d_b = 10\text{mm}$。

由式（8.2.3）可得带弯钩 GFRP 筋的抗拉设计强度：

$$f_{fb} = \left(0.05\frac{r_b}{d_b} + 0.3\right) f_{fu,s} = \left(0.05 \times \frac{3 \times 10}{10} + 0.3\right) \times 496.5 = 223\text{MPa} < f_{fu,s} = 496.5\text{MPa}$$

由式（8.4.3）可得 GFRP 箍筋拉应力为：

$$f_{fv}=0.002E_f=0.002\times44800=89.6\text{MPa}<f_{fb}=223\text{MPa}$$

由式（8.4.6）可得：

$$\frac{A_{fv}}{s}=\frac{V_d-\phi V_{c,f}}{\phi f_{fv}h_0}=\frac{20.4\times10^3-0.85\times8.0\times10^3}{0.85\times89.6\times204}=0.875$$

$$s=\frac{A_{fv}}{0.875}=\frac{2\times71}{0.875}=162\text{mm}$$

实际取间距为 150mm，故所配置的箍筋为 $\phi10@150$mm。

6）梁的正常使用性能验算

（1）梁的变形

毛截面惯性矩为：

$$I_g=\frac{1}{12}bh^3=\frac{1}{12}\times200\times250^3=2.6\times10^8\text{mm}^4$$

$$\alpha_{Ef}=\frac{E_f}{E_c}=\frac{44800}{4750\times\sqrt{27.6}}=1.8$$

不考虑配置的 GFRP 筋，则未开裂截面受压区高度为：

$$y_t=h-x_0=250-125=125\text{mm}$$

$$M_{cr}=\frac{f_rI_g}{y_t}=\frac{7.5\times\sqrt{\frac{27.6}{145}}\times2.6\times10^8}{125}=6.8\text{kN}\cdot\text{m}$$

开裂截面参数：

$$\begin{aligned}k&=\sqrt{2\rho_f\alpha_{Ef}+(\rho_f\alpha_{Ef})^2}-\rho_f\alpha_{Ef}\\&=\sqrt{2\times0.00975\times1.8+(0.00975\times1.8)^2}-0.00975\times1.8=0.17\end{aligned}$$

$$I_{cr}=\frac{bh_0^3}{3}k^3+\alpha_{Ef}A_fh_0^2(1-k)^2=\frac{200\times204^3}{3}\times0.17^3+1.8\times398\times204^2\times(1-0.17)^2$$

$$=2.34\times10^7\text{mm}^4$$

$$\beta_d=\alpha_b\left[\frac{E_f}{E_s}+1\right]=0.5\times\left[\frac{44800}{200000}+1\right]=0.61$$

$$M=\frac{1}{8}(g+q)l^2=\frac{1}{8}\times(4.2+5.8)\times3^2=11.25\text{kN}\cdot\text{m}$$

由式（8.5.8）可得：

$$\begin{aligned}I_e&=\left(\frac{M_{cr}}{M}\right)^3\beta_dI_g+\left[1-\left(\frac{M_{cr}}{M}\right)^3\right]I_{cr}\\&=\left(\frac{6.8}{11.25}\right)^3\times0.61\times2.6\times10^8+\left[1-\left(\frac{6.8}{11.25}\right)^3\right]\times2.34\times10^7\\&=5.33\times10^7\text{mm}^4<I_g=2.6\times10^8\text{mm}^4\end{aligned}$$

荷载作用下的瞬时总变形为：

$$\Delta_i=\frac{5Ml^2}{48E_cI_e}=\frac{5\times11.25\times10^6\times3000^2}{48\times4750\times\sqrt{27.6}\times5.33\times10^7}=7.9\text{mm}$$

活荷载作用下的变形为：

$$(\Delta_i)_l = \frac{5.8}{4.2+5.8} \times 7.9 = 4.6\text{mm}$$

恒载作用下的变形为：

$$(\Delta_i)_d = \frac{4.2}{4.2+5.8} \times 7.9 = 3.3\text{mm}$$

假设持续荷载的作用超过 5 年，则：

$$\lambda = 0.6\xi = 0.6 \times 2.0 = 1.2$$

持续荷载（恒载 +20% 活荷载）作用下的长期变形为：

$$\Delta_t = 1.2 \times (3.3 + 0.2 \times 4.6) = 5.06\text{mm}$$

则长期荷载作用下总变形为：

$$\Delta_{ts} = 4.6 + 5.06 = 9.66\text{mm} < \frac{l}{240} = 12.5\text{mm}$$

故梁的变形满足要求。

（2）裂缝宽度

由式（8.3.13），GFRP 筋的应力为：

$$\begin{aligned} f_f &= M\frac{\alpha_{Ef} h_0 (1-k)}{I_{cr}} \\ &= 11.25 \times 10^6 \times \frac{1.8 \times 204 \times (1-0.17)}{2.34 \times 10^7} = 146.5\text{MPa} \end{aligned}$$

$$\beta = \frac{h - kh_0}{h_0 - kh_0} = \frac{250 - 0.17 \times 204}{204 - 0.17 \times 204} = 1.27$$

计算有效受拉混凝土面积：

$$d_c = c + 1/2 d_b = 38 + 0.5 \times 16 = 46\text{mm}$$

$$A = \frac{2d_c b}{2} = \frac{2 \times 46 \times 200}{2} = 9200\text{mm}^2$$

由式（8.5.2*b*）可得裂缝宽度为：

$$\begin{aligned} w &= \frac{2.2}{E_f}\beta k_b f_f \sqrt[3]{d_c A} = \frac{2.2}{44800} \times 1.27 \times 1.2 \times 146.5 \times \sqrt[3]{46 \times 9200} \\ &= 0.82\text{mm} > 0.7\text{mm} \end{aligned}$$

故不满足要求。将受弯筋改成 3 根 4 号 GFRP 筋，面积为 387mm^2，则：

$$d_c = c + 1/2\ d_b = 38 + 0.5 \times 13 = 44\text{mm}$$

$$A = \frac{2d_c b}{3} = \frac{2 \times 44 \times 200}{3} = 5867\text{mm}^2$$

$$\begin{aligned} w &= \frac{2.2}{E_f}\beta k_b f_f \sqrt[3]{d_c A} \\ &= \frac{2.2}{44800} \times 1.27 \times 1.2 \times 146.5 \times \sqrt[3]{44 \times 5867} \\ &= 0.7\text{mm} = 0.7\text{mm} \end{aligned}$$

故裂缝宽度满足要求。

（3）GFRP 筋使用应力

恒荷载与 20% 持续活荷载作用下的弯矩为：

$$M=\frac{4.2+0.2\times5.8}{4.2+5.8}\times11.25=6.03\text{kN}\cdot\text{m}$$

由式（8.3.13）可得：

$$\begin{aligned}f_{f,s}&=M\frac{\alpha_{Ef}h_0(1-k)}{I_{cr}}\\&=6.03\times10^6\times\frac{1.8\times204\times(1-0.17)}{2.34\times10^7}\\&=78.5\text{MPa}<0.2f_{fu,s}=0.2\times496.5=99.3\text{MPa}\end{aligned}$$

故GFRP筋的使用应力满足要求。

［**例8.2**］如图8.7.1所示，一根矩形截面简支梁，跨度为4.0m，支撑在厚度为200mm的砖墙上。截面尺寸为250mm×400mm，配有3根6号纵向CFRP筋，面积为852mm^2，箍筋为4号CFRP筋。梁承受均布活荷载14kN/m，恒载为5.7kN/m。已知混凝土圆柱体抗压强度设计值$f'_{co}=27.6$MPa，CFRP筋的抗拉强度标准值为1650 MPa，弹性模量为138 GPa，极限拉应变标准值为0.012，保护层厚度38mm，处于室内环境，试设计CFRP筋的延伸长度。

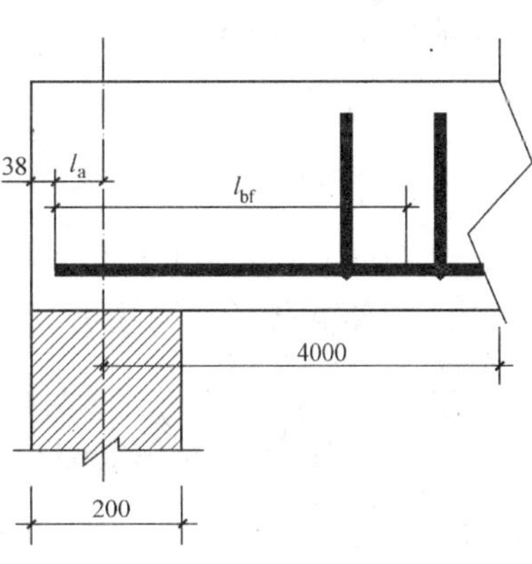

图8.7.1　例8.2

［**解**］CFRP筋的抗拉强度设计值及极限拉应变设计值为：

$$f_{fu,s}=C_E f_{fu}^*=1.0\times1650=1650\text{MPa}$$

$$\varepsilon_{fu,s}=C_E\,\varepsilon_{fu}^*=1.0\times0.012=0.012$$

假设CFRP筋的保护层厚度为38mm，距梁端部距离为38mm，CFRP筋位于梁底部受拉区，放大系数为1.0，则由式（8.6.4）可得需要的延伸长度为：

$$l_{bf}=\frac{d_b f_{fu,s}}{18.5}=\frac{19\times1650}{18.5}=1695\text{mm}$$

如图8.7.1所示，CFRP筋伸过支座的长度l_a为：

$l_a=0.5\times200-38=62$mm

$h_0=h-c-0.5d_b=400-38-0.5\times19=352.5$mm

$$\rho_f=\frac{A_f}{bh_0}=\frac{852}{250\times352.5}=0.0097$$

$$1.4\rho_{fb}=1.4\times\left(0.85\beta_1\frac{f'_{co}}{f_{fu,s}}\frac{\varepsilon_{cu}}{\varepsilon_{cu}+\varepsilon_{fu,s}}\right)=1.4\times\left(0.85\times0.85\times\frac{27.6}{1650}\times\frac{0.003}{0.003+0.012}\right)=0.0034$$

故$\rho_f>1.4\rho_{fb}$，为受压区混凝土压碎的破坏模式。

由式（8.3.7）可得：

$$\begin{aligned}f_f&=\sqrt{\frac{(E_f\varepsilon_{cu})^2}{4}+\frac{0.85\beta_1 f'_{co}}{\rho_f}E_f\varepsilon_{cu}}-0.5E_f\varepsilon_{cu}\\&=\sqrt{\frac{(138\times10^3\times0.003)^2}{4}+\frac{0.85\times0.85\times27.6}{0.0097}\times138\times10^3\times0.003}-0.5\times138\times10^3\times0.003\end{aligned}$$

$$=738.5\text{MPa}<1650\text{MPa}$$

$$\phi M_u=\phi\rho_f f_f\left(1-0.59\frac{\rho_f f_f}{f'_{co}}\right)bh_0^2$$

$$=0.7\times0.0097\times738.5\times\left(1-0.59\times\frac{0.0097\times738.5}{27.6}\right)\times250\times352.5^2$$

$$=131.9\text{kN}\cdot\text{m}=M_d$$

$$V_d=\frac{1}{2}\times(1.4\times5.7+1.7\times14)\times4=63.6\text{kN}$$

根据 ACI318 混凝土结构设计规范的有关规定，钢筋的延伸长度还应满足一定的构造要求才能切断，《指南》中建议应用 ACI 318 混凝土结构设计规范的有关规定切断 CFRP 筋，即：

$$l_{bf}=1.695\text{m}<\frac{1.3M_d}{V_d}+l_a=\frac{1.3\times131.9}{63.6}+0.062=2.76\text{m}$$，故满足要求。

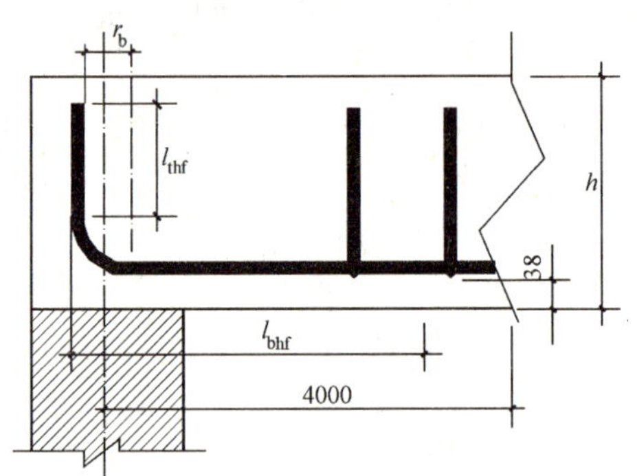

图 8.7.2　CFRP 筋的弯钩设置

从最大弯矩点（即跨中）至 CFRP 筋端部的距离为：

$$\frac{l}{2}+l_a=\frac{4.0}{2}+62=2062\text{mm}>l_{bf}$$

因此不需要弯钩。

为使 CFRP 筋有可靠的锚固，可以将 CFRP 筋做成带弯钩的形状（图 8.7.2）。

由式（8.6.5）可计算出带弯钩的 CFRP 筋需要的延伸长度为：

$$l_{bhf}=\frac{f_{fu,s}d_b}{3.1\sqrt{f'_{co}}}=\frac{1650\times19}{3.1\times\sqrt{27.6}}=1925\text{mm}>\begin{cases}12d_b=12\times19=228\text{mm}\\9\text{in}=228\text{mm}\end{cases}<2062\text{mm}$$

故可按构造设置弯钩。

按构造要求，弯钩长度至少应为 $12d_b=228\text{mm}$，转角半径为 $3d_b=3\times19=57\text{mm}$

因此弯钩转角终点至梁顶距离为

$$l_{thf}=h-c-d_b-d_{bv}-r_b=400-38-19-13-57=273\text{mm}>12d_b=228\text{mm}$$

故满足要求。

参考文献

1. ACI Committee 440. Guide For the Design and Construction of Concrete Reinforced with FRP Bars [S]. Detroit: American Concrete Institute, 2000

2. Charles W. Dolan, H. R. Hamilton, and Charles E. Bakis, Antonio Nanni. Design Recommendations for Concrete Structures Prestressed with FRP Tendons [R]. http://wwweng.uwyo.edu/civil/research/papers

3. Håkan Nordin. Strengthening Structures with Externally Prestressed Tendons [D]. Luleå University of Technology, 2005, 6

4. 高丹盈，B. Brahim. 纤维聚合物筋与混凝土粘结性能的影响因素 [J]. 工业建筑，2001，31（2）：9~14

5. 茅卫兵，章定国．钢筋新型代用材料 FRP 筋粘结锚固性能试验研究［J］．河海大学学报，2000，28（5）：44 ~ 48
6. 薛伟辰，康清梁．纤维塑料筋粘结锚固性能的试验研究［J］．工业建筑，1999，29（12）：5 ~ 7
7. 郭恒宁，张继文．FRP 筋与混凝土粘结滑移性能的试验研究［J］．混凝土，2006，8：1 ~ 4
8. 朱浮声，张海霞．影响 FRP 筋与混凝土黏结性能的主要因素［J］．沈阳建筑大学学报（自然科学版），2006，22（3）：397 ~ 401
9. 高丹盈，朱海堂，谢晶晶．纤维增强塑料筋混凝土粘结滑移本构模型［J］．工业建筑，2003，33（7）：41 ~ 43
10. 李趁趁，高丹盈，朱海堂．纤维聚合物筋混凝土梁正截面性能的研究［J］．郑州大学学报（理学版），2004，36（4）：85 ~ 90
11. 高丹盈，赵广田，B. Brahim. 纤维聚合物筋混凝土梁正截面性能的试验研究［J］．工业建筑，2001，31（9）：41 ~ 44
12. 高丹盈，朱海堂，李趁趁．纤维增强塑料筋混凝土梁受弯性能的计算方法［J］．郑州大学学报（工学版），2003，24（1）：1 ~ 4
13. 高丹盈，赵军，B. Brahim. 玻璃纤维聚合物筋混凝土梁裂缝和挠度的特点及计算方法［J］．水利学报，2001，8：53 ~ 58
14. 高丹盈，朱海堂，李趁趁．纤维增强塑料筋混凝土梁正截面抗裂性能的研究［J］．水力发电学报，2003，4：54 ~ 59

第9章 FRP组合结构及FRP新结构

9.1 FRP组合结构

FRP组合结构是将传统的钢筋混凝土或预应力混凝土结构中的部分构件，如桥面板中钢筋、钢筋混凝土主梁等，由新型的FRP构件代替而组成的新型结构。FRP组合结构主要分为FRP混凝土组合结构、FRP主梁混凝土板组合结构、FRP主梁-FRP混凝土桥面板组合结构。

9.1.1 FRP混凝土组合结构

FRP混凝土组合结构是用FRP筋、索或其他形式的FRP替代钢筋或钢板而形成的一种新型组合结构。FRP混凝土组合结构根据FRP的应用情况可以分为FRP筋混凝土组合结构、FRP格栅混凝土组合结构、FRP板混凝土组合结构等。

1）FRP筋混凝土组合结构[1]

FRP筋混凝土组合结构包括体内普通FRP筋混凝土组合结构、体内预应力FRP筋混凝土组合结构及体外FRP索混凝土组合结构。普通FRP筋混凝土结构在第8章FRP筋增强混凝土结构中有所涉及，此处不再赘述。本小节主要阐述预应力FRP筋混凝土组合结构和体外FRP索混凝土组合结构。

预应力FRP筋混凝土组合结构是用预应力FRP筋替代预应力钢筋而形成的一种组合结构。预应力FRP筋及其配套锚具主要由日本生产，其他如荷兰、英国、德国、瑞士、美国等国家也生产预应力FRP筋及其配套锚具。

（1）预应力FRP筋（索）产品。

Arappre筋是荷兰AKZO化学公司生产的芳纶纤维预应力筋，其形式有两种：一种是直径为2.5、5、7.5mm的圆形截面筋；另一种是宽度为20mm，厚度为0.3、1.5、3.0、5.0mm的矩形截面筋（图9.1.1）。Arappre筋含有35%～45%的AFRP纤维，其余是树脂。Arappre筋的弹性模量为125～130GPa，抗拉强度为2800～3000MPa，断裂伸长率为2.4%。

Arappre筋采用的锚具为楔形锚具或锥形锚具（图9.1.2），锚具主要是通过摩擦力限制筋的滑移。楔形锚具内有两片半圆形的夹片，夹片内刻有夹紧筋的槽，夹片及槽的内表面都是光滑的，避免损伤Arappre筋。

FiBRA是将AFRP纤维编织成FRP筋或索，由日本Mitsui Construction Company公司生产。FiBRA筋主要用于FRP筋混凝土结构中。FiBRA索可以卷成盘，主要用在预应力混凝土结构中（图9.1.3）。FiBRA的直径为9～18mm，抗拉强度为1385～1500MPa，弹性模量为69GPa，断裂伸长率为2%。

图9.1.1　Arappre矩形截面筋

图9.1.2　Arappre矩形截面筋锚固体系

FiBRA有两种锚固体系：一种是树脂灌注锚固，常用于单根筋的锚固；另一种是楔形锚具，用于锚固单根或多根筋。楔形锚具中的四片圆锥形夹片套入圆形钢锚环形成锚具，夹片内表面较粗糙，并涂有干燥剂限制筋的滑移。

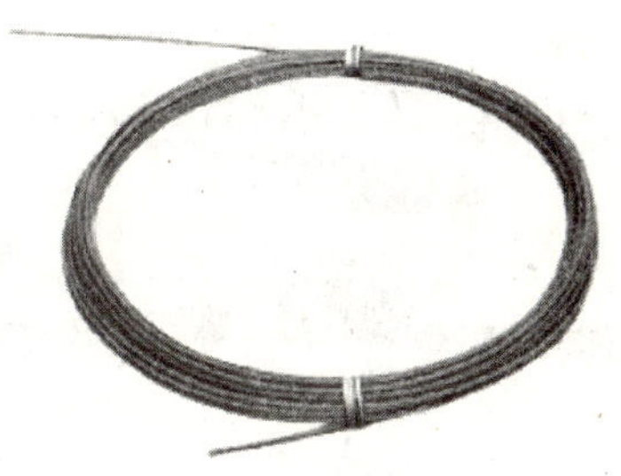

图9.1.3　FiBRA索

Leadline是日本Mitsui Construction Company公司生产的CFRP筋。Leadline不同品种的区别在于筋的表面形状不同（图9.1.4）。光面筋表面没有刻痕，刻痕筋表面有相互交错的螺旋式刻痕。带肋筋的表面有两种，一种类似于刻痕筋带有双向的螺旋式肋，只是比刻痕筋的刻痕更密集；一种表面有垂直于筋纵向的缠绕突起。

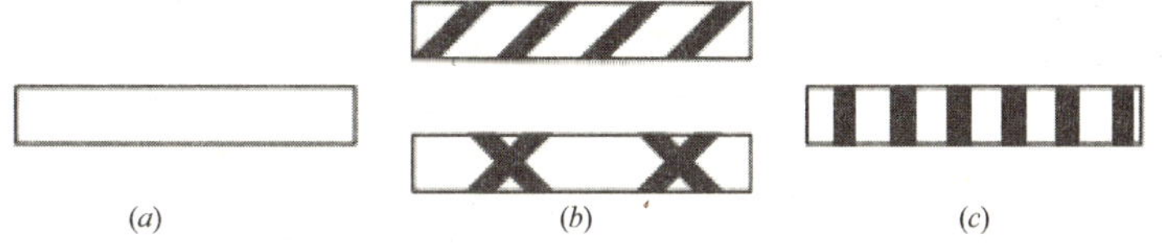

图9.1.4　Leadline筋

（a）光面筋；（b）刻痕筋；（c）带肋筋

Leadline筋的直径为1～12mm，纤维含量为65%，抗拉强度为2255MPa，弹性模量为147GPa，断裂伸长率为1.5～1.7%。

Leadline有两种锚具，一种是楔形锚，一种是注浆锚。楔形锚具与其他FRP筋的楔形锚具有所不同，楔形夹片与筋之间设置四片环向分布的铝制套筒（图9.1.5（a）），其目的是分散楔形夹片施加给FRP筋的应力以保护筋体不受损伤。另一方面，铝制套筒还可填充楔形夹片之间的缝隙。注浆锚是向环向铝制套筒中注入树脂用以锚固FRP筋（图9.1.5（b））。

Technora筋是日本Sumitomo Construction Company公司和Teijin Corporation公司生产的产品，有光面筋、变形筋和绞线3种类型（图9.1.6）。

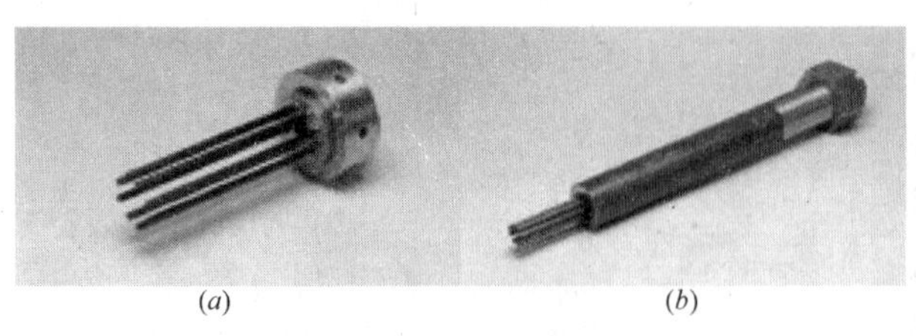

(*a*) (*b*)

图 9.1.5 Leadline 筋锚具

（*a*）楔型锚；（*b*）注浆锚

图 9.1.6 Technora 筋

Technora 筋的锚固可以采用金属楔形夹片锚或金属套筒粘结锚具，图 9.1.7 为单根、多根筋采用金属楔形夹片锚具锚固，图 9.1.8 为金属套筒粘结锚具和非金属套筒粘结锚具。

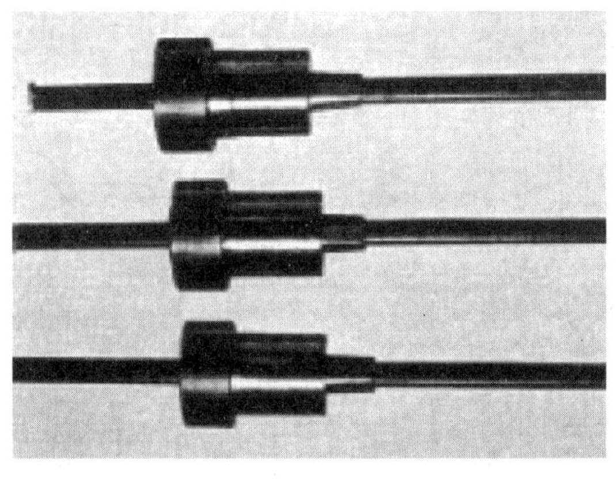

(*a*)

(*b*)

图 9.1.7 Technora 筋金属楔形夹片锚体系

（*a*）单根锚；（*b*）多根锚

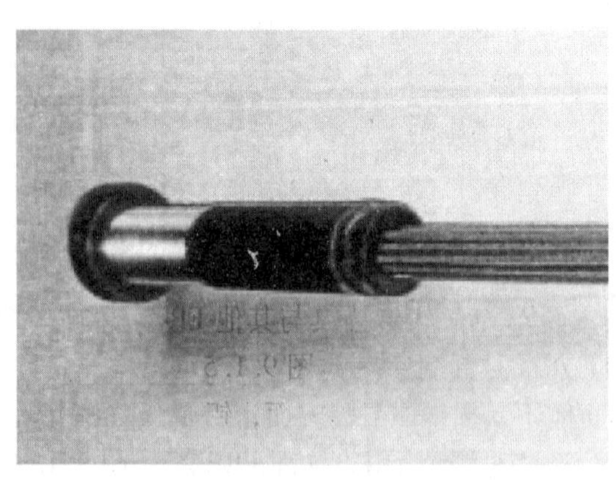

(*a*)

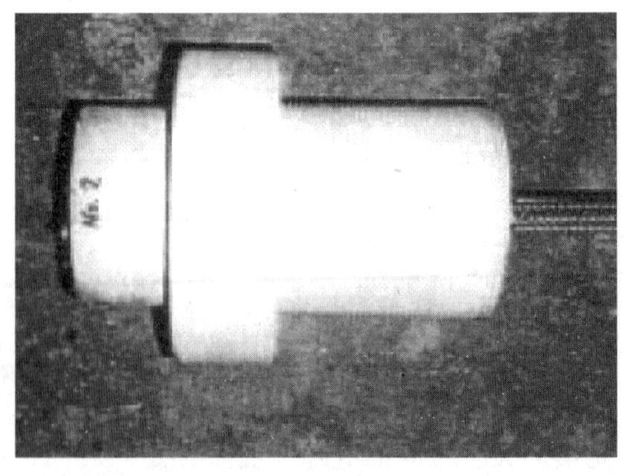

(*b*)

图 9.1.8 Technora 筋粘结锚体系

（*a*）金属套筒粘结锚具；（*b*）非金属套筒粘结锚具

CFCC（Carbon Fiber Composite Cable）筋是日本Tokyo Rope公司和Rayon公司生产的类似于钢绞线的产品（图9.1.9），其品种有单根筋和7股、19股及37股缠绕而成的筋。CFCC筋的抗拉强度为1420～2000MPa，弹性模量为137GPa，断裂伸长率为1.6%。表9.1.1为不同品种CFCC筋的力学性能指标。

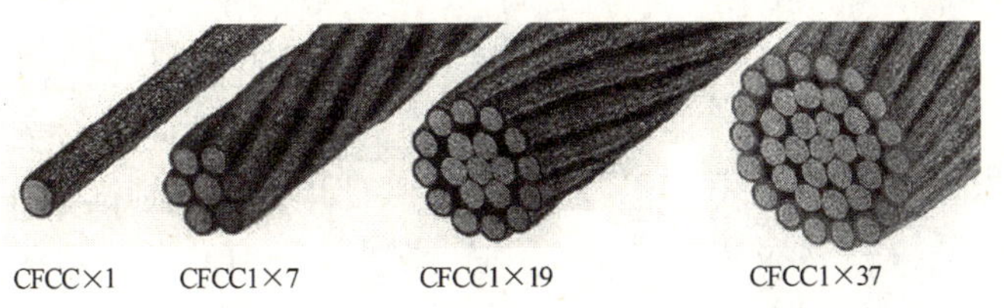

图9.1.9　CFCC筋

CFCC筋的力学性能指标　　**表9.1.1**

品　　种	直径（mm）	名义截面面积（mm^2）	试验保证断裂荷载（kN）	单位长度重量（g/m）
单　　根	1.5	1.4	2.8	3
	3.0	5.1	9.8	10
	5.0	15.2	28.0	30
1×7	5.0	10.1	18	24
	7.5	30.4	57	64
	10.5	55.7	104	114
	12.5	76.0	142	151
	15.2	113.6	199	226
	17.8	159.9	280	309
1×19	19.3	180.2	277	361
	20.3	193.9	297	389
	21.8	222.2	340	445
	25.0	290.9	446	583
	28.0	374.1	574	750
1×37	31.5	457.3	651	916
	35.5	591.2	841	1185
	40.0	752.6	1070	1508

CFCC筋的锚固有树脂锚固和钢模锚固两种类型。树脂锚固是将CFCC筋锚固在填满树脂的套管中，套管有金属管和非金属管两种，锚固长度为13.5倍CFCC筋直径，锚具

的尾部用金属螺帽锚紧（图 9. 1. 10）。

(a)
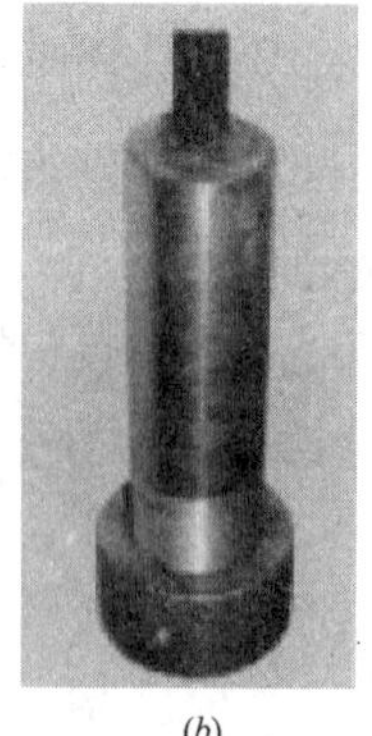
(b)
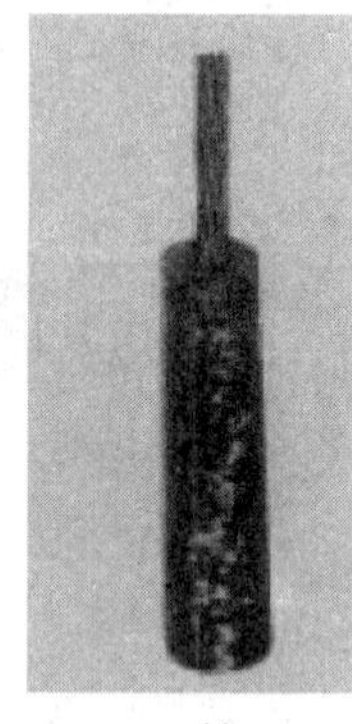
(c)

图 9. 1. 10　CFCC 筋锚固
（a）单根金属套筒树脂锚固；（b）多根金属套筒树脂锚固；（c）单根非金属套筒树脂锚固

钢模锚固是在 CFCC 筋末端用合金将钢套管、楔形夹片及锚圈固化在一起形成的组合锚具（图 9. 1. 11（a）），钢套管、楔形夹片可以重复利用。多根群锚的钢模锚具类似于钢绞线的群锚，群锚的末端形成一个锚固头，锚固头的外面用大型螺帽锚紧（图 9. 1. 11（b））。

NACC 是日本 Kajima Corporation 公司联合其他几家公司共同开发的预应力 FRP 绞线（图 9. 1. 12），由多根 CFRP 纤维丝编制缠绕而成。表 9. 1. 2 给出了不同品种的 NACC 绞线的力学性能。

NACC 绞线力学性能表　　**表 9. 1. 2**

品种		直径 (mm)	名义截面面积 (mm^2)	试验断裂荷载 (kN)	抗拉弹性模量 (GPa)	单位长度重量 (g/m)
标准型	1×7	12. 5	97. 0	196	137	166
		15. 0	137. 4	275	137	235
	1×19	21. 0	263. 2	412	127	449
		25. 0	373. 1	558	127	637
	1×37	30. 0	538. 3	686	118	863
		35. 0	698. 8	981	118	1120
高弹性模量型	1×7	12. 5	97. 0	109	206	182
	1×19	21. 0	263. 2	226	167	495
	1×37	30. 0	538. 3	426	147	1010

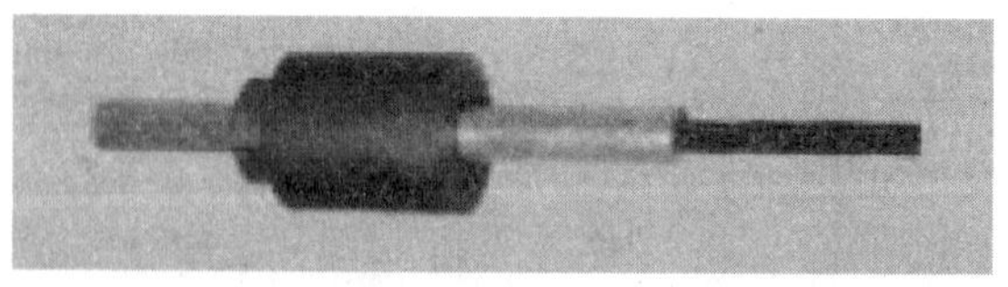
(a)
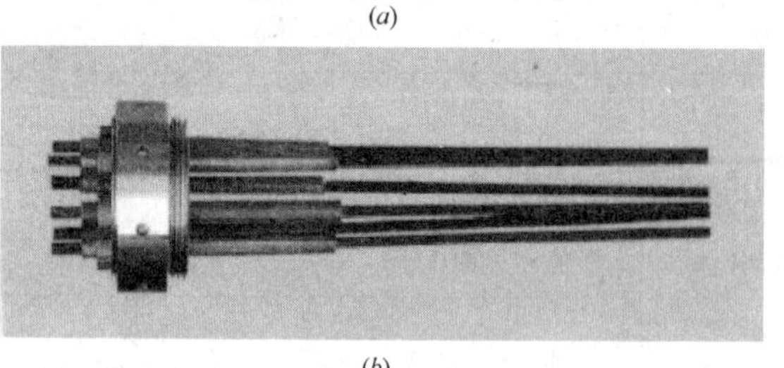
(b)

图 9. 1. 11　CFCC 筋钢模锚固
（a）单根 CFCC 筋钢模锚；（b）多根 CFCC 筋钢模锚

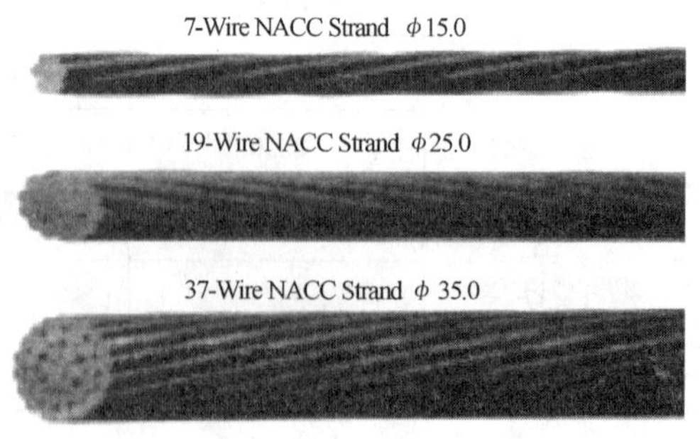

图 9. 1. 12　NACC 绞线

NACC有两种锚固体系，都是压力灌浆锚固。第一种是由碳纤维或玻璃纤维编织而成的套筒，用于单根NACC绞线的锚固，是非金属锚固体系（图9.1.13（a））；第二种是金属套筒锚固体系，可以锚固多根NACC，其原理是用树脂将楔型夹片与绞线粘结夹紧，末端用螺帽锚紧（图9.1.13（b））。

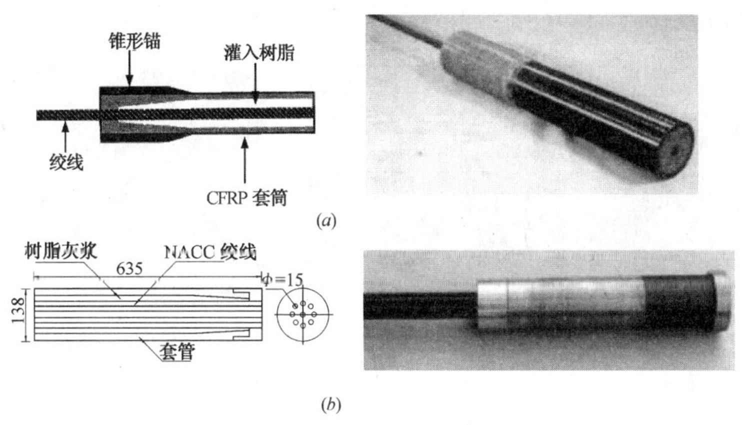

图9.1.13　NACC锚固体系（单位：mm）
（a）非金属锚固体系；（b）金属锚固体系

（2）预应力FRP筋混凝土结构的应用。

Hisho Bridge桥建于1993年，是日本第一座使用预应力FRP筋混凝土结构的桥。全长111m，主跨为75m，桥宽3.6m（图9.1.14）。主梁为箱形截面，截面宽3.6m，高1.8～5.0m，顶板厚219mm，底板厚215mm，腹板厚370mm。在顶、底板和腹板相交处设有梗腋（图9.1.15）。主桥采用悬臂浇筑的施工方法，浇筑的方向为两岸向跨中对称浇筑。

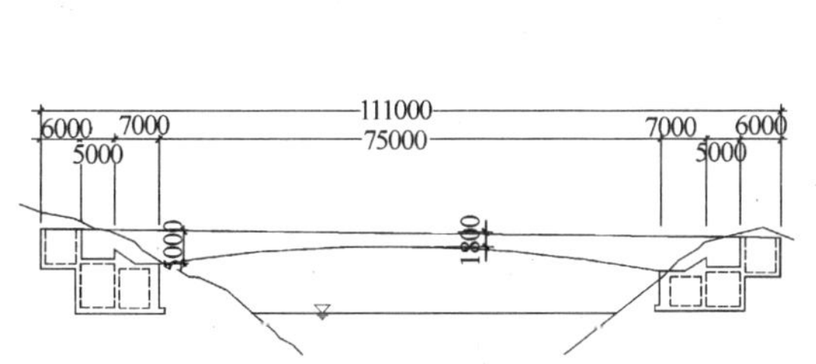

图9.1.14　Hisho Bridge桥纵向布置（单位：mm）

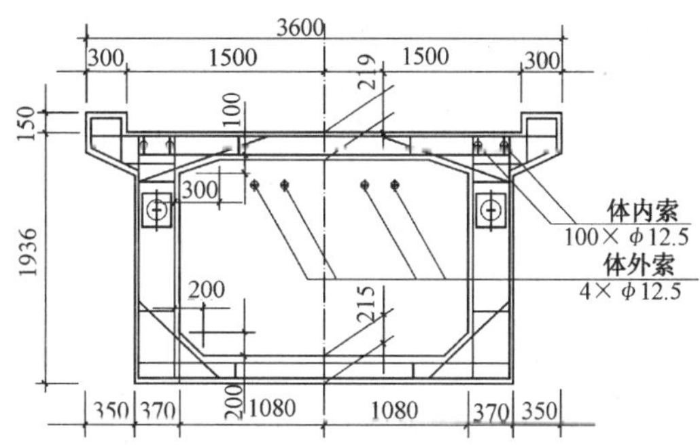

图9.1.15　Hisho Bridge桥横截面（单位：mm）

主梁配有体内及体外索，均设置在截面的上部。体内索是由1×7的CFCC绞线组成，长度为17177m，采用钢模型锚具。在钢套管与CFCC绞线间注入融化的合金锌形成保护膜，然后将楔形夹片塞入套筒中夹紧CFCC绞线，在锥形夹片的末端放入尼龙布以避免CFCC绞线发生摩擦及疲劳断裂。体外索为1×7的CFCC绞线，长2033m，采用后张法张拉，锚固体系为树脂灌浆锚固。

2）FRP格栅混凝土组合结构

FRP格栅是将纤维、树脂混合后经过高温固化而形成的双向或三向增强格栅。格栅的各个方向筋一般为正交，纵向筋截面为T形或工字形，横向筋截面为圆形，可作为混凝土板或梁的主要受力筋。

2001年，Yost和Schmeckpeper开发了一种商业用的FRP格栅——NEFMAC（New Fiber Composite Material for Reinforcing Concrete）（图9.1.16）。NEFMAC由CFRP纤维、GFRP纤维、AFRP纤维或混杂纤维与树脂按一定比例混合经过高温固化而成。格栅中的

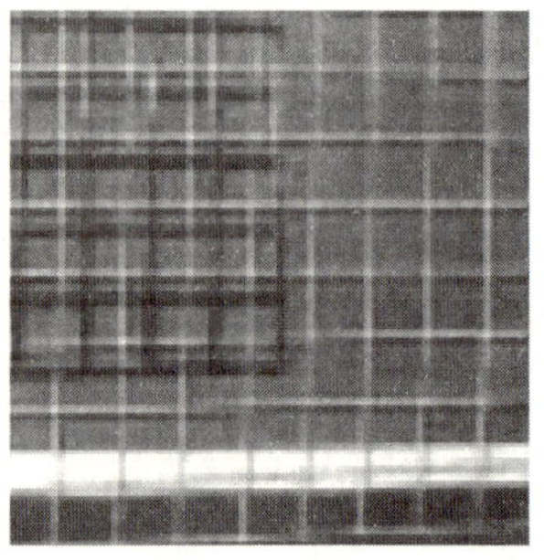

图9.1.16 NEFMAC格栅

GFRP筋是次要受力筋，CFRP筋是主要受力筋，筋与筋之间的距离为50、100、150mm。表9.1.3给出了NEFMAC的主要力学性能，表中HFRP表示混杂纤维。图9.1.17为NEFMAC在单向受力状态下的应力应变曲线。

NEFMAC具有良好的耐久性能，不需要过厚的混凝土保护层。此外，NEFMAC良好的锚固性能和轻质高强的优点给施工带来很大的便利。NEFMAC可以用在隧道、公路、机场、桥梁等新建结构中，也可用于结构修补，如图9.1.18～图9.1.21所示。

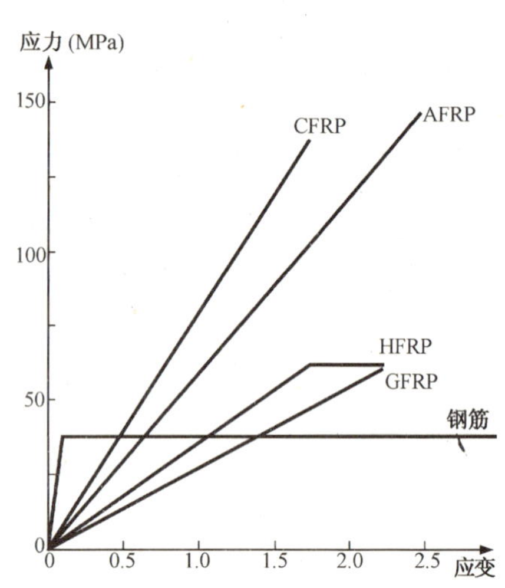

图9.1.17 NEFMAC应力—应变曲线

图9.1.18 NEFMAC轻质混凝土薄板

图9.1.19 NEFMAC混凝土柱

图 9.1.20　NEFMAC 应用在隧道中

图 9.1.21　NEFMAC 加固钢筋混凝土主梁

NEFMAC 格栅主要力学性能　　　　**表 9.1.3**

纤维种类	编　号	横截面积 (mm^2)	承受最大荷载 (t)	刚度 ($t \cdot mm^2$)	单位长度重量 (g/m)
GFRP	G2	4.4	0.26	12.9	7.5
	G3	8.7	0.52	25.8	15.0
	G4	13.1	0.78	38.7	22.0
	G6	35.0	2.10	103.0	60.0
	G10	78.7	4.70	232.0	130.0
	G13	131.0	7.80	387.0	222.0
	G16	201.0	12.0	593.0	342.0
	G16	297.0	17.7	877.0	510.0
	G22	390.0	23.4	1160.0	670.0
CFRP	C2	2.2	0.26	22	3.2
	C3	4.4	0.52	44	6.3
	C4	6.6	0.78	66	9.5
	C6	17.5	2.10	175	25.0
	C10	39.2	4.70	392	56.0
	C13	65.0	7.80	650	92.0
	C16	100.0	12.0	1000	142.0
	C19	148.0	17.7	1480	210.0
	C22	195.0	23.4	1950	277.0
	C25	260.0	31.2	2640	369.0
	C29	320.0	38.4	3250	454.0

续表

纤维种类	编　号	横截面积（mm^2）	承受最大荷载（t）	刚度（$t \cdot mm^2$）	单位长度重量（g/m）
AFRP	A6	16.2	2.10	90	21.0
	A10	36.2	4.70	206	46.0
	A13	60.0	7.80	342	77.0
	A16	92.3	12.0	526	118.0
	A19	136.0	17.7	775	174.0
HFRP	H6	39.5	2.10	147	65
	H10	88.8	4.70	331	147
	H13	148.0	7.80	552	244
	H16	223.0	12.0	846	368
	H19	335.0	17.7	1250	553
	H22	444.0	23.4	1650	773

3）FRP 板混凝土组合结构[2]

FRP 板混凝土组合结构是将 FRP 板作为受力构件，同时也可作为永久模板的一种新型组合结构。FRP 板根据使用情况可以做成不同的形状与混凝土组合，形成组合板或组合梁。

图 9.1.22（*a*）为 Bakeri 在 1989 年提出的一种 FRP 板混凝土组合板。Bakeri 仅对这种组合板进行了力学分析，没有进行相关的试验研究。图 9.1.22（*b*）为日本学者 Ishizaki 于 1994 年提出的 FRP-RC 桥面板，主要目的是增加桥面板的耐久性能，FRP 板不作为受力构件，所以计算方法与普通钢筋混凝土板一样，钢筋仍然是主要受力构件。

Hall 和 Mottram 在 1998 年提出了一种倒“T”形截面的 FRP 复合板（图 9.1.23（*a*））[3]，复合板上面浇注混凝土就形成了 FRP 板混凝土组合板（图 9.1.23（*b*））。FRP 复合板的翼缘与腹板可以承受拉力，同时改善了板与混凝土之间的粘结。Hall 和 Mottram 进行了组合板的粘结试验和组合梁的破坏试验，试验结果表明，组合梁的荷载位移曲线直到破坏均为线性关系。

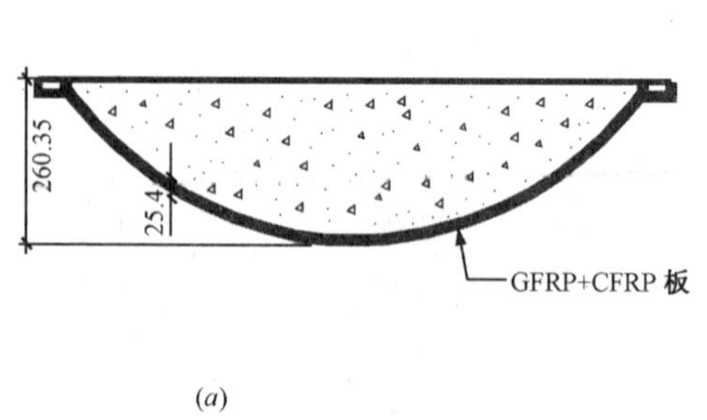

(*a*)

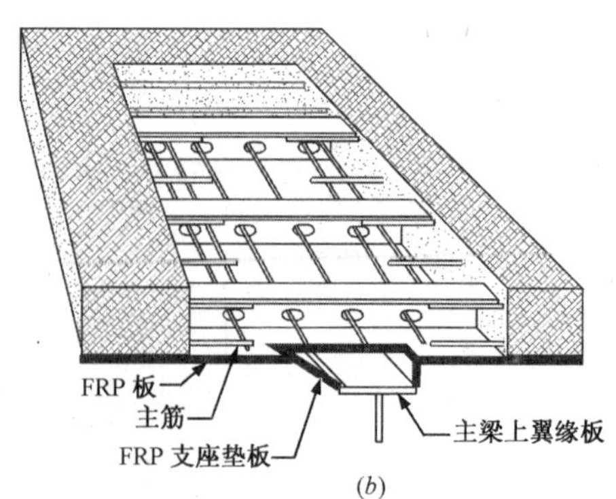

(*b*)

图 9.1.22　FRP 板混凝土组合板（单位：mm）

（*a*）Bakeri 桥面板；（*b*）FRP-RC 桥面板

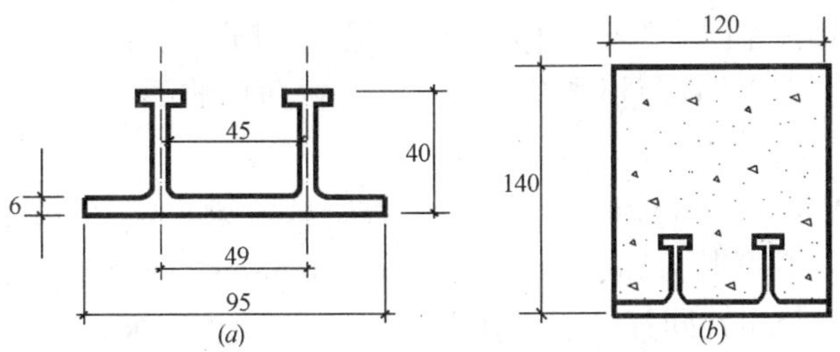

图9.1.23　倒“T”形FRP板混凝土组合梁
（单位：mm）
（a）倒“T”形截面FRP复合板；（b）FRP板混凝土组合梁

2004年Kitane等开发了一种GFRP-混凝土桥面板[4]，这种组合桥面板由GFRP板和受压混凝土薄层组成（图9.1.24）。GFRP板由3片梯形截面空箱外包CFRP布组成，混凝土填入板的上部形成受压区。

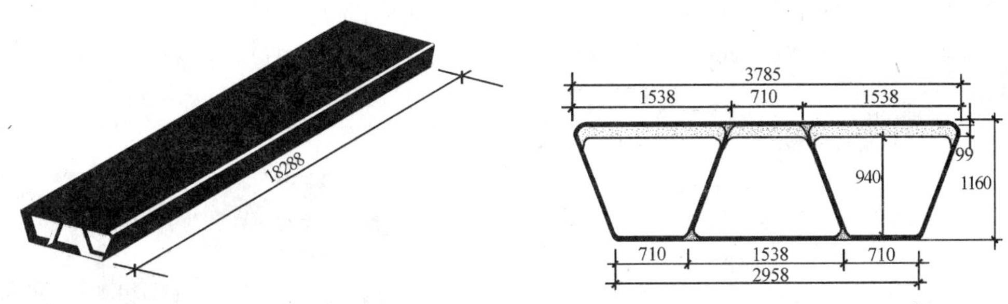

图9.1.24　GFRP-混凝土桥面板（单位：mm）

Kitane等进行了静载和疲劳试验，试验结果表明，静载作用下组合板的刚度满足要求且有很高的强度储备，经过200万次的疲劳试验，组合板的刚度有所降低。

澳大利亚南昆士兰大学（University of Southern Queensland）的FCDD研究小组开发了一种GFRP型材-混凝土组合桥面板[5,6]。这种桥面板与Deskovic在1995年提出的FRP-混凝土组合梁的截面形式相类似，受压区是混凝土，受拉区是GFRP型材，如图9.1.25所示。

FCDD研究小组首先进行了单根跨度为6m及10m的组合梁静、动载试验。试验结果表明，试验梁的受压区混凝土首先压碎，但是试验梁并没有马上破坏，而是继续承受荷载（图9.1.26），原因是GFRP型材可以承受一部分压力。

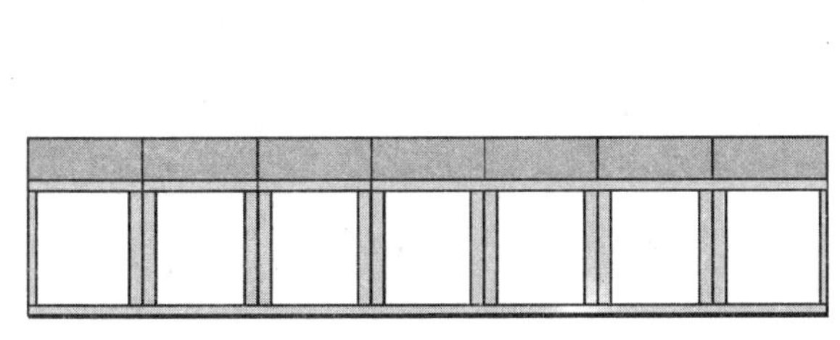

图9.1.25　FCDD桥面板

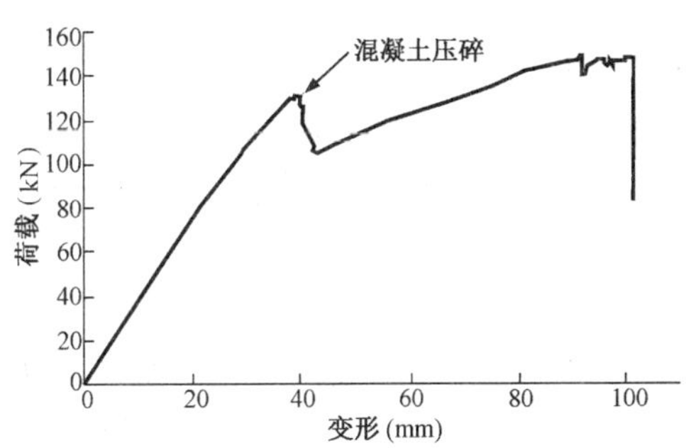

图9.1.26　FCDD桥面板的荷载位移曲线

在单根梁的试验基础上，FCDD研究小组将组合梁横向拼接在一起组成了组合桥面板。组合桥面板单根梁之间使用环氧树脂粘结在一起，桥面板的下面用高强纤维布粘结增加桥面板的横向刚度。

美国威斯康星大学（University of Wisconsin）、威斯康星州交通部（Wisconsin Department of Transportation）、联邦公路管理局（Federal Highway Administration，FHWA）、Alfred Benesch and Company公司共同开发了一种新型的复合FRP桥面板（图9.1.27）[7,8]。复合桥面板由三部分构成：FRP底模板、FRP筋和FRP格栅。

FRP底模板的尺寸为457mm×2350mm，底模板每隔229mm设置高76mm的矩形空心突起用来增强其刚度。底模板的方向与主梁的方向垂直，并且在主梁处断开。底模板上涂一层树脂，上面铺撒直径为6.35mm的砂子增强板与上部混凝土的粘结。上部浇注混凝土后，底模板可以作为承受横向拉力的构件参与工作。

混凝土中配置的直径为13mm、16mm或19mm的FRP变形筋可以抵抗横向负弯矩，同时也可以抵抗混凝土收缩徐变引起的应力。

为了增加受压区混凝土的抗压强度，上部混凝土中同时配置了FRP格栅。FRP格栅有两种尺寸：1224mm×2650mm和1224mm×4320mm。FRP格栅通过连接器连接在一起（图9.1.28）。

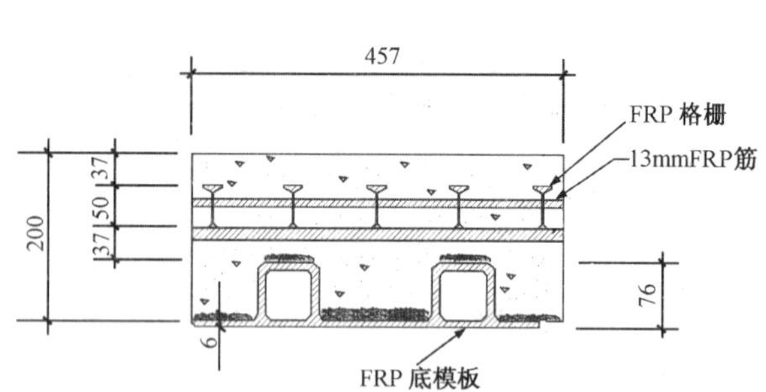

图9.1.27 复合FRP桥面板（单位：mm）

图9.1.28 FRP格栅的连接

9.1.2 FRP主梁混凝土板组合结构

FRP主梁混凝土板组合结构就是用FRP主梁替代传统的钢筋混凝土主梁而形成的一种组合结构。FRP主梁与传统的钢筋混凝土主梁相比其优点明显，即质量轻、强度高、耐久性好。FRP主梁的截面形式有圆形、Z形、工字形、槽形、矩形、梯形等（图9.1.29）。FRP主梁可以通过拉挤或缠绕编织形成，图9.1.30为拉挤成型产品的制造过程示意图。FRP主梁按照所用材料可以分为GFRP主梁、CFRP主梁及混杂FRP主梁。

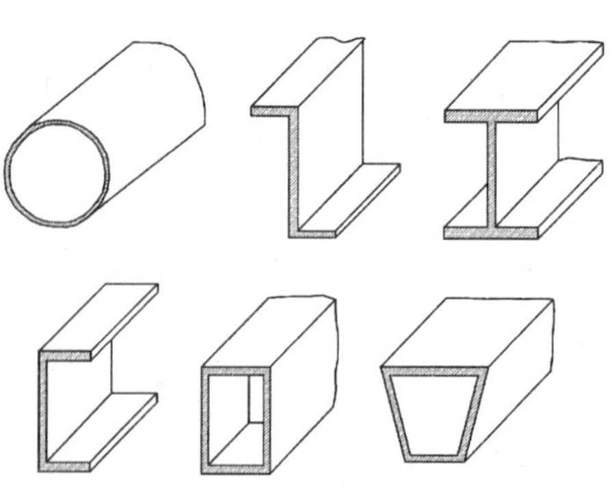

图9.1.29 FRP主梁截面形式

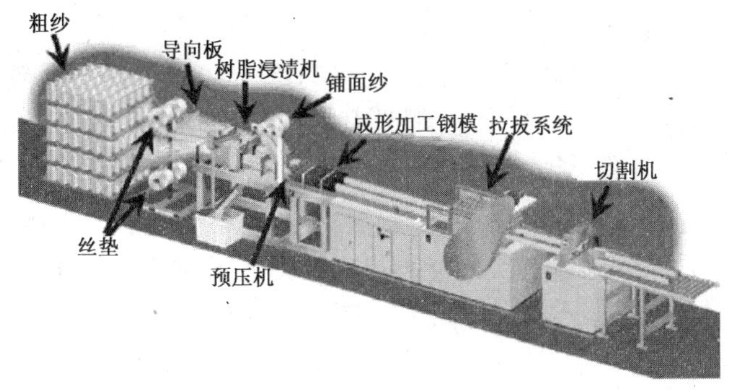

图9.1.30　FRP主梁型材拉挤制造过程

1）GFRP主梁

早在1980年，Holmes等就进行了GFRP箱形截面梁的试验研究，梁的截面尺寸为150mm×300mm，跨度为6m。此后，Meier、Salim等相继进行了GFRP箱形截面梁的试验研究。

Nagaraj和GangaRao于1997年进行了不同截面形式的GFRP主梁试验研究[9]。主梁的截面形式有2种：箱形和工字形（图9.1.31）。试验梁用的材料是E-GFRP，纤维含量大约是36%，纤维缠绕的方向为±45°、0°/90°。试验结果表明，纤维的不对称性、纤维层界面之间的滑移影响试验梁的刚度。

在研究GFRP主梁力学性能的基础上，其他学者将GFRP主梁与混凝土组合或与其他构件组合，形成了新的结构形式。其中比较有代表性的如Simth等1998年进行的箱形截面、工字形截面GFRP主梁与柱连接的试验研究（图9.1.32）[10]；Fam和Skutezky在2006年进行的GFRP箱形截面主梁混凝土桥面板组合梁的试验研究（图9.1.33）[11]。

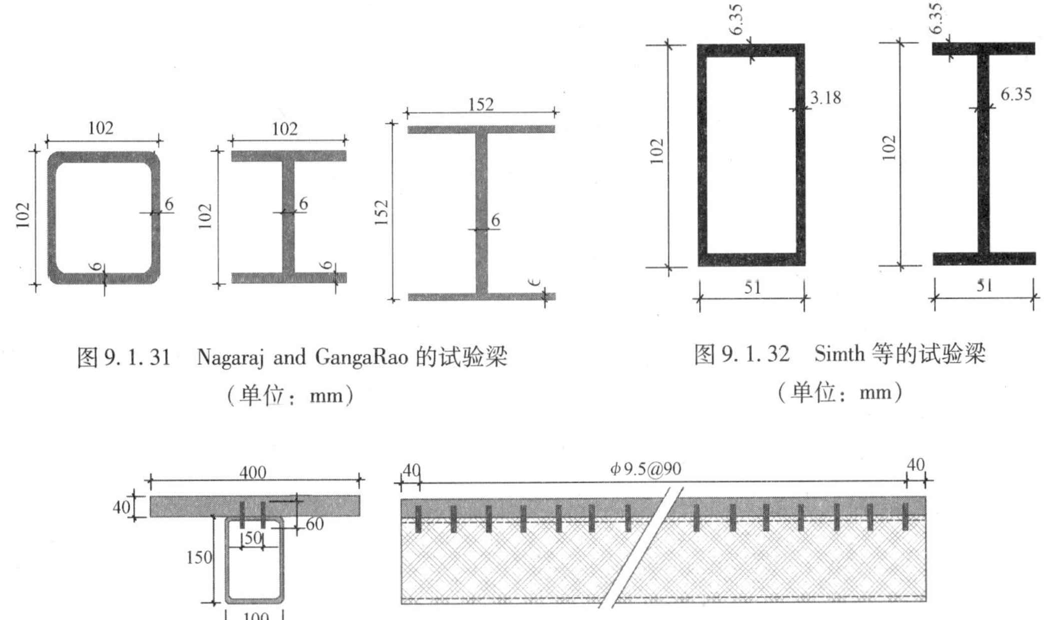

图9.1.31　Nagaraj and GangaRao的试验梁（单位：mm）

图9.1.32　Simth等的试验梁（单位：mm）

图9.1.33　Fam和Skutezky的试验梁（单位：mm）

2）CFRP 主梁

相对于 GFRP，CFRP 价格较高，但是由于 GFRP 自身的弹性模量较低，GFRP 主梁需要增加梁高和腹板、顶底板的厚度才能满足刚度要求。同时，GFRP 的疲劳性能及耐久性劣于 CFRP，因此 CFRP 主梁也成为另一个研究方向。

1994 年 Saiidi 等进行了 CFRP 主梁-钢筋混凝土板试验研究[12]，组合梁考虑了不同截面形式的 CFRP 主梁及不同强度等级的混凝土，如图 9.1.34 所示。CFRP 主梁与混凝土板之间使用环氧树脂粘结，试验结果表明，CFRP 主梁与混凝土板之间使用环氧树脂粘结不是非常有效的粘结方式。

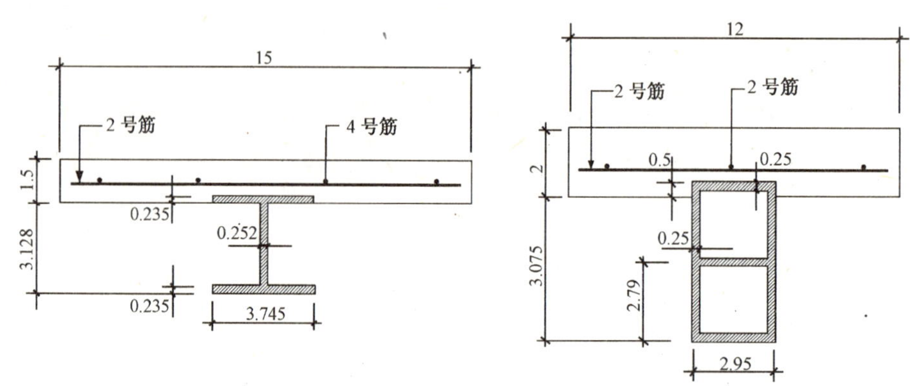

图 9.1.34　Saiidi 等试验梁（单位：英寸）

3）混杂 GFRP-CFRP 主梁

为了更经济更有效地使用 FRP 复合材料，可以将 GFRP 与 CFRP 混合在一起使用制作成主梁，受压区使用抗压强度较好的混凝土形成一种新的组合结构，这种组合结构可以称为混杂 GFRP-CFRP 混凝土组合结构。

1995 年，Deskovic 等提出了一种混杂 GFRP-CFRP 主梁混凝土组合结构（图 9.1.35）[13]。组合截面由 GFRP 箱形截面梁作为主梁，在受压区设置混凝土板避免箱梁上部翼缘板受压发生局部屈曲。为了避免组合梁发生脆性破坏，在 GFRP 箱形截面梁的受拉翼缘边粘贴 CFRP 布。由于 CFRP 的极限拉应变小于 GFRP，因此组合梁破坏时 CFRP 首先断裂，可以给组合梁以预先警告。试验结果表明，混杂梁的刚度、强度均有较大幅度的提高。破坏时，首先发生 CFRP 断裂的破坏，接着发生受压区混凝土压碎或 GFRP 主梁层间剥离（图 9.1.36）。

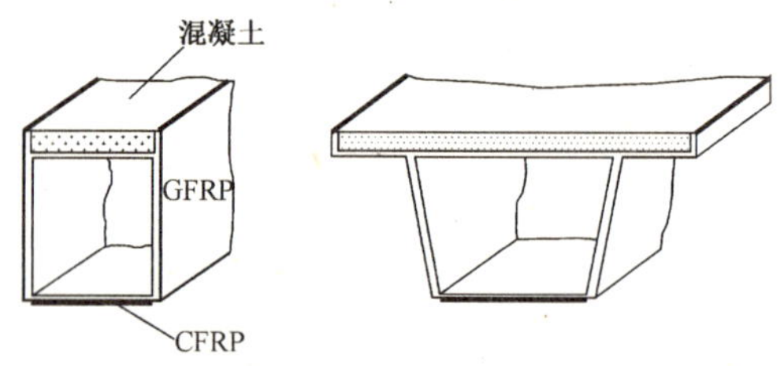

图 9.1.35　Deskovic 等混杂组合梁

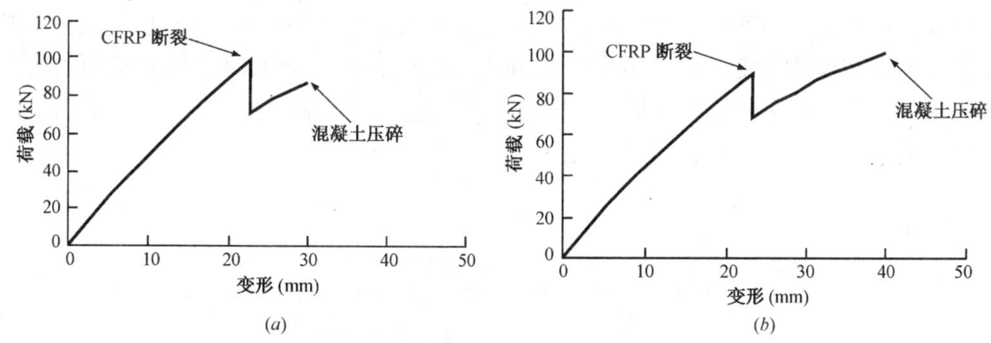

图9.1.36　混杂组合梁的荷载位移曲线

由于FRP主梁具有良好的力学性能及耐久性能，国外一些公司相继开发了一些GFRP主梁及混杂FRP主梁，如美国Strongwell公司开发了3种FRP主梁：8英寸×6英寸GFRP主梁、8英寸×6英寸GFRP-CFRP混杂主梁和36英寸×18英寸GFRP-CFRP混杂主梁（图9.1.37）[14]。

图9.1.37　Strongwell公司开发的主梁

9.1.3　FRP主梁-FRP混凝土桥面板组合结构

FRP主梁-FRP混凝土桥面板组合结构是一种新的结构体系，由FRP主梁、内填混凝土的FRP桥面板通过剪力连接件组合而成。FRP主梁-FRP混凝土桥面板组合结构体系的优点是施工快速、便捷、易于组装，构件可以模块化、标准化、工厂化。

1）混杂管体系（Hybrid Tube System，HTS）[15~17]

图9.1.38为美国加利福尼亚大学Seible教授等提出的GFRP主梁-FRP混凝土桥面板组合结构。主梁由两部分组成，上部是CFRP-GFRP混合构成带槽的肋，下部是GFRP矩形截面空箱，两部分通过内外两层GFRP布铺贴粘结在一起。为了增加主梁的强度、刚度，在主梁下翼缘粘贴CFRP布。

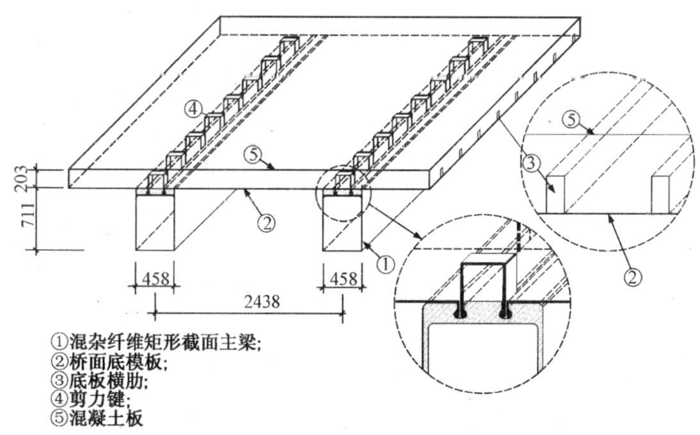

图9.1.38　HTS组合体系构造（单位：mm）

桥面板是带横肋的 GFRP-CFRP 混杂板，构造如图 9.1.39 所示。桥面板上设置有横肋，横肋可以提高板的刚度，同时可增强混凝土与板的粘结。板的两端带有 90°的纵肋，可以将肋放入主梁的槽中，使桥面板与主梁连接在一起。为了增加桥面板的抗剪性能，在板面上横向铺贴厚 6mm 的 CFRP 条带，条带间距为 152mm。

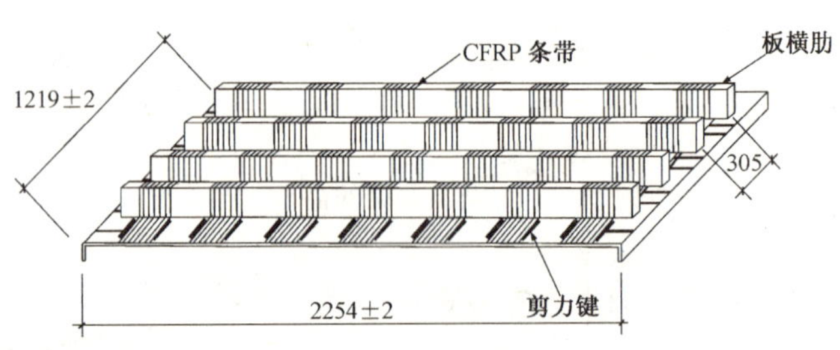

图 9.1.39 HTS 桥面板构造（单位：mm）

组合体系施工时，首先将主梁放置在桥墩上，然后将桥面板沿纵向铺放在主梁上，使桥面板两端的纵肋正好搁置在主梁的槽内。接着在槽内放置 GFRP 剪力连接件，填入树脂混凝土，最后浇注桥面混凝土。

2）碳纤维壳体系（Carbon Shell System，CSS）[16、17]

美国加利福尼亚大学 Seible 教授等开发了另外一种组合结构体系——CSS，如图 9.1.40 所示。CSS 组合体系的主梁是由碳纤维壳及壳内混凝土组成。碳纤维壳是由碳纤维混合树脂经过高温固化拉挤而成，对壳内混凝土起到约束作用，同时壳内混凝土可以防止碳纤维壳产生局部屈曲。壳内部设置沿着圆周方向的横肋，增加与管内混凝土的粘结。

桥面板可以是 FRP 桥面板，也可以是混凝土桥面板。Seible 教授等开发的桥面板由梯形截面的 GFRP 拉挤型材组成。板的上下面粘贴 CFRP 布，使每一个单元横向连接在一起。桥面板与主梁通过剪力连接件连在一起（图 9.1.41）。

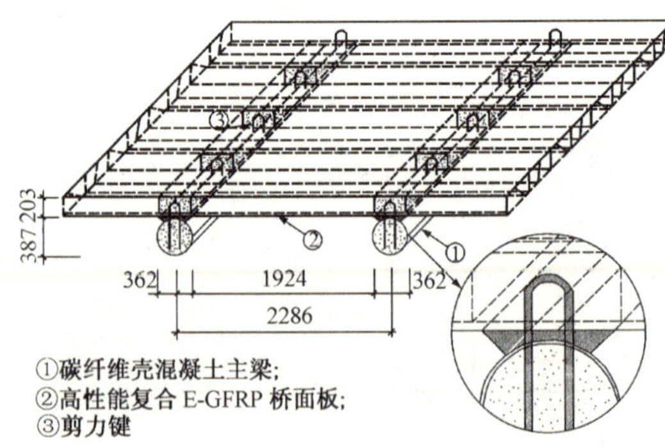

图 9.1.40 CSS 结构体系的构成（单位：mm）

图 9.1.41 CSS 结构体系的实物

9.2　FRP新结构

9.2.1　FRP桥面板

早在1985年，John Henry就对FRP桥面板进行了研究[18]，他使用计算分析程序（SAP IV）分析了HS20-44级荷载作用下5种不同截面形式的单跨E-GFRP/环氧树脂桥面板的变形，如图9.2.1所示。分析的桥面板长2438mm，厚度为229mm，净跨为2134mm。计算结果表明，X-形截面形式的桥面板变形最小。

此后，Azar（1989年）、Plecknik和Azar（1991年）进行了X-形截面桥面板的疲劳试验研究；McGhee等（1991年）对桥面板的截面形式进行了优化分析；Bakeri和Sunder（1990年）分析了抛物线形底板桁架截面形式的桥面板（图9.2.2）；Zureick（1997年）使用ANSYS和GTSTRUDL计算分析软件分析了箱形截面形式的桥面板（图9.2.3）；Brown和Zureick（1999年）提出了一种模块化的桥面板（图9.2.4），桥面板的基本单元是三角形截面，材料是E-GFRP和乙烯脂。研究成果表明，FRP桥面板在静载及疲劳荷载作用下，截面的应力满足使用要求，但是桥面板的变形大部分超过了限制值，桥面板的刚度成为一个重要的控制因素。

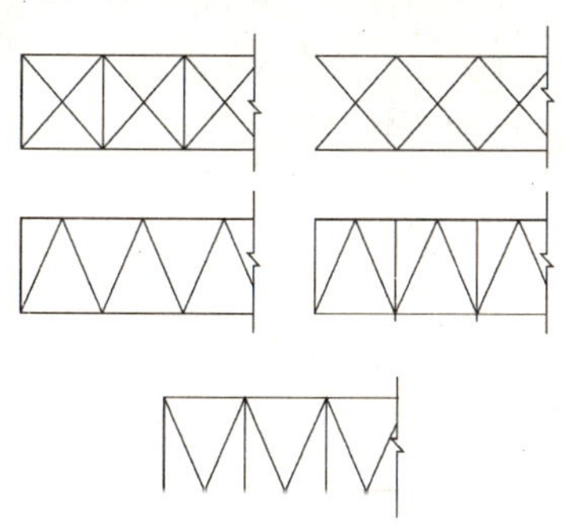

图9.2.1　John Henry研究的桥面板截面形式

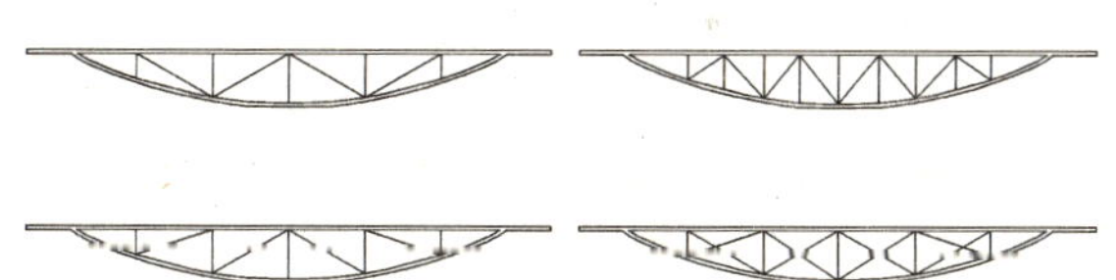

图9.2.2　Bakeri和Sunder研究的桥面板截面形式

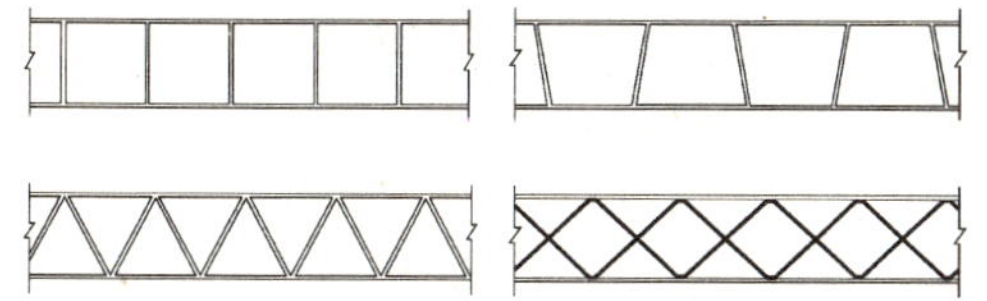

图9.2.3　Zureick研究的桥面板截面形式

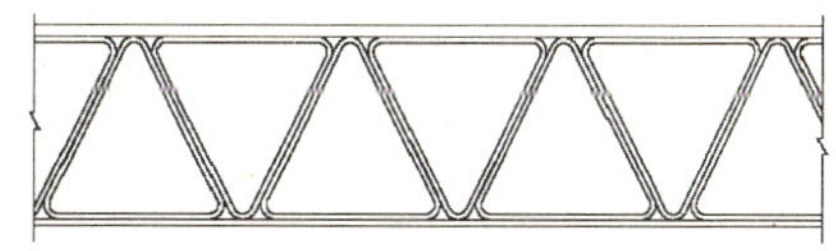

图9.2.4　Brown and Zureick研究的桥面板截面形式

随着FRP桥面的发展，对桥面板的研究已超出了单纯的学术范围，一些企业、公司也相继参与进来并生产出了成型的产品，如美国的Strongwell公司、Creative Pultrsion公司、Martin Marietta Composites公司、Hardcore Composites公司、Kansas Structural Composites公司等。继美国之后，英国Maunsell Structural Plastics公司、丹麦Fiberline公司、加拿大

Faroex 公司、中国清华大学[19]相继开发了不同的桥面板体系。

FRP 桥面板根据其构造可以分为两类：FRP 型材桥面板和 FRP 空心夹层桥面板。FRP 型材桥面板是将 FRP 纤维与树脂混合经过模具挤压成基本单元，然后用胶体将基本单元粘结在一起形成桥面板。FRP 中空夹层桥面板与 FRP 型材桥面板的区别在于基本单元有所不同，其基本单元由上下两块面板组成，中间是蜂窝状的夹层。FRP 中空夹层桥面板基本单元之间的连接仍然采用胶体粘结。

1）FRP 型材桥面板

（1）DuraSpan 体系[20~25]。

图 9.2.5 为美国 Martin Marietta Composites 公司开发、Creative Pultrusion 公司生产的 DuraSpan 桥面板体系。DuraSpan 桥面板体系有两种：DuraSpan500 和 DuraSpan766，两种体系的基本参数见表9.2.1。板的基本单元为梯形截面管单元，主要材料是GFRP纤维和

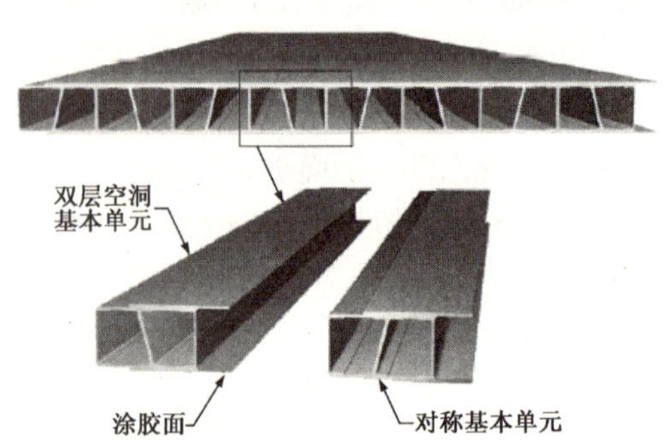

图 9.2.5　DuraSpan 桥面板体系

图 9.2.6　DuraSpan 桥面板体系基本单元的连接

树脂，每个单元之间用聚亚安酯胶体粘结在一起（图 9.2.5）。桥面板厚度为 127 ~ 195mm，板与板之间使用环氧树脂粘结在一起。为保证连接的可靠性，在每块桥面板之间使用短销并在接缝处铺贴 CFRP 布（图 9.2.6、图 9.2.7）。

图 9.2.7　应用短销并粘贴 CFRP 布

DuraSpan 桥面板体系　　**表 9.2.1**

桥面板类型	厚度（mm）	容重（kN/m^3）	主梁间距（m）
DuraSpan500	127	0.62	1.52
DuraSpan766	195	0.91	3.05

（2）Superdeck 桥面板体系[21~25]。

Superdeck 桥面板是美国 Creative Pultrusion 公司开发的一种挤压型材桥面板，主要材料是 GFRP 纤维和树脂。板的基本单元由双梯形和正六边形的块件粘结而成（图 9.2.8（*a*）），厚度为 203mm。

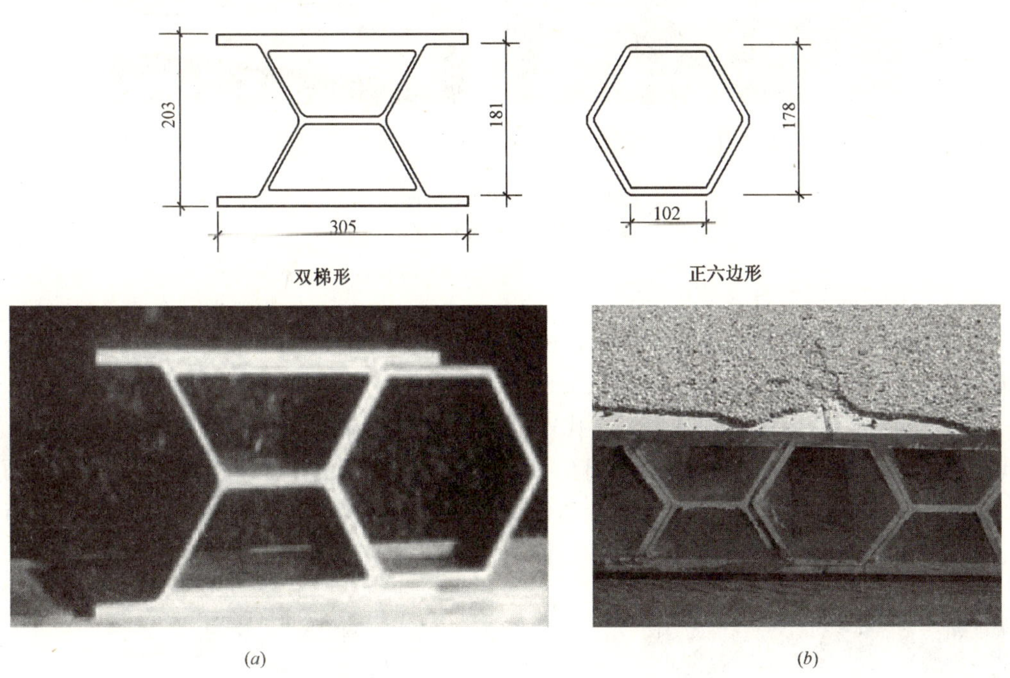

图 9.2.8　Superdeck 桥面板（单位：mm）
（*a*）基本单元；（*b*）连接成的桥面板

板与板之间的连接采用树脂粘结，板与梁的连接采用聚亚安酯并配以直径为 13mm 的螺栓连接，面层铺树脂混凝土（图 9.2.8（*b*））。

（3）EZ-Span 体系[16、24]。

EZ-Span 桥面板也是美国 Creative Pultrusion 公司开发的一种挤压型材桥面板，主要材料是 GFRP 纤维和乙烯脂。板基本单元的截面形式为三角形，与上、下面板使用树脂粘结在一起，板的厚度为 216mm（图 9.2.9），板面上铺 6.4mm 厚的环氧树脂砂浆作为铺装层。

图 9.2.9　EZ-Span 桥面板

（4）ASSET 体系[16、25]。

ASSET 体系桥面板是由丹麦 Fiberline 公司生产的产品，所用的材料是 GFRP 纤维和聚酯。板的基本单元是平行四边形截面挤压型材（图 9.2.10），厚度为 225mm，板单元之间使用树脂粘结在一起，形成桥面板。

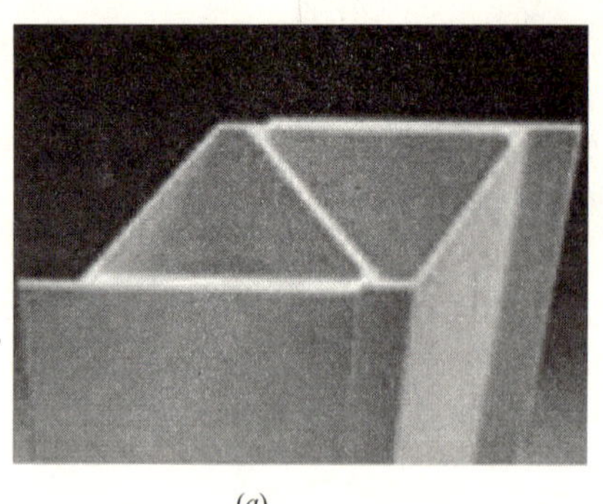
(a)

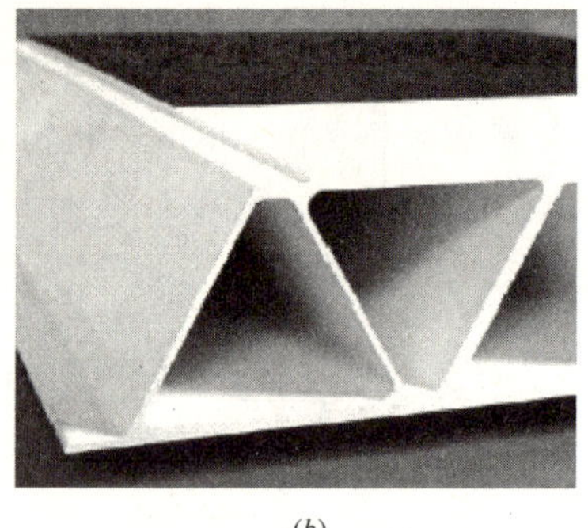
(b)

图 9.2.10　ASSET 桥面板
（a）基本单元；（b）连接成的桥面板

（5）"Moanitoba" 体系[26]。

"Moanitoba" 体系是加拿大 Wardrop Engineering 公司和 Faroex 公司共同开发并获得美国专利的 FRP 桥面板体系，同时在 Moanitoba 大学进行了静载和疲劳试验（图 9.2.11）。

"Moanitoba" 桥面板研制开发了 2 代产品：第 1 代产品横向由 3 个基本单元组成；第 2 代产品横向由 7 个基本单元组成（图 9.2.12）。二代产品的基本单元都是三角形截面形式，由 GFRP 纤维缠绕而成，单元的转角处做成圆角，避免应力集中。在每个单元的节点处，放入 GFRP 筋填充基本单元与上、下面板之间的空隙。

图 9.2.11　"Moanitoba" 桥面板

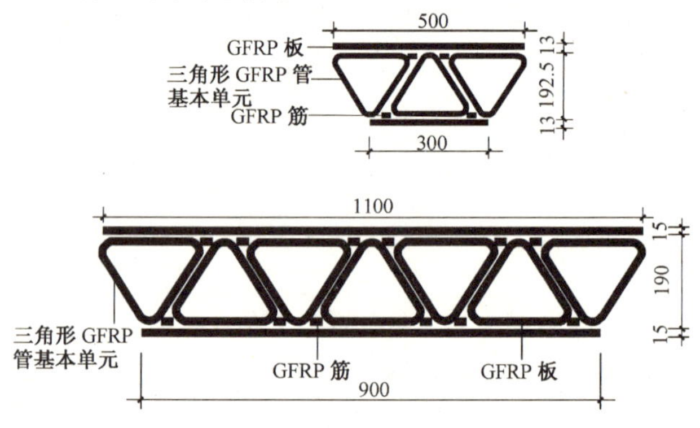

图 9.2.12　"Moanitoba" 桥面板的构造（单位：mm）

（6）ACCS 体系[27]。

ACCS 体系是英国 Maunsell Structural Plastics 公司开发的桥面板体系。ASSC 体系是多壳桥面板，桥面板之间的连接使用"骨头"状的连接器连接。桥面板的转向通过 3 向转向器实现，如图 9.2.13 所示。图 9.2.14 为 ACCS 体系组成的箱形截面梁。

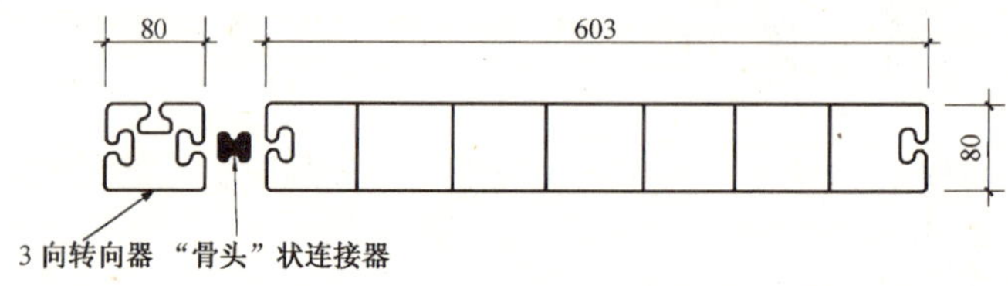

图 9.2.13　ACCS 桥面板（单位：mm）

图 9.2.14　ACCS 体系组成的箱形截面梁

图 9.2.15　Virginia Tech 桥面板

ACCS 体系最初用于保护性围栏，后来逐渐开发应用在步行桥中，迄今为止已经应用 ACCS 体系修建了 4 座 FRP 桥，其中步行桥 3 座，公路桥 1 座。

（7）Strongwell[20、27、28]。

Strongwell 公司除了开发 FRP 主梁外，还开发了 FRP 桥面板。桥面板由矩形空心截面 FRP 管及上、下面板组成。FRP 管的尺寸有 102mm × 6.35mm 和 152mm × 9.53mm 两种，上、下面板的厚度为 9.53mm。

美国维尼吉亚工学院使用 Strongwell 桥面板开发了 Virginia Tech 桥面板，该桥面板横向由厚度为 152mm 空心管及厚度为 9.53mm 的上、下面板组成（图 9.2.15）。空心管与上、下面板使用环氧树脂粘结在一起，而桥面板使用机械锚固的方法与钢梁连接在一起。板面上的铺装层是厚度为 6.4mm 的乙烯基树脂混凝土。

2）FRP 空心夹层桥面板

（1）Kansas 桥面板体系[29]。

图 9.2.16 为 Kansas Structural Composites 公司生产的 FRP 桥面板，主要材料为 GFRP 纤维和树脂。桥面板的基本单元由面板、底板和夹心层组成。中空夹心层是竖直放置的波浪形（正弦型）的薄板，竖直薄板的上下面粘贴 FRP 布以便固定薄板的波形。

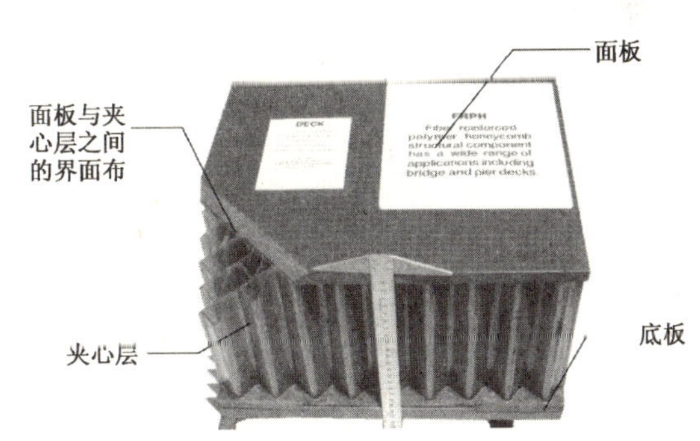

图 9.2.16　Kansas 体系桥面板

桥面板上铺树脂混凝土作为路面结构，桥面找坡可以通过变化夹心层的厚度来实现。

（2）ICI 桥面板体系[29]。

图 9.2.17 为 Infrastructure Composites Inc.（ICI）公司生产的 FRP 桥面板。ICI 桥面板体系与 Kansas 桥面板体系属于同一类产品，因此，其结构组成与 Kansas 桥面板体系相类似。桥面板的基本单元也是由面板、底板和夹心层组成。上、下面层各分为两层：单向主纤维层及双向非编织纤维层。夹心层是竖直放置的低密度波浪形（正弦形）的薄板，夹心

层与上、下面板之间是浸满树脂的高弹性纤维层。桥面板上铺贴耐磨的树脂混凝土。

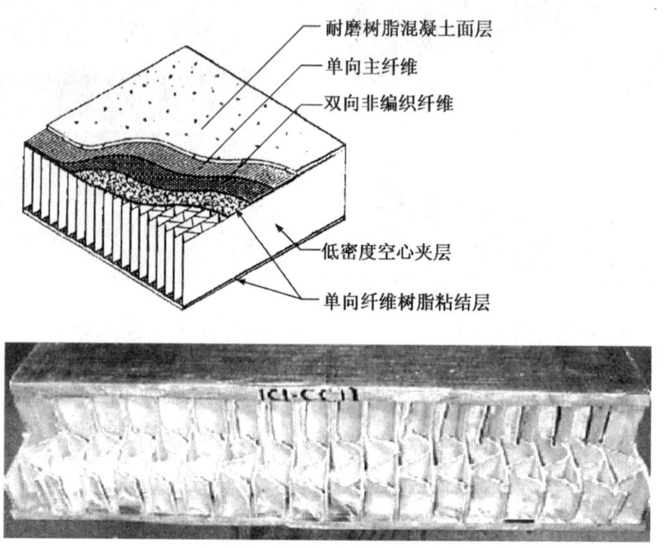

图 9.2.17　ICI 桥面板

（3）Hardcore Composites（HC）桥面板体系[29]。

HC 桥面板体系是美国 Hardcore Composites 公司生产的中空夹层桥面板（图 9.2.18），主要材料是 GFRP 纤维和树脂。HC 桥面板的基本组成是上、下面板和中空夹层，中空夹层是一种典型由硬泡沫塑料外包纤维构成的实体夹层结构。

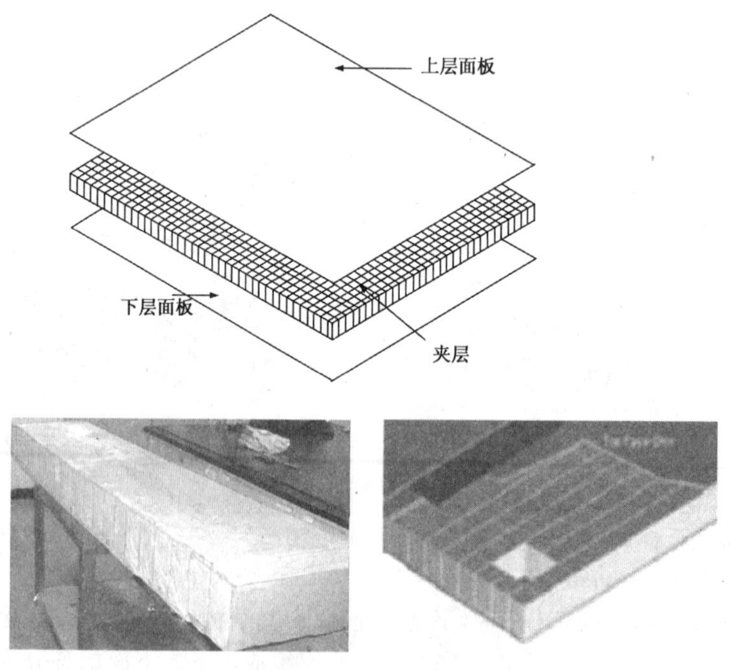

图 9.2.18　HC 桥面板

HC桥面板采用真空辅助树脂流动模具（Vacuum-Assisted Resin Transfer Moulding，VARTM）技术制造（图9.2.19）[30]。VARTM技术可以根据设计要求制造成不同形状及尺寸的桥面板，也可以制成大型桥面板。

表9.2.2给出了部分桥面板的基本技术指标。

部分桥面板的基本技术指标　　**表9.2.2**

桥　面　板	厚度（mm）	重量（kg/m²）	费用（$/m²）	变形限值
Hardcore Composites	152～710	98～112	570～1184	L/785
KSCI	127～610	76	700	L/3000
DuraSpan	195	90	700～807	L/450
Superdeck	203	107	807	L/330
EZSpan	229	98	861～1076	L/950
Strongwell	123～203	112	700	L/605

注：L为桥面板跨度。

9.2.2　FRP桥

FRP桥是一种新的结构体系，它是指桥梁的上部结构——桥面板、主梁、斜拉索、桥塔、桁架等构件全部由FRP制成，而下部结构，如承台、基础等由钢筋混凝土制成。FRP桥可以分为板式桥、梁式桥、桁架桥和斜拉桥。

美国1996年开始用FRP桥面板替代钢桥面板或混凝土桥面板，后来逐渐发展到修建全新的FRP桥，如1997年修建的Laurel Lick桥（图9.2.20）[31]。表9.2.3为美国已建的FRP桥。

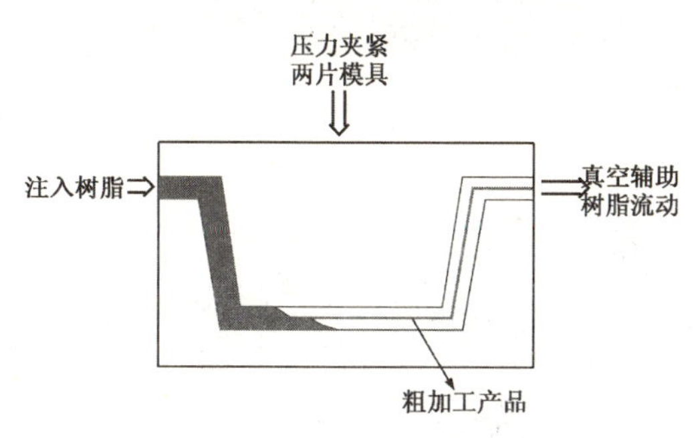

图9.2.19　VARTM制造技术

图9.2.20　Laurel Lick桥

美国已建的FRP桥　　**表9.2.3**

桥　名	种　类	建成年代	桥面板体系	备　注
No-Name Creek Bridge	公路桥	1996	Kansas	FRP桥面板
Cecil Country Bridge	公路桥	1997	Hardcore	FRP桥面板
Bennett's Creek Bridge	公路桥	1998	Hardcore	FRP桥面板
Muddy Run Bridge	公路桥	1998	Hardcore	FRP桥面板
Greensbranch Bridge	公路桥	1999	Hardcore	FRP桥面板
Greensbranch Bridge	步行桥	1999	Hardcore	FRP桥面板

续表

桥　　名	种　　类	建成年代	桥面板体系	备　　注
EZ-Span Deck Bridge	公路桥	1999	EZ-Span	FRP 桥面板
Westbrook Road Bridge	公路桥	2000	Hardcore	FRP 桥面板
Laurel Lick Bridge	公路桥	1997	Surpdeck	FRP 桥面板、FRP 主梁

1990 年，航空制造商——Lockheek Martin 提出了一个新的桥梁结构概念，并在 1994 年将之实现在 INEEL 试验桥上。这个概念的主要思路是将手粘贴的“U”形梁与 FRP 桥面板连接在一起形成组合截面。1997 年，Martin Marietta 公司修建了 Simth Road 桥，该桥采用与 INEEL 试验桥同样的结构形式。

Simth Road 桥位于美国俄亥俄州 Butler 县，跨度为 10.06m，宽为 7.32m（图 9.2.21）[32]。主梁是 3 根单跨“U”形截面手粘贴 GFRP 梁，桥面板为 DuraSpan 桥面板。桥面板与梁使用树脂粘结在一起形成箱形截面梁（图 9.2.22）。Simth Road 桥设计荷载为 ASSHTO HS-20 级车辆荷载，自重 100kN，设计和承建单位为 Martin Marietta Materials 公司。这种组装的结构体系大大缩短了施工时间，全桥施工不到 8 个小时，其中桥面板施工时间仅为 3 小时。

图 9.2.21　Simth Road 桥

1982 年，中国修建了世界上第一座 FRP 公路桥——密云桥（图 9.2.23）[33]。密云桥为单跨 2 车道公路桥，跨度为 20.7m，最大车辆荷载为 30t。

密云桥横向由 6 根 GFRP 矩形空心截面型材组成承重体系，矩形空心截面梁内填泡沫塑料，桥面铺装层为混凝土。

图 9.2.22　Simth Road 桥主梁的运输和安装

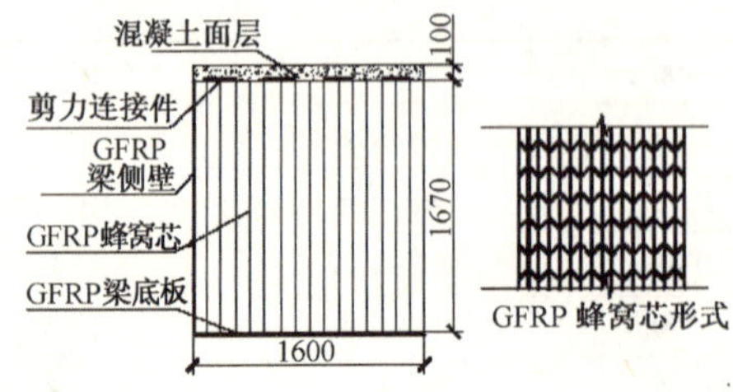

图 9.2.23　密云桥

德国建造的欧洲大陆第一座公路GFRP桥——Klipphausen桥位于德累斯顿（Dresden）附近，由丹麦Fiberline公司承建[34]。Klipphausen桥是单跨FRP板式桥，采用ASSET桥面板体系。桥面板分为左、右两大块件，安装时使用树脂粘结在一起（图9.2.24）。

1997年，丹麦修建了第一座FRP桥——Kolding桥（图9.2.25）[35]。Kolding桥位于丹麦Kolding，是一座FRP斜拉桥，横跨铁路。桥塔高18.5m，跨度为27m + 13m，宽为3.2m，主梁高1.5m。设计荷载为：车辆荷载50kN，人群荷载5kN/m^2。Kolding桥的FRP型材连接方式为螺栓连接，由Fiberline Composite公司建造。为了不影响铁路通行，Kolding桥利用夜间施工，仅花费了3个晚上建成。

图9.2.24　Klipphausen桥

图9.2.25　Kolding桥

瑞士洛桑联邦科技学院正在进行FRP斜拉步行桥的研究（图9.2.26）[36]。这座桥的桥面板是FRP空心桥面板，索塔是FRP型材，斜拉索是CFRP索。桥面板、索塔、斜拉索都制作成标准的模块，然后用树脂粘结在一起构成斜拉桥。斜拉步行桥使用的主要的材料是GFRP和树脂，因此是半透明的，具有建筑艺术效果，成为一座景观桥。

图9.2.27为瑞士横跨Flanz河的一座步行桥——Pontresina桥，该桥为2跨跨度为12.5m的GFRP桁架桥[37]。春天时，由于Flanz河水上涨，因此该桥仅在冬季使用。两榀桁架之间使用环氧树脂粘结在一起，以便于春天时拆除。

图9.2.26　FRP斜拉步行桥

图9.2.27　Pontresina步行桥

1992年，英国修建了世界上第一座FRP步行桥——Aberfeldy桥（图9.2.28）[38]。Aberfeldy桥是一座斜拉桥，总长113m，宽为2.2m，其中主跨跨度为63m，主塔为“A”字形，高为18m。斜拉索为AFRP（Kevlar-49）筋，外包聚乙烯塑料。

图9.2.28　Aberfeldy桥

图9.2.29　Aberfeldy桥的斜拉索与主梁连接

Aberfeldy 桥设计活荷载为 5.6kN/m，恒荷载为 2.0kN/m，其中包括 1.0kN/m 的压重。桥面板采用 ACCS 桥面板，主塔为拉挤 GFRP 型材，桥面板、主塔、主梁之间的连接方式是树脂粘结，斜拉索与主梁采用锚栓连接（图 9.2.29）。

表 9.2.4 为除美国外其他各国已建的 FRP 桥。

世界各国已建 FRP 桥 **表 9.2.4**

桥　　名	国家	种类	建成年代	桥面板体系	备　　注
Kolding Bridge	丹麦	步行桥	1996	Fiberline	FRP 桥面板、FRP 索塔、FRP 斜拉索
Pontresina Bridge	瑞典	步行桥	1997	Fiberline	FRP 桥面板、FRP 桁架
Cottbus Bridge	德国	步行桥	2000	Superdeck	
Klipphausen Bridge	德国	公路桥		Fiberline	FRP 桥面板
Aberfeldy Bridge	英国	步行桥	1992	ACCS	FRP 桥面板
Shank Castle Bridge	英国	步行桥	1993	ACCS	FRP 桥面板
Bond Mill Lift Bridge	英国	公路桥	1994	ACCS	FRP 桥面板
Parson's Birdge	英国	步行桥	1995	ACCS	FRP 桥面板
密云桥	中国	公路桥	1982		FRP 桥面板

9.3　FRP 组合结构及新结构的连接

钢筋混凝土板、FRP 板（或 FRP-混凝土板）与 FRP 主梁之间连接成为一个整体才能共同工作。选择连接的形式时要考虑结构性能的要求、施工条件，同时要考虑结合面的受力特点。FRP 组合结构及新结构的连接形式根据使用情况大致可以分为胶结型、螺栓型、连接件型及紧箍型。

1）胶结型

胶结型连接是指使用高强度环氧树脂将混凝土板与 FRP 主梁组合在一起或 FRP 板之间相互组合的一种连接方式。胶结型常用在 FRP 板与板之间的连接，FRP 板与主梁之间的连接用的比较少。胶结型粘结可以通过环氧树脂胶体将剪力均匀地传递给 FRP 主梁或在 FRP 板与板之间传递剪力。为保证板与板之间粘结的可靠，常常在板的接缝处用 FRP 短销加强连接，并覆盖 FRP 条带或 FRP 板。图 9.3.1 为 Martin Marietta Composites 公司、Hardcore Composites 公司、Creative Plutrusion 公司及 Infrastructure Composites International 公司 FRP 桥面板的连接方式[39、40]。

1994 年，Saiidi 等进行了 CFRP 板与混凝土试块之间的粘结试验，试件形式如图 9.3.2 所示[41]。试验中设计了两种强度等级的混凝土，试件承受竖向荷载。试验结果表明，使用环氧树脂粘结，FRP 板与混凝土之间的粘结强度至少为 3.57MPa，才能避免 FRP 板与混凝土之间发生剥离破坏。

2006 年，Thomas Keller 和 Herbert GÜRTLER 将 FRP 板与钢梁使用环氧树脂粘结一起形成组合梁，并进行了静载、动载试验研究（图 9.3.3）[42,43]。粘结剂是 2 组分环氧树脂，胶层宽度为钢梁宽度，厚度为 6～10mm。试验结果表明，即使胶层的厚度达到 50mm，仍然可以有效地传递界面之间的剪力。

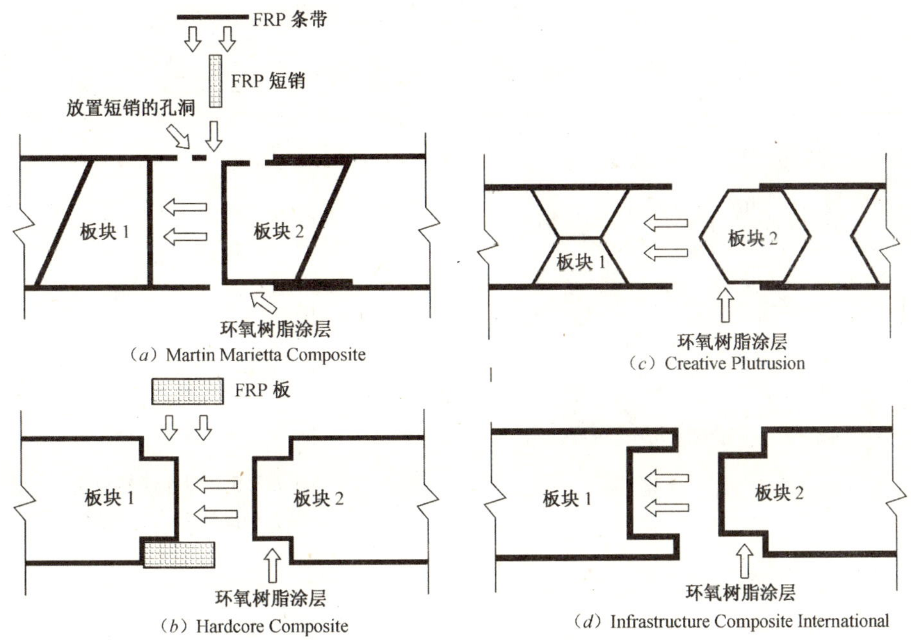

图 9.3.1　FRP 板与板之间的粘结

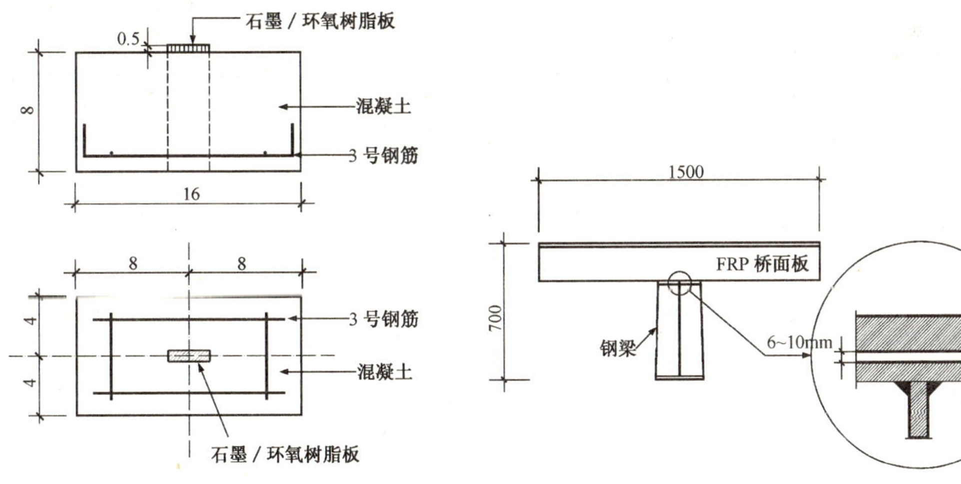

图 9.3.2　Saiidi 的粘结试验（单位：英寸）

图 9.3.3　FRP 板与主梁粘结（单位：mm）

2）螺栓型

螺栓连接就是在FRP型材上钻孔，使用传统的螺栓连接在一起的一种连接方式（图9.3.4）。螺栓连接的试验研究有两个方面：轴向受拉和受弯（图9.3.5）。在轴向力的作用下，螺栓主要承受横向的剪切力。在弯矩作用下，螺栓主要承受拉力。受弯试验主要研究梁-柱节点区的受力性能，测量节点变形与弯矩的关系。

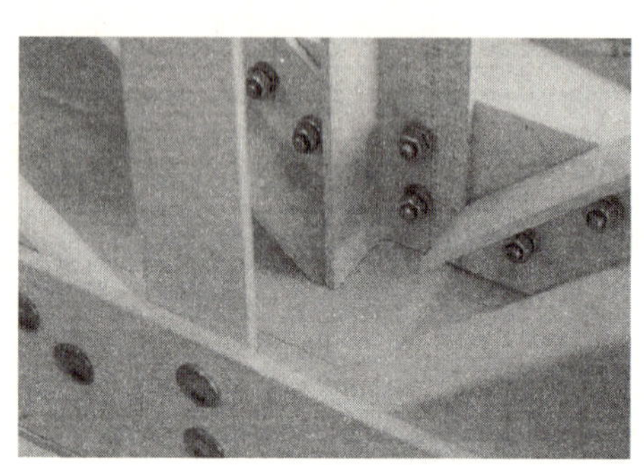

图9.3.4　螺栓连接

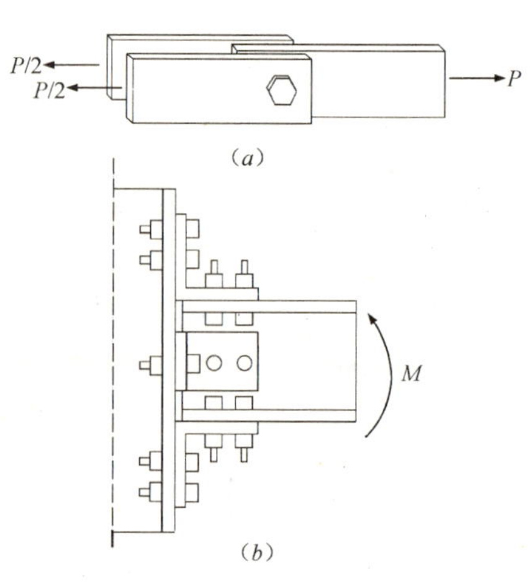

图9.3.5　螺栓连接试验
(a) 轴向受拉；(b) 受弯

第一个进行轴向受拉状态下连接试验的是Rosner和Rizkalla[44]。试验中FRP板的厚度为9.53、12.7和19.1mm。螺栓的直径为19mm。轴向力的方向分别为与FRP板主纤维方向平行、垂直、成45°角。此后一些学者，如Erki、Abd-El-Naby和Hollaway、Cooper和Turvey、Yuan等相继进行了不同板厚的轴向受拉、轴向受压的试验研究。

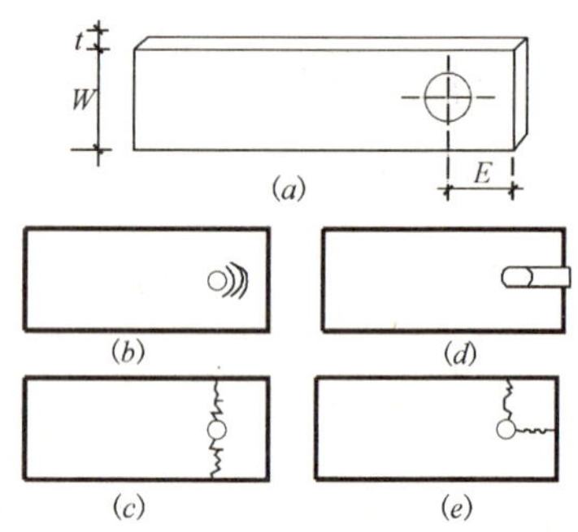

图9.3.6　螺栓连接的破坏模式
(a) 试件形式；(b) FRP板挤压破坏；(c) FRP板断裂；(d) FRP板剪切破坏；(e) FRP板劈裂

轴向受拉连接的破坏模式有4种：①当螺栓的端距E与螺栓直径D的比值E/D或者连接件的宽度W与螺栓直径D的比值W/D较大时，将发生FRP板挤压破坏（图9.3.6 (b)）；②当螺栓直径D较大而端距E或板宽较小，即D/E或D/W较大时，将发生FRP板拉断破坏（图9.3.6 (c)）；③当W/D值较大而E/D值较小时，将发生FRP板剪切破坏（图9.3.6 (d)）；④当W/D值及E/D值处于上述值之间时，将发生FRP板劈裂破坏（图9.3.6 (e)）。

图9.3.7为Strongwell公司的FRP主梁螺栓连接方式[14]。图9.3.7 (a) 为8英寸×6英寸的主梁之间的连接方式，图9.3.7 (b) 为8英寸×6英寸与36英寸×18英寸的主梁之间的连接方式。

图9.3.8为Virginia Tech桥面板中使用螺栓与钢梁的连接方式。第一种是在需要连接的位置处事先在FRP桥面板上、下翼缘上钻孔，然后用螺栓将FRP桥面板与钢梁连接

(图9.3.8 (*a*))。第二种是在FRP桥面板下翼缘需要连接的位置处钻孔，然后用高强螺栓连接。这种连接方式由于仅在FRP桥面板下翼缘连接，因此需要在桥面板的边缘块件上钻一个直径为76mm的孔，以便能够放置螺栓(图9.3.8 (*b*))。

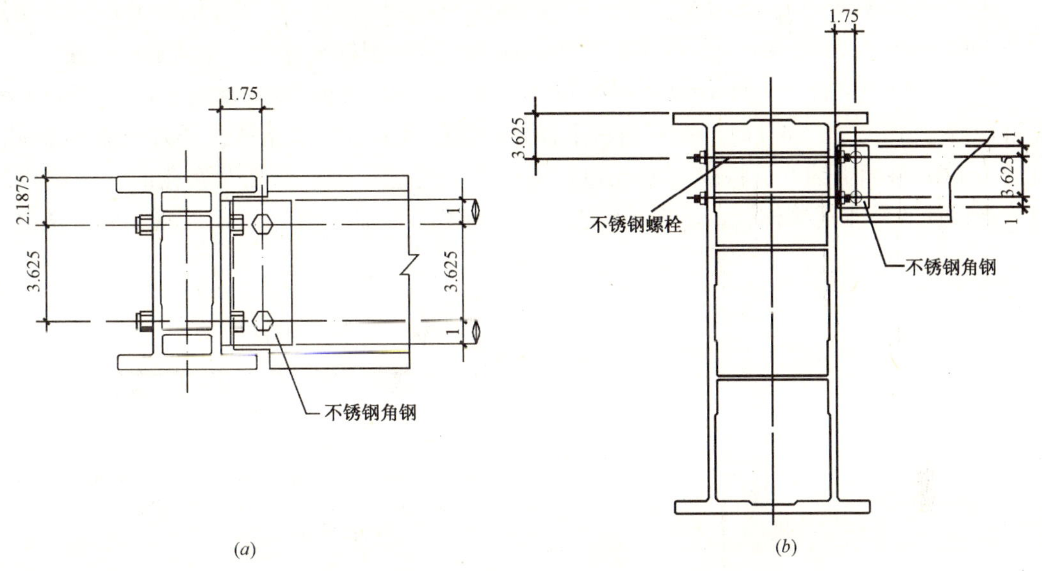

图9.3.7 Strongwell公司FRP主梁连接方式(单位：mm)

(*a*) 8英寸×6英寸主梁的连接；(*b*) 8英寸×6英寸与36英寸×18英寸的主梁的连接

第一种连接方式由于在桥面板的上翼缘钻孔，破坏了结构的整体性，需要考虑结构的疲劳性能和耐久性能。通过室内试验及室外试验表明，第二种连接方式可以很好地传递桥面板与钢梁之间的剪力，但是由于需要在边缘块件上钻孔，故不便于施工。

2005年，Zhou等分析了以上两种连接方式的优缺点，提出了FRP板与钢梁之间新的连接方式(图9.3.9)[45]。连接件是由水平放置的螺栓和带弯钩的螺栓组成。水平放置的螺栓连接桥面板第二至第九块件，两端用螺帽拧紧。带弯钩的螺栓一端钩在水平螺栓上，另一端与钢梁连接。经过室内外试验的验证，证明该种连接方式可以有效地传递剪力，同时允许桥面板有微小的转动，是一种较为理想的连接方式。

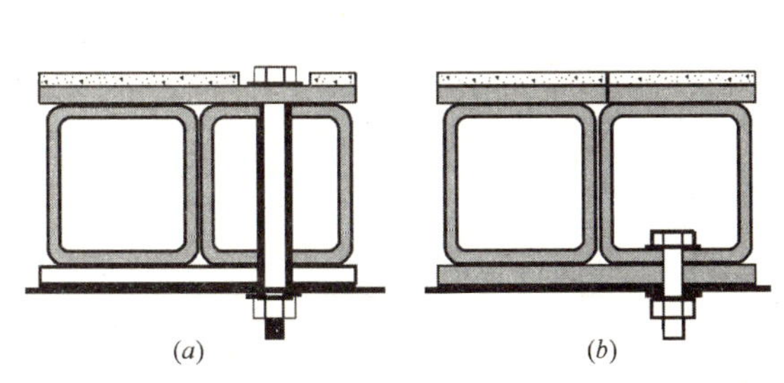

图9.3.8 Virginia Tech桥面板螺栓与钢梁的连接方式

(*a*) 第一种连接方式；(*b*) 第二种连接方式

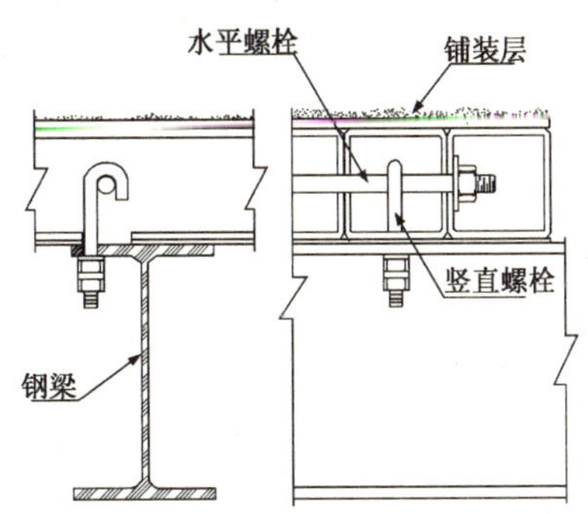

图9.3.9 Zhou等提出的FRP与钢梁的连接方式

3）连接件型

连接件型是 FRP 组合结构中最常用的一种连接方式，常用的连接件是圆柱头栓钉，也有用 FRP 筋切割成短销或者加工成“U”形型材作为连接件的。图 9.3.10 为典型的栓钉连接方式。

美国 Creative Pultrusion 公司、Martin Marietta Composites 公司、Hardcore Composites 公司及 Infrastructure Composites 公司生产的桥面板全部使用圆柱头栓钉与主梁进行连接。

图 9.3.11 为 Creative Pultrustions 公司针对其产品——Superdeck 桥面板而实施的一种栓钉连接方式[39,46]。连接时，在桥面板上需要设置栓钉的位置事先钻直径为 102mm 的孔，然后将 FRP 桥面板铺好，将栓钉放入钻好的孔中并与主梁焊接，临时在孔的两边设置挡板，浇注无收缩水泥浆体，最后在孔洞上铺贴 CFRP 布覆盖。图 9.3.12 为现场施工情况。

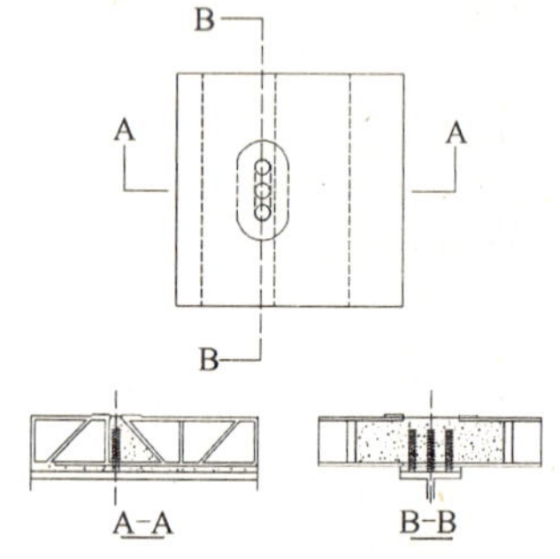

图 9.3.10　栓钉连接方式

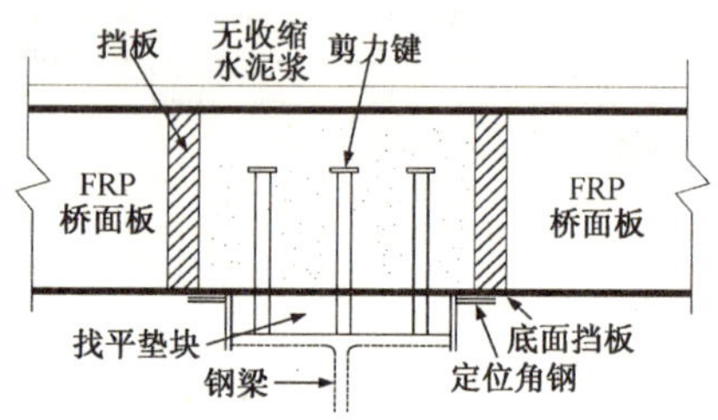

图 9.3.11　Superdeck 桥面板与主梁的连接方式

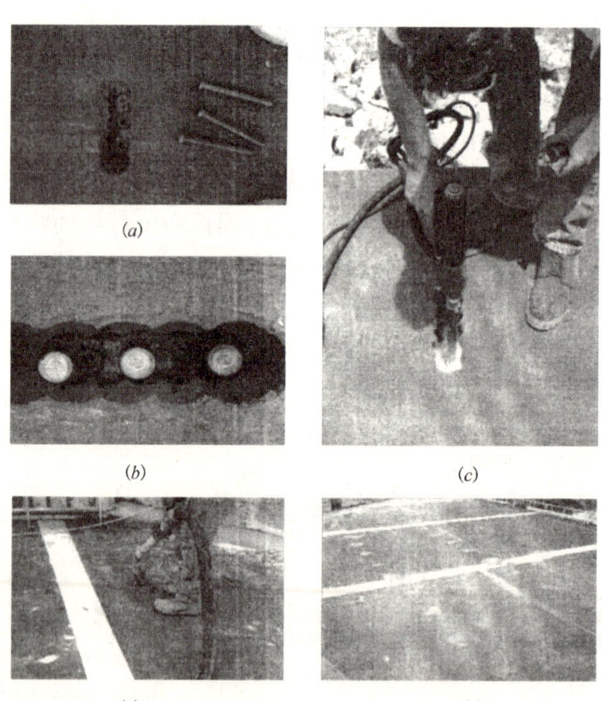

图 9.3.12　Superdeck 桥面板栓钉连接施工过程

（a）准备栓钉；（b）焊接栓钉；（c）栓钉枪；（d）灌注无收缩水泥浆；（e）无收缩水泥浆灌注完毕

圆柱头栓钉可以有效地传递桥面板与主梁之间的剪力，并且可以防止桥面板向上掀起；同时，栓钉连接件施工便利，也为广大工程师和施工人员所熟悉。然而，水泥浆、挡板（纸质或泡沫塑料）的耐疲劳性能是一个值得关心的问题。对 Salem Avenue Bridge 桥中使用的栓钉连接效果进行调查，发现部分桥面板翘起了大约 2mm，部分桥面板有微小的转动，部分栓钉与周围的水泥浆体发生了大约 0.4mm 的微小错位。

图 9.3.13 为 Martin Marietta Composites 公司生产的 DuraSpan 桥面板体系与钢筋混凝土梁或钢梁的连接方式[47]。DuraSpan 桥面板体系与钢筋混凝土梁连接采用传统的“U”形剪力件，与钢梁连接采用传统的栓钉，“U”形剪力件与栓钉周围浇筑水泥浆体。

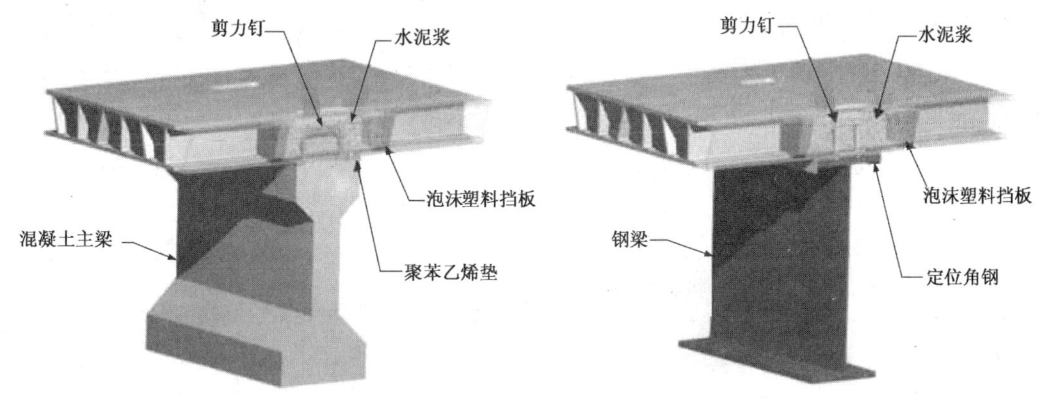

图 9.3.13 DuraSpan 桥面板与主梁的连接方式

图 9.3.14 为 Fam 和 Skutezky2006 年给出的 GFRP 主梁-混凝土板连接方式，连接件是 GFRP 短销[11]。GFRP 短销由含量为 75% 的 E-glass 和树脂经过高温固化挤压而成，直径为 9.5mm，抗拉强度、弹性模量、剪切强度分别为 689MPa、42GPa、184MPa。

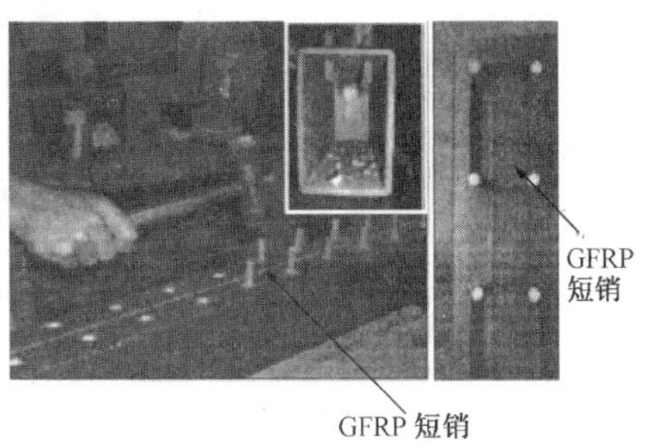

图 9.3.14 Fam and Skutezky 试验梁连接方式

图 9.3.15 为 HTS 体系使用的“U”形型材连接件，图 9.3.16 为 CSS 体系使用的“U”形剪力连接件[48]。

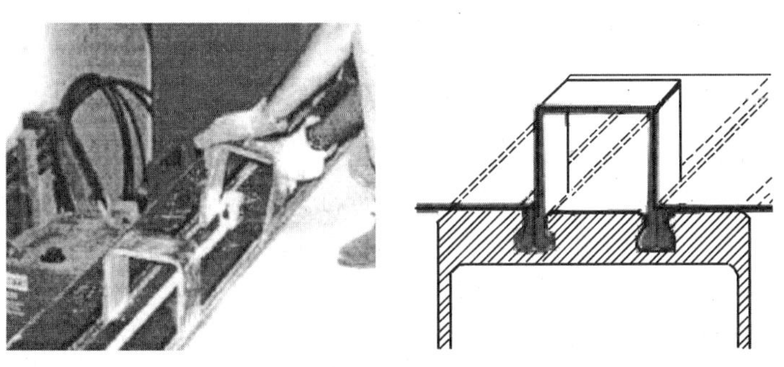

图 9.3.15 HTS 体系“U”形连接件

4）紧箍型

图9.3.17为Kansas Structural Composites公司生产的FRP桥面板采用的紧箍型连接方式[27]。在与主梁连接的地方，首先设置一个连接用的GFRP方管，然后在方管的上、下表面钻孔，将螺栓放入孔中。在钢梁的上、下翼缘设置夹板，将穿过GFRP管的螺栓用上、下两个螺帽拧紧。

紧箍型的连接方式可以有效地防止桥面板在连接处的起翘及沿桥纵向的滑移。紧箍型虽然是一个有效的连接方式，但是施工相对复杂，投入的人力较多，而且需要在主梁下部施工。

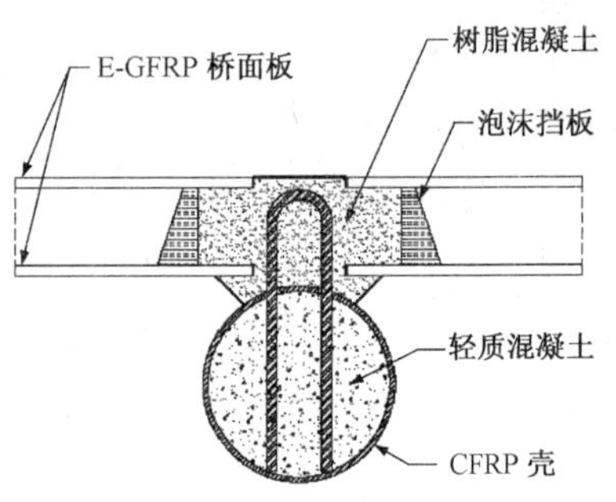

图9.3.16　CSS体系“U”形连接件

图9.3.17　紧箍型连接

9.4　FRP组合结构及新结构的应用

9.4.1　国内外应用现状

1）国外应用现状

美国国家桥梁目录中提供的数据表明，全美615000座桥梁中，大约有26%的桥梁存在结构缺陷或其他功能上的不足。而在宾夕法尼亚州，全州22000座桥梁中，大约有42%的桥梁存在结构缺陷或功能上的不足。这些结构缺陷中，主要的结构构件是桥面板，尤其是在北部地区，冬季大量使用除冰盐造成了混凝土桥面板的腐蚀。FHWA2004年统计，大约8800万m^2的桥面板需要替换[49]。

从1998年至2004年，美国已经维修替换或新建公路桥及步行桥共256座，其中公路桥135座，步行桥121座，已完成维修替换或新建的桥梁中使用FRP桥面板的共83座（表9.4.1）。经过多年的研究与实践，美国已经开发了一系列的FRP桥面板或FRP组合结构体系（详见第9.2.1节）。

相对于美国而言，欧洲使用FRP作为桥面板或桥梁上部构件的比较少，直到现在，欧洲在新建桥梁中使用FRP构件还仅限于步行桥中，在几个欧洲国家中已经修建了新FRP或混杂FRP的步行桥，如英国、瑞士、丹麦、德国等国[50]。

1980年，英国开发了ACCS桥面板体系，该体系最初用作栏杆，1998年第一次应用在A19Tees高架桥上，1992年该体系应用在Aberfeldy步行桥的上部结构中，1994年应用在Bond Mill Lift桥的上部结构中。对于公路桥梁，ACCS体系需要解决的问题是肋板在车辆荷载作用下的稳定。为此，Turvey（2001年）、Daly和Cuninghame（2004年）对ACCS体系进行了改进，增加了基本单元的厚度。

瑞士全国大约有3000座桥梁，每年40~50座桥梁中的桥面板需要替换，如果长时间中断交通进行维修加固将造成一定的政治和经济影响。为了避免这种影响，瑞士联邦公路局资助联邦科技学院一个为期三年的研究项目来开发永久和临时性的FRP桥面板。设计的桥面板跨度可达50m、宽度达11m、3车道。研究分为3个阶段进行：第一个阶段是将ACCS桥面板、ASSET桥面板与钢梁使用胶体粘结在一起进行平面内的承载力试验研究；第二个阶段是对组合梁进行四点弯曲静载及疲劳试验研究；第三个阶段是分析组合梁的刚度、极限承载力。

在研究成果的基础上，瑞士在2005年建成了一座临时性桥，桥面板与钢梁使用环氧树脂粘结一起形成组合截面。该桥为双车道两跨连续梁桥（2×20m），日通行量可达11000辆。

日本与美国及欧洲相比，FRP桥面板的研究应用相对滞后。日本使用除冰盐也比较少，除冰盐造成的桥面板腐蚀问题并不突出。在沿海地区，桥梁的腐蚀主要表现在桥墩及主梁的腐蚀，而桥面板的腐蚀相对较少。因此，日本主要使用FRP筋增强混凝土桥面板，使用FRP桥面板并不广泛，开展的研究也比较少。

日本近期开发了一种新型桥面板——PWRI[31]，由GFRP方管经过粘结拼装而成，横向通过预应力钢绞线施加预应力增加整体性，构造如图9.4.1所示。1998年，使用PWRI桥面板修建了一座突发事件应急试验桥，目的是验证突发事件后桥梁的快速修复。2001年，日本修建了第一座FRP步行桥——Okinawa Road Park Bridge（图9.4.2），该桥是一座2跨连续梁桥，总长37.76m，宽3.5m，桥面板是FRP型材桥面板，如图9.4.3所示。

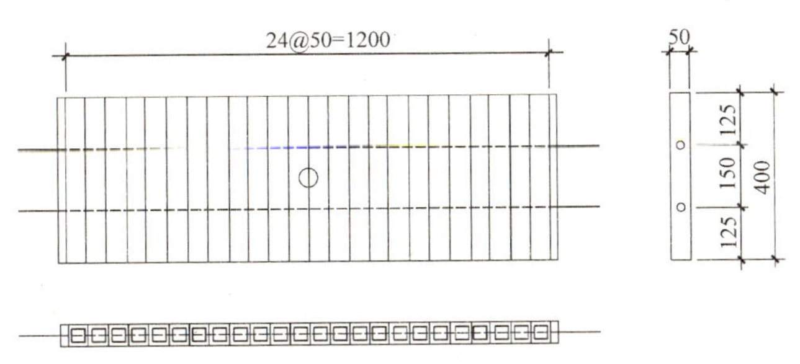

图9.4.1 PWRI桥面板（单位：mm）

表 9.4.2 为世界各国已建桥梁中 FRP 的使用情况。

图 9.4.2　Okinawa Road Park Bridge

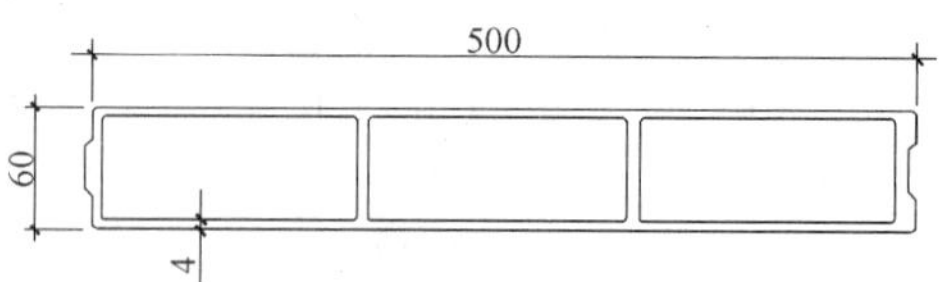

图 9.4.3　Okinawa Road Park Bridge 桥面板（单位：mm）

美国已建 FRP 公路桥统计表　　表 9.4.1

州　名	桥　名	建成年代	桥面板制造商	桥长（m）	桥宽（m）
加利福尼亚州	UCSD Road Test Panels	1996	MMC DuraSpan	2.44	4.57
	King's Stormwater Channel	2000	MMC DuraSpan	20.1	13.4
	Schuyler Hein Lift Bridge	2001	MMC DuraSpan	12.8	11
德拉瓦州	Magazine Ditch Bridge	1997	Hardcore Composites	21.3	7.6
	Bridge 1-351	1998	Hardcore Composites	9	8
	Muddy Run Bridge	1998	Hardcore Composites	9.8	7.9
	Old Mill Creek Bridge	1999	Hardcore Composites	11.9	5.2
	Greensbranch Trail Bridge	1999	Hardcore Composites	6.4	3.7
爱荷华州	53rd Ave. Bridge2	2001	MMC DuraSpan	14.3	29.26
	Crow Creek Bridge	2001	MMC DuraSpan	14.3	29.9
	INEEL Bridge	1997	MMC DuraSpan	9.1	5.5
伊利诺斯州	South Fayette St. Bridge	2001	MMC DuraSpan	19.2	11
堪萨斯州	No Name Creek Bridge	1996	Kansas Structural Composites	7.1	8.5
	Highway 126-B Bridge	1999	Kansas Structural Composites	13.7	9.8
	Highway 126-A Bridge	1999	Kansas Structural Composites	13.7	9.8
	Kansas Detour Bridge #1	2003	Kansas Structural Composites	18.3	9.14
	Kansas Detour Bridge #2	2003	Kansas Structural Composites	18.3	9.14

续表

州　　名	桥　　名	建成年代	桥面板制造商	桥长（m）	桥宽（m）
马里兰州	Washington Schoolhouse Rd. Bridge	1997	Hardcore Composites	5.3	7.6
	Wheatley Rd. Bridge	2000	Hardcore Composites	10.36	7.3
	MD 24 Over Deer Creek Bridge	2001	MMC DuraSpan	39	9.8
	Snouffer School Rd. Bridge	2001	Hardcore Composites	8.84	10.06
缅因州	Milbridge Municipal Pier Bridge	2000	Univ. of Maine	53.34	4.88
	Skidmore Bridge	2000	Kenway Corp.	18.9	7.01
密西根州	Bridge St. Over Rouge River	2001	Mitsubishi Chemical	60.35	9.14
	St. John's Street Bridge	2000	Kansas Structural Composites	8.23	7.92
	Jay Street Bridge	2000	Kansas Structural Composites	8.23	7.92
	St. Francis Street Bridge	2000	Kansas Structural Composites	7.92	8.53
北卡罗莱那州	Service Route 1627 Bridge Over Mill Creek	2001	MMC DuraSpan	12.2	7.62
北达科他州	Route 248 Bridge Over Bennetts Creek	1998	Hardcore Composites	7.62	10.1
	Route 367 Bridge Over Bentley Creek	1999	Hardcore Composites	42.7	7.6
	Cayuta Creek Bridge	2000	Hardcore Composites	39.3	8.8
	South Broad St. Bridge	2000	Hardcore Composites	36.6	8.8
	SR 418 Over Schroon River Bridge	2000	MMC DuraSpan	48.8	7.9
	Osceola Rd. (Rt. 46) Over East Branch Salmon River Bridge	2001	MMC DuraSpan	10	7.9
	Triphammer Rd. Bridge Over Conesus Lake Outlet	2001	Hardcore Composites	12.2	10.1
	Route 36 Over Tributary to Troups Creek	2001	Kansas Structural Composites	9.75	11.28

各国已建桥梁 FRP 构件应用表 **表 9.4.2**

桥名	城市	建成年代	FRP 应用情况							制造商
			桥跨（英寸）	桥宽（英寸）	桥面板	梁	筋/隔栅	预应力筋/索	FRP 底板	
澳大利亚（1）										
Toowoomba Bridge	Toowoomba	2002	33	18	√				√	University Southern Queensland
中国（1）										
Miyun Bridge	Beijing	1982	68	32		√				Chongquing Glass Fiber Product Factory
日本（11）										
Shinmiya Bridge	Ishikawa Prefecture	1988	20	23				√		Tokyo Rope
Bachigawa Minami Bridge	Fukuoka Prefecture	1989	118	40				√		Mitsubishi Chemical
Kitakyushu Bridge		1989	116	40				√		N/A
Sumitomo Demonstration Bridge (1)	Oyama Works	1990	41	13				√		Teijin Ltd.
Sumitomo Demonstration Bridge (2)	Oyama Works	1991	82	13				√		Teijin Ltd.
Hishinegawa Bridge, Hakui Kenmin Bicycle Route	Ishikawa Prefecture	1992	46	40				√		Tokyo Rope
Yamanaka Bridge	Tochigi Prefecture	1993	31	18				√		Shinko Wire Co. Ltd.
Sone Viaduct	Hyogo Prefecture	1995	N/A	N/A				√		Teijin Ltd.
Mukai Bridge	Ishikawa Prefecture	1995	49	47				√		Tokyo Rope
Shin – horikawa Bridge	Ishikawa Prefecture	1996	66	11			√			NEFMAC
Benten Bridge	Fukushima Prefecture	2002	197	10	√		√			NEFMAC
奥地利（1）										
Notsch Bridge	Notsch Karnten	1990	144	39				√		Bayer AG

续表

桥名	城市	建成年代	FRP应用情况							制造商
			桥跨（英寸）	桥宽（英寸）	桥面板	梁	筋/隔栅	预应力筋/索	FRP底板	
保加利亚（1）										
Ginzi Highway Bridge		1982	39	20		√				N/A
德国（4）										
Lunenschegasse Bridge	Dusseldorf	1980	21	20				√		Bayer AG
Ulenbergstrasse Bridge	Dusseldorf	1986	154	49				√		Bayer AG
Schiessbergstrasse Bridge	Leverkusen	1991	174	32				√		Bayer AG
Oststrasse Bridge	Ludwigshafen	1991	268	37				√		Tokyo Rope
荷兰（1）										
Den Dungen Bridge	Den Dungen	2003	33	12	√	√				
瑞士（1）										
Storchenbruke（Stork）Bridge	Winterthur	1996	406	20				√		BBR Ltd.
英国（6）										
A19 Tees Viaduct deck enclosure	Middlesborough	1988	2870	60						Maunsell Structural Plastics
Bromley South Bridge	Kent	1992	689	138	√					Maunsell Structural Plastics
Bonds Mill Lift Bridge	Stroud, Glouestershire	1994	27	14	√	√			√	GEC Reinforced Plastics
Second Severn Bridge-deck enclosures	Bristol	1996	90	30					√	GEC Reinforced Plastics

续表

桥　　名	城市	建成年代	FRP 应用情况							制造商
			桥跨（英寸）	桥宽（英寸）	桥面板	梁	筋/隔栅	预应力筋／索	FRP 底板	
Rogiet Bridge Enclosure	Gwent	1996			√					Maunsell Structural Plastics
West Mill Bridge over River Cole	Shrivenham	2002	33	23	√	√				Fiberline Composites
加拿大（13）										
Beddenton Trail Bridge/Central Street	Calgary	1993	138	50				√		Tokyo Rope Mfg. Ltd.
Crowchild Trail Bridge	Calgary	1997	295	36			√			Marshall Industries Composites
Centre Street Bridge	Calgary	2000	444	20			√			Autocon Composites
Waterloo Creek Bridge	Vancouver Island	1997	82	39			√			Autocon Composites
Taylor Bridge	Headlingley	1997	433	56			√	√		Tokyo Rope Mfg. Ltd.
Salmon River Bridge	Kemptown	1995	102	46			√			Autocon Composites
Hall's Harbor Warf	Hall's Harbor	1999	131	16			√		√	Pultrall, ADS Composites Group
Chatham Bridge	Chatham	1996	216	33			√			Autocon Composites
Joeffre Bridge	Sherbrooke	1997	24	38			√			Pultrall, ADS Composites Group
Wotton Bridge	Wotton	2001	100	26			√			Pultrall, ADS Composites Group

2）国内应用现状[33、52]

1986年，我国重庆建成了第一座斜拉FRP箱梁人行天桥——交院桥。该桥为单塔单索面非对称斜拉体系，全长50m，主跨长27.4m，宽4.4m，设计荷载3.5kN/m²，自重8.9t（为钢桥自重的30%，混凝土桥自重的13%），主梁为GFRP蜂窝夹心板组合箱梁，斜缆为高强钢丝束，其他为混凝土结构。

此后，四川省内又建成多座FRP人行桥，1988年建成重庆陈家湾桥、重庆观音桥、泸州人行桥，1992年建成攀枝花华山桥，1993年建成成都川棉桥、成都向阳桥。此外，在香港、深圳、新疆等地都有应用FRP结构的人行天桥相继建成使用。表9.4.3为我国已建桥梁中FRP构件的使用情况。

我国已建桥梁FRP构件使用情况　　表9.4.3

桥名	地点	建成年代	桥　　型	桥长（m）	GFRP梁长（m）	桥宽（m）	设计荷载（kN/m²）	类型
交院桥	重庆	1986	单塔斜拉桥	50	27.4	4.4	3.5	人行桥
陈家湾桥	重庆	1988	中承式刚构	50.5	3×11.2	4.0	4.0	人行桥
观音桥	重庆	1988	中承式刚构	178	4（9.8+19.2）	4.2	4.0	人行桥
泸州桥	泸州	1988	梁桥	24	13	4.0	3.5	人行桥
华山桥	攀枝花	1992	中承式交叉拱桥	56.6	4×6.0	3.0	3.5	人行桥
川棉桥	成都	1993	非对称提篮拱	47.2	10.06	5.0	4.0	人行桥
向阳桥	广汉	1993	非对称提篮拱	120.0	50.0	4.0	4.0	人行桥
深圳桥	深圳		悬索桥	100.4	100.4	4.2	4.0	人行桥
金轮桥	江涪		悬索桥	330	180	11.0	汽-20	公路桥
高笋塘桥	万县		塔式悬吊体系，中承式刚构	3×15 3×12	3×10 3×9	4.2	4.0	人行桥

9.4.2　应用实例

1）DuraSpan体系[47]

Broadway桥位于美国俄勒冈州波特兰市的Willamette River河上，建于1912年（图9.4.4）。Broadway桥是一座可开启式桥，其开启跨跨度为140英尺，双向四车道，日通行量为3000辆。主梁为钢梁，横向10片，桥面板为钢桥面板（图9.4.5）。

图9.4.4　Broadway桥

经过多年的运营，原钢桥面板磨损严重，摩擦力降低，车辆刹车性减弱，带来了一定的安全隐患，因此当地政府决定替换桥面板。由于桥下需要通行船只，且该桥位于市内，交通量较大，为了减少对交通的影响，当地政府决定采用 FRP 桥面板替换开启跨的钢桥面板以加快修复速度，整个桥面板的施工工期仅为 6 天。

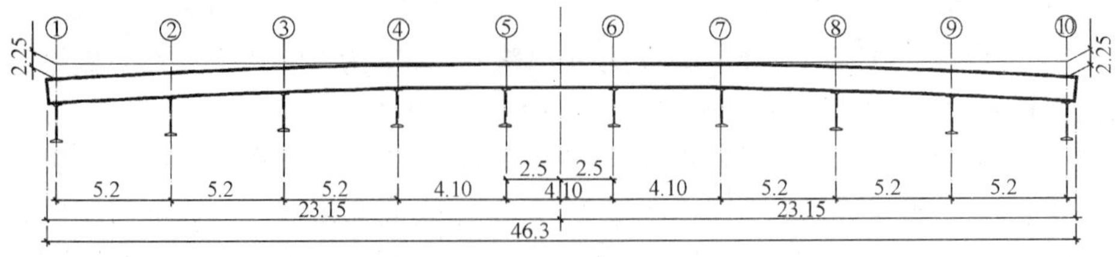

图 9.4.5 Broadway 桥横向布置（单位：英寸）

替换的桥面板采用 Martin Marietta Composites 公司生产的 DuraSpan 桥面板体系，桥面板预先制作成尺寸为 8 英寸 ×46 英寸的模块，然后运至施工现场组装。桥面板的纵向与主梁的方向垂直，长度正好是桥宽。桥面板与钢梁通过传统的栓钉连接件连接，钢梁上翼缘焊接有定位钢板，以便于布置栓钉。在栓钉连接处放置泡沫塑料挡板，并对栓钉附近的桥面板空洞灌注水泥浆。组合后的截面如图 9.4.6 所示，图 9.4.7 为施工情况。

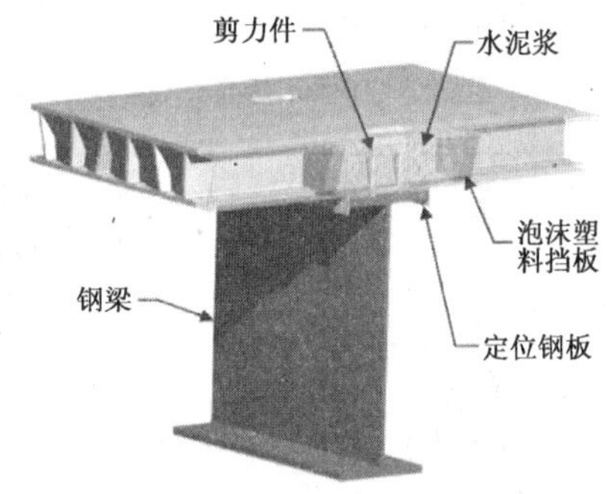

图 9.4.6 Broadway 桥 FRP 桥面板与钢梁的连接

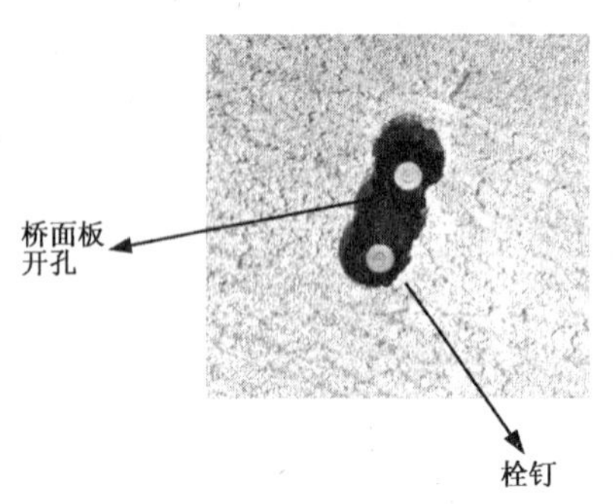

图 9.4.7 Broadway 桥剪力连接件的施工

整个桥梁的开启跨桥面板共 32 块，桥面板从每跨的支座向跨中铺设，每块桥面板之间使用树脂粘结在一起，接缝处粘结 FRP 布覆盖（图 9.4.8），桥面铺装是一层耐磨树脂混凝土。

2）Superdeck 体系[53]

Wickwire Run 桥位于西维尼吉亚州 Taylor 县，跨度和宽度分别为 9.14m、6.06m（图 9.4.9）。Wickwire Run 桥的设计车辆荷载为 AASHTO HS-25 级，桥的主梁为 2 根间距 1.83m 钢梁，桥面板为 Creative Pultrusion 公司生产的 Superdeck 桥面板体系（图 9.4.10），使用树脂粘结在一起共同工作，并在桥面铺 10mm 厚的树脂混凝土，整个铺装过程仅花费了几个小时，施工过程如图 9.4.11 所示。

图9.4.8 Broadway桥面板的施工

图9.4.9 Wickwire Run桥

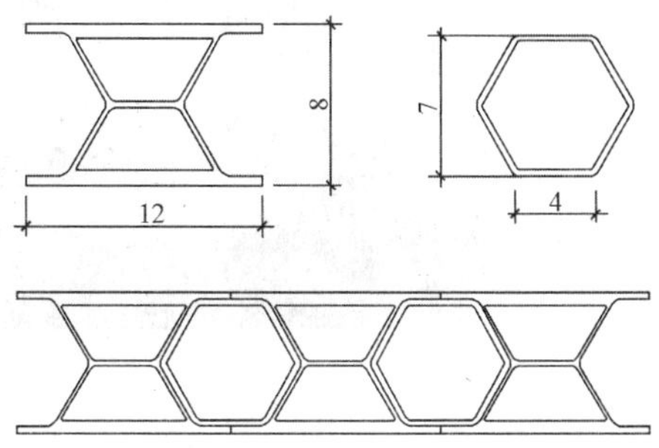

图9.4.10 Wickwire Run桥使用的Superdeck桥面板（单位：英寸）

3）Kansas体系[54]

No-name Creek桥是美国第一座全FRP公路板式桥，位于堪萨斯州Russell县东4.83km处。No-name Creek桥长7.11m、宽8.46m、净跨7.08m、全桥重11.3t，主要承重构件是FRP桥面板，设计车辆荷载为AASHTO HS-25级，桥面铺19mm厚的树脂混凝土。No-name Creek桥布置如图9.4.12所示。

桥面板为3块纵向铺设的Kansas体系桥面板，总厚度为571.5mm，其中夹心层厚度为520.7mm，下面板厚19.0mm，上面板厚12.7mm。FRP栏杆安装在外边缘板的最外面，图9.4.13为No-name Creek Bridge桥的平面布置。

图9.4.14为No-name Creek桥的桥面板端部构造，端部支撑在2×2×1/4英寸的工字钢梁上，工字钢梁与FRP桥面板之间设置橡胶垫板，端部设置2×2×1/4英寸的“L”形钢板，防止桥面板的向上掀起，并可以保护铺装层。

No-name Creek Bridge桥的栏杆及扶手均为GFRP型材。在外边缘板上使用树脂粘结栏杆座，然后将栏杆插入栏杆座，栏杆座及栏杆与桥面板的连接均使用树脂粘结，扶手与栏杆使用FRP螺栓连接。图9.4.15为No-name Creek桥的栏杆及扶手构造，图9.4.16为栏杆、扶手实拍照片。

图 9.4.11　Wickwire Run 桥的施工过程

（a）桥面板运至施工现场；（b）使用高性能树脂粘结桥面板；
（c）桥面板安装；（d）成桥

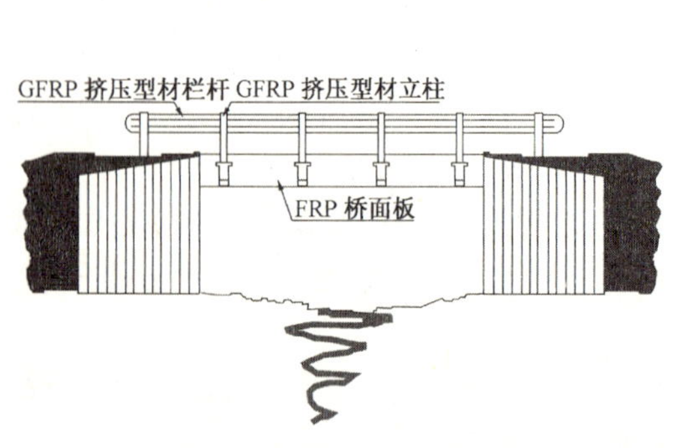

图 9.4.12　No-name Creek 桥

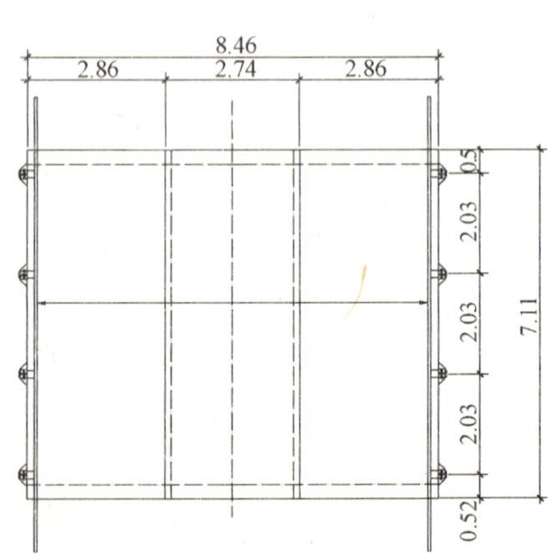

图 9.4.13　平面布置图（单位：m）

图 9.4.17 为 No-name Creek 桥面板之间使用树脂粘结的连接方式。两块需要连接的板中，一块带伸出的“舌头”，另一块相对应的一端带凹槽。在凹槽的内表面上涂抹树脂，然后将两块板拼接在一起，最后铺上树脂混凝土覆盖接缝。No-name Creek 桥的施工时间仅为 1.5 天。

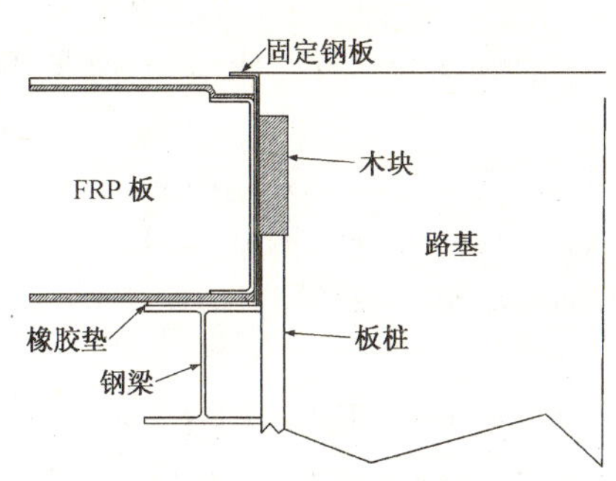

图9.4.14 桥面板端部构造

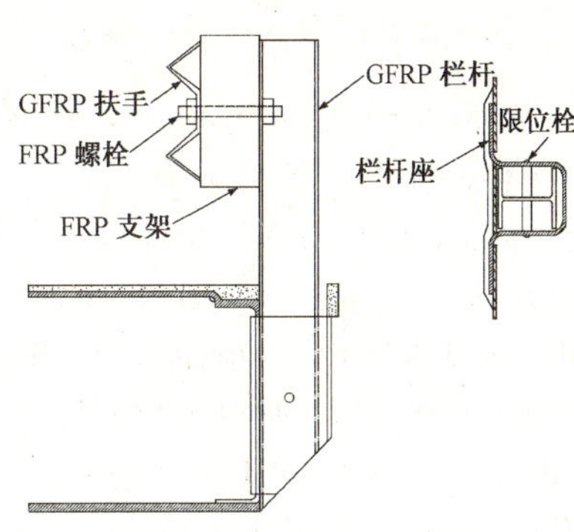

图9.4.15 栏杆、扶手构造

图9.4.16 栏杆、扶手实拍照片

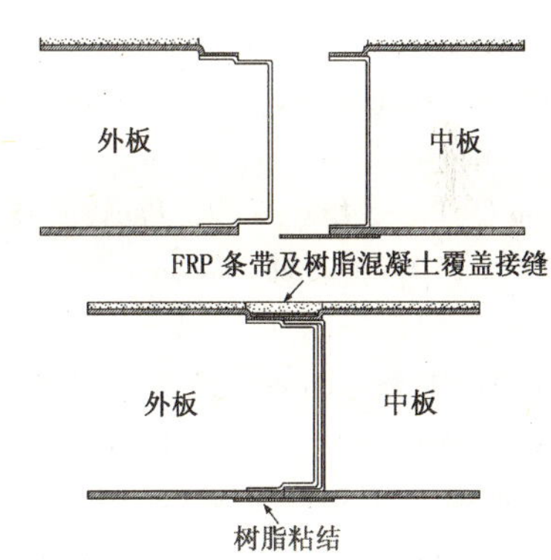

图9.4.17 桥面板之间的连接

4）ASSET体系[55]

West Mill桥是英国第 座FRP公路桥，修建于2002年。West Mill桥位于牛津附近，双向2车道，跨度为10m，宽为6.8m，设计车辆荷载为British Standard BS 5400级（40t）。桥面板是ASSET桥面板体系，主梁为GFRP型材，桥面板与主梁之间使用树脂粘结在一起共同工作。West Mill桥的纵、横向布置图如图9.4.18、图9.4.19所示。

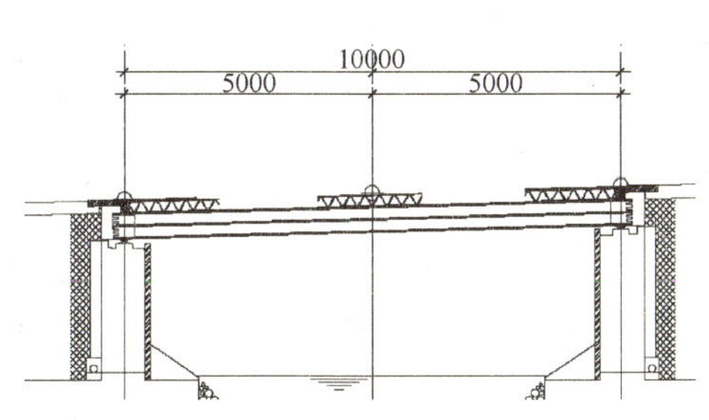

图9.4.18 West Mill桥纵向布置(单位:mm)

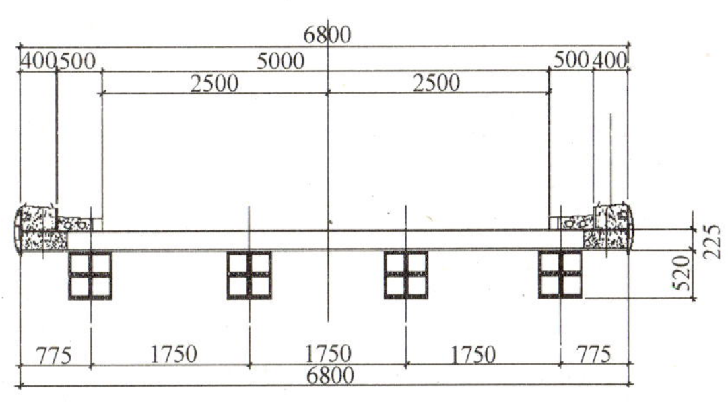

图9.4.19 West Mill桥横向布置（单位：mm）

参 考 文 献

1. Vistasp M. Karbhari. Use of Composite Materials in Civil Infrastructure in Japan [M] . International Technology Research Institute, 1998, 8

2. Lijuan Cheng and Vistasp M. Karbhari. New Bridge Systems Using FRP Composites and Concrete: A State-of-the-art Review [J] . Progress in Structural Engineering Materials, 2006, 8, (4): 143 ~ 154

3. J. E. Hall and J. T. Mottram. Combined FRP Reinforcement and Permanent Formwork for Concrete Members [J] . Journal of Composite for Construction, 1998, 2 (2): 78 ~ 86

4. Yasuo Kitane, Amjad J. Aref, and George C. Lee. Static and Fatigue Testing of Hybrid Fiber-Reinforced Polymer-Concrete Bridge Superstructure [J] . Journal of Composite for Construction, 2004, 8 (2): 182 ~ 190

5. Gerard Van Erp, Craig Cattell, and Tim Heldt. Fibre Composite Structures in Australia's Civil Engineering Market: An Anatomy of Innovation [J] . Progress in Structural Engineering Materials, 2005, 7, (3): 150 ~ 160

6. Gerard Van Erp, Tim Heldt, L McCormick, D Carter, and C Tranberg. An Australian Approach to Fibre Composite Bridges [A] . Proceedings of the International Composites Conference ACUN4, Composite Systems: Macro Composites, Micro Composites, Nano Composites, UNSW Sydney, 2002: 145 ~ 153

7. Adam C. Berg, Lawrence C. Bank , Michael G. Oliva, and Jeffrey S. Russell. Construction and Cost Analysis of an FRP Reinforced Concrete Bridge Deck [J] . Construction and Building Materials , 2006, 20: 515 ~ 526

8. Adam C. Berg, Lawrence C. Bank, Michael G. Oliva, and Jeffrey S. Russell. Construction of a FRP Reinforced Bridge Deck on US Highway 151 in Wisconsin [A] . TRB 2004 Annual Meeting CD ~ ROM

9. V. Nagaraj, and Hota V. S. GangaRao. Static Behavior of Pultruded GFRP Beams [J] . Journal of Composite for Construction, 1997, 1 (3): 120 ~ 129

10. S. J. Smith, I. D. Parsons, and K. D. Hjelmstad. An Experimental Study of the Behavior of Connections for Pultruded GFRP I-beams and Rectangular Tubes [J] . Composite Structures, 1998, 42: 281 ~ 290

11. Amir Fam, and Trevor Skutezky. Composite T-Beams Using Reduced-Scale Rectangular FRP Tubes and Concrete Slabs [J] . Journal of Composite for Construction, 2006, 1 (2): 172 ~ 181

12. M. Saiidi, F. Gordaninejad, and N. Wehbe. Behavior of Graphite/Epoxy Concrete Composite Beams [J] . Journal of Structural Engineering, 1994, 120 (10): 2958 ~ 2976

13. Nikola Deskovic, Thanasis C. Triantafillou, and Urs Meier. Innovative Design of FRP Combined with Concrete: Short-term Behavior [J] . Journal of Structural Engineering, 121 (7): 1069 ~ 1078

14. Strongwell Corporation. Extern DWB® Design Guide. http: //www. strongwell. com

15. Lijuan Cheng, Lei Zhao, Vistasp M. Karbhari, Gilbert A. Hegemier, and Frieder Seible. Assessment of a Steel-Free Fiber Reinforced Polymer-Composite Modular Bridge System [J] . Journal of Structural Engineering, 2005, 131 (3): 498 ~ 506

16. Thomas Keller. Use of Fibre Reinforced Polymers in Bridge Construction [M] . IABSE-AIPC-IVBH Publication, Switzerland

17. Lelli Van Den Einde, Lei Zhao, and Frieder Seible. Use of FRP Composites in Civil Structural Applications [J] . Construction and Building Materials, 2003, 17: 389 ~ 403

18. Anthony B. Temeles. Field and Laboratory Tests of a Proposed Bridge Deck Panel Fabricated from Pultruded Fiber-Reinforced Polymer Components [D] . Virginia Polytechnic Institute and State University, 2001, 4

19. 冯鹏，叶列平，李为中，张林文．新型 FRP 桥面板及其试验研究 [A] ．全国 FRP 与结构加固学术

会议论文精选，陕西科学技术出版社，西安，2005：125～134

20. Zhenhua Wu. Prestressed FRP Tubular Deck System [D]. North Carolina State University, 2003, 3
21. Niket M. Telang, Chris Dumlao, Armin B. Mehrabi, Adrian T. Ciolko, and Jim Gutierrez. Field Inspection of In-Service FRP Bridge Decks [R]. National Cooperative Highway Research Program, Report 564, Washington. D. C., 2006, 6, http://www.TRB.org
22. Thomas J. Winkelman. Fiberglass Reinforced Polymer Composite Bridge Deck Construction in Illionis [R]. Illinois Department of Transportation Bureau of Materials and Physical Research, 2002, 9.
23. Creative Pultrusions INC. http://www.creativepultrusions.com
24. Hab. inz. Henryk Zobel. Kompozyty polimerowe w mostownictwie - pomosty wielowarstwowe. http://www.aarsleff.com.pl
25. Ai Zhou, and Jack Lesko. State of Art in FRP Bridge Decks. Showcase on Virginia FRP Composite, Bristol, Virginia, 2006, 9
26. B. Williams, E. Shehata, and S. H. Rizkalla. Filament-Wound Glass Fiber Reinforced Polymer Bridge Deck Modules [J]. Journal of Composites for Construction, 2003, 7 (3), 2003: 266～273
27. Herbert W. GÜRTLER. Composite Action of FRP Bridge Decks Adhesively Bonded to Steel Main Girders [D]. Dipl.-Ing. Technische Universität Darmstadt, Allemagne, 2004, 12
28. Jose Gomez. Virginia's Experience with the Use of Fiber Reinforced Polymer Composites in Bridge [R]. Virginia Research Council
29. Summary of Installed FRP Decks and Their Damage Inspection. http://www.mdacomposites.org
30. Guide to Composites Resin Transfer (RTM). http://www.netcomposites.com/education.asp? sequence = 59
31. Laurel Lick Bridge Lewis County West Virginia. Superdeck™ Composite Bridge Deck Installation Profile. http://www.creativepultrusions.com
32. Bridge Locator. Tech 21 Bridge (Smith Road). http://www.martinmarietta.com/products/bridge.asp? ID = 4
33. 冯鹏，叶列平．纤维增强复合材料桥面板的应用与研究［A］．第三届全国 FRP 学术交流会论文集，2004，10：290～301
34. First GRP Road Bridge on European Continent. http://www.netcomposites.com/news.asp? 2926
35. The Fiberline Bridge in Kolding. http://www.fiberline.com/gb/casestories/case1837.asp
36. Thomas Keller. Faserverbundmaterialien im Brückenbau [J]. Tec 21, 2001, 24: 7～14
37. Thomas Keller. Recent All-composite and Hybrid Fibre-reinforced Polymer Bridges and Buildings [J]. Progress in Structural Engineering Materials, 2001, 3, (2): 132～140
38. Maunsell Structural Plastics. Aberfeldy Footbridge. http://www.maunsell.co.uk
39. TaeHoon Hong, and Makarand Hastak. Construction, Inspection, and Maintenance of FRP Deck Panels [J]. Journal of Composite for Construction, 2006, 10 (6): 561～572
40. Reiner M. W. Reisingl, Bahram M. Shahrooz, Victor J. Hunt, Andy R. Neumann, Arthur J. Helmicki, and Makarand Hastak. Close Look at Construction Issues and Performance of Four Fiber-Reinforced Polymer Composite Bridge Decks [J]. Journal of Composite for Construction, 2004, 8 (1): 33～42
41. Saiidi, F. Gordaninejad, and N. Wehbe. Behavior of Graphite/Epoxy Concrete Composite Beams [J]. Journal of Structural Engineering, 1994, 120 (10): 2958～2976
42. Thomas Keller, Herbert W. GÜRTLER. Design of Hybrid Bridge Girders with Adhesively Bonded and Compositely Acting FRP Deck [J]. Composite Structures, 2006, 74: 202～212

43. Thomas Keller, and Aixi Zhou. Fatigue Behavior of Adhesively Bonded Joints Composed of Pultruded GFRP Adherends for Civil Infrastructure Applications [J]. Composites: Part A, 2006, 37: 1119 ~ 1130

44. G. J. Turvey. Bolted Connections in PFRP Structures [J]. Progress in Structural Engineering Materials, 2000, 8, (2): 146 ~ 156

45. Aixi Zhou, Jason T. Coleman, Anthony B. Temeles, John J. Lesko, and Thomas E. Cousins. Laboratory and Field Performance of Cellular Fiber-Reinforced Polymer Composite Bridge Deck Systems [J]. Journal of Composite for Construction, 2005, 9 (5): 458 ~ 467

46. Jennifer Righman1, Karl Barth, and Julio Davalos. Development of an Efficient Connector System for Fiber Reinforced Polymer Bridge Decks to Steel Girders [J]. Journal of Composite for Construction, 2004, 8 (4): 279 ~ 288

47. Matt Sams. Broadway Bridge Case Study, Bridge Deck Application of Fiber - Reinforced Polymer [R]. Transportation Research Board of the National Academies, Washington. D. C., 2005: 175 ~ 178

48. Lijuan Cheng, Lei Zhao, Vistasp M. Karbhari, Gilbert A. Hegemier, and Frieder Seible. Assessment of a Steel-Free Fiber Reinforced Polymer-Composite Modular Bridge System [J]. Journal of Structural Engineering, 2005, 131 (3): 498 ~ 506

49. Jonathan Moses. Evaluation of Effective Width and Distribution Factors for GFRP Bridge Decks [M]. University of Pittsburgh, 2005, 9

50. Reports From Around the World. FRP International, 2005, 2 (1): 1 ~ 21

51. Uno Nayomon, and Kitayama Nobuhiko. Design, Fabrication and Erection of the "Pedestrian Bridge in the Road-Park of Ikei-Tairagawa" in Okinawa [J]. IHI Engineering Review, 2003, 36 (2): 35 ~ 39

52. 汤国栋，汤羽，冯广占. 中国 GRP/COM 桥梁的研究与实践 [J]. 成都科技大学学报，1995，87 (60): 69 ~ 80

53. Wickwire Run Bridge Taylor County West Virginia. http: //www. creativepultrusions. com

54. The First All Composite Road Bridge Installed in the United States. http: //www. ksci. com

55. West Mill Bridge, England. http: //www. fiberline. com/d/casestories

第 10 章　FRP 在桥梁工程中的加固应用

通常来说，桥梁结构所处的环境比较恶劣，恶劣的环境（潮湿、冻融、盐腐蚀等）将加剧结构构件的损伤，如钢筋锈蚀、混凝土保护层剥落等。已建桥梁经过多年的运营，由于混凝土的开裂，混凝土构件的承载能力均有不同程度的下降，不能满足现代交通的需求。毫无疑问，采用 FRP 加固损伤的桥梁结构是一个行之有效的加固方法。FRP 加固桥梁结构一般可以分为混凝土梁的弯剪加固和混凝土墩柱的加固。

10.1　混凝土受弯构件的弯剪加固

10.1.1　弯剪加固方法[1]

1）现浇混凝土 T 梁

现浇混凝土 T 梁受弯加固的方法一般是在梁的受拉底缘粘贴 FRP 条带进行加固，这种加固方法第 3 章中有所涉及。需要指出的是，加固时需注意 FRP 条带端部的锚固。如果是等截面 T 梁，可在 FRP 条带端部粘贴 U 形箍锚固，如图 10.1.1（a）所示；如果是变截面 T 梁，除了在 FRP 条带端部处锚固外，在变截面处还需要 U 形箍锚固，如图 10.1.1（b）所示。

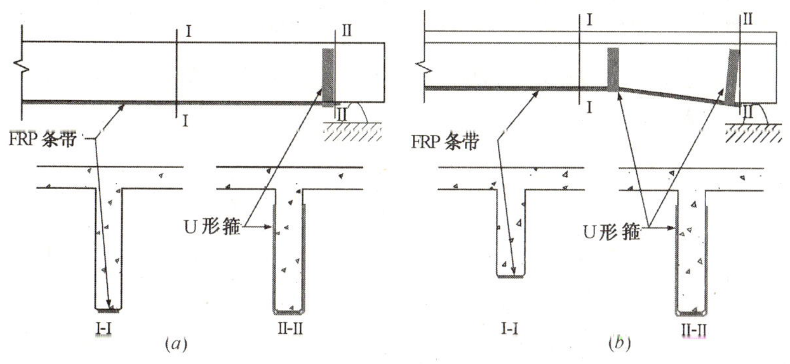

图 10.1.1　现浇混凝土 T 梁受弯加固方法

（a）FRP 条带加固等截面 T 梁；（b）FRP 条带加固变截面 T 梁

图 10.1.2 为现浇混凝土 T 梁受剪加固的两种方法：一种是在侧面粘贴 U 形箍后，再使用角钢在 T 梁腹板与翼缘板相交的角部使用螺栓锚固；另一种方法是 FRP 条带全包腹板。这是最有效的方法，但是需要中断交通，破坏 T 梁的上翼缘板。

2）预制混凝土 T 梁

预制混凝土 T 梁的特点是梁肋的下部是“马蹄”。在支座处，由于剪力较大，腹板常增宽至与“马蹄”同宽。受弯加固时，可采用多条 FRP 条带加固，同时在条带的端部设置 U 形箍锚固，如图 10. 1. 3 所示。

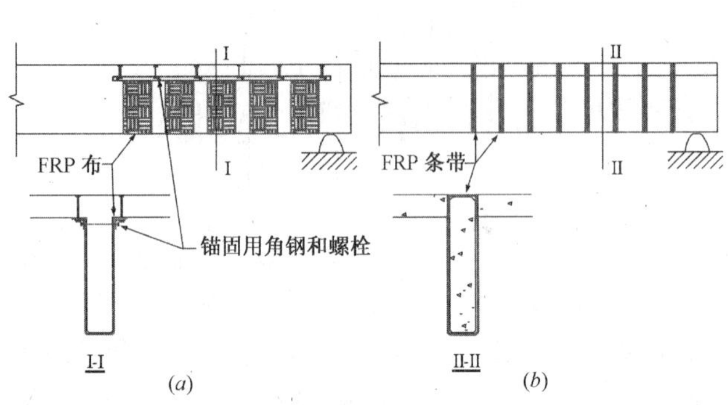

图 10. 1. 2 现浇混凝土 T 梁受剪加固方法

（*a*）FRP 布加固；（*b*）FRP 条带加固

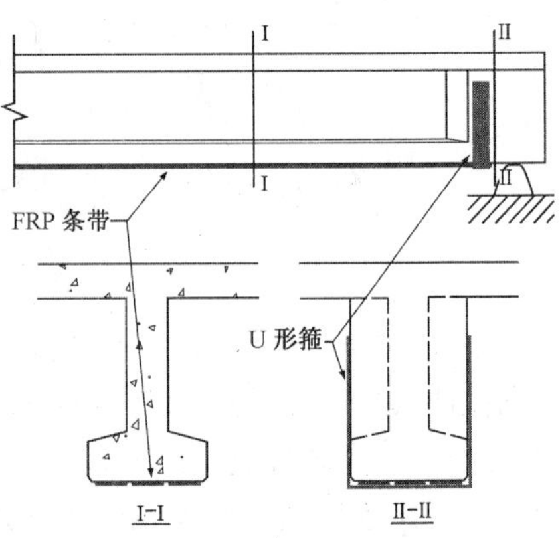

图 10. 1. 3 预制混凝土 T 梁的受弯加固方法

受剪加固时，可采用全包或者 U 形条带的加固方式（图 10. 1. 4）。无论全包还是 U 形条带均要有可靠的锚固措施，避免 FRP 条带剥离。图 10. 1. 4（*a*）中所示的全包加固方法，需要中断交通，破坏上翼缘板，同时在“马蹄”与腹板相交的角部设置角钢、螺栓锚固。图 10. 1. 4（*b*）所示的 U 形布加固方法需在上翼缘板与腹板相交的角部、“马蹄”与腹板相交的角部设置角钢和螺栓锚固。

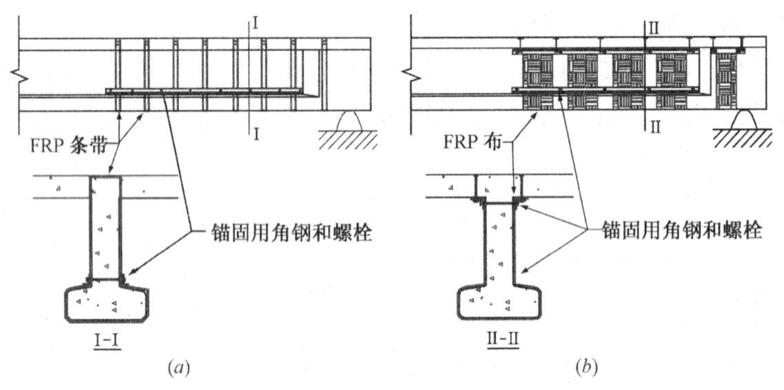

图 10. 1. 4 预制混凝土 T 梁的受剪加固方法

（*a*）FRP 条带全包加固；（*b*）U 形 FRP 布加固

3）多室箱梁的加固

多室箱梁的受弯加固方法与钢筋混凝土 T 梁加固的方法一致，在受拉翼缘粘贴 FRP 条带。当端部锚固采用 U 形箍时，需要破坏下翼缘板，多室箱梁的受弯加固方法如图 10. 1. 5 所示。

多室箱梁的受剪加固也有两种方式：条带全包和侧面粘贴 FRP 布（图 10. 1. 6）。全包的加固方式不需要额外的锚固措施，但是需要破坏上、下翼缘板。侧面粘贴 FRP 布的加固方式需要在腹板与上、下翼缘板

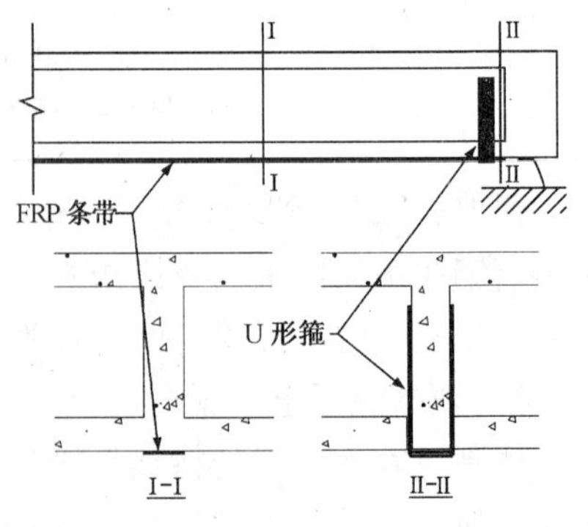

图 10. 1. 5 多室箱梁的受弯加固方法

相交的角部设置角钢和螺栓锚固。

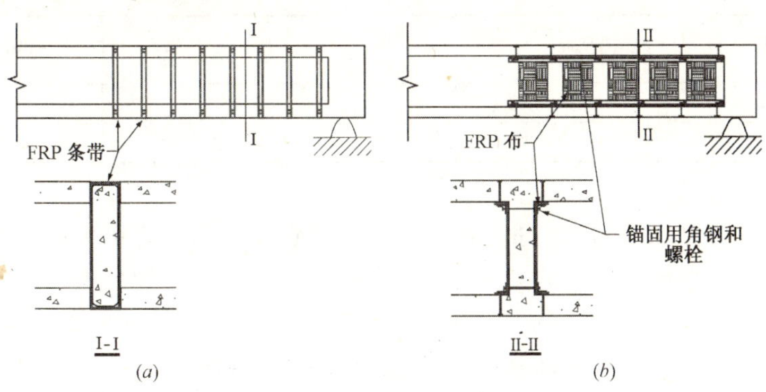

图 10.1.6　多室箱梁的受剪加固方法

(*a*) FRP 条带全包加固；(*b*) U 形 FRP 布加固

10.1.2　FRP 加固梁式桥实例——Route378 桥[2]

1）基本资料

Route 378 桥是纽约州 378 号公路上跨越 Wyaneskill Creek 河的一座钢筋混凝土简支 T 梁桥，位于 Rensselaer 县的 South Troy 市。Route 378 桥建于 1932 年，跨度为 12.19m，桥宽 36.58m，横向共 26 片主梁，间距 1.37m，平面布置图如图 10.1.7 所示。

Route 378 桥日交通量为 30000 辆，双向 5 车道，是 South Troy 市连接 Hudson River 西部地区的主要通道。在常规的调查中，发现桥梁上部结构中盐侵蚀较严重，周围环境潮湿。多数主梁存在大面积的风化现象和冻融造成的混凝土开裂，其中几片梁有混凝土保护层剥落的现象。考虑到由于锈蚀造成的钢筋截面面积损失及整个结构的安全，纽约州交通部决定对该桥进行加固。施工在 1999 年 8～11 月间进行，整个工程包括搭设脚手架，结构表面处理及粘贴 FRP 布。

图 10.1.8 为 Route 378 桥的主梁截面图，受拉主筋为 8 根直径 32mm 的钢筋，箍筋为直径 10mm 的钢筋，受拉钢筋屈服强度为 275.8MPa，混凝土抗压强度为 20.68MPa，忽略受压钢筋，在车辆荷载 H-20 级和 HS-20 级作用下的受拉钢筋应力、混凝土应力见表 10.1.1 所示。

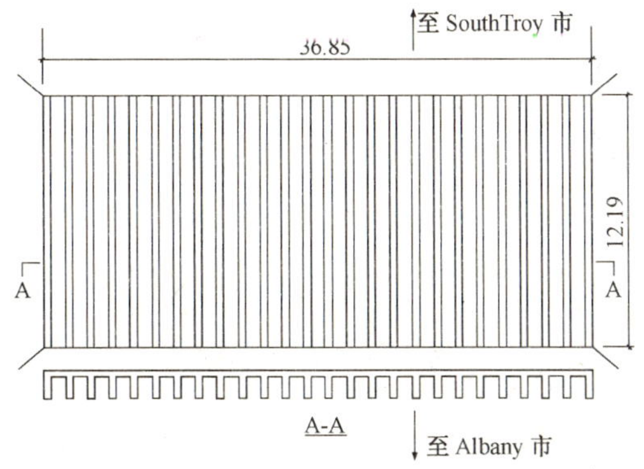

图 10.1.7　Route 378 桥的平面布置图(单位：m)

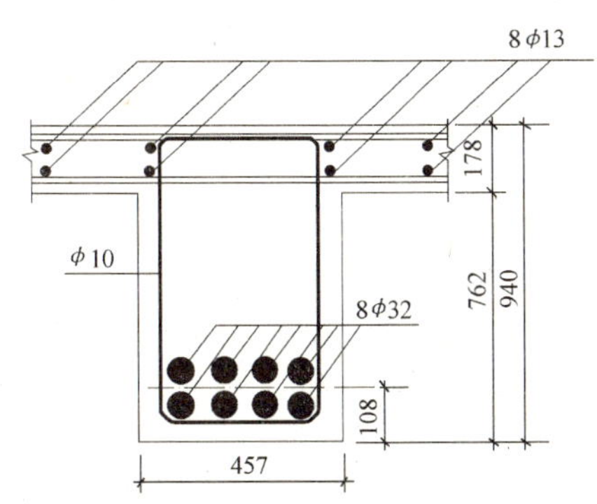

图 10.1.8　主梁截面图（单位：mm）

设 计 标 准 **表 10.1.1**

设计车辆荷载	H-20	HS-20	许可应力（MPa）
钢筋（MPa）	85.63	97.15	113.76
混凝土（MPa）	4.21	4.76	8.24

加固所用的 CFRP 布为日本 Mitsubishi Chemical Corporation 公司生产的 Replark 30®单向 CFRP 布，基本力学性能指标如表 10.1.2 所示。

Replark 30®布的基本力学性能指标 **表 10.1.2**

弹性模量（MPa）	厚度（mm）	宽度（mm）	极限拉应变（%）	最大拉应变（%）	极限强度（MPa）	设计强度（MPa）
2.3×10^5	0.167	330	1.5	1.8	3400	2267

2）加固设计

（1）加固设计的基本方法。

该桥加固设计中考虑的主要方面是钢筋的锈蚀所造成的主梁承载力下降。设计中采用了两种计算方法，第一种方法是等效面积法，即假设由于锈蚀造成的钢筋截面面积损失完全由 FRP 替代，基本设计公式为：

$$A_{\mathrm{f}}=\frac{A_{\mathrm{sl}}f_{\mathrm{y}}}{f_{\mathrm{fu,s}}} \tag{10.1.1}$$

式中 A_{sl}——受拉钢筋损失的截面面积；

A_{f}——FRP 面积；

f_{y}——受拉钢筋屈服强度；

$f_{\mathrm{fu,s}}$——FRP 抗拉强度设计值。

根据式（10.1.1）可初步计算所需要的 FRP 面积，精确计算加固所需要的 FRP 面积还应按照第 3 章中给出的方法计算。

第二种方法是考虑截面应变协调及受压区混凝土应力图形等效为矩形应力图形，可近似按照下式计算：

$$A_{\mathrm{f}}=\frac{\left(h_0-\dfrac{\beta_1x_0}{2}\right)A_{\mathrm{sl}}f_{\mathrm{y}}}{\left(h-\dfrac{\beta_1x_0}{2}\right)f_{\mathrm{fu,s}}} \tag{10.1.2}$$

（2）板的加固设计。

板的配筋为 5 号钢筋，直径为 13mm，间距为 280mm，每米配筋面积为 719mm²。假设锈蚀造成钢筋截面面积损失为 15%，则损失的钢筋面积 A_{sl} 为 108mm²。根据式（10.1.1）可计算出每延长米所需的 CFRP 布面积，即：

$$A_f=\frac{A_{\mathrm{sl}}f_{\mathrm{y}}}{f_{\mathrm{fu,s}}}=\frac{108\times275.8}{2267}=13.1\mathrm{mm^2/m}$$

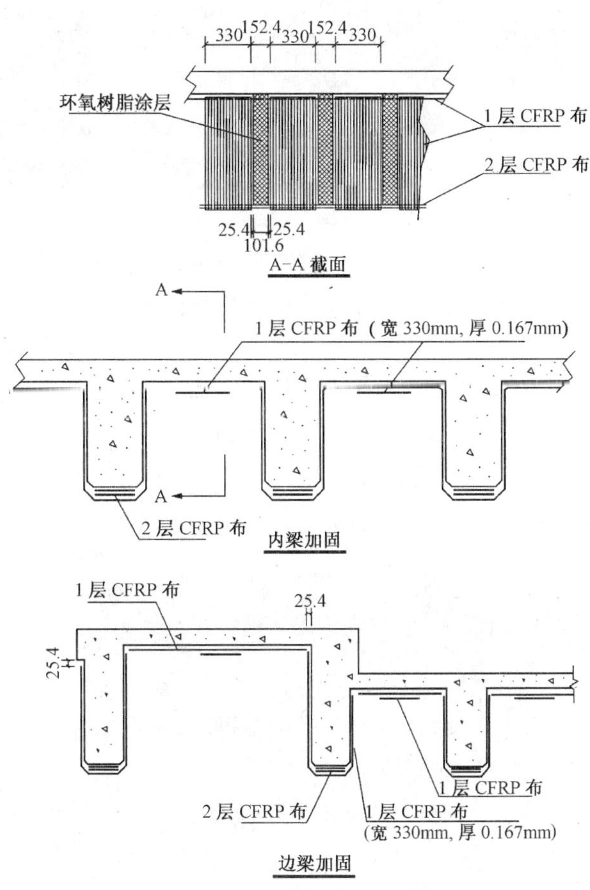

图 10.1.9　Route 378 桥加固设计图纸（单位：mm）

Replark 30®布的宽度为 330mm，厚度为 0.167mm，单层 CFRP 布的面积为 55.1mm^2。如果 CFRP 布的间距（中心至中心）为 482mm，则每延长米 CFRP 布的实际使用面积为 114mm^2/m＞13.1mm^2/m，故满足要求。

（3）主梁的抗弯抗剪加固设计。

如图 10.1.8 所示，主梁受拉钢筋为 8 根 8 号钢筋，直径为 32mm，截面面积为 4077mm^2。假设锈蚀造成的钢筋截面面积损失为 15%，则损失的钢筋面积 A_{sl} 为 612mm^2。根据式（10.1.1）可计算出所需的 CFRP 布面积，即：

$$A_f = \frac{A_{sl} f_y}{f_{fu,s}} = \frac{612 \times 275.8}{2267} = 74.5\text{mm}^2$$

单层 CFRP 布面积为 55.1mm^2，则需要粘贴的层数为 2 层，实际使用面积为 110mm^2。

主梁的抗剪钢筋为 4 号钢筋，直径 10mm，间距 203mm，每米配筋面积为 635mm^2。假设锈蚀造成钢筋截面面积损失为 15%，则损失的钢筋面积 A_{sl} 为 95.2mm^2，根据板的加固设计，粘贴间距为 482mm 的 1 层 CFRP 布满足要求。

图 10.1.9 为加固设计图纸，图 10.1.10 为施工过程。

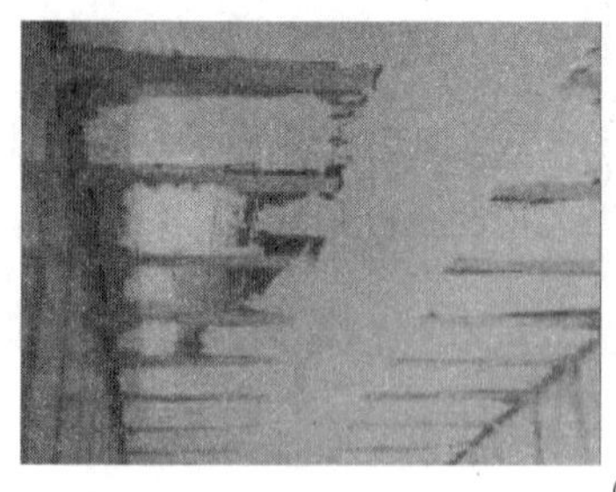

(a)
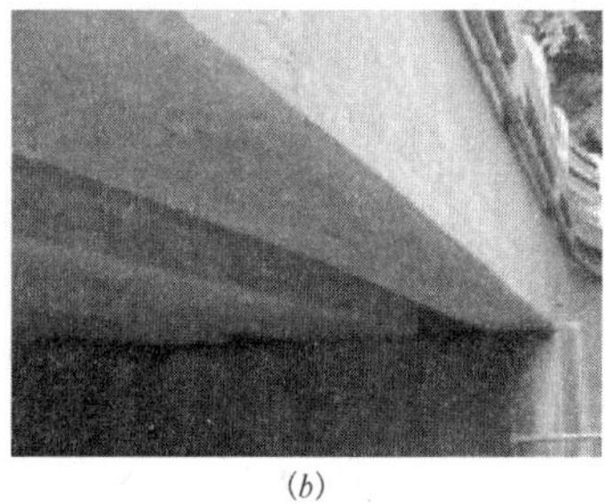
(b)

图 10.1.10　Route 378 桥加固施工过程
(a) 涂刷底层树脂、腻子；(b) 粘贴 CFRP 布、刷防护漆

10.1.3　FRP 加固板式桥实例——G270 桥[3]

G270 桥位于 Iron 县 32 号公路上，该桥是板式钢筋混凝土桥，修建于 1922 年，桥长 6.1m，宽 5.49m，每天交通量为 1600 辆（图 10.1.11），允许通过荷重为 169.1kN 的卡车，车速限值为 24.14km/h。1990 年，G270 桥更新了栏杆，增宽桥面至 6.1m。

图 10.1.11　G270 桥

经过多年的使用，该桥左右半幅均出现不同程度的钢筋锈蚀及混凝土保护层剥落（图 10.1.12）。为了确保该桥的承载力，密苏里州交通部决定使用 CFRP 布进行加固。在加固之前，进行了室内全尺寸模型的静载及疲劳荷载试验，加固之后，对实桥进行了荷载试验。该桥在 1988 年 5 月进行加固，图 10.1.13 为加固的施工情况。

图 10.1.12　G270 桥钢筋锈蚀、混凝土保护剥落

(a)

(b)

图 10. 1. 13　G270 桥粘贴 FRP 布
(a) 涂抹底胶；(b) 粘贴 CFRP 布

10. 2　FRP 加固钢筋混凝土墩柱应用实例[4]

图 10. 2. 1 为 Spoleto 市附近的上承式钢筋混凝土拱桥，修建于第二次世界大战期间。支撑桥面的立柱由于钢筋的锈蚀，混凝土保护层已经剥落（图 10. 2. 2），立柱为矩形截面，截面尺寸为 400mm × 400mm，柱高 1. 65m 范围内有不同程度的损伤。

图 10. 2. 1　上承式钢筋混凝土拱桥

图 10. 2. 2　受腐蚀的立柱

将钢筋混凝土立柱表面的混凝土清理干净后，使用无收缩水泥浆填补有缺陷的地方，然后在立柱的表面粘贴一层 CFRP 布。CFRP 布粘贴方向与柱纵向垂直，起到约束混凝土的作用，加固完的立柱如图 10. 2. 3 所示。

图 10. 2. 4 为瑞典 Sundsvall 附近的一座连续梁桥，修建于 1937 年，其中 18 根钢筋混凝土墩柱出现不同程度的混凝土剥落、露筋、钢筋锈蚀现象（图 10. 2. 4）。计算分析结果表明，配置的受剪箍筋明显不足。经过论证，决定使用 CFRP 布进行加固。

图 10. 2. 3　CFRP 加固修复

粘贴 CFRP 布之前，将剥落的混凝土清理干净，然后使用水泥浆修补墩柱缺损的地方，将修补后的墩柱表面清理干净，涂抹浸渍树脂、底胶，粘贴 CFRP 布，最后涂抹一层防护材料。图 10. 2. 5 为混凝土墩柱施工情况，图 10. 2. 6 为修补完工情况。

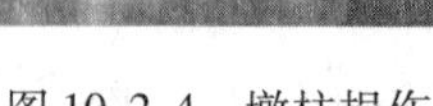

图 10.2.4　墩柱损伤　　　图 10.2.5　CFRP 加固

图 10.2.6　完工情况

参 考 文 献

1. Si-Hwan Park, Ian N. Robertson, and H. Ronald Riggs. A Primer for FRP Strengthening of Structurally Deficient Bridges [R] . State of Hawaii, Department of Transportation, Highways Division and U. S. Department of Transportation, Federal Highway Administration, 2002, 9

2. Osman Hag-Elsafi, Jonathan Kunin, Sreenivas Alampalli, and Timothy Conway. Strengthening of Route 378 Bridge Over Wynantskill Creek in New York Using FRP Laminates [R] . New York State Department of Transportation, State Campus, Albany, New York, 2001, 3

3. Sujeeva Setunge, Arun Kumar, Abe Nezamian et al. Rehabilitation or Strengthening of Bridge Structures Using Fiber Reinforced Polymer Composites [A] . Road System and Engineering Forum, 2002, 5

4. Scott Poveromo. The Use of Fiber Reinforced Polymer Composites to Retrofit Reinforced Concrete Bridge Columns [R] . 2003, 12